节地城市发展模式

——JD模式与可持续发展城市论

深圳维时公司建筑与城市研究中心
董国良　张亦周　著

中国建筑工业出版社

图书在版编目(CIP)数据

节地城市发展模式——JD模式与可持续发展城市论/董国良等著. —北京：中国建筑工业出版社，2006
ISBN 7-112-08532-2

Ⅰ. 节… Ⅱ. 董… Ⅲ. 城市规划—可持续发展—研究
Ⅳ. TU984

中国版本图书馆CIP数据核字(2006)第107730号

责任编辑：姚荣华
责任设计：赵　力
责任校对：张景秋　王金珠

节地城市发展模式

——JD模式与可持续发展城市论

深圳维时公司建筑与城市研究中心

董国良　张亦周　著

*

中国建筑工业出版社出版、发行(北京西郊百万庄)
新　华　书　店　经　销
北京天成排版公司制版
世界知识印刷厂印刷

*

开本：787×1092毫米　1/16　印张：28¾　插页：4　字数：469千字
2006年9月第一版　2006年9月第一次印刷
印数：1—3500册　定价：**80.00**元

ISBN 7-112-08532-2
(15196)

本社网址：http://www.cabp.com.cn
网上书店：http://www.china-building.com.cn

JD 城市模式具备三要素　值得全面推广

对长沙三角洲 JD 模式的试点，中国城市规划院总规划师评价为：该模式能够大量节约土地，在相对高强度开发的同时，能够提供高达 50%以上的绿化空间，并且能够创造出安全舒适、人性化的户外活动场所，解决了我国多年来想解决而没有解决的人车分离、节约集约用地问题，这是我国城市发展的一个方向，值得在全国各地推广。

JD 模式必然推广之三要素：

一、适合老城区改造。长沙试点证明，在成片改造中采用 JD 模式使区内容积率提高两倍左右，政府因此增收，土地和税费收入超过改造所需投资，促进了土地二次开发。老城区交通改造采用 JD 模式，将从此走上治本之路，经三年左右的时间即可消除交通拥堵，全面落实公交优先，并可建成与机动车没有平面交叉的步行、自行车全天候专用道路网，实现交通的全面人性化。

二、适合新城区建设。实现人与汽车全面和谐，城市紧凑而宽松、高效而低耗。人均占地 50 平方米时，人均绿地达 30 平方米，绿地率 60%；可建成步行、自行车、机动车等三套相互之间没有平面交叉的、各自专用的全天候道路网；可节约 75%左右的土地、燃油、交通投资、出行时间和出行费用；杜绝车撞人的交通事故、永远告别交通拥堵和停车困难，并实现公交全面快速化和零换乘。

三、符合科学发展规律。现行城市模式的形成经历了一百多年，是由局部理性导致整体非理性无序发展的博弈过程。总结此教训，在 JD 模式的创新中，反其道而行之，采用了从整体理性出发兼顾局部理性的思维推演过程。JD 模式是以城市可持续发展的四组 20 项目标（详见本书下篇）为依据，循着多目标最优化决策的途径，穷尽所有可能的方案，经三十余年研究，最终筛选出的最优模式。

自　　序

城市的可持续发展问题，是一个复杂的、令人望洋兴叹的问题。因为复杂，解决时往往无从下手。一个伟大的哲人说过，人类实际上只会解决简单的问题，面对复杂的问题，只能先把它变简单了，才能找到解决问题的办法。

本书作者花了三十多年，总算把城市发展这个复杂问题变简单了。您如果有耐心把本书读完，就会了解能把这个复杂问题变简单了的理论体系，以及解决问题的方法。您会发现，由于先完成了城市问题由复杂到简单的转化，我们面对的只是简单的问题，所以解决问题的方法也很简单。

一百年来，解决城市问题的方法十分复杂。以解决城市交通为例，历来采用的方法可以罗列出三十多种，问题越搞越复杂，以至于城市交通问题“无解”的观点几乎成了主流观点。究其原因，就是没有先把复杂问题变成简单问题，而是直接下手解决复杂的问题，也自然采取了越来越复杂的办法。

把复杂问题变简单了之后，就能彻底解决问题，这可能是一个普遍规律。例如，数字化彻底解决了信息处理的问题，泛中心化(互联网)彻底解决了信息传输问题；集装箱化彻底解决了物流问题。本书提出的空间结构有序化，催生了节地城市发展模式(JD 模式)，有望彻底解决城市的可持续发展问题。

站在巨人的肩上，才能攀登到新的高度。本书提出的理论和方法，是对现有理论的继承和发展，也是对发达国家城市一百年来经验和教训的总结。

本书的出版，旨在推动我国城市跳出发达国城市陷入不可持续发展困境的覆辙，并期望各方面的专家学者共同推动城市可持续发展问题的研究。

本书介绍的节地城市发展模式(JD 模式)是土地高度集约节约利用的城市模式。与现行城市模式相比，在汽车达到饱和拥有率每千人 600 辆时，可在城市人均占地 67 平方米的紧凑情况下实现：人均绿地面积 20 平方米以上，绿地率超过 50%；完全没有交通拥堵，汽车平均行驶速度 60 公里/小时左右；实现城市交通的全面人性化，在城市中有三套完全分离的、四通八达的全天候道路系统：一是机动车道路系统，二是步行道路系统，三是非机动车道路系统。三个道路系统相互没有平面交叉；城市的全部开敞空间，既看不到汽车出现，也听不到汽车噪声，均为无汽车干扰的户外活动场所，户外活动宽松舒适。同时，JD 模式是资源高度节约的城市模式，与现行城市模式相比，可节约土地、交通燃油、交通和市政建设投资 70%左右。

老城市和老城区的改造按照 JD 模式进行，可以避免改来改去，一劳永逸地逐步改造成可持续发展的城市。

作者

2006 年 8 月于深圳

关于本书创新点的说明

作者经过三十多年的研究，完成了关于城市发展问题的如下理论创新和方法创新：

一、理论研究方面的创新点

1. 概括城市病的十大表现
2. 破解十大城市病的基本公式
3. 城市有机体的致病基因研究
4. 后汽车时代概念
5. 汽车发展中的异化现象
6. 城市泛中心论
7. 城市交通全面人性化的必要条件
8. 道路系统可靠性研究
9. 剖析现行城市交通理论中存在的盲目性
10. 城市交通中的九个因果链
11. 城市人口密度的合理数值
12. 道路面积率的合理数值
13. 路口间距的合理数值
14. 揭示城市交通的十条内在规律
15. 城市交通规划的新思路和目标体系
16. 城市交通前景的预测
17. 城市交通政策的选择
18. 城市状态判别公式和判别参数
19. 城市所采用的38种交通对策的分析与评价

20. 可持续发展城市需满足的四组 20 项目标

21. 城市模式多目标最优化决策方法

22. 老城市改造的三个途径

二、关于城市模式的创新

1. 节地城市发展模式(JD 模式)

2. JD 模式的十项发明专利和三项实用新型专利

目　　录

总论　节地城市发展模式

总论采取问答方式进行叙述，以便于决策层和领导层人士在百忙中进行选择性的阅读。

规划出效益，城市规划所产生的节约是最大的节约，节约的最大主体是政府。只有从城市规划入手，全面采用JD城市发展模式，才能高度集约节约利用土地，确保我国18亿亩耕地不再减少，并一举多得，实现城市的全面可持续发展。

总论中的内容力求对最近十年来，国际上关于现行城市模式必将导致全球生态灾难的主流观点进行介绍，并深入分析就可持续发展而言现行城市模式失败的根源；深入讨论汽车时代城市发展的内在规律，明确提出孤立地解决城市滥占耕地和交通拥堵问题的思路是违背客观规律的，只有采取多目标最优化决策的方法，才能“一揽子”地统筹解决城市发展所面临的各种问题。

总论中对JD模式的理论创新和具体技术方案作了概略性的介绍，若需详细了解，请阅读本书下篇。

1. JD模式是怎么回事？

答：JD模式是节地城市发展模式的简称，是替代现行城市模式的最优模式。与现行城市模式相比，不仅可以节约土地、节约燃油、节约投资75%左右，而且完全不堵车，不存在停车困难和步行困难，并且环境宜人，城市绿地率在50%以上。

2. 世界各国一百年来解决城市交通的三十多种对策中，为什么只有少数几种符合可持续发展的原则？

答：如果将一百年来世界各国（当然也包括我国）治理城市交通的各种对策来一个大检阅的话，就会发现这三十多种对策中，绝大部分经不起以下两个检查。

一个是，按照本书中篇所讨论的“汽车时代城市交通的十条内在规律”，用这些规律去衡量这三十多种对策中的每一项对策，这是一个检查。

第二个是，用本书下篇所讨论的“城市模式可持续发展的四组共20项目标”为尺度，将这三十多种对策逐一与这20项目标相比对，评价一下哪些对策有利于达成这20项目标，哪些对策会阻碍或破坏达成这20项目标。

如上所述，我们手中有两把尺子：一把尺子是规律，即城市交通的十条内在规律；另一把尺子就是城市可持续发展的20项目标。用这两把尺子会发现，这三十多种对策中大部分是不可取的。

比如修大型立交桥。大型立交桥在城市中会占用大量的土地，如果每个交叉路口都修大型立交桥，那么交通是通了，也不会再堵车了，但城市的土地就会被圈得七零八落，城市就没有办法发挥本来应有的各项功能。所以，这个办法是不可取的。

再比如建高架路。这几十年国外的很多城市，都将建高架路作为解决交通拥堵的基本对策，像美国的休斯敦、日本的东京，当然也包括我国的广州。但是，到头来会发现，这种用高架路解决交通的思路，有一个致命的缺陷：无论修多少高架路，始终不能将高架路的通行能力提高到交通供给密度50000车·公里/(平方公里·小时)以上，始终达不到消除交通拥堵所需要的临界数值，恐怕将来难免要走回头路。所谓高架路，实际上就是在陆地修一座长长的桥，设想一下：桥上堵车了，还好解决吗？

再比如，这三十多种对策中一项最基本的对策，是在城市中推行由快速路、主干路、次干路和支路等四级道路组成的道路网。迄今为止，仍然把这四级道路组成的道路网，作为城市的基础道路网。而且认为只要把这四级道路之间的比例，也就是所说的级配关系真正做到合理化，那么城市交通问题就可以真正得到解决。回顾一下城市交通拥堵产生的历史可以发现，由四级道路组成的城市道路网，从它发明的那一天起已有四十多年了，这四十多年中，没有哪一个城市不在力求实现道路级配关系的合理化，但是又有哪一个城市达到目的了呢？没有！这好像是一件可望不可及的事情。四十多年的教训告诉我们，实现四级道路级配关系的合理，是一个难以企及的目标。本书的中篇对此作了分析，指出这种追求级配关系合理的努力，只会陷入一种逻辑上的悖论。所谓悖论，是指本来想用这个办法解决问题，结果反而走入了解决不了问题的结局。在四级道路中，轮番地提高快速路和其他三级道路的比例，在这个轮番提高各级道路比例的过程中，城市的道路网越建越多，越搞越复杂，交通拥堵的面也越来越宽。

再比如，这三十多种对策中，有一些回过头看似乎是很可笑的办法。如限制购买小汽车，我国有的城市还采取过拍卖车牌的办法。小汽车是限制得住的吗？现在多数人已经认识到，小汽车的拥有是必然的，拥有率的提高是挡不住的，最后一定会发展到每户两辆汽车，一千人 600 辆汽车。

在这三十多种对策中还有一些办法，从经济上、效果上讲都是不可取的。如有人倡导修地下高速公路，我们从理论上已经证明了，无论修什么道路，每平方公里土地面积上它所能提供的交通能力一定要超越 50000 车・公里/小时的临界数据。地下高速公路怎么可能做到这么高的交通供给呢？我们衡量来衡量去，最后发现还是那些最原始的、最成熟的、最经济的、最朴素的几个办法，倒是符合我们两把尺子衡量的结果，符合我们两把尺子的要求：一个是规律的尺子，一个是目标的尺子。

这里所谓最经济的元素，就是地面机动车道路、地面停车库、屋顶平台、简单的十字形立交桥。要坚定不移地只利用地面机动车道路，解决机动车的交通问题。只要将地面机动车道路，改成全面快速的交通路网，就能使道路通行能力超越我们所说的 50000 车・公里/(平方公里・小时)的临界数据。至于停车，还是坚持采取地面停车。地面停车既经济又方便，只需拿出城市面积的1/3左右用来停车，就可以满足汽车达到饱和拥有率时的停车需要，而且这占城市面积1/3左右的停车库，它的屋顶是一个不需花钱就可以自然得到的大平台，这个平台上可以布置人行道、平台花园、建筑物等，使城市户外活动空间增加了这么大的一个架空平台，再加上每个街区中心会有40％面积的街区绿地，就使城市的户外活动空间变得很宽敞，使城市在高人口密度的情况下，能够实现户外活动空间的宽松与舒适。

这就解决了一个紧凑型城市难以解决的两个矛盾：一个是交通因紧凑而更加拥挤；另一个是户外活动空间因紧凑而更加拥挤。我们采取了地面道路完全快速化，停车库屋顶作为人的活动平台，做到了在紧凑的情况下，车辆不发生交通拥堵，同时户外活动空间是没有汽车干扰的、大面积的绿化空间。

再比如这三十多种对策中，有人设想允许城市中使用直升飞机；还有人设想要制造出带有折叠翅膀的小汽车，在交通拥堵的时候可以飞过去；也还有一些交通治理措施，如单、双号车轮流上路，或是限制某些车型在指定的道路行驶等。

所有这些办法都只能暂时地解决一些问题，并不能长远地解决问题。这三十多种方法中，有相当一部分还会带来自相矛盾的结果。比如，修建了若干条机动车道路，看起来机动车道路通行能力提高了，但实际上由于机动车道路的修建，导致步行道路被分割、被破坏，使步行环境进一步恶化。这样反过来提高了人们对小汽车的依赖，又增加了道路上小汽车的交通量。而且步行环境的恶劣，会降低公交车的乘坐率，也促成了对小汽车的依赖。这正是目前许多城市交通治理陷入恶性循环的原因之一。

再比如，有一种出现最早的办法，就是交通拥堵了，就向城市外围疏散。至今仍然有人认为，减少人口密度可以解决交通拥堵。然而，这个结果事与愿违，导致了更大面积的交通拥堵。包括修建一些规模并没有达到要求的卫星城，有的城市修建的卫星城只有几十万人，面临着一个几百万人的市区，结果这几十万人的卫星城没有办法实现就业与居住的平衡，反而成了“卧城”，在卫星城睡觉，在中心城上班，机动车道路的交通量反而增加了。

我们对这一百年来的三十多种对策，进行了一个大检阅、大判断、大衡量、大筛选，对我们认识可持续发展城市模式，应该采用哪种对策，或者说在决策中进行优选，有重要的意义。在优选的最后结果中，我们选择了地面机动车道路、地面停车库、停车库屋顶所形成的架空平台以及街区中心绿地花园等，还包括我们重新设计的公交车零换乘站点结构。这种零换乘站点结构一旦推广，可以保证城市中所有公交车的站点，都实现零距离换乘。此外，我们还设计了一些新的结构元素，如将自行车道路与人行道路完全分开的道路结构，在城市中可以实现不仅人和机动车完全分离，而且自行车和步行也可以完全分开，三者之间没有平面交叉，构成了舒适的步行方式、舒适的自行车出行方式和畅达的机动车出行方式，城市交通的人性化问题几乎可以说得到了全面的解决。

3. 为什么说JD模式是高度人性化的城市模式？

答：JD模式开创性地实现了三项人性化的目标。

一是“人、机、非道路三分离”，城市中设有三种道路网，即步行道路网、机动车道路网、非机动车道路网，每种道路网均四通八达、遍布全市，三种道路网完全分离、完全独立，相互之间没有平面交叉，三种道路网均为遮阳蔽雨的全天候交通系统，充分满足人性化出行的各种选择，并完全杜绝“车撞人”的交通事故。

二是城市的全部开敞空间，既看不到汽车出现，也听不到汽车噪声，均为无汽车干扰的户外活动场所，绿地率在50%以上，户外活动宽松舒适。

三是公交车全面快速并实现“全天候零距离换乘”，确保“公交优先”全面落实。

4. JD模式结构的主要特点是什么？

答：主要特点是将混杂的城市空间划分为四个功能单纯的独立空间，如下图：

第一个独立空间是地面机动车道路，机动车道路上完全没有行人和自行车，只供机动车行驶。由于空间的功能单一，所以只需在交叉路口设立简单的十字形立交桥，就可以很经济地将道路网建成全面快速路网，取消红绿灯，汽车可以快速连续行驶，通行能力可提高五倍左右，城市将从此告别交通拥堵。

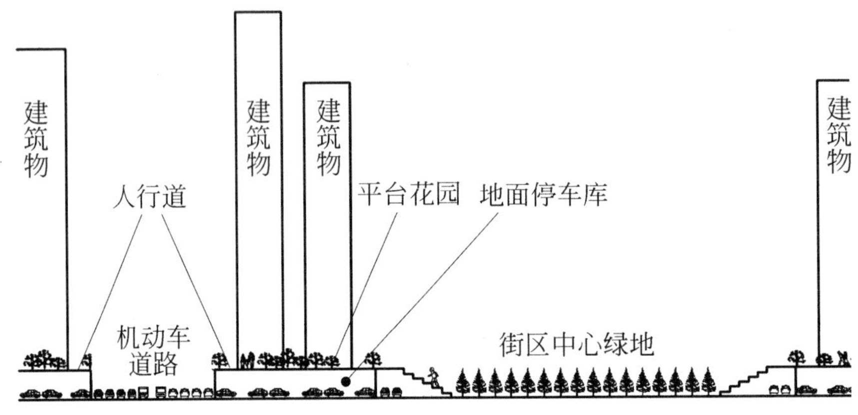

JD 模式基本结构城市街区断面图

第二个独立空间是地面停车库，只需拿出城市地面的 35%，就可以满足每户两辆汽车的停车需要(城市人口密度为 15000 人/平方公里)，城市停车难问题可以彻底解决。

第三个独立空间是布置在地面停车库屋顶平台上的人行道，各个停车库屋顶平台之间设横向连廊，形成遍布全市的人行道路网。由于汽车上不来，可以杜绝车撞人的交通事故。

第四个独立空间是户外活动场所，包括平台花园和地面中心绿地。户外活动空间面积大约占城市面积的 50%以上，完全没有汽车干扰，可以进行大面积的绿化。

由于将一个混杂的城市空间变成了有序化的城市空间，所以城市滥占土地的问题，以及交通拥堵问题、停车难问题、步行环境日益恶劣问题、户外活动空间混杂问题等，都可以比较容易地彻底得到解决。因此可以说，JD 模式是通过实现空间结构有序化所构建的汽车时代城市可持续发展的模式。

上图所示为 JD 模式的基本结构。JD 模式的完整结构见下篇的发明专利之七，完整结构中同时具备步行道路、机动车道路、非机动车道路等三套遍布全市的、相互间没有平面交叉的全天候道路系统。

5. JD 模式为什么能大量节约土地?

答：因为 JD 模式可以避免汽车时代城市产生蔓延现象，也可以说是避免了因交通拥堵促成城市“摊大饼”所造成的土地浪费。

首先分析一下，在现行城市模式下为什么会出现城市滥占土地的现象? 在汽车进入家庭之前，城市人口密度普遍为15000人/平方公里左右，而随着汽车的迅速普及，出现了城市蔓延的三个内在推动力：一是现行的城市道路系统与汽车时代不适应，道路通行能力利用率只有六分之一，产生交通拥堵，造成每平方公里土地只能容纳约2000辆汽车，所以城市必然“摊大饼”；二是户外空间混杂，城市成了汽车“横行霸道”的天下，富人向往郊区良好的居住环境；三是由交通拥堵所造成的房价分布极不平衡，穷人只能到郊区去买房。

采用JD模式可以使道路通行能力的利用率提高5～6倍，不再产生交通拥堵，汽车容量密度提高至10000辆/平方公里左右，城市不再“摊大饼”；同时户外空间混杂的问题彻底得到了解决，市区的居住环境能完全满足富人的居住需求；由于城市紧凑而畅达，房价分布比较均衡，将彻底消除穷人居住郊区化的现象。

因此，采用JD模式可以大量节约土地。

6. JD模式为什么能大量节约投资？

答：熟悉城市建设投资的人都知道，城市每平方公里面积的市政建设投资大体上是一定的，所以城市人口密度越低，人均城市市政建设投资越大，城市市政建设投资总量也越大。JD模式在汽车拥有率达到600辆/1000人饱和水平时，仍能保持15000人/平方公里的密度，城市占地面积只为现行城市模式的1/4左右。因此，从宏观上看，城市可节约投资3/4左右。

采用JD模式城市紧凑而畅达，汽车行驶中又无需中途停顿，所以汽车燃油可节约3/4以上；由于消除交通拥堵，平均每辆汽车每年减少交通拥堵损失约2500元；由于公交车运行距离缩短一半多，车辆行驶速度提高2倍多，所以公交车的数量可以大幅度减少，节约了大量投资；由于地面交通完全畅达，可以减少高架道路和地下交通工程的大量投资；此外，由于停车库主要建在地面，每个停车位的造价也比地下要节约30%左右。

综上所述，采用JD模式，各方面的投资均可实现大幅度的节约。

7. JD模式为什么能大量节约燃油？

答：首先要分析汽车在什么情况下，才会增加燃油的消耗？增加燃油消耗一般有三种情况：一是出行距离的增加，如果出行距离增加一倍，燃油消耗自然多一倍；二是出行次数的增加，如果出行次数增加一倍，燃油消耗自然也增加一倍；三是汽车运行方式的变化，如果在高速公路上匀速地、不停顿地行驶，则会比较省油，但如果在市内，每到十字路口都要停顿或每过斑马线都要减速，汽车处于不断地刹车、踩油门的情况下，或是处于不断发动、启动的情况下，机动车燃油消耗自然就会增加。

JD模式能够大量节约燃油，就是在这三个方面都出现了变化：

首先是出行距离缩短了。采用JD模式，城市人口密度大约为现行城市模式的3～5倍，同样规模的城市，城市的尺度自然小了很多。如果城市的面积减少为原来的20％，那么城市的直径就只为原来的45％，同样出行目的所需要的行驶距离，自然也就减少为原来的45％，这是节油的第一个因素。

节油的第二个因素就是出行的次数减少了。为什么呢？因为现行的城市人们对小汽车出行的依赖程度比较高，主要原因是乘坐公共汽车比较困难，乘坐环境也比较差，在天气不好的情况下乘公共汽车，乘车前后走路和转乘都会增加困难；同时，现行城市模式中，人们本来可以走路去的地方，由于绕行距离比较远，有些地方甚至看得见，走过去却要花很长时间或者几乎很难走过去，走路出行环境比较差，安全性也比较差，在这种情况下，小汽车的使用率自然会增加很多。而采用JD模式，人们对小汽车的依赖程度会明显降低，估计在公交乘坐环境、走路环境得到根本性改善以后，人们采用小汽车出行的次数会降低为目前的50％。美国步行者协会的研究表明：一个宜人的步行环境可能会使人们愿意将步行的距离增加一倍。

节油的第三个因素就是汽车运行方式发生了变化。从现行的汽车技术性能来看，在JD模式中，连续行驶百公里耗油量与现行城市模式中这种行驶方式的百公里耗油量相比，大约可节约燃油46％，也就是百公里油耗只相当于现行城市模式的54％。

综合以上三个因素，汽车燃油消耗可以按照下面的公式计算：

燃油消耗为现行城市模式的百分比＝出行距离缩短至45％×出行次数减少至50％×由于行驶方式变化造成百公里耗油量降低至54％＝0.45×0.50×0.54＝12％

由这个公式可以看出，采用JD模式，小汽车日均耗油量只为现行城市模式的1/8左右。

8. JD模式为什么能大量节约出行时间？

答：首先说自己开车出行，出行时间主要取决于出行的距离和行驶的速度。在JD模式中，由于城市紧凑，同样目的地的出行，出行距离只相当于现行城市模式的45%，开车行驶速度大约为现行城市平均行驶速度的3倍，因此，自驾车出行的行驶时间大为减少，约等于45%×1/3=15%，即同样出行目的，采用JD模式，自驾车出行的出行时间仅为现行城市模式的15%，当然包括在停车库停车和取车的时间，总的时间可能比15%要多一些。按照JD模式，汽车停放在地面，坐电梯可以直接到达地面的停车库，车从车库中开出的时间比较容易掌握，同时由于JD模式解决了停车困难问题，在小汽车停放时，不会花更多的时间去寻找停车位。因此，包括停车、取车时间在内，自驾车所使用的总出行时间，也不会超过现行城市模式的1/4。

其次，乘公交车出行的时间大大降低。这是因为，在JD模式中，所有的公交车都是全程快速的公交车，所谓全程快速就是在任何交叉路口都不用等待红绿灯，行驶速度估计为现行城市模式公交车行驶速度的3倍。公交车行驶的距离同样取决于城市的人口密度，也就是取决于城市的紧凑程度。采用JD模式，城市的紧凑程度提高了很多，出行距离也只相当于现行城市模式的45%，因此，乘公交车出行的时间也不会超过现行城市模式同样乘车目的出行时间的1/4。

第三，再看走路或骑自行车出行的时间。在JD模式中，由于步行或骑自行车出行，不需要在红绿灯路口停顿和等待，不需要从斑马线穿过及必须的绕行，因此，出行时间也能够明显地节约。

综合来看，无论是自驾车出行，还是乘公交车出行、步行或是骑自行车出行，与现行城市模式相比，JD模式城市的出行都会大量地节约时间。

9. JD模式为什么能大量节约出行费用？

答：从上面的问题6、问题7中知道，在JD模式中，自驾车出行能大量节约燃油，乘公交车出行能大量节约时间。因此，在JD模式中出行，必然大量节约出行费用。

10. JD模式为什么能彻底解决交通拥堵？

答：JD模式中一个突出的特点是：三个交通系统完全独立、互不干扰。

一个是步行交通系统，一个是自行车交通系统，再一个就是机动车交通系统。

在机动车交通系统中，根本没有行人和自行车出现，而且全部机动车道路在地面，而且道路红线内的面积可以全部供机动车使用，也就是占城市面积 20%～25%左右的面积，全部提供给机动车使用。同时，在机动车道路的全部交叉路口，都设置了简单的十字形立交桥，并都取消了红绿灯，机动车在行驶的全过程中，可以不停顿地连续行驶，平均行驶速度可达60～70 公里/小时。

上述这种城市道路的设置和汽车的行驶速度，共同决定了以下问题：城市每平方公里土地面积上道路所能提供的交通供给量高达 90000 车·公里/小时，而在交通高峰时期，机动车的需求极限也不过只有 50000 车·公里/小时。这就是说，在每平方公里土地面积上，道路所能提供的交通供给量 90000 车·公里/小时永远大于高峰时期的交通需求量 50000 车·公里/小时。所以，JD 模式能够彻底消除交通拥堵。

11. JD 模式为什么能彻底解决停车困难?

答：其实，停车困难与否，主要取决于停车位的数量是否超过汽车的数量，不但总量上超过，而且每一个局部的地区也能超过，也就是，停车位的密度是否大于汽车保有量的密度。这个道理很简单，但在现实生活中，城市之所以存在停车困难，就是因为在城市规划空间的安排上，没有建设出足够多的停车位。为什么现有的城市规划中，没有安排足够多的停车位呢?因为按照现行的城市模式，安排足够多的停车位比较难以解决。在现行城市模式中，地面上供停车的地方很少，同时，在人车混杂的情况下，对人也很不安全。因此，主要依靠地下停车位，而地下停车位的建设又受到了建筑成本、施工地质条件、城市地下管网等各种条件的限制，所以开发商在建设停车位的时候，出于经济上的考虑，往往只能满足当前的停车需要，对长远的需要，不可能用积压资金的办法事先准备若干年后才需要的停车位。这样，就出现了汽车数量的增长远远超过停车位数量的增长，城市的停车位永远处于短缺状态。

而在 JD 模式中，则比较容易地解决了这种短缺状态，因为在 JD 模式中，机动车的停放主要安排在地面，随着停车位需要的增加，地面停车库的面积可以不断扩大，地面停车库的屋顶上又是人的活动空间，因此，地面停车和人的户外活动空间之间的矛盾就不存在。可以在城市建设初期，预留出足够多的停车面积，随着汽车数量的增加，扩大地面停车库的面积，也同时扩大了停车库屋顶上人的活动空间。这样，开发商在建设过程中，即使当前汽车数量比较少，也不用积压很多的投资，预先建设很多的停车位，只需在地面上留出足够的规划面积，随着汽车数量的增加，可以比较经济地建设地面停车库，同时也扩大了停车库屋顶上人的活动空间。

由于这样一种城市模式结构，能够保证停车位的数量不少于汽车保有量的数量，在精心安排的规划和分步实施的计划中，可以做到在每一个年度停车位的数量，都超过汽车保有量的10％以上，当汽车达到饱和拥有率水平时，城市总的停车位数量则相当于汽车保有量的110％～120％，按规划已经建成的市区，其停车位的数量，可以确保大于市区内汽车保有量的数量。

因此，JD模式可以彻底解决停车困难。

12. JD模式为什么能彻底解决步行道路的安全、便捷和舒适?

答：在JD模式中，步行道路上既没有汽车的出现，也没有自行车的出现。在步行道路上行走，就如同在公园里散步一样，或者就像目前城市中步行街的出行方式一样，所以步行道路的安全，得到了彻底的保证。

步行道路是否便捷，取决于步行道路是否四通八达，步行道路是否有绕行距离，步行道路中是否有红绿灯需要停顿等待等。在JD模式的步行道路中，是没有任何绕行的，也不需要在红绿灯中等待，同时步行道路四通八达，可以到达每一个街区、每一个商店、每一栋写字楼。因此，JD模式的便捷程度是不言而喻的。

至于步行道路是否舒适，主要取决于步行环境的安排。在JD模式中，步行道路与汽车完全隔绝，既听不到汽车的噪声，也不会受到汽车尾气的污染，同时在道路两旁，都是像花园一样绿化的环境，可以设置供行人们休憩或交谈的座椅。同时，在步行道路上，还设置遮阳蔽雨的棚盖，在各种天气下，都可以保证出行道路的舒适和出行环境的舒适。

13. JD 模式为什么能彻底解决自行车道路的安全、便捷和舒适？

答：和上个问题的答案一样，因为在 JD 模式中，自行车道路是一个完全独立的道路系统，既没有行人的干扰，也不受汽车的干扰，也是四通八达的，所以自行车道路自然是安全、便捷和舒适的。

14. JD 模式为什么能实现全天候的城市交通？

答：JD 模式能实现全天候的城市交通的基本条件是：在人行道路、自行车道路和机动车道路上方都设有棚盖，特别是机动车道路几乎处于全封闭的状态，人行道路和自行车道路除了有棚盖之外，还可以在侧面适当位置设置防雨或防风的屏障。因此，驾车出行、步行或自行车出行，都可以不受天气的影响。这里特别要说明的是乘公交车，在 JD 模式中，乘公交车出行同样也是全天候的。因为所有的公交车站都是在遮阳蔽雨的环境中设置的，公交车的换乘基本上是在同一个车站范围内进行，换乘的站点结构是全天候的。因此，公交车出行无论是乘车前的走行，还是中间的换乘，以及到达目的地以后的走行，都是在全天候的环境中完成的。

15. JD 模式为什么能形成人、机、非三分离的城市道路系统？

答：这里所谓的人、机、非三分离道路，是行人、汽车、自行车的道路完全分离。在 JD 模式中，三种道路是完全独立、完全分离的，没有平面交叉、没有相互干扰。在机动车道路上，根本不会出现行人和自行车，在人行道或自行车道上也根本不会出现汽车。特别是人行道和自行车道也是相互分离的，这一点对于人们出行的绝对安全，有根本性的保障。这里所谓的绝对安全，就是不会再像汽车出现以前，城市中经常发生自行车撞人的事故，不会再出现自行车碰撞孩童，家长对子女出行很不放心的那种局面。

在 JD 模式中，为什么能有足够的资金和空间来建设这种人、机、非三分离的道路系统呢？

首先，从空间上能够实现人、机、非三分离，这是由 JD 模式的城市空间结构所决定的，这可以从本书下篇中关于 JD 模式城市空间的结构图上一目了然。

其次，人、机、非三分离道路系统建设的投资从哪里来？JD模式中人、机、非三分离的三种道路系统加在一起的总投资，与现行城市模式的道路投资相比，也只相当于现行城市道路投资的40%左右。这是因为，JD模式实现了城市的高度紧凑，同样规模下的城市，由于城市占地面积仅为现行城市模式的1/4，因此，城市道路的总长度也只为现行城市的1/4，道路投资是随着道路的总长度变化而变化的，总长度减少为1/4，道路的投资也只相当于现行城市道路、地面道路投资的1/4；同时在JD模式中，还可以节约大量的地下交通工程投资、大量的高架路投资、大量的大型立交桥投资和大型交通枢纽投资，由于城市紧凑和畅通节约了城市公交系统的大量投资。那么，为了建设独立的步行系统和独立的自行车道路系统，需要多增加的投资(这个投资总额大概与地面道路投资总额相当)与地面道路投资合在一起，也只相当于现行城市道路交通投资的40%左右。也就是说，从经济角度讲，建设了三分离的道路系统，其城市交通投资的总量仍然比现行城市交通投资的总量低60%左右，经济上是可行的。

因此，JD模式在空间结构安排上的可行性与道路交通投资上的可行性，共同决定了可以建设人、机、非三分离的道路系统。

16. JD模式为什么能够实现城市交通噪声的全面隔离?

答：JD模式具备了噪声全面隔离的两个条件：

第一个条件是，机动车道路只供机动车行驶，没有行人和自行车的出现，因此，将机动车道路的空间与城市的开敞空间相隔离，将噪声全部封闭在机动车道路的局部空间中，不会影响行人和自行车的出行环境。

第二个条件是，在JD模式中，机动车道路两边，主要是地面停车库，基本上没有商店和其他人员活动的场所，当然个别的加油站，包括个别的汽车零配件、维修服务站除外，因此，可将机动车道路完全封闭，道路两边的停车库还可以作吸声或隔声的结构安排。

此外，在JD模式中，城市道路的总面积比现行城市模式小很多，大约只相当于现行城市模式道路总面积的1/4左右。故可以拿出所节约投资中的一小部分，在机动车道路上方加设隔声棚或盖板，这样在经济上完全可以做到建设全面隔声的隔声设施。

在JD模式中，既在结构上保证了隔声设施的设置，又保证了支付隔声设备、隔声装置所需要的投资。

17. JD模式为什么能够实现城市的高密度并同时实现户外空间的宽松和舒适？

答：城市的高密度和城市的拥挤似乎是一对孪生兄弟，几乎在城市里居住的人，一想到高密度，就会想到城市的拥挤、嘈杂和户外空间的人车混杂。但是，在JD模式中，由于实现了城市的户外空间与机动车完全隔离，同时还在地面停车库的屋顶上增加了大面积的户外活动面积，在机动车道路上加设隔声盖板之后，机动车道路上方的盖板也提供了大面积的户外活动空间。因此，在JD模式所有的开敞空间中，既看不到汽车也听不到汽车的噪声，同时所有的开敞空间，都是提供给人们户外自由活动的空间，包括大面积的绿化空间，悠闲的步行道路和户外活动中的一些必要的娱乐场所、休闲场所。

因此，在这样的城市中，虽然居住密度很高，而户外活动空间仍然是宽松、舒适和安全的。

18. JD模式为什么能实现城市绿化率超过50%？

答：从上一个问题的答案可以看出，由于所有的开敞空间都提供给人们作为户外活动的场所，如果去掉地面建筑物和一些必要的地面设施外，城市的开敞空间大约占城市面积的60%～70%或者更多。在这个开敞空间中，除去步行道路、娱乐活动场地、体育活动场地之外都可以进行绿化。因此，城市的绿化率很容易做到50%或更多。

从长沙新河三角洲的规划实践来看，采用JD模式来规划新河三角洲与此前四年中先后作过的四个规划相比，绿地率由原来的26%左右提高到了55%。这个试点地块的绿化率，对JD模式能够实现超过50%以上的绿化率，给出了初步的证明。

19. JD模式为什么能杜绝车撞人的交通事故？

答：由前面几个问题的答案可以知道，在JD模式中，人或自行车的出行与汽车出行是完全隔绝的，在步行道路上或是自行车道路上或是人的户外活动空间中，根本不会有汽车出现，说白了，汽车想上也上不来。

因此，JD 模式能完全杜绝车撞人的交通事故。

20. JD 模式为什么能从根本上改善城市的治安状况？

答：JD 模式能从根本上改善城市的治安状况，这样一个效果是在 JD 模式设计之初就充分进行了考虑的。这是因为 JD 模式具备改善治安管理所需要的三个条件：

第一，城市紧凑了，缩短了治安管理的半径，大概缩短为现行城市模式的 45%。

第二，城市紧凑几倍，每平方公里面积上的警力数量就可以增加几倍，也就是说警力密度与城市面积的大小成反比。采用 JD 模式，城市面积只为现行模式的 1/4，警力密度可以提高 4 倍。

第三，JD 模式中，每个街区人的活动空间可以封闭，像大院一样地进行管理。这样，城市的公共活动空间就限于每个街区封闭范围之外的城市公共空间，这个公共空间的面积，与现行模式城市相比缩小为原来的 1/8 左右。因此，属于社会公共管理的治安空间，面积也能够缩小为原来的 1/8 左右，在同样警力的情况下，治安管理的强度，当然就增加了很多倍。

除此之外，在 JD 模式中完全杜绝了人车的混杂、人车的混行，可以避免骑摩托车抢夺财物的治安案件，或者避免开车绑架的治安案件，这对于改善城市治安管理环境也是有利的。由于交通的畅达和城市的紧凑，城市管理的空白和死角就会基本消除。公共管理环境的治安监控，包括电视监控，也比较容易做到严格、严密，对于杜绝治安事故会起到很大的作用。

因此，可以做这样的结论：JD 模式的城市，治安管理的状况可以从根本上得到改善。

21. JD 模式为什么能大量减少尾气污染？

答：首先从上面第 6 个问题的答案可以知道，在 JD 模式中，每辆小汽车的燃油消耗与现行城市模式相比，大概只相当于现行城市模式燃油消耗的 1/8。燃油消耗少了，尾气排放自然也就少了。

其次，在 JD 模式中，机动车道路是封闭的，其排风口可以通过设在路边建筑中的垂直通道直接排到高空，同时由于步行和自行车道路与机动车道路在空间上也是完全隔离的，因此，在步行或自行车行驶的空间，或者是人的户外活动空间中，即使有尾气污染，浓度也是很低的，是弥散型的。此外，在 JD 模式中，由于地面层全部架空停车，在有风的情况下，架空停车和机动车道路这个空间很容易进行空气的更新和更换。

22. JD 模式为什么能从根本上改善城市的抗水灾能力？

答：JD 模式能够从根本上改善城市的抗水灾能力，只要你看一看 JD 模式的模型，就一目了然了。这是因为，在 JD 模式中，步行道路、自行车道路和紧急救援道路（消防车的道路），全部设置在地面以上 6 米左右高的架空平台上。因此，在城市发生洪涝的情况下，城市的步行系统、自行车系统完全不受影响，城市的机动车紧急救援道路系统，也可利用消防车道路来行驶，同时，在机动车道路两旁建筑物的首层，没有人员居住和商店，所以发生洪涝灾害时也不会影响城市居民的日常生活，上班、上学和政府机构的管理，都不会受到水灾的影响。

因此，采用 JD 模式的城市，对于靠近水网可能出现洪水灾害的城市具有特殊的优越性。

23. JD 模式为什么能适应城市模式无限扩大的要求？

答：首先说现在的城市，为什么都在限制城市规模的扩大？或者说为什么都怕城市规模失控？这是因为，现在的城市在当初规划的时候就是按照城市一定的规模作为规划的目标。比如说，城市的交通是按这个城市规模来设计的，城市各个中心的位置是按这个规模来设计的，城市中各种功能的布置也是按这个规模来设计的，当然还包括城市的支撑体系，也就是上水供应、下水排放，城市动力包括电力、燃气以及通信等各种支撑设施，也都是按这个规模来设计的。城市规模一旦扩大，城市的各种设施都很难适应，所以现在的城市普遍都有控制城市规模的政策。

其次，城市的规模为什么是控制不住的？国内外所有的大城市，在控制规模方面，或者说是用城市规划来控制城市规模方面，都没有取得成功。城市规模的扩大有它自身的内在规律。比如说，在你这个城市兴办产业，比在其他地方更有利，在你这个城市做生意，比在其他地方更接近市场、接近产品的供应地，那么，相关的产业就一定会到这个城市来发展；你这个城市就业的机会比较多，就业的待遇比较好，那么人们就会涌向这个城市，城市的人口也就会增加。

从经济学的角度来看，只要城市的边际效益相对优于其他地区，这个城市就会不断地扩大规模。这样就产生了一个问题——城市如何适应规模无限扩大的要求？现行城市的规划设计，由于是以一定的规模作为目标进行设计的，所以城市规模扩大之后，会出现很多困难，主要表现为城市交通系统无法适应，城市中心的位置无法进行调整，当然也包括城市的电力、动力、上水、下水等系统的支撑能力。

在JD模式的城市，首先在交通方面就适应了城市规模无限扩大的要求，因为JD模式的城市道路交通网，能够满足在任何地方设立中心的交通需求，JD模式的道路网不像现在很多城市所采取的环形道路、放射型道路，这种环形道路和放射型道路把中心位置限制死了，中心一旦变化，比如说离开了放射型道路，离开了环形道路，设立新的中心，交通问题就无法得到解决。

在JD模式中，城市道路网是方格式的，而且每一条道路都是快速路，在方格道路网中的任何一个地点设立中心，交通都不会成为问题。因此，从交通方面来看，JD模式能够适应城市规模无限扩大的要求，当然，在JD模式城市设计中，也必须根据道路网的特点，比如说机动车道路上完全没有行人和自行车，道路两旁主要是架空停车的停车库等，根据这个特点，在道路两旁的架空范围内，可以灵活地调整市政管线的布置，所谓管线的布置包括上水、下水、动力、电力、通信等。因此，在城市规模扩大时，只要通过道路两旁架空层中管网系统的调整，就可以改变管网的能力。而现行城市模式一切都放在地下，一旦建设完成，很难再进行大的调整。

因此，可以得出这样的结论，采用JD模式的城市，城市规模的无限扩大或者不断扩大，不会给城市带来无法调整的困难。

24. JD模式为什么能使城市半小时经济圈覆盖人口从157万人提高到4239万人？

答：城市半小时经济圈覆盖人口的数量，取决于两个因素：一个是半小时经济圈所覆盖的面积，另一个是每平方公里土地上人口的数量，也就是人口密度。

首先说半小时经济圈所覆盖的面积。这里所谓的半小时经济圈，是指以市中心为起点，汽车行驶半小时的距离为半径所构成的圆的面积。现行城市模式，汽车平均速度最多保证为 20 公里/小时(高峰时段平均车速小于 20 公里/小时)，其半小时经济圈的面积是直径为 20 公里的一个圆的面积，只有约 314 平方公里。现行的城市模式，在汽车充分普及达到 600 辆/1000 人的饱和拥有率的情况下，人口密度必然不断降低。如果按 5000 人/平方公里的人口密度计算，在半小时经济圈 314 平方公里的土地面积上，人口只有 157 万人；而在 JD 模式中，汽车的平均车速可以达到 60 公里/小时，在直径为 60 公里的一个圆形上，面积大约为 2826 平方公里，按 15000 人/平方公里的人口密度计算，半小时经济圈所覆盖土地面积上的人口数量将提高到 4239 万人。

是用现行城市模式还是用 JD 模式？半小时经济圈的人口之所以有这么大的差别，是因为当汽车平均行驶速度提高 3 倍时，半小时经济圈所覆盖的土地面积就会提高 9 倍；同时，如果人口密度再提高 3 倍，那么 3 倍与 9 倍相乘，就等于 27 倍，也就是半小时经济圈覆盖人口将提高 27 倍，这是因为覆盖面积增加和人口密度增加这两个因素共同作用的结果。

所以采用 JD 模式，城市半小时经济圈的覆盖人口可以从 157 万人提高到 4239 万人左右。

25. JD 模式为什么能提高汽车容量密度？

答：首先说什么是汽车容量密度？拿北京来说，市区面积 1000 平方公里，当汽车达到 200 万辆的时候，就出现了严重的堵车。200 万辆汽车被 1000 平方公里去除，得到了 2000 辆/平方公里，这就是北京市目前汽车的容量密度。从北京这个例子可以看出，汽车容量密度越高，城市越不容易出现堵车，如果每平方公里允许的汽车保有量，也就是汽车容量密度是 10000 辆的话，那么市区面积为 1000 平方公里的北京，它的汽车保有量要达到 1000 万辆时，才会出现堵车现象。而实际上，在 1000 平方公里面积上的城市，汽车总的保有量最多也只能达到 700 万～900 万辆，所以，如果汽车容量密度达到 10000 辆/平方公里时，城市就永远不会再出现堵车。

现在回过头再来看一下，JD 模式为什么能够提高汽车容量密度？这是因为道路的通行能力越高，道路上所能容纳的汽车数量就越多。JD 模式与现行的城市模式相比，道路通行能力提高了 5 倍，所以汽车容量密度至少提高 5 倍。

上面讲到，道路通行能力提高的倍数大约是汽车容量密度提高的倍数。那么，城市每平方公里土地面积上的道路通行能力有多少呢？

每平方公里道路通行能力＝每平方公里汽车车道长度
×每条车道的通行能力

现行城市模式中，从本书后面有关章节的讨论可知，每平方公里土地面积上汽车车道的长度约为 30 公里，每条车道的通行能力约为 450 辆车/小时，则：

每平方公里道路通行能力＝30 公里×450 辆车/小时
＝13500 车·公里/小时

而采用 JD 模式，从本书后面有关章节的讨论可知，每平方公里土地面积上汽车车道的长度约为 50 公里，每条车道的通行能力约为 1800 辆车/小时，则：

每平方公里道路通行能力＝50 公里×1800 辆车/小时
＝90000 车·公里/小时

从上面的计算结果看，采用 JD 模式，道路通行能力提高的倍数还不止 5 倍。

26. JD 模式为什么能够全面落实公交优先？

答：在城市中落实公交优先，需要具备几个条件：

首先是，人们愿意去坐公交车，人们将乘坐公交车作为出行的首选。这就要求乘坐公交车比其他出行方式更方便、更快捷，而乘坐公交车是需要先走路再坐车，在中间还可能要换乘，到了目的地还要再走路。因此，乘坐公交车的第一个条件，必须有方便的走路条件，或者说步行环境安全、便捷，当然如果能不受气候影响，比如说不受风吹、日晒、雨淋，那么人们就更愿意走路去坐公交车。

公交优先的第二个条件是，公交车必须准时、快捷。而现在的城市中，除了特别的专用线之外，公交车在每个交叉路口都要停顿等待红绿灯，在交通拥堵的时候一样通行不畅，运行速度很慢。公交优先的第二个条件是，公交车全程都是快速的，运行是准时的，或者说它的准时性要像地铁一样，那么人们自然比较愿意选择去坐公交车。

公交优先的第三个条件是，乘坐公交车不是十分拥挤，最好是不拥挤，很舒服，等车时间也比较短。但这在现行城市模式中，都是比较困难的，所以很多有条件的人，宁肯自己开车，他们认为堵在小汽车里还能够听音乐、享受空调，比堵在公交车里舒服得多；没有条件的，怕乘公交车迟到，宁肯选择自己骑自行车。所以这些年来，小汽车出行的分担率在提高，自行车出行的分担率在提高，而公交车出行的分担率没有提高，甚至在降低。而在 JD 模式中，公交优先所需要的各种条件都具备，比如说，走路便捷、安全，而且是全天候的，不受风吹、日晒、雨淋的影响；公交车全程都是快速的，而且由于城市的紧凑，公交车运行的距离也缩短了一倍以上，再加上运行的速度提高了两倍左右，所以乘坐公交车所需要的时间大约只相当于原来的 1/4。

因此，只有在 JD 模式中，才能全面落实公交优先。

27. JD 模式为什么能实现公交全面零换乘？

答：首先说什么叫零换乘？所谓零换乘就是在公交车换乘的时候不需要走行很远的距离，一般只在同一个车站，或是该站的对面进行换乘，这种换乘方式称为零距离换乘，简称零换乘。在现行城市模式中，除少量的交通枢纽，或是在同方向公交车之间进行换乘之外，很难实现零换乘。而在 JD 模式中，由于它有一个现行城市模式根本不具备的道路特点，所以可以实现全面零换乘，这个道路特点就是，在每个交叉路口，都设简单的十字形立交桥，道路都分为上、下两层，只要将每条道路的公交车车站设在交叉路口的上层车道和下层车道上，并且在上层车道和下层车道之间设置自动扶梯或楼梯，那么，城市中任何换乘都可以在这个交叉路口的上、下两层道路之间进行。所以，可以实现市区中全部公交车的所有换乘都是零距离换乘，也就是全面零换乘。

28. 为什么 JD 模式很适合老城市的改造？

答：JD 模式对老城市改造有它自己独特的优势，就是在老城市改造中，采用 JD 模式，可使人口密度得到很大的提高，也就是说，可以使建筑面积增加很多。像长沙新河三角洲，在前几年中连续搞了四个规划方案，容积率只能达到 2.0，应该说容积率 2.0 已经很高了，目前我国大城市的平均容积率是 0.6 左右，目前北京市城区 1088 平方公里，已有的建筑面积也只有 5.9 亿平方米，按照规划全部建成后也只有 7 亿平方米，相当于容积率 0.6 多一些。而长沙新河三角洲在前几年的四个规划方案中力求提高容积率，为什么呢？因为老城区的改造，政府要拿出很多资金进行拆迁和安置，这是一笔很高的费用，如果在老城区改造中，不能通过提高容积率将这笔拆迁安置资金收回，则老城区的改造在经济上很难实施。长沙新河三角洲所以采用 JD 模式，是因为他们采用 JD 模式进行规划后发现，可以将容积率由原来的 2.0 提高到 2.8 以上，本来政府需要拿出资金来进行拆迁安置，但是按照 JD 模式做的规划，政府却不需要拿出资金，根据他们初步测算，不仅省去了原来需要拿出的 20 亿资金，而且还可能多收入很多资金。这是 JD 模式适合老城区改造的一个很重要的方面。

除此之外，采用 JD 模式进行老城区改造，有很多过渡方案可以考虑。我们后面有一个问题，专门来回答为什么只对交叉路口的 25%，也就是 1/4 的路口进行立交化的改造，在整个城市就可以实现全部取消红绿灯，使道路的通行能力提高一倍到三倍。当然，如果对所有的交叉路口都进行改造，道路的通行能力将提高到五倍左右，作为一种过渡方案，可以只对城市路口中的 1/6，或者是 1/4，然后是 1/2 再过渡到百分之百的路口进行改造。这个过程中，随着汽车数量的增加，交叉路口的改造，可以逐步进行。

29. 为什么说出现了发展的异化——汽车奴役人的现象，在 JD 模式中如何解决这个问题？

答：汽车本来是人们为了给自己提供交通方便和出行享受，而发明的一种产品或交通工具。但是，在汽车迅速普及的过程中，出现了很多与人们利益相反的现象，也就是说，在某种情况下，人成了汽车的奴隶，这就是所谓发展中的异化现象。实际上，任何事物在发展过程中都可能向反面转化，也就是所谓的异化。当然，汽车是一种人造的东西，人们完全可以通过自己对交通系统的创新和改造，避免汽车奴役人的现象发生。但是在当前来说，确确实实是出现了汽车奴役人的现象，这种现象的表现是多方面的。

首先说交通安全问题。从汽车出现到现在的一百多年中，有很多人在汽车交通中丧了命，也有很多人受了伤。就以我们中国为例，最近几年来，平均每年因交通事故造成的死亡人数在10万人左右，伤残人数在40万左右，也就是说每年死伤合计约为50万人，而我国的汽车数量也不过只有2000万～3000万辆，全世界汽车数量目前约8亿辆，平均死亡率虽然比中国低，但是每年也有很多人在事故中死亡或受伤。以年伤亡率为汽车数量的0.5%来计算，全世界每年因为汽车交通伤亡的人数高达400万～500万人，这只是一年的数字，所以累积起来，汽车出现以后或者是汽车交通发展的将来，汽车交通事故中的死伤人数是非常巨大的，大概只有战争所造成的伤亡可以与汽车交通所造成的伤亡相比。就我们中国而言，每年死伤总数在50万，就相当于每天死伤人数在1400人左右，一天24小时只有1440分钟，也就是说差不多一分钟的时间，在我们中国就会出现一个因为汽车交通而受伤或死亡的人。可见，说出现了汽车奴役人的现象是有根据的。

其次，在交通拥堵和交通尾气污染中，人们所遭受的经济损失、时间损失、健康损失也是很可观的。以北京为例，一般市民出行，每年在出行中多花费的时间大约相当于2～3个月的工作时间，这些人的休息权受到了严重的侵犯，当然个别人每天出行要花费5～6个小时，那对身体所造成的影响就更加严重了。汽车本来是为出行提供方便、提供享受的工具，但是现在却出现了比较严重的异化现象，对这些问题人们好像已经习以为常，如果是出现了一次矿难死了几十人，会造成全国性的轰动，但是每天汽车交通死亡的人数将近三百人，相当于每天掉下来一架波音747飞机！却引不起社会上的任何轰动。这也说明了，汽车奴役人的现象，人们对它已经无可奈何。但是这个问题难道要长期存在下去吗？如果我们中国汽车完全普及后，数量可能要达到6亿辆左右，全世界的汽车完全普及后，有机构预测将达到50亿辆左右。那么，汽车所造成的伤亡人数将是一个十分巨大的数字，汽车所造成的堵车损失、尾气污染、对人们休息权的侵犯和对人们健康的影响也将会是十分严重的。

可喜的是，在JD模式中，通过城市空间结构的有序化，在城市中实现了人行道路、自行车道路和机动车道路的完全分离，在人的户外活动空间中完全没有汽车的出现，也就是说，机动车撞人的现象将完全得到杜绝。同时，在机动车道路上完全取消了红绿灯，在道路上不存在机动车的交叉点和冲突点，因此，机动车之间发生碰撞的事故也会得到很大的降低。

总的来说，在JD模式中，由于实现了人车的彻底分离、实现了机动车的全程快速行驶，没有红绿灯，在路口交叉碰撞的机会大为减少，因此汽车交通事故将得到根本性的控制。如果在JD模式中像预想的那样，可以降低对小汽车出行的依赖程度，人们会有相当的比例选择步行和自行车的出行，会有大多数人选择坐公交车出行，而公交车的行驶道路全部都是专用线，与小汽车完全不发生关系，这样的话城市的交通事故将会比现在低得多。

30. 为什么说JD模式是节约集约利用土地的重大创新?

答：首先，采用JD模式之所以节约土地，是因为可以避免在汽车普及过程中，城市因为摊大饼而浪费土地，这里所谓的节约，实际上是避免今后可能发生的浪费。因为，就目前我国城市占地情况而言，基本上是符合用地指标要求的。目前全国城市人口约5亿人，城市占地面积3.54万平方公里，按照这个数据计算，平均城市人均占用土地也只有70多平方米，总体上看，用地是节约的。但是最近这几年，城市土地占用的增加速度超过了人口增加的速度，此前十年中，城市占用土地增加的比例是城市人口增加比例的2.29倍，城市每年所增加的土地，大约相当于全国耕地的1%。现在的问题是，这种每年占用耕地1%的速度能否被遏制住？而问题的严重性在于，按照现行城市模式，每年被占用1%耕地的趋势可能是无法得到遏制的，可能要延续20年左右！

因为在现行城市模式中，随着汽车的普及，出现了城市低密度扩张的三个内在动力，这三个内在动力如果不能消除，那么滥占耕地的趋势就无法得到遏制。这里讲的三个低密度扩散的内在动力是指：

第一个动力是城市交通拥堵。城市的交通拥堵实际上是城市汽车容量密度低，汽车每平方公里土地上如果只能容纳2000辆汽车，那么，汽车数量的增加必然造成土地占用的增加。从发达国家城市的数据来看，城市人均占用土地300多平方米。据我们所知，英国25个城市人均占地366平方米，巴黎大区5个城市人均占地500平方米，而美国的大城市按照蔓延区来划分，人均占地达到了1000平方米。所以，交通拥堵所造成的汽车容量密度低的这个问题如果得不到解决，只要发展汽车交通，城市的低密度扩散就是不可避免的。

低密度扩散的第二个动力是，人车混杂造成城市居住环境差。有钱人千方百计到郊区去住好房，住好的环境，这就造成了富人居住的郊区化。

低密度扩散的第三个动力是，由于城市交通拥堵日益严重和城市交通距离不断加长，造成市区内的住房很贵，穷人住不起，所以只能到较远的地方去买较便宜的住房，这又造成了穷人居住向郊区发展。

正是这三个动力的存在，促成了现在的城市有一种内在膨胀、内在低密度扩散的冲动，不断地推动城市滥占耕地。

JD 模式中，由于彻底解决了交通拥堵，在畅通的情况下，城市内各处的房价没有太大的差别，城市所有的开敞空间都没有汽车出现，也听不到汽车的噪声，绿化率达到 50％以上，居住环境既有农村幽静的优点又有城市繁华的优点，人们不分贫富都可以在市区内居住。这样，城市低密度扩散的三个动力，在 JD 模式中都得到了消除。

所以采用 JD 模式，能够保证建设紧凑、畅通、宜居的城市，无论汽车如何增加，我国都能够保持城市人均占地 70 平方米左右的指标。在我国城市化基本完成，城市人口达到 10 亿～11 亿的情况下，城市占地仍可以保持在全国耕地的 6％～7％的范围之内，这样就保住了全国 18 亿亩耕地的底线。

因此，可以说 JD 模式确实是最节约集约利用土地的一项重大创新。

31. 沿用现行城市形态是拿城市的前途去冒险，这种说法是否耸人听闻？

答：乍听之下，确实耸人听闻。但仔细分析之后，会得出这样的结论：沿用现行城市形态，确实是拿城市的前途去冒险。

首先说沿用现行的城市形态。它的问题决不仅仅是多占用土地，当然占用土地对我国来讲，将会影响农业的可持续发展。发达国家，特别是美国，人均耕地面积是我们中国的十几倍，为什么仍然认为现在的城市没有做到可持续发展呢？这是因为，沿用现行的城市模式，城市的交通拥堵问题长期得不到解决，城市的燃油消耗和环境污染问题也完全不符合城市可持续发展的要求。由于交通拥堵所产生的城市居住环境日益恶劣的问题，已经造成了发达国家城市中心的衰败，即所谓空心化现象的出现。在我国沿用现行的城市模式，城市的燃油消耗、燃油供应、环境污染问题，以及由于交通拥堵所造成的城市居住环境恶劣问题，将会比发达国家严重得多。因为我们人多地少，不可能把城市搞得那么分散，也不可能做到人均占地300～400平方米。此外，沿用现行的城市模式，一定会产生城市用地和保护耕地之间十分尖锐的冲突，要么是根本不能保障城市用地，要么是破坏了18亿亩耕地保护的底线，使城市和农村两个方面的可持续发展都面临严峻的挑战。

为什么近二十年来，特别是近十年来，发达国家普遍提出了现行的城市是不符合可持续发展的？这种对城市模式的深刻反思，是长期的城市问题引起了人们在认识上的飞跃。2000年的一百多个国家代表参加的世界未来城市大会，在所发表的《柏林宣言》中明确宣称："全世界的城市没有一个做到真正可持续发展"；1995年欧共体在城市绿皮书中也明确指出："只有紧凑型的城市才是可持续发展的远景形态"；英国一些专家更是尖锐地指出："目前占全球人口1/3的发达国家消耗了全球2/3以上的资源，城市再这样发展下去，世界将出现严重的生态灾难"；有的专家更尖锐地指出："正是目前的城市是不可持续发展的元凶"。可以说，城市交通和城市模式的发展走在前面的国家，已经发现路走不通了。我们跟在后面走，还没有看到这个可怕的前景，还在积极复制着国外的城市模式，这难道不可以说是拿城市的前途去冒险吗？当然，不冒险怎么办？摆在我们面前只有这一种城市模式可以选择。所以，明知有问题，但也没有好办法。

现在好了，是我们中国人经过多年的研究和分析，在总结世界城市一百年来的经验教训的基础上，认识到城市之所以出现不可持续发展的困境，其根本原因在于：现行的城市模式不符合汽车时代城市交通的规律。我们提出了城市交通的十条内在规律，分析了城市问题产生的全部的根源，在于城市空间结构中存在着严重的人车混杂现象。在理论创新的基础上，我们提出了全面解决现行城市模式中所存在的各种问题的一种创新型城市模式，即所谓的节地城市发展模式，简称JD模式。只要把两种城市模式可能产生的不同前景加以对比，就更容易相信，沿用现行城市模式形态，确实是拿城市前途去冒险。这个说法可能尖锐了一些，但这是事实，对于我们能够正确认识城市变革的重要性，能够下决心像湖南省长沙市这样，尽快地进行城市模式变革的试点，将是有推动作用的。

32. 发达国家城市的今天就是我国城市的明天，这种说法对吗？

答：这种说法既对又不对。说它对，是因为发达国家城市目前已经暴露出来的问题，是由于他们已经进入了汽车完全普及的时代，而我们国家的城市今后也将会进入汽车完全普及的时代，发达国家城市今天所暴露出来的问题，我们的城市明天也会遇到。当然，这是指我们沿用现行城市模式，如果不进行变革将会出现的情况。从这个意义上来说，发达国家城市的今天就是我国城市的明天，这种说法是对的。

但为什么又说它不对呢？因为发达国家的城市，它所面临的是在滥占耕地的情况下，或者说是在城市已经蔓延很大面积的情况下，城市所出现的问题。在我国即便城市交通拥堵再严重，也不可能为城市提供那么多的土地。例如像美国，包括城市蔓延区在内，城市人均占地达到了1000平方米，这个速度超过了我国人均耕地面积的数字，我国怎么可能提供那么多的土地呢？在欧洲，像英国和法国，包括蔓延区在内，城市人均占地也达到了300～500平方米，这在我国也不可能为城市提供这么多的土地。因此，我国在汽车普及的明天，城市将会在一个比较狭小的范围内，在交通拥堵的困境中挣扎，它所表现的问题，将比发达国家城市今天所出现的问题还要严重得多。同时，我们国家城市的汽车交通再发展，地球上也不会有那么多的油提供给我们使用，因此，在交通燃油供应上所面临的困难，也会比发达国家当今城市所面临的困难要大得多。此外，一旦我们的城市进入了汽车普及的时代，必然是城市用地和耕地之间出现尖锐的矛盾，所以就很可能威胁到18亿亩耕地的保护问题。不仅是城市面临不可持续发展的困境，农业发展也会面临不可持续发展的严峻挑战。

从这个意义上来说，我国城市明天将要遇到的问题会比发达国家现在遇到的问题严重得多，所以说发达国家城市的今天就是我国的明天，这种说法只对一半。

33. 为什么说地多害了美国的城市？

答：所谓地多害了美国的城市应该说是一种不太准确的说法。但是，反映了美国为什么到现在，城市可持续发展问题才提到日程上来？全世界都知道，美国是车轮上的国家，美国城市很早就进入汽车普及的时代。关于汽车出现以后的城市交通理论、交通工程学也是由美国人所开创的，美国又是一个创新型的国家，但为什么城市模式的创新没有在美国出现，而城市蔓延这种影响城市可持续发展的问题又在美国最为严重呢？从历史上看，这个根源就是美国土地资源丰富。

在汽车交通发展的初期，汽车快速、可以长距离运输的优势，使城市走上了一种蔓延式发展的道路。而且，在汽车交通发展的初期，人们看到的只是汽车所带来的分散化居住所享受到的良好居住环境，误以为汽车时代的城市就应该是一个比较分散的城市布局。

为了解决城市郊区化、城市扩散以后的交通问题，美国修建了大量的公路。据有关数据介绍，美国公路的总长度在700万公里以上，是我们中国公路总长度的3倍多，而且美国的公路很多修得很宽，多在双向十车道左右，正是这种土地资源丰富的背景，在美国节约土地问题就不显得那么突出、那么重要。

但恰恰是，只有节约土地的紧凑型城市，才能够解决城市可持续发展的各种问题。所以城市模式的创新问题，在土地资源紧缺的国家，比在美国得到了更大的重视，社会的需要也更为迫切。因此，在土地资源丰富的美国，建设紧凑型城市的可持续发展目标长期没有被提出来。即便是最近时期、最近二十年来，美国出现了新城市主义和精明增长型城市的潮流，但还是没有把紧凑型的目标作为可持续发展的最重要条件提出来。从这个意义上来说，土地资源的丰富，推迟了美国城市创新的速度，使美国的城市长期处于蔓延发展的状态，就可持续发展而言，美国城市走了较大的弯路。

因此可以不太准确地说，是地多害了美国的城市。

34. 紧凑型城市和节地型城市有什么重大区别？

答：初看起来，紧凑型和节地型好像没有什么区别，但实质上两者是有重大区别的。

首先从提出的过程来看，发达国家提出紧凑型城市，作为可持续发展的城市形态，完全或者主要是出于城市本身可持续发展的需要。因为城市不紧凑，交通距离就很大，交通拥堵就比较严重，城市的人流、物流周转效率也比较低，因此从城市本身发展需要出发，将紧凑型城市作为可持续发展的目标。而在我国，城市本身的问题和城市占用土地威胁到耕地保护的问题，两方面都很重要，当前特别是耕地保护问题十分尖锐。因此，从作为一种可持续发展的城市目标提出的背景，节地型城市是把节约耕地和城市本身紧凑型的发展模式，两者同样放在重要的位置上提出来的，这是区别之一。

区别之二是，紧凑型的城市并不一定节约土地。因为紧凑型的城市可以在城市市区建设得很紧凑，而在郊区仍然可以建立若干个高尚的居住区，有钱人仍可以享受良好的郊区。而在我国，同样是建设紧凑型的城市，则不允许在紧凑型城市的外围有一个蔓延的城市圈，城市就是城市，农村就是农村，只有将城市人口全部安置在紧凑型城市的范围之内，才能在郊区节约出大量的耕地。因此，从城市形态上来讲，紧凑型和节地型，就市区本身都是紧凑的，但在郊区的安排上就会有所区别。节地型城市，郊区不允许安排城市的居住点，或是城市的其他设施，而在城市紧凑和充分保护耕地这两方面，都要达到可持续发展的要求。这就是紧凑型城市和节地型城市的重大区别。

35. 为什么节地型城市发展模式是惟一可持续发展的城市模式？

答：首先，我国的国情决定了城市用地是有限的，只有节约土地，才能够解决城市土地的供应问题。从我国土地资源的国情来看，我国人均耕地只相当于世界平均水平的 40%，只相当于美国人均耕地的 1/18。在我国城市化完成的时候，城市人口将会达到 10 亿～11 亿人，而全国可以提供给城市使用的土地，也只有 70000 平方公里左右，平均下来，城市中一个人的占地面积只有 70 平方米左右，这就决定了我国的城市要发展，只能走节约土地这一条路，没有其他的路可走。此外，就城市发展的普遍规律来看，也只有节约土地的城市形态，才能够满足城市可持续发展的多方面要求。

就交通拥堵来讲，发达国家经过近乎一百年终于认识到了一个道理：城市占地多了，反而会增加交通量，反而会造成交通拥堵的问题长期得不到解决。当然，在现有的城市模式下，仅仅将城市的面积减少了，并不能解决交通拥堵的问题。可是，如果不寻找在节约土地的前提下，能够实现城市交通畅通的城市模式，交通拥堵问题、汽车油耗问题、由燃油消耗所引起的环境污染问题，以及因为城市大量占用土地而造成的交通道路投资无法承受的问题，还包括由于城市面积过大、出行距离过长而造成出行时间占用过多等方面的问题，也都不可能得到解决。

我们正是从这一点出发，深入研究了各种可能的城市模式。在研究中发现，主要是解决城市中空间混杂的问题，实现了城市空间结构的有序化，那么就可以在比较紧凑的情况下，具体地说是在人均占地70平方米的情况下，可以完全解决城市的交通拥堵问题，这就是我们所提出的节地城市发展模式(JD模式)。

为什么说JD模式是惟一可持续发展的城市模式呢？这是因为，与现有的城市模式相比，它不仅仅解决了国内外多年来希望解决而解决不了的交通拥堵问题，而且同时解决了停车难、走路难、乘车难，公交车全面快速化、全面零换乘的问题。可以说，目前世界各国，要解决城市中存在的问题，也只限于努力解决交通拥堵这一个问题。而单独解决这一个问题，目前也没有找到好办法。我们所提出的JD城市模式，不但解决了交通拥堵问题，同时还解决了停车问题、走路问题，也包括设立完全独立的自行车道路系统问题，还更进一步解决了全天候的交通问题，可以使人们的出行完全不受坏天气的影响，包括风吹、日晒、雨淋、暴风雪等。不仅如此，在JD模式中，还可以大幅度节约交通投资和汽车燃油消耗，初步计算，燃油消耗可以节约3/4以上。

湖南长沙采用JD模式的局部试点表明：在土地高强度开发的情况下，能将城市绿化率大幅度提高，绿化率高达50%以上，同时可以形成比较舒适、比较安全的户外活动空间。JD模式能够取得这样理想的效果，恐怕是超出了一些人当初的想像，如果不是湖南长沙进行了局部试点，上面讲的这些比较有说服力的数据，也常常使人持怀疑态度。但是，只要作深入的理论分析和理论计算，就可以肯定JD模式的这些优越性都是能够成立的。当然，我们说它是惟一可持续发展的城市模式，这里所讲的惟一，也是相对的，也是指就目前而言，我们还无法找出比它更好的模式。当然，也包括我们花了很长时间，对各种可能设想的模式，都作了分析比较。比如说，就城市交通这一个系统来讲，可以利用的有地下、地面、地上三个空间，可以采取的交通方式，有汽车、铁路、步行、自行车等，这三个空间和各种交通方式的组合，从数学上的排列组合来计算，可以有105种方案。至少我们在考虑交通系统的时候，是将这105种可能的方案都进行了比较，目前在JD模式中所采用的交通系统，就是在这105种方案基础上进行长期优选的结果，我们说它是惟一可持续发展的城市模式，实际上是说，它是目前我们所能找到的最好的一种城市模式。

在JD模式产生的过程中，以城市可持续发展的20项目标(见本书下篇)和汽车时代城市交通的十条内在规律(见本书中篇)为决策的依据，经过了长期反复的设计和筛选，如果要否定JD模式是最优化的城市模式，那就必须推翻上述的20项目标和十条规律。因为我们所采取的多目标最优化决策过程是比较完全的，目前还无法想像推翻它的可能性，所以，JD模式是最优化的城市可持续发展模式。认识到这一点，对于加快城市模式的变革有重要意义。

如果说，城市交通拥堵是一个困扰人们的世界性难题，但它也只是城市不可持续发展的十来个问题中的一个，仅仅是这一个问题，已经是在世界范围内、几十年内久攻不下的难题。而我们提出的JD城市模式，不仅仅解决了这个世界性难题，同时还全面解决了与城市模式有关的、影响城市可持续发展的十来个问题。取得了这样突出的效果，还不能说它是惟一可持续发展的城市模式吗?

36. 城市可持续发展问题是世界性的百年难题，外国人一百年都没解决，难道中国人能解决吗?

答：关于城市可持续发展的问题，应该说发达国家在这方面积累了大量的经验教训。也正是发达国家城市发展比较快，已经进入了汽车时代或后汽车时代，充分暴露了现行城市模式中存在的各种问题，才为人们解决城市模式的创新奠定了认识上的基础。在这种情况下，无论中国人还是外国人，只要长期地、坚持不懈地进行努力，都可能解决这个问题。所以不能说，这样一个问题只能由外国人去解决，或者是只能由中国人来解决。但是，为什么我们对这个问题提出了解决办法呢?可能是因为我们中国是个人多、资源相对短缺的国家，在城市发展中，特别是进入汽车社会之后，城市发展所面临的土地供应、燃油供应问题，在我们国家更加迫切。如果说，发达国家按照现行城市模式还能够维持的话，而我们中国的城市，如果发展到像发达国家城市目前那样，就根本不可能维持下去。正如一位英国专家所指出的："占全球人口1/3的发达国家消耗了地球上2/3的资源"，发达国家的城市，目前之所以还能够维持，是因为他们垄断了世界上大量的资源，包括石油、土地，而我国作为一个发展中的国家，作为一个人多、资源相对较少的国家，在进入汽车社会以后，我们的城市如果发展到发达国家目前的水平，是不可能维持下去的。正是这种迫切的社会需要，促使我们中国人更加积极、更加紧迫地去探索和解决这个问题，我想这个问题能在中国解决可能与这个历史和资源背景有关系。

37. 为什么城市格局不应该像象棋棋盘而应该像围棋棋盘，泛中心论的含意是什么？

答：这里所讲的城市格局不应该像象棋棋盘而应该像围棋棋盘，只是一种比喻。因为象棋棋盘上有一个特点：划定了皇城的位置，划定了界河的位置。也就是说，象棋棋盘上哪里是中心？哪里是边界？哪里是将的位置？哪里是车的位置？哪里是炮的位置？哪里是卒的位置？都分得很清楚。而围棋棋盘则不然，围棋棋盘上面并不确定哪里是中心。目前我们的城市的格局，也就是由道路所形成的道路格局和象棋棋盘非常相似。当然，从历史上看，很多城市都是有城墙的，有皇宫的，那就更像象棋的棋盘了。但是，城市发展到今天，城市已经变为人们生活的主要载体，随着城市化的进程，我国将会有 10 亿左右的人进入城市。城市的发展出现了两个突出的特点：一个特点是城市规模不断地扩大，甚至于连成一片，也就是说，在城市规划中不能确定城市的边界；另一个特点就是城市的中心在发展中会不断地出现调整。比如，商业中心几乎在各个大城市都出现过发展变化，行政中心在很多城市也出现了政府搬家、不断变化的情况，至于产业集群的发展，对城市格局的要求也越来越高。因此，能够适应今后发展的城市格局，应该是并不限定哪些地方是中心，哪些地方是边界？反过来还要适应在任何地方建立中心的要求。但是，目前的城市状况往往是，一旦形成了一个新的商业中心，或是一个新的行政中心，或是一个新的工业中心，那么周边的交通问题、供应问题和配套问题，马上就显得很不平衡。这就是说，目前的城市格局对发展的适应性比较差。我们从互联网的出现得到了启发，互联网与以前的信息传输网络相比，它是不分级的，基本上是在整个网络中，可以由任何企业和网站，形成一个信息处理的一个中心，但是这个中心又是可以任意发展和变化的。就网络本身的功能特点来说，它适应在任何一个网点上形成中心，所以能够适应无限发展的要求。我们的城市格局也应该是这样，能够适应在发展过程中，在任何位置形成中心，或适应任何中心位置进行调整的需求，这就是我们所提出的城市泛中心论概念。当然，泛中心论要求城市的道路网一定是均质的。

所谓均质，是指所有道路的通行能力都是一样的，不应该是修了很多环形路将中心圈起来，修了很多放射型路，强化中心区的交通供给能力，而应该是各处的交通格局都是一样的，包括城市无限扩大下去，新扩展区域的交通网络情况和原来的市区也应该是相通的，这就是泛中心论的含意。

38. 为什么用规划控制城市的规模是做不到的？“普世城”的含意是什么？

答：用规划控制城市规模，这恐怕是国内外城市传统的做法。到目前为止，我国很多城市的规划还提出了人口规模控制的目标。这样做为什么是做不到的呢？是因为它不符合城市发展的客观规律。当然，对城市规模能否控制，历来存在着两种观点。但是最近这些年来，认为城市规模不能人为地加以控制的观点，慢慢地成为了主流观点。城市规划如何适应城市规模的发展，在这个问题上还没有形成比较好的技术规范。这恐怕要按照泛中心论的理念，去逐步发展现有城市规划的理论才可以做到。应该说，在城市规划方面，一些先驱者早就预料到城市规模是无法进行人为控制的，会不断地扩大，在某些地方会连成一体，形成一个城市带或者叫一个大的城市区域。早在几十年前，人类聚居学的创始者、希腊的建筑学家道萨迪亚斯就提出过所谓“普世城”的概念，他的“普世城”概念是说，城市的发展将来会连到一起，连到一起的这种大城市区域，它的作用将会是跨国界的，将会具有世界意义的。因此，他把这种城市发展的形态叫做“普世城”。

39. 城市规划推着走，暂时不考虑采用 JD 城市发展模式，这样做对城市发展会产生严重后果吗？

答：城市规划采用 JD 城市发展模式，是一个在认识上比较重大的发展。我们不能指望这个发展能够迅速在各个城市完成，恐怕也只能在一些主观条件和客观条件都比较具备的城市，首先完成这个城市规划观念的重大变革。具体到某一个城市，如果暂时不能够采用 JD 模式或者不进行 JD 模式的试点，对这个城市产生的后果一时是看不出来的。但这并不等于说对这个城市不会产生严重的后果，这个严重的后果可能需要经过几年，或比较长的时间回过头来看，才会发现这后果的严重性。这是因为，现行城市模式对发展不能适应，对可持续发展不能满足，这已经成为世界，特别是发达国家的一种共识。而采用现行的城市模式，城市继续发展下去所造成的不可持续发展的困境，会比现在发达国家的城市还要严重得多。因为我国地少，我们没有那么多的燃油供汽车使用，如果不是只看一个城市，而是在全国范围来看，城市不积极采用JD模式，对整个国家的城市发展确实会造成比较严重的后果。仅从前十几年来看，城市用地的增长速度比城市人口增长的速度快很多，大约是2.29倍。从这几年城市用地增加的速度来看，每年差不多相当于多占用了全国耕地的1%，这样发展下去后果还不严重吗？我国很多大城市，比如北京，一般市民上下班乘车难的问题已十分突出。而目前像北京这样的城市，汽车普及率也还不到20%，如果今后发展到汽车饱和拥有率600辆/1000人，整个北京城约有800万辆左右的汽车，那么老百姓乘车难的问题怎么办？城市每年的交通拥堵将会比现在更加严重！怎么办？

可以毫不夸张地说，在已经产生了JD型城市发展模式这一项创新的情况下，哪一个城市在这方面不能采取积极步骤，通过试点探索，在本市进行推广采用的可能性，那么这个城市在今后的发展中恐怕会产生严重的后果。

40. 为什么全世界的城市建卫星城都没有取得成功？

答：建卫星城的目的，恐怕主要是为了缓解中心城区的交通压力。当然，在计划经济时期，比如说以前的苏联，也包括我们中国以前城市的建设、卫星城的建设，在当时的经济体制下应该说是成功的。因为在计划经济体制下，产业发展是按照计划发展的，人们的就业是由国家分配的，劳动力市场的流动基本上不存在，在各个卫星城自然可以实现就业与居住的平衡。但是，在市场经济体制下，卫星城实现就业与居住的平衡，就变得越来越不现实。所以有的城市建设卫星城的初衷，是为了缓解中心城区的交通压力，希望在卫星城区里解决居住和就业的平衡问题。但实施的结果却是，只要你中心城区就业的吸引力大于卫星城本身的内聚力，那么住在卫星城的人照常会到其他地方去上班，或者到其他地方去上学、去购物。因此，在计划经济的情况下，根据国外专家的统计，建卫星城都没有取得成功。

当然，这里所讲的卫星城不包括建副城，如果一个城市为了城市的发展，选择一个新的地方建一个副城，这个副城的规模和老城区差不多，配套水平也和老城区差不多，甚至发展还优于老城区，那么这个副城的建设是成功的，它并不是我们在这里所讲的卫星城。

41. 为什么说城市的可持续发展要“从娃娃抓起”?

答：这里讲的从娃娃抓起只是一种比喻。人们说，中国要发展自己的足球事业，必须从娃娃抓起，我们是借用这句话。这句话的含意是说一个新的城市，在一开始建设的时候，如果城市的格局是按照现行的城市模式来规划的，那么这个城市所规划的格局在今后的发展中，就很难适应 JD 模式的要求，也就是说很难适应可持续发展的要求。我们提出来一个新的概念，就是城市像有机体一样，它的细胞中是存在着基因的。现行城市模式之所以不能够满足可持续发展的要求，按照我们的分析，是因为它的细胞中存在着一种致病基因，这个基因就是空间错位现象。对这个空间错位的现象，我们总结了它的很多种表现。比如，一开始就是人车混杂的，一开始就是汽车行驶和汽车停放混杂的，一开始就是停车位缺少的，一开始就修了一些高架路或大立交，规划了大型立交桥。汽车驶出后，有时需爬到高架路上去，到了目的地又要钻到地下，进入地下停车库等。这些空间错位现象，在今后的发展中，可能要面临着推倒重来的局面。实际上国外的城市，特别是美国的城市，像休斯敦当初所建的高架路，现在都局部或大部分进行了拆除。这说明，如果城市基本格局在规划的初期，就包含着将来可能不适应发展需要的结构元素，那么将来再改起来，代价就会比较大，甚至于积重难返。

所以，我们提出采用 JD 模式，不仅仅对已经发展起来的很多城市重要，而是对每个新城市或对城市的新区，在其刚刚开始规划的时候，就应该按照 JD 城市发展模式的格局进行规划。这就是所谓的要从娃娃抓起。

42. 为什么说按照 JD 模式改造老城区才能避免事倍功半或事与愿违，才是最明智的选择?

答：城市在发展中，特别是大城市、特大城市在发展中，老城区总在进行着不断的改造。这些改造中所新建的交通道路设施，比如说立交桥、高架路，或是地下通道等，当然也包括一些老区重新建设的问题，究竟该按照什么办法去改造呢？这确实存在一个方向性选择的问题，我们说方向性选择是人们认为在老城区改造中，现在确实存在着一些误区。这并不是因为我们强调他们有误区，而是现在的规划界明明白白地承认，在城市改造中存在着误区。比如，我们国家泰斗级的人物、两院院士周干峙先生，在他主编的城市热点丛书《路在何方》前言中就明确地指出："我们对于城市交通的属性特征及其自身发展的内在规律，还缺乏足够的、准确的认识，因此我们解决交通问题的思路和具体方法就难免带有一定的盲目性，事倍功半(甚至事与愿违)也就是自然的结果了"。这里讲得很清楚，可能事倍功半甚至事与愿违，我们现在所执行的老区改造规划存在着风险，甚至存在着事与愿违的风险。国内外城市改造的现实，也证明这方面的风险确实是不能够低估的。比如美国的大城市，有的已经在拆高架路，我们的大城市前几年为了解决交通问题积极兴建高架路。如广州就建了很多高架路，在建设之初，城市的交通问题得到了明显的改善。但是几年过去了，随着汽车的快速增加，高架路开始堵车了。什么是高架路？高架路实际上就是建在陆地上的一座长长的桥，桥上堵车了怎么办？可见，老城市改造恐怕只有按照 JD 模式，才能避免事倍功半或者事与愿违。为什么呢？因为迄今为止，只有 JD 模式在理论上才能够被证明，是不会走回头路的模式，长沙的试点也初步证明了这一点。

我们相信，随着其他城市或更大面积进行 JD 模式的试点，必将证明采用 JD 模式改造老城区，将会越改越顺，而且通过逐步改造，将会形成一个交通畅通、生活环境日益改善的一种新城市。

43. 为什么说采用架空平台实现人车分离，不仅不多花钱而且还能节约大量投资？

答：一谈到 JD 模式，因为人要在架空平台上行走，架空平台上还要布置平台花园，就有人误解，把城市架起来要花多少钱，甚至认为这样大的投资根本不现实。我们这里需要说明，采用架空平台实现人车分离，不仅不需要多花钱，而且还能节约大量的投资。为什么呢？因为 JD 模式中的架空平台，就是地面停车库的屋顶平台，地面停车库的屋顶平台，是不需要多花钱投资的。为什么呢？因为你要建车库总要花这笔钱，如果不在地面停车，不建地面停车库，那么大量的汽车只能停到地下去，不可能在地面大量停车，我们没有那么多的地面。如果在地下停车，那么任何一个房地产商都明白这一笔账怎么算，建一个地下停车位比建一个地面停车位的造价，要高出 30%以上。初步估算，一个地面停车位比地下车库的停车位大概要省 2 万多元，一万个停车位就要省 2 亿元。

因此，采用架空平台实现人车分离是节约的，对开发商是节约的，政府也不需要多花钱。

44. 为什么说人、机、非三分离是惟一可持续发展的城市交通？

答：这里讲的人、机、非三分离是指步行道路、汽车道路和自行车道路这三个道路是分离的，而且这三个道路各自都是四通八达的、遍布整个城市的道路网。三个道路网是完全畅达的，又是互相分离的。什么叫分离呢？就是步行道路上根本没有自行车，机动车道路上根本没有行人和自行车，自行车道路上也没有行人和机动车。三种道路在空间上完全分离，而且没有平面交叉，这就是所谓的人、机、非三分离的交通系统。

为什么人、机、非三分离的交通系统，才是惟一可持续发展的交通系统呢？因为，首先我们不可能长期花大量的燃油维持高能耗的交通系统，这不仅仅是资源上无法解决，而且环境上也是无法承受的。要降低对小汽车的依赖程度，就要提高或者改善步行道路条件，同时为自行车(包括电动自行车)等一些轻便的交通工具，创造良好的道路条件。我们预测，如果三种道路能够完全分离而且能够四通八达，在紧凑型城市的情况下，也就是出行距离比较短的情况下，人们会更多地选择步行，或者骑自行车，或者轻便交通工具(非机动车)出行。有资料介绍，美国步行者协会的研究表明，在步行环境宜人的情况下，人们在出行中愿意将步行的距离增加一倍。

在机动车道路完全没有行人和自行车的情况下，自然可以实现全面的快速公交，而且按照我们所设计的机动车道路系统，公交车在所有站台的换乘都是零距离换乘，也就是说不需要走很远的距离，基本是在原来的站台就可以换乘所有的公交汽车。

这样的人、机、非三分离的交通系统，是最符合以人为本的要求的，也是最节能、最有利于健康、最有利于减轻城市污染的，因此说它是惟一可持续发展的城市交通。

45. 采用 JD 模式可以做到国家、民众、开发商三得利吗?

答：采用 JD 模式对于国家来讲，市政建设和道路交通投资可以节约 3/4 左右，当然这是和现行的城市模式相比，这从长沙试点地块规划的概算已经可以找到有力的证据。

其次，采用 JD 模式，民众得利，这是非常直观的事实。因为道路畅通了，坐车容易了，走路环境改善了，户外活动空间安全舒适了，绿地率也提高了，超过了 50%，出行时间少了，出行费用少了，停车也不困难了，那民众的得利不是全面的吗？这是不言而喻的。

再讲开发商的得利，因为采用 JD 模式，楼盘的居民生活环境得到了根本性的改善，任何一个楼盘的户外活动空间都是宽松的，人车都是全面分离的，包括儿童和老人户外活动都是安全的，同时，开发商如需建大量的停车库，只要在地面建就可以了，比建地下停车库要节约很多投资，楼盘的居住质量提高了，投资也减少了，对开发商不是很有利吗?

46. 为什么说采用 JD 模式可以保证耕地的可持续发展?

答：耕地保护问题关系到我们国家的粮食安全问题。为了确保粮食的安全，全国要保证 18 亿亩耕地的底线不再减少，这已经成为政府部门和社会的共识。要保证 18 亿亩耕地的底线，必须在城市中推行节约集约利用土地的城市开发模式。可是，过去十几年的土地管理实践证明，城市粗放式利用土地的趋势很难得到遏制，这并不是说各地的政府不重视节约土地，而是在城市发展和用地的矛盾面前没有其他的解决办法。因为现行的城市模式，必然多占土地，否则便不能发展，长沙三角洲的试点就充分证明了这一点。因为，在采用 JD 模式前的四年中，长沙市新河三角洲先后进行了四次规划，搞了四个规划方案，都因为建筑面积无法进一步提高，没有办法保证高强度开发的实现，政府也需要多为三角洲地区的改造投入 20 亿左右的投资，所以这四个方案都无法得到实施。而采用 JD 模式后，容积率提高了 50%，建筑面积得到了大幅度的提高，同时绿化率也从原来的百分之二十多提高到了百分之五十多，三角洲地块的环境有了很大的改善，景观也得到了很大的改善。三角洲的实践证明，采用JD模式，可以在大量节约土地，在较高强度土地开发的情况下，能够保证良好的居住质量。所以说，采用JD模式是可以保护耕地、保持农业可持续发展的一个成功之路。

47. 有人问一个外行人为什么搞起了城市交通和城市模式的研究？是不是像有人所说的“无知者无畏”？

答：这个问题其实是一个笑话，因为曾有一位有相当地位的学者指责我，一个外行为什么搞起了城市发展的研究，是不是无知者无畏。后来这位学者又向我道歉，表示说他对我并不是很了解。我想对于城市来讲，所有的城里人都不是外行，当然对城市规划的了解深度不一样，比如说我搞的这个JD模式，我也曾向很多汽车司机进行了介绍，征求过他们的意见，几乎所有的司机都马上就能理解这种模式的巨大优势，而且有人说，非常盼望这种模式政府能够早一点采用。应该说这些司机本身的文化程度并不是很高，可他们为什么能够判断呢？就是因为他们对现行城市的某一个方面，比如说交通方面，恐怕比我们很多专门从事城市规划的人体会得更深，因为他们天天在这个环境下工作和生活。我还就JD模式征求过一些老年人的意见，他们也不约而同地认为，如果按照这个模式，户外活动空间十分安全，走起路来不用再提心吊胆，小孩子上学也不用提心吊胆了，那岂不是很好！可见，对城市模式来讲，城市里的人都不是外行。当然对于我本人来讲，也不是外行，为了研究城市发展问题，我在三十多年中学习了国内外城市规划、城市交通的理论。有过一位资格很老的学者和我讨论了城市交通问题之后，很感慨地说，我发现董先生你对于城市交通问题的研究，比我们专业人士搞得还深。这说明在城市发展和城市模式问题方面的研究，城市中的任何人都有资格介入。至于我为什么搞起来，当然有些偶然的因素，那是在1974年，我去欧洲考察期间，在巴黎市中心遭遇过3个多小时的堵车，当时是曾涛大使为我们考察团举行一个宴会，我差一点耽误了。就是在那3个多小时当中，我忽然间有个灵感，觉得这个问题如果下功夫解决了，对国家都会很有好处。当然那个年代(1974年)也谈不上什么个人的经济利益和个人的名气，什么都没有，只是觉得对于我们中国，可能这个问题将来会更突出，只是在堵车中强烈地意识到，发达国家在城市问题上并不成功，我们中国只能自己创新，这恐怕是一个偶然的因素。但我想不能认为谁是内行，谁是外行，就排斥人们对城市规划和城市交通来进行研究、进行创造，来发表意见，应该欢迎所有的人都参与城市发展的研究。

48. 为什么说不能“就交通论交通”而要“跳出交通看交通”?

答：这个“就交通论交通”或是“跳出交通看交通”的提法，还是一位政府部门的专家概括出来的。几年前，他听到我关于城市问题的一些观点和城市模式的一些创新以后，很感慨地说，看来不能就交通论交通，你所以能够提出一套新的模式来，就是因为你能够跳出交通看交通。我想他讲得很有道理，实实在在地讲，交通问题不仅是道路问题，而是整个城市的空间结构问题。历来解决城市交通问题的办法，都是在现行城市框架下研究怎么能解决交通拥堵、怎么解决停车困难、怎么解决交通事故频发、走路不安全等问题，并没有触动整个城市空间结构上的混乱局面。我们发现，城市空间就是城市的载体，这个空间也是城市土地的利用形式，如果这个载体的空间结构不好，那交通问题很难解决。打个比方说，就像一个大的仓库，如果仓库里没有货架，而要求仓库保管员把仓库的物资整理得有条有理，恐怕很困难。一旦设立了很多货架，像现在很多仓库都有十几米高的货架，完全是立体化自动存取的仓库，那么即便是很小的面积，也能做到非常方便、不拥挤。不触及城市空间的有序化，就去解决交通问题，那就如同一个没有货架的仓库，却要求把货物摆放得整齐、方便一样，是做不到的。因此，要解决交通问题，一定要着眼于整个城市的空间结构，要跳出交通看交通。

49. 为什么多年来路越修越多、车越来越堵?

答：“路越修越多，车越来越堵”，对这个问题有各种各样的解释。如经常出现的一种解释，就是车增长得太快了，修路赶不上了；还有一种解释，就是开车的人和走路的人都不遵守交通规则，有章不循；当然还有一些意见认为，靠修几条路就想把堵车解决了，那是根本做不到的事情。而且有一个所谓当斯定律，是国外一位专家提出来的定律，业内人士普遍都知道这个定律，就是修任何一项大的道路工程，都会诱发一些新的交通量，就会造成新的交通拥堵，因此，路越修越多，车越来越堵，这好像变成了一项不能逾越的规律。我们多年研究的结果表明，路越修越多，车越来越堵，反映了我们治理交通的方法不对。现在所谓路越修越多，实际上是在人车混杂的情况下搞外延扩张，如果不是这样，而是搞内涵挖潜，问题早就解决了。我们这样说是有根据的，试问城市道路上机动车的通行能力充分利用起来了吗？没有。按照我们的计算，城市道路上机动车通行能力的利用率只有15%左右，也就是说只有1/7左右。道路通行能力的利用率这么低，还不断地去修路，问题怎么可能解决呢？现在再说一说，为什么道路通行能力的利用率只有15%？这个15%是由两个数字相乘得出的：一个是60%，一个是25%，这两个数字相乘就等于15%。这个60%是怎么来的呢？是现在城市道路红线内的面积最多只有60%供机动车使用，其余的供自行车或行人使用，或是停车在路上，这是60%的来源；25%的来源，是每条车道所通过的车辆，在有红绿灯的情况下，一个小时只有450辆，在没有红绿灯的情况下，一个小时有1800辆，450辆是1800辆的25%，这是25%的来源；所以综合这两个因素，道路通行能力的利用率只有60%×25%=15%。如果我们进行内涵挖潜，将道路通行能力的利用率提高到90%，换句话就是从15%提高到90%，提高6倍，那么不用摊大饼，不用多修路，就可以实现道路的通行能力大于交通需求，车也就不堵了。

50. 彻底消除交通拥堵的条件：交通供给密度＞交通需求密度，能否成立？如何理解这个不等式，如何确保这个不等式的实现？

答：交通供给密度＞交通需求密度，这个不等式很重要，它是一个判断公式，或者叫判别式。判别一个城市能不能做到不堵车，就看能不能实现这个不等式。这里讲的交通供给密度，就是单位土地面积上或是一平方公里土地面积上，道路所能提供的交通供给量；交通需求密度，是指在单位土地面积上一个小时内发生的交通量。我们计算的结果是，现在城市的闹市区，高峰时期一个小时在单位土地面积上，也就是每平方公里的土地面积上，所能发生的交通量，大概有50000车·公里。那么现在城市道路能提供多少交通通行能力呢？在单位土地面积上的交通通行能力，也只有不到20000车·公里，这就是说只能满足交通需求的40%或者更低，怎么可能不堵车呢？如果将道路交叉路口的红绿灯全部去掉，将所有的道路都变成快速路，同时将道路上的行人、自行车全部移去，整个道路的宽度都给机动车使用，那么这个交通供给密度，就可以由现在的 20000 车·公里提高到 80000 车·公里或者 90000 车·公里，高峰时期的交通需求密度还是 50000 车·公里，交通供给密度就是交通需求密度的 1.6 倍，显然这个不等式就能成立了，城市的畅通问题也就彻底解决了。

因此，这个不等式是彻底消除交通拥堵的条件。

51. 什么是城市四空间论？为什么说空间结构有序化是城市可持续发展的基础？

答：首先说什么是城市四空间论？城市四空间论就是将一个混杂的城市空间划分为四个功能单纯的独立空间。所谓混杂的城市空间，是指人和车混杂在一个空间里，汽车的行驶和汽车的停放混杂在一个空间里，人的户外活动空间里也存在着汽车的穿行和干扰，存在汽车的停放。在一个混杂的城市空间里，汽车的行驶受到了行人和自行车通行的干扰，人的行走和户外活动又受到了汽车的干扰和威胁。汽车的行驶空间，经常由于停放很多的汽车，使行驶很不通畅，而在人的活动空间中，比如街道两边，像北京这样的城市，在胡同里也到处停满了汽车，在城市人行道上，即所谓的便道上也经常停满了汽车，空间是混杂的。

将一个混杂的空间划分为四个独立的空间，就好像原来一家人住在一个大房间里很不方便，现在将这个大房间划分为三室一厅，就变成了四个空间，一切就都方便了。城市中的四个空间是这样的：一个是汽车行驶的空间，也就是说机动车道路是独立的，在机动车道路上不允许再停车，也没有行人和自行车的出现，这是一个独立的空间。第二个独立空间是汽车停放的空间，要使城市所有的汽车都有一个专门供汽车停放的空间，在这个空间里没有汽车行驶和人的其他活动进行。第三个独立空间就是所谓的慢行空间，也就是行人和自行车所利用的空间，当然人和自行车的通行也可以再把它分割成两个独立的慢行空间，这是属于慢行空间内部的再分割。我们这里讲的四空间，其中一个独立空间就是慢行空间，是将自行车和步行道路作为一个空间来对待。第四个独立就是人的户外活动空间，包括绿地花园、人行道、周边的一些活动空间，作为人的活动空间，特别要强调的是，这个活动空间要符合人性化的要求，应该完全没有汽车出现，也没有自行车的骑行，骑行中的自行车也不允许在这个空间出现，这个空间是可以供儿童玩要、嬉戏，供老人休闲，这个空间应该是足够大的，而且是不受噪声干扰、不受汽车通行威胁的，这样一种人性化的、自由的户外活动空间，也应该是我们追求城市人性化的一个主要内容。

为什么说空间结构有序化是城市可持续发展的基础呢？深入分析会发现，目前城市存在的很多问题，都与人车混杂、空间结构混乱这一现象有关，甚至可以说，正是由于空间结构的混杂，造成了城市各种问题的出现。比如，在人车混杂的情况下，机动车的行驶速度无法发挥。汽车本来是快速行驶的，汽车的优势就在于能够快速地连续行驶，但是人车混杂的空间里面，汽车的优势完全发挥不出来，汽车跑慢了，车多了以后，道路通行能力就发挥不出来，就出现了交通拥堵，所以交通拥堵的根源就是城市空间结构的混杂。再说，行人走路的环境日益恶劣，也是由于人车混杂造成的，因为在这种混杂的情况下，汽车的路权被置于步行的路权之上，任何道路交通的改造工程一旦完成，其结果是为汽车提供了更好一点的条件，但是对人行却造成了更恶劣的环境。所以，随着城市道路工程的不断修建，步行道路就会越来越差，绕行的距离就会越来越远，有些地方几乎没有办法通过，因此经常出现行人从机动车道上快速冲过的局面，甚至于翻越道路的隔离护栏，这一种行人环境恶劣的根源也是人车混杂造成的。任何混杂的情况都有三个特点：一个是低效率，一个是高消耗，再一个是不安全。简单打一个比方，如果在机动车道上不分左右车道，不分上行车道、下行车道，汽车可以沿左侧行驶也可以沿右侧行驶不加以区分的话，那么两个方向的车就都很难通过。如果没有有序化的划分，在机动车道划出隔离线，其中一侧向东行驶，另一侧向西行驶，这是道路上的一个有序化的划分，道路上将一团混乱。任何人都理解这种有序化的划分，对道路的通行能力是多么重要。实际上城市整个空间结构有序化的划分，是道路上有序化划分向城市所有空间范围的延伸。这种有序化延伸所发挥的作用，正如道路本身进行隔离、分出东西向行驶所产生的效果一样，对整个城市产生的效果将是非常神奇的，当然，这需要通过很多计算来说明。进一步的计算会说明，只要城市空间结构有序化，将它划分为四个独立的空间，那么在城市就能出现神奇的效果：汽车行驶速度就有可能从目前高峰时期的10多公里提高到60公里，机动车道的通行能力就可以提高五倍以上，交通拥堵将从此成为历史，机动车撞行人或者机动车撞自行车的交通事故，也从此永远不会再出现，在完全没有汽车干扰的户外活动空间中，人们可以恢复邻里进行相互沟通的活动空间，城市生活向人性化的发展就前进了一大步。2006年以来，北京市民对交通拥挤情况，感觉比以前更加严重，在全国城市宜居程度评比中，北京市从2004年的第三位下滑到了第十五位，城市的宜居程度随着城市的发展不是提高了而是迅速地降低了，为什么呢？是因为城市发展的结果使城市空间混杂的局面更加突出、更加严重。所以说，城市空间结构有序化是城市可持续发展的基础。一旦实现了城市空间结构的有序化，那么随着城市的发展，城市的宜居程度就会逐步提高。像北京这样的城市，就不会出现2004年排第三位，而由于比其他城市发展得快，2005年却下滑到了第十五位。如果采用JD模式，发展越快的城市，它的宜居程度排名将更往前，而不是向下滑。

52. 为什么说城市中平均车速的高低与人的心率一样重要，只有将平均车速提高至60公里/小时左右，城市发展才能步入良性循环？

答：人的健康情况指标之一是心率的高低，医生只要戴上听诊器，一听你心跳的快慢，就能判断出你的健康是不是存在着大的问题。比如说，发烧心率一定会很快，心脏有问题了，心率的跳动就一定不正常。那么城市有没有一个类似的指标，可以判断城市的状况呢？有，这就是城市中的平均车速。

我们每个市民都可以像医生判断病人一样，来判断一下我们的城市平均车速现在有多高。根据我们的研究结果，如果城市的平均车速，能在每小时60公里或是70公里，那么这个城市永远就会像年轻人一样健康；如果城市平均车速降到了20公里，那么就像人的心率从每分钟70次，降低到了每分钟20次，身体一定是有了严重的疾病，至少是身体的正常活动出现了很大问题。为什么说平均车速要提高到每小时60～70公里，城市发展才能进入良性循环呢？这是因为，城市交通存在着一个临界值。这个临界值的作用就像翘翘板一样，平均车速达到60～70公里，这个翘翘板就偏向了另外一端，交通就会完全畅通，不会再出现交通拥堵；那么如果平均车速低到一定程度，翘翘板就会偏向另一端，交通拥堵将永远存在。我们计算结果发现，如果平均车速能够提高到每小时60～70公里，那么城市中道路的通行能力比高峰时期的交通需求要大40%～60%，如果平均车速一旦降低至60公里/小时以下，比如说降到30公里/小时的时候，那么交通供给能力，或者说道路的通行能力在高峰时期将永远小于交通需求。这就像河道的流通能力一样，水的流动速度快，流通量大了，就不会出现决口现象；水的流速低了，那么水的流通量也就小了，当洪水到来的时候就可能出现决口现象。这个临界数值，就是衡量城市交通能否永远畅通的一个数值，将平均车速提高到60～70公里/小时，就能确保在交通高峰时期，在交通分布很不均衡的情况下，也能够实现城市不再出现交通拥堵的局面，城市交通从此进入良性循环。

53. 为什么说能够适应汽车饱和拥有率600辆/1000人的交通规划才是合格的交通规划？

答：城市的交通规划，能否在汽车飞速增长之后，仍然保证交通畅通呢？这是当前几乎所有的城市都会遇到的问题。由于汽车数量增长的速度，超过了道路通行能力增长的速度，修路赶不上汽车的增长，所以很多城市的交通拥堵越来越严重。有一种观点，把城市的堵车归结为汽车增长太快了，我们从媒体上能经常看到这样一种观点，说本来预计到2005年我们城市汽车保有量是100万辆，但是却发展到了200万辆，交通能不堵吗？这种现象说明，现行的交通规划本身不能适应汽车发展的客观规律。汽车发展的客观规律中有非常重要的一条就是，汽车的拥有率必然会发展到每千人600辆左右。世界银行专家对全世界52个国家和地区的汽车拥有水平做了调查，最后的结论是两条：第一条是随着GDP水平的提高，也就是人们富裕水平的提高，汽车拥有率必然逐步提高；第二个结论是，当GDP达到或超过17000美元时，汽车就完全普及了，基本上是每个家庭有两辆汽车，或者说一千人有600辆汽车左右，以后富裕程度再增加，汽车的拥有率也不会有多大的变化，这就是所谓的汽车饱和拥有率。就像现在的电视机一样，二十年前谁也不可能预料到每个家庭有3台左右的电视机，但是现在很多富裕的家庭已经有了3台左右，那么再富裕了会不会买更多的电视机呢？也不会，因为这已满足了家庭的正常需要，达到了拥有率的饱和水平。那么，城市交通规划如将这饱和拥有率的水平，也就是一户有两辆车，作为交通规划的一个目标，使城市交通在规划初期，就满足汽车增加到一户两辆车的需要，那么就不会再出现所谓的修路赶不上汽车的增长了。曾经有一位交通工程的老专家，听了我们这个观点之后，他很赞同，而且还很形象地说："现在修路总赶不上汽车增长，那么你修路修得超前一点，到前面去等着它，让你车再多也赶不上，问题不就解决了吗"。这就是说城市一定要以汽车饱和拥有率，作为交通规划的一个约束条件，或者叫刚性约束条件，这是不能违背的，这样交通规划才是合格的规划，今后才不会出现交通拥堵。

编制交通规划的指导思想，不能以十年或者十五年作为交通规划的目标，而应该以汽车饱和拥有率做为规划的目标。例如老农民盖房，我国很多农民以前有个习惯，生个儿子马上筹备给儿子盖房，在孩子很小的时候，就把孩子将来结婚用的房子盖好了。这个房子盖多高呢？他一定是按孩子成人以后的高度来盖房的，而不是做十年规划或者十五年规划，说盖到 1.5 米高或者 1.8 米。同样的道理，我们在编制城市交通规划的时候，也要考虑汽车时代"长大成人的时候有多高，我的房子就要盖多高"。汽车时代"长大成人有多高"呢？就是一千人 600 辆，因此我们的道路规划要满足每千人 600 辆的要求。

54. 为什么消除交通拥堵和改善步行条件是落实公交优先的必要条件？

答：如果想使人们在出行中，主要选择去乘坐公交车，那么一定要使乘坐公交车的吸引力，比自己开车更有吸引力。那么，怎样才能提高公交车对人们的吸引力呢？

一是乘坐公交车前后的走路环境一定要好，当然包括中间换乘的条件，换乘与走路的条件一定要好。比如说，要走很长的路、要绕行，甚至有的地方要爬交通护栏跳过去，那很多人自然不会选择走这么困难的路去坐公交车了。

二是很容易坐上公共汽车。现在乘车难，特别是天气不好的时候，赶上下雪天，有时 2 个小时都挤不上公共汽车，所以要很容易坐上车，而且坐在车上又比较舒服，不像北京人过去讲的，人都被挤成"照片"了，或者不像日本人对地铁所描写的——地铁简直就是"通勤地狱"，每到高峰时期，地铁车站都要雇一些人，将乘客推上车，好关上车门。

再一个就是公交车要开得快，能很快地到达目的地。能不能很快坐上车，坐上车以后会不会不太拥挤甚至于都有座位，车辆能不能很快到达目的地，这些都取决于公交车的周转是不是很快。公交车的周转效率提高后，坐车会容易，乘车也会宽松，而且也能准时到达目的地。在交通拥堵的情况下，特别是在上、下班高峰时期，公交车本来能1小时来回跑一趟，现在却要2个小时甚至3个小时才能来回跑一趟，这就恶化了公共汽车的乘坐条件。如果反过来说，交通完全畅达，本来1小时跑一趟的车，现在半小时就能来回跑一趟，那么乘坐的条件自然就改善了许多。

本书介绍的JD城市模式，就能实现公交车周转一次的时间，比现在城市在不发生交通拥堵时周转一次的时间要短很多，大概只相当于现在周转时间的1/4，也就是一辆公交车能当四辆公交车用；从一个目的地到另一个目的地的乘车时间，能缩短为现在1/4左右；乘车前后的步行道路上根本不需要绕行，不需要等红绿灯，也不会受到汽车的威胁，很安全。在这种条件下，公交优先自然就可以得到落实。乘坐公交车那么方便，步行又那么舒适，人们在出行中何乐而不为呢？

所以说，彻底消除交通拥堵和彻底改善步行条件，是落实公交优先的必要条件。

55. 城市的最佳人口密度是多少？为什么？

答：城市人口密度过大或过小都不好，这是很容易理解的。

首先说如果人口密度过小，也就是每平方公里的人数很少。一个人数一定的城市，其地面面积占得就很大，这叫低密度的城市。低密度的城市有什么害处呢？由于密度低，城市就大了，人们出去办事跑路的距离就增加了。如果一个每平方公里有15000人的城市变成每平方公里只有3000人的城市，那么出去办事跑路的距离就是原来的1.1倍，原来是跑10公里，现在就要跑22公里。跑路远了有什么不好呢？那绝不仅仅是你个人跑路远近的问题。跑路远了，说明城市道路的投资就相应增加了。由于政府的投资能力是有限的，在投资能力比较紧张的情况下，道路的设施建设就不会做得太好。人口密度为15000人的城市和人口密度为3000人的城市相比较，城市面积大概是

1∶5 的关系，城市建设的投资，大体是与面积相当，面积越大投资越大。比如每平方公里的市政投资建设是 3 个亿，那么在高密度的城市，如果面积是 100 平方公里，只要有 300 个亿就能把城市建好了。那么现在变成了 500 平方公里的城市，按每平方公里 3 个亿的市政投资，就需要 1500 个亿。反过来，如果拿出 1500 个亿的一半，即 750 个亿，用来建设 100 平方公里的城市，那么每平方公里的建设投资就可以增加 1 倍多，城市投资总量省了一半，但是每平方公里的投资却增加了 1 倍多，这岂不是道路设施能够建设得更好吗？例如，凡是上、下的楼梯都做成自动扶梯；凡是人行道全部都搭上棚，建设成全天候的道路；凡是公交车站都建成遮阳蔽雨的，那岂不是很好吗？因此，人口密度多少对城市建设影响很大。人口密度低的城市，跑路远了还意味着汽车需要烧的油多了，也还意味着城市交通量增加了，交通就容易发生拥堵现象。交通发生拥堵，不但延长了交通时间，增加了汽油消耗，而且城市的污染也要严重得多。

因此，从投资和减少交通量的角度来讲，城市人口是越密越好。从改善市政建设投资强度，也就是每平方公里的投资大小来讲，人口密度也是越高越好。但是，人口密度也是有个限度的，太密了，居住条件就会变差，人们不可能容忍太拥挤的生活环境，这样就有一个人口密度最佳值的问题，究竟多少合适呢？

我们认为人口密度的最佳数值是，每平方公里 15000 人左右。为什么？首先这是人们一种自然选择的数据。所谓自然选择的数据，有一个历史上的证明，就是在汽车没有进入城市之前，城市还没有发生交通拥堵，那个时代，城市人口密度大体上就是每平方公里 15000 人。随着汽车进入城市，城市的密度被拉开了，现在发达国家的城市，平均每平方公里也只有 3000 人左右。那么在汽车时代，为什么每平方公里 15000 人，仍然是最佳人口密度呢？这是因为，我们经过反复的计算和优化，发现在这个人口密度下，可以兼顾人们居住环境的舒适程度最高，各项资源消耗指标最低。例如，在这个密度下，可以保证人均建筑面积最高达到 50 平方米。目前我国人均居住面积是 26 平方米，发达国家是 50 平方米，我们可以达到发达国家的水平，这个密度仍然允许建设这么多的住宅建筑。在这个密度下，可以做到人均户外活动绿地 20 多平方米，根据生态学的研究结果，每个人平均真正的绿地有 20 平方米，就可以做到城市空气的氧循环正常进行，也可以避免城市因为太阳的直晒而出现的温度升高，所谓热岛效应。在每平方公里 15000 人这个密度下，可以保证道路的通行能力，完全满足高峰时期交通量的需求，可以做到在道路面积率只有 20%的情况下，道路通行能力大于交通需求的 60%，即使在交通分布很不均衡的情况下，也能保证交通永远畅通。在这个密度下，日常出行的距离比较短，走路就能办很多事情，不需要每次出行都开车，或是去乘公交车。在这个高密度下，周边的生活设施配套，如商场、学校、医院、体育场、娱乐设施等，在 500 米范围之内就全都具备了，那么机动车交通的负担，就可以减少了，或者说可以大降低了小汽车的依赖程度。这样的城市，交通燃油消耗会比较低，油耗低了，汽车的尾气污染也就低了。所以综合考虑各种因素，经过深入计算表明，每平方公里 15000 人是城市人口的最佳密度。对我国来讲，这个最佳密度还有另外一层含义，就是在这个密度下，我国可以拿出足够的土地来供应城市的需要，在 10 亿～11 亿人口进入到城市，完全实现了城市化后，城市的占地也不会超过全国耕地的 7%～8%。这样，就可以保护全国 18 亿亩耕地这个粮食安全所需要的底线，不会受到破坏。

所以这个最佳人口密度，不但对城市本身是重要的，对保护我国 18 亿亩耕地，确保农业的可持续发展也是很重要的。

56. 城市的道路面积率应该是多少？为什么？

答：什么是城市的道路面积率？城市道路所占的土地面积占城市总面积的百分比，这就是城市道路面积率。目前，我国城市道路面积率相对说比较低，因为马车时代城市道路面积率就比较低，现在的城市道路系统是从马车时代发展过来的。我国刚刚进入汽车时代，道路面积率的数值还跟不上汽车时代的发展。以北京为例，经过多年的努力，道路面积率已经有所提高，目前达到了 12%，应该说比以前已经有了很大的提高。但是，仍然不能满足要求。就发达国家的城市来看，最低的也不会低于 15%，最高的达到了 35%。那么究竟道路面积率取多少才合适呢？现在有一种观点，就是道路面积率应该达到 20%～30%，才能满足汽车时代的发展，这种观点基本是对的。但是，还不够准确、不够科学。

那么，道路面积率应该是多少呢？这要看合理的道路面积率应该满足什么条件？比如说，如果将完全不存在交通拥堵作为条件，那么现在的城市道路面积率多少也满足不了这个要求。正像有位领导同志的讲话中所说，英国人用计算机进行了模拟设计，像伦敦的市中心，即便将城市的土地全部修建成道路，也不可能消除交通拥堵。也就是说，在现行的城市交通模式下，将城市的土地全部修成路，道路面积率变成了100%，也还是消除不了交通拥堵。那么，确定合理的道路面积率，根据究竟是什么呢？我们的观点是，在确定道路面积率时，一定要首先确定什么才是城市可持续发展的交通模式？如果按照现行的交通模式，找不出也无法确定道路面积率的最合理数值。换句话讲，只能够根据国外城市的现状来确定在20%～30%之间，因为即便满足了这个面积率的要求，城市的交通拥堵依然会长期存在，城市中交通低效率、燃油高消耗、尾气高污染、乘车非常难，大部分时间消耗在出行中，这样一种困难的局面将永远存在。

我们提出，在科学的城市模式下，或者说在可持续发展的城市模式下，这个道路面积率的合理数值是存在的。只要城市模式科学，那么在一定的道路面积率下，就能实现道路的彻底通畅，所谓的交通拥堵、污染严重、出行时间过长、乘车过难等，这些现象再也不会出现。我们提出城市采用JD模式，也是本书下篇将要介绍的这种模式。在这种模式下，城市的道路面积率为20%，就可以兼顾城市各方面的需要。所谓各方面的需要，即拿出城市面积的20%修路，就能满足交通完全畅通的需求，在高峰时段也不会出现交通拥堵，就整个城市面积分配来讲，可以拿出35%的面积来作建设用地，用于修建居住的房屋，或是其他的市政公用设施、产业用房等，还能拿出40%左右的面积来作城市绿化，可以满足市民人均享受大约23平方米的绿化面积，城市的生态循环可以得到基本保证。

影响道路面积率大约有四五项指标，通过计算，最后的结果是，道路面积率为17%～22%之间，就能够彻底满足道路畅通的需要。简单地讲，我们认为，在城市模式彻底变革的前提下，道路面积率选择为20%，是一个合理的数值。

57. 城市道路路口的间距应该是多少？为什么？

答：城市道路路口间距的大小，对人们的日常生活确实有比较大的影响。路口间距究竟该取多大才合适呢？在学术界有两种不同的观点，一种观点认为，路口间距应该尽量小一些，特别是到美国考察回来的很多人会持这种见解，说路口小一点，道路密一点，车辆随时可以通过路口来变换自己的行驶方向，有利于道路交通的负担均衡，有利于减少交通拥堵；另一种观点认为，路口间距不能太小，路口间距太小了，车辆经常需要变线，车辆变线的时候会有一个挤让的过程，术语上叫做交织。这个交织过程，需要有一定的距离，开车的人都知道，你若要从一条线变到另外一条线，至少需要几十米的行驶距离，如果再连续变到另外一条线，又需要几十米的行驶距离，在车辆比较密的情况下，有时行驶 100 米仍然找不到合适的变线时间。

路口距离的远近，直接影响到汽车变线行驶的距离，也就是所谓交织段的长度，这是因素之一。

因素之二，就是如果道路路口间距较大，那么有限的土地面积用来修路，每条路就可修得宽一些。比如说，道路面积率是 20%，那么城市面积只能拿出 20%来修路，路的间距大一点，每条路就可以修得宽一点，路的宽度要适当才能满足汽车交通的要求。公交车要设专用线，那么双向行驶的公交车，就要占用两条车道，除公交车专用线之外还要保证其他车辆的通行，其他车辆的通行总不能只有一条车道吧，有两个或三个车道，在一旦发生交通事故的时候，才不会将路全部塞死，因此，道路的宽度又是有要求的。从道路通行的可靠性出发，包括设置公交车专用线，道路最好设置成双向八车道或双向十车道。如果是双向八车道或十车道，那么在道路面积率为 20%的时候，路口的间距就不会太小，恐怕要 600～700 米。

路口间距还有另外一个作用，就是如果十字路口的地方有立交桥，立交桥的坡道有一个长度，那么这个路口之间的距离，至少要比这个坡道的长度要大一倍以上。一般立交桥单边坡道的长度是 200 米，所以路口的间距至少要在 400 米以上。再就是两个路口之间往往还有小路口，也就是小区内道路的路口，小区内道路汽车进出的时候，一般都有变线的要求。有的汽车出小区路口后，还要驶上坡道，爬到立交桥的上面去，这样它在坡道前端需要一段变线行驶的距离。

再者，间距的大小，也影响到人们坐公交车走路的远近，人们走路至少要走行路口间距一半的距离，因为如果住在中间的话，坐公交车往前走往后走，都是路口间距的 1/2。按照通常的观点认为，走路去乘车的时候，走路的距离最好不要超过 300 米，这样路口的间距最好是在 600 米左右。我们综合了各种因素，通过计算最后认为，路口间距比较合适的距离应该选在 500～800 米之间，而以 700 米比较适度，能够兼顾各种因素的综合要求。

58. 为什么快速路要双向十车道才能满足可靠性的要求？

答：凡是有过开车经验的人，或有过长期开车经验的人，都会认为快速路应该是双向十车道，为什么呢？首先，任何交通事故都可能会造成两条车道的堵塞，如果发生了交通事故，两条车道被堵住了，还有另外的三条车道供车辆通过。从交通工程学上的数据可以知道，如果在车辆的正常行驶速度，例如 60 公里/小时的情况下，每条车道的通行能力是 1800 辆车，5 条车道就是每小时通过 9000 辆车，一旦发生了交通事故，两条车道堵塞了，这 9000 辆车就要从另外的车道过去，另外的车道如果还剩三条车道，那么车速适当降低，降到 30 公里/小时左右，可以在车辆比较密集的情况下，每条车道的通行能力还能达到 2400 辆，三条车道仍然能够通过 7000 多辆车。所以在一般情况下，双向十车道，也就是单向五车道，在发生交通事故的情况下，仍能够保证道路上全部车辆通过，不会造成交通拥堵。当然，在快速路中央车道设置公交车专用车道的情况下，一旦公交车处于停靠站台等候的状态下，其他的车辆只能通过另外的车道通行，在这样的情况下，只有双向十车道才能满足道路正常行驶的要求。在出现意外情况下，也不会发生堵车，道路的这种性能叫做道路通行的可靠性。

因此，快速路双向十车道才能满足道路通行可靠性的要求。

59. 城市的绿化率和人均绿化面积应该是多少？为什么？

答：关于城市绿化率，在学术界对此还有不同的观点。主张改善城市生态环境的人认为，城市的绿化率应该在 50%～60%，才能满足两个方面的要求：一方面是，城市空气的氧循环，能够保证城市中产生的二氧化碳，在日光光合作用的情况下，被植物所吸收，以保证城市的氧循环。就是平常人们所说的：城市也要有一个肺，城市的绿地就是城市的肺，保证肺的呼吸正常进行。但是，现在的城市很难做到 50%的绿化率，我国很多城市，远远达不到这个要求。所以也有人认为城市绿化率如果达到 20%以上，也就可以认为达到了要求。

本书的观点是，从发展角度看，城市的绿化率应该向发达国家看齐，达到 50%以上。但是，这里有一个与发达国家不同的国情条件，发达国家特别像美国这样的发达国家，其人均平原面积是中国的 20 倍左右，所以它的城市是蔓延型的城市形态，就是城市占地面积很大。除了市区以外，外围的城市圈人口比较少，人均城市占地达到 300～500 平方米，美国有的城市达到人均 1000 平方米，这种情况下绿化率自然很高。而我们中国，只能维持人均 70 平方米左右，才是国情所允许的范围。

在人均占地较少的情况下，如何实现高绿化率？这很困难。但是，为了城市向生态化方向发展，我们认为应该毫不动摇地，要求城市的绿化率在人口高密度的情况下，也要达到 50%的程度。因为，在人口密度比较高的情况下，如果绿化率低，那人均绿化面积就太低了。城市空气的循环问题，就不能得到很好的解决。同时，绿化率还影响在日晒的情况下城市温度提高的问题，也就是所谓“热岛现象”。只有在绿化的面积上，在受到太阳直射的时候，才不会有地表面局部温度提高的现象。而水泥地面或是柏油路面，太阳直射后，温度会迅速提高。例如在夏天，北京有些高架路，由于烈日的暴晒，温度达到了 60℃，不得不采取往路面洒水的办法来降低路面温度，以保证行驶车辆的安全。当然，这种暴晒造成地面温度迅速升高，也会使城市整体温度有一定的提高，即所谓城市的“热岛现象”。所以在城市人口密度较高的情况下，绿化率的高低，对城市的生活环境影响很大，更需要坚持高绿化率的要求。

当然，这里也要说明一下，在现行城市模式下，做到绿化率达到 50%以上，确实是很难想象。像长沙新河三角洲地块的规划问题，就证明了这一点。前几年，对这个地块长沙市政府组织了四次规划设计，这四种规划设计中，净绿化率最高的也只有 26%。而现在，长沙新河三角洲采用了 JD 城市发展模式进行规划，规划的结果在人口密度提高了 40%的情况下，仍能使绿化率高达 55%。所以，城市的绿化率和城市的模式是有关系的，甚至可以说城市模式决定城市绿化率的水平。

人均绿化面积应该是多少呢？在生态学的研究领域，研究了人本身的呼吸及日常生活每天产生的二氧化碳数量，这些二氧化碳的产生需要有足够的绿化面积来进行循环。他们研究的结果是，人均面积在20平方米左右就能满足需求。我们认为，这个指标在城市规划设计中是应当遵循的，人均绿化面积应在20平方米左右，这个绿化面积指的是净面积，而不是被圈作绿化地的面积。很多绿化地里包含了人行道，有的城市还包含了很多地面停车场，包含了一些建筑小品，都划为绿化面积，这种计算方法是有很大偏差的。所以，人均绿化面积20平方米是指的净绿化面积，就是真正起到氧气循环或者降低气温作用的那一部分绿化的面积。

60. 为什么说建立地面停车库是解决停车难的最好办法?

答：停车库是为了满足人们日常停车需要所设立的建筑设施。我们目前的城市，经常出现这样一种情况，就是很多车停在自家门口或地面上，而一些地下停车库和一些多层立体停车库却是空着的。

很多城市为了解决这个问题，就加大对乱停车的惩罚力度。但是，这是不得已的办法。人们之所以把车停在自己的家门附近，不愿意停在地下或是通过循环道爬到高层去停车，是因为地下停车和高层停车不方便、费时间、走路远等。另一方面，建设地下停车库和高层停车库的造价相对也是较高的。在汽车完全普及之后，每平方公里的城市土地上应该有10000～11000个停车位，这样高密度的停车位全部建在地下或在空中停车，造价是很高的。

经过多种方案的长期分析比较，我们最后的结论是，建立地面停车库，可以兼顾各种因素，是优化的需要。

首先，地面停车库停车的存取很方便，不用下坡钻到地下，也不用通过环形通道再爬到地面。地面停车很容易，只要坐电梯到了地面停车库，就可以通过平面的走路，首先看到自己的车，然后比较方便地走到自己的车上去。在你乘车前或是下车后回家，只要通过地面进入电梯，就可一次性地到达家门口，不用再转乘电梯，所以比较方便，这是第一。

第二，地面停车库有一个决定性的优点，就是大面积建地面停车库，它的屋顶自然就形成了大面积的平台，在这个平台上可以设置花园，特别是可以将人行路布置在这个平台上，在各个平台之间设相互连接的通道，形成完整的步行系统，实现了人车在整个城市的全面分离。也可以说，汽车跑在地面的道路上，不需要再跑高架路，可从地面的道路上直接开到地面停车库。那么人的步行呢？就在停车库的屋顶这个二层的平面上来进行，整个城市就实现了人车分离。这种地面停车库的造价，与高层停车库和地下停车库相比，每个停车位的造价可节约 30%左右。

建设地面停车库，既方便了停车，方便了车辆的停放和存取，又节约了停车位的造价，而且还从根本上改变了城市空间的混乱局面，能在地面停车库的屋顶上，形成一个与地面汽车交通完全分离的人的活动空间和步行道路系统。

因此说，建立地面停车库是解决停车难的一举多得的好办法。

61. 为什么只在 1/4 的交叉路口设十字形立交桥，就可以全部取消红绿灯，实现城市路网的全面快速化？

答：能不能只在一少部分交叉路口设立立交桥，就能实现整个城市路网的全面快速化，取消全部红绿灯？对这个问题的研究很有现实意义，这个意义有两方面：

一方面，一个新建的城市或者新城区，在建设初期，汽车数量还不多，如果在初期就将所有的交叉路口都设立交桥，在投资上是一个很大的浪费。另外，对于老城市的新建城区来讲，汽车数量的增加也是逐步的，在初期就将所有的交叉路口都建设立交桥，在经济上也是一种浪费，至少是一种积压。因此，如何实现只在很少一部分交叉路口建立立交桥，就可以在整个道路网取消红绿灯，实现全面快速化，很有现实意义。

另一方面，只在一部分交叉路口设立交桥，也有可能使城市道路的通行能力，在现有的基础上提高 1～3 倍。为什么呢？因为现在的城市道路网是由四级道路网所构成的，这四级道路网是快速路、主干路、次干路和支路，各级道路在路网中的比例是不一样的。一般快速路、主干路、次干路和支路的长度比例大概是 1∶2∶3∶6，也就是说，快速路占路网中道路总长的 1/12，主干路占 2/12，次干路占 3/12，另外支路占 6/12，也就是 1/2。快速路本身已经没有红绿灯，因此，只要将其中占 1/6 的主干路全部改为快速路，城市道路的通行能力就会有大幅度的提高，如果再进一步，将占城市道路 1/4 的次干路也改成快速路，那么城市道路的通行能力又会有大幅度的提高。

究竟能提高多少呢？如果快速路、主干路、次干路加在一起，占城市道路中 50％的道路全部变为快速路以后，是不是城市道路的通行能力也就提高了 1 倍呢？不止！大约提高 3 倍左右。为什么呢？因为城市各种道路的宽度是不一样的，占城市道路 50％的支路，一般只有双向两车道，而在主干路和次干路上，一般为双向四车道、双向六车道，个别地段也有双向八车道和双向十车道的。因此，从机动车道路长度来划分的话，快速路虽然只占道路总长度的 1/12，但它的车道(由于车道比较多，一般是双向十车道)长度占城市车道总长度就不止是 1/12，有可能是 1/6。那么快速路加上主干路和次干路，虽然道路长度只占城市道路总长度的 1/2，也就是 50％，但是这三种道路上车道的总长度占整个城市车道总长度的比例，就不止 50％，可能是 80％。

因此，只要将其中的主干路或次干路，在交叉路口设立立交桥，改为快速路，城市道路的通行能力就会提高三倍以上。这样就产生了一个问题，如果只将一部分道路改为快速路，在支路上仍然有红绿灯的存在，这样道路还能畅通吗？答案是：不可能畅通。因为道路上的通行特性是需要匹配的，快速路上汽车是连续行驶的，它的通行特性是连续的，那么与它相连的路段，就是支路，也必须做到汽车是连续行驶的，这样车辆才能不在局部产生堵车，否则堵车有可能延伸到快速路上去。这也是目前很多城市的快速路，在车多的情况下，其上下路口出现了“既上不去也下不来”的情况，就是因为和它相连的其他路段仍然有红绿灯，汽车是间断行驶的，这与汽车连续行驶的特性不匹配，所以各种道路上的红绿灯都应该取消。

我们现在提出，只在 1/4(甚至 1/6)的交叉路口上设立十字形立交桥，而在支路的交叉路口，按照只允许一个方向直行，另一个方向不允许直行的办法，将支路的交叉路口改为取消红绿灯的交叉路口，这样虽然设立交桥的交叉路口比例只有 1/4，而整个城市道路取消全部红绿灯，成为快速路网。

具体的办法，可以参阅本书下篇关于道路结构单元的专利说明书附图。其中第一张图是，只在 50％的路口设立立交桥，即所谓路网的结构单元是“日”字形。当然如果 100％的路口都设立交桥，那快速路网的结构单元就是“口”字形的。其中第二张图是，只在 1/4 的交叉路口设立立交桥，所形成的快速路网，我们称之为路网结构单元是“田”字形的，也就相当于“田”字路网单元上只在四个角上设立体交叉路口。其中第三张图路网结构单元是“囲”(tong)字形的，只在“囲”字形路网单元的四个角上设立交，即只需在全部交叉路口的1/9处设立体交叉路口，就可以实现整个城市的全面快速化，取消红绿灯。当然，立体交叉路口占的比例越低，道路的通行能力就越低，比较实用的是“田”、“目”和“日”字形的路网结构单元。

62. 按照已公开的专利技术能否实现公交车的全面零换乘?

答：可以。公交车零换乘，一直是改善公交乘车条件长期追求的一个目标。很多城市，为了实现零换乘往往需要建较大的交通枢纽，将各路车的站台都放在这个交通枢纽里，实现在一个枢纽里换乘各种车辆。

按照我们所提出的一种专利技术，不需要这么复杂。在需要进行换乘的路线上，将公交车站设立在道路交叉路口处，或者说设在两条交叉道路的中轴线的交叉点上。

这个交点上怎么能容纳两条线路上的公交车停靠呢？具体办法就是在交叉点处设置上、下两层道路，如简单的十字形立交桥在交叉点处就是上、下两层道路。上面的一层道路，公交车在道路的中央采取所谓月台式的停靠方式，即乘客在公交车左面的车门下车，公交车站台位于道路的中轴线上。在下面的一层车道，也采取同样的办法设立公交车站，在上、下两层道路上的公交车站之间设立楼梯或自动扶梯，在换乘的时候只需通过楼梯或自动扶梯，就可以从其中的一条公交线路的站台到达相互交叉的另一条公交线路上的站台。

从理论上来讲，任何两条公交线路之间都会有交叉点，只要在交叉点上按照我们所提出来的这种结构，设立所谓的零换乘站点结构，就可以实现这两条公交线路之间的零换乘。

如果整个城市或市区的公交车，它的换乘站点都按照这种零换乘的站点结构来建设，那么在整个城市或在整个城区的公交车就全部实现了零距离换乘。当然要解释一下，所谓零距离换乘，是指下车以后不用走很远，甚至在同一个公交站台，通过上、下一个楼梯就可以换乘另外一辆公交车。

63. 按照已公开的专利技术，能否实现汽车噪声的全面隔离，使城市恢复宁静?

答：可以实现。汽车交通噪声的问题，是大城市中存在的一个严重污染问题。我们看到，很多城市在交叉路口处设置了噪声测量仪表，显示出来的噪声时高时低，但总的来说，都已经超出人们健康所允许的范围。特别是当机动车的行驶速度较高时，比如完全没有交通拥堵的时候，汽车噪声还会进一步增加。

降低噪声的办法有三种，一种是，降低机动车的行驶速度；另一种是，尽量减少机动车在路上的行驶，换句话说就是尽量减少对小汽车的依赖，采取非机动车或轻型电动车，或者尽量多乘坐公交车；第三个办法，就是对噪声进行隔离。我们提出的办法，是对噪声进行隔离的办法。

在现行城市模式下，对交通噪声的隔离是不可能的。因为，机动车道路两旁就是商店或者是其他设施，人、自行车、机动车都在同一个道路的空间中。在这种人、车(人和汽车、自行车和汽车)、商店和汽车路完全混杂的情况下，噪声是没有办法在空间上进行隔离的。

我们所提出的JD城市发展模式，做到了机动车道路上根本没有行人和自行车，机动车道路两旁也没有商店等有人经常出入的设施，道路两旁一般建设停车库。因此可以将机动车道路的上方加隔声棚或盖板，当然盖板要与道路两旁的建筑物连接起来，就可以将噪声全部隔离。当然这种隔离是要花一定投资的，但是在紧凑型城市，与现行城市相比，它的道路长度缩短为1/4。在汽车完全普及之后，如果采用目前的城市模式，假设道路总长度是4000公里，那么采用JD模式道路总长度只有1000公里。这样就节约了大量的道路投资，只需拿出所节约部分的四分之一左右，就可以完全设置机动车道路上方的隔声棚或隔声盖板。这个盖板的上面也可以进行绿化或布置人行道、人的户外活动空间，给城市带来的附加利益也是非常好的。有人会问，把机动车道路完全封起来，采光和通风怎么办？实际上，从建筑技术来讲，在隔声棚或盖板的适当位置设置采光口、通风道，是很普通的问题。

可以设想，一旦城市机动车道路的上方全部设置了隔声棚或隔声盖板，这个城市将会是一个多么宜居的城市！因为，在这个城市的全部开敞空间中，基本听不到汽车的噪声，也基本看不到汽车，当然更没有汽车的出现。这种开敞空间，包括地面停车库的屋顶、机动车道路上方的盖板表面，也包括占城市面积40%左右的地面街区绿地，加起来大约占城市全部面积的70%左右。也就是说，除了建筑物之外的城市所有开敞空间，全部是人的户外活动空间，是没有噪声的、宁静的、恢复自然状态的户外活动空间。

64. 按照已公开的专利技术能否实现全天候的机动车交通？

答：完全可以。从城市发展来看，将来也应该是这样。现在的城市机动车道路系统，在下大雨、冬天下大雪的时候，往往会造成整个道路系统的瘫痪，或是局部的瘫痪，恐怕在大城市生活过的人，都会有这种经历。特别是交叉路口的十字形立交桥，如果是隧道式的，也就是下穿式的立交桥，在下大雨的时候经常会出现道路积水过深、车辆熄火、交通被切断的现象。这样，在十字路口立交桥建设上就出现了一个矛盾：采用下穿式的十字形立交桥，投资比较低，管线安排也比较容易解决，而且对城市景观没有很大影响；而且在机动车道上方所设置的架空人行道时，可以不受立交桥设置的影响(因为这种立交桥的上层道路是与地面相平的，并没有高高地抬起来)。可是，下穿式立交桥要求机动车道路能够完全遮挡雨雪，也就是说要全天候的，这在目前的城市模式下根本不可能做到。

我们在汽车噪声全隔离这个问题的回答中，已经介绍了隔离的办法，即在机动车道路上方，包括交叉路口立交桥的上方设置隔声棚或盖板，在下穿式立交桥设置盖板就比较简单，不需要高高抬起。可见，在实现汽车噪声全面隔离的同时，机动车道路上就已经形成了全天候的道路系统，下穿式立交桥完全可以避免桥下积水。机动车道路的噪声隔离和机动车道路全天候交通的实现，是可以同时完成的，不需要再进行额外的投资。

65. 按照已经公开的专利技术，能否实现“人、机、非三分离”的全天候道路系统？

答：在 JD 城市发展模式中，完全可以实现人、机、非三种独立的道路系统。

这需要一种全新的思路，就是将机动车留在地面，将人的行走布置在地面停车库的屋顶上，在各个屋顶平台之间连接一些通道和连廊，这样机动车道路和人行道路就彻底分开了；如果再将这种人行道路设置成双层道路，它的上层用来走自行车，下层用来走人；或是反过来，它的下层用来走自行车，上层用来走人，就实现了人、机、非三种道路的全面分离。在慢行道路中，由于人和自行车分别在两个不同高度的道路上，所以人和自行车的道路之间没有平面交叉。这一点对于将来的城市交通应该说很重要，年岁大的人都可以回忆起来，在中国的城市还没有多少汽车的时候，道路上主要是自行车和行人，在那个年代，自行车碰撞行人的交通事故也时有发生，很多老一辈相声演员在说唱中，也经常将其当作一种笑话来讽刺。在那个时期，儿童上街也经常担心被自行车碰撞。所以，在低能耗或无能耗的绿色交通中，如果能将自行车和行人也分开，对自行车的交通和行人的交通两方面都会带来很大的方便。

至于三种道路能否全部设置为全天候的道路？从上面所讲的结构来看，已经回答了这个问题。首先，机动车道路上方进行了噪声全隔离，已经实现了全天候。那么步行和自行车道路设置为双层的，其中的下层道路就已经是全天候的了，上层道路如果再设置棚盖，上层道路就也形成了全天候的道路。这种全天候的道路，对于行人出行、骑自行车出行是非常重要的。因为，目前城市的交通，在刮风下雨的恶劣天气下，步行和骑自行车出行实际上是非常困难的。对于一些年轻人特别是女性来讲，在烈日下出行，无论是走路还是骑自行车，都使她们觉得很为难。因此，全天候对将来减少机动车交通量，实现比较环保的交通方式是很有意义的。

这里还需要回答一个问题，就是将三种道路分开，会不会增加城市的交通投资？如果对设计进行成本评估就会发现，设置这三种道路，不但不会增加投资，从理论上来讲，还可以节约投资。为什么呢？因为，一旦为自行车和步行提供了交通上的方便，那么，每一次自行车出行替代私家车的出行，虽然增加了自行车的交通量，但是减少了机动车的交通量。这样就等于增加了自行车道路建设费用的同时，减少了机动车道路的建设费用。最简单的估算都可以判断，减少机动车的交通量，所能节约的机动车道路建设费用，要比增加自行车道路的建设费用大得多。所以，在自行车道路和步行道路上增加投资的结果，必然是大幅度降低机动车道路的投资，道路建设的总投资就会实现节约。

只有为自行车交通、步行交通、公交优先和减少小汽车出行的合理出行结构创造道路条件，道路的总投资才会是最低的。

66. 为什么说东京、香港、新加坡等地的交通模式不具备推广价值？

答：首先说东京，我国有些人士不了解东京的情况，正在努力将我国的城市交通按照东京的模式进行建设，这是一个误区。日本有些专家，对东京的交通前景是持悲观态度的，认为东京的交通拥堵已成不治之症，寸土寸金的日本，东京也出现了城市蔓延的现象，其人均用地已高达 185 平方米。此外，东京市民出行不得不坐地铁，但对乘坐地铁并不满意，称之为“通勤地狱”。地铁的乘坐感受并不符合人性化的要求，只是没有别的选择。我们不应该把东京的地铁作为样板。我国交通专家段里仁教授作过计算，如果将北京的地铁和城铁修建到东京的水平，最快也要二十多年。北京交通等得及吗？巨额的交通投资能够承受吗？城市蔓延所占用的土地能够供应吗？

其次，香港和新加坡是一个汽车交通对外封闭的地区，实行小汽车高门槛的税收和管理制度，将小汽车数量控制在较低水平，私家车的拥有率只为10％或略多，这在其他国家，也包括我国大陆在内，是行不通的，何况我国必须大力发展汽车产业，控制私家车拥有率不仅是不可能的，也是不应该的。

综上所述，东京、香港、新加坡等地的交通模式不具备推广价值。

67. 听说在长沙新河三角洲的试点规划中，“人口密度高达每平方公里 30000 人，绿化率高达 55％，同时形成舒适的户外活动场所”，如果在其他地方采用 JD 模式，也能做到这样吗？

答：汽车社会的城市，在人口高密度的情况下，能够实现绿化率 50％以上。并且在整个城市的开敞空间中，均是没有汽车干扰的、完全安全的户外空间，这一直是我们追求的目标，也是很多城里人所向往的事情。长沙新河三角洲曾经请了四个地方规划院作过规划，净绿化率最高也只能达到 20％左右，户外活动空间也没法做到人车完全分离。但是采用 JD 模式做到了，正如中国城市规划院总规划师杨保军先生，对长沙新河三角洲试点方案所做的评价，他说：“新河三角洲采用这种新的模式，能够在土地开发强度相对较高的情况下，实现了高达 50％以上的绿化率，并且能够形成人性化的、舒适的户外活动空间，这是中国城市发展的一个方向”，杨保军先生对 JD 模式作了客观、公正的评价。那么，在其他地方如果采用 JD 模式，能否也做到高绿化率和宽畅的、人性化的户外活动场所呢？当然可以。因为 JD 模式有两个特点：

一个特点是在人均占地 67 平方米的紧凑城市中，人们仍然可能享受很宽松的户外活动空间。地面上 20%左右的面积用来修机动车道路，30%左右的面积用来修地面停车库，如果地面停车库和地面机动车道路上全部加棚盖，那么这 50%左右的面积就成了没有汽车干扰的，也听不到汽车噪声的户外活动空间；除了机动车道路和地面停车库之外，其余 40%左右的地面可以用来做地面花园或街区的中心绿地，这样即使人口密度很高，比如每平方公里 30000 人的情况下，仍然可以做到人均户外绿地 20 平方米左右，这里所讲的 20 平方米是净绿地，不包括绿地中的走道、广场等场所。

第二个特点是，在人口密度较高的情况下，人们日常的三种出行都很方便舒适。这三种出行方式中，一种是就近消费和就近娱乐，这是指在步行范围内就可以实现的，比如说，上街用餐、日常购物、去图书馆、去体育场或是去一些文化娱乐场所等，当然也包括中、小学生的上学，都可以用步行来解决；第二种出行方式，是在稍远一些的地方上班、购物或是进行社交活动，可以骑自行车去，因为在 JD 模式下的自行车道路，是遮阳避雨的，是全天候的，自行车道路上没有行人，也没有机动车，也不需要等待红绿灯，所以可以很方便、很舒服地到达目的地；至于第三种出行方式，像到较远的地方工作或去参加其他活动，那么可以根据自己的需要，选择开车出行或乘坐公交车出行，当你出行有私密性需要，或是有其他特殊情况，比如接送病人、接送朋友等，可以采取自己开车，如果仅仅为了去上班，或是并不需要携带较多行李物品，那么完全可以乘坐公交车。在乘坐公交车出行的时候，乘车前后的步行道路都是遮阳避雨的，乘车只需很短的时间，一两分钟就可以等到汽车，上车以后乘坐是不拥挤的，中间如需换车也不用出站，在本站范围内就可以换乘第二条线路。

除了高绿化率和户外活动空间是没有汽车干扰的安全空间之外，出行过程可以灵活地选择三种出行方式，三种出行方式都是符合人性化要求的。

68. 为什么现行的城市道路分为四级道路的结构必然导致堵车？

答：首先从城市交通的现实可以得出这样的结论。因为现在所有的城市道路都分为四级，同时也都在长期堵车。这个无可争辩的事实告诉我们：四级道路所构成的城市道路网，必然产生交通拥堵。

再来看一看，四级道路为什么会产生交通拥堵？

第一个原因是：在四级道路中没有红绿灯的快速道路所占的比例是很低的。按照国际上通行的比例，这四级道路的比例是 1∶2∶3∶6，也就是说快速路占 1，主干路占 2，次干路占 3，支路占 6。快速路的长度只占城市道路总长度的 1/12，就北京目前的情况，快速路的总长度不超过 10%，在市区范围内的快速路长度只占全部道路长度的 5%。这就是说 90%以上的道路都是有红绿灯的，汽车都要走走停停。因此，整个道路网的通行能力就比较低。

第二个原因是：在城市汽车比较多的情况下，比如高峰时段，由于很多汽车都挤到快速路去跑，快速路上汽车超过它所能承受的能力，所以快速路变成了慢速路，这就是我们所说的“速度趋同定律”。当道路上的汽车超过一定限度后，快速路和慢速路的行车速度就没什么差别了，速度基本上相同，都变成了慢速路。

第三个原因是：所谓的交通流不匹配，就是说一段道路上机动车是快速连续行驶的，和这段道路相衔接的下一段道路，又是有红绿灯、汽车需要走走停停的，那么从连续行驶道路上开出来的汽车，一旦进入了有红绿灯的道路，马上就形成了交通拥堵，造成了前面连续行驶的快速路上的车下不来，这在很多城市中都出现过类似的现象。比如，汽车的交通流密度较大的时候，快速路上的车在进出路口经常发生严重的交通堵塞。

第四个原因是：在由四级道路构成的城市道路改造中，人们在决策中往往处于自相矛盾的悖论之中，当发现快速路畅通，而在支路上出现堵车或是上不去、下不来的时候，就会决定增加其他道路，也就是增加快速路以外的其他道路。但是，当快速路以外的其他道路，由于道路增加后不再堵车了，那么就会发现快速路上的车又堵了，于是，就会再决定增加快速路。目前城市交通治理中，大体上就是在这样一个循环过程中进行，快速路少了就增加快速路，快速路修多了又发现其他道路不够，又修其他道路，其他路修多了，发现快速路的比例不够，又修快速路。“水多了加面，面多了加水”，在这样的循环中，永远做不到快速路和其他道路的均衡。我们将这种永远达不到道路畅通目标的反复决策过程，叫做陷入逻辑悖论。

可以说，四级道路组成的路网，将使人们治理交通的决策陷入一种悖论的状态。有的记者在报道时用了比较通俗的语言，称四级道路在反复治理的过程中，永远跳不出死循环，就是指这个悖论。

69. 所谓“十大城市病”是什么？

答：十大城市病就是，现代城市与汽车交通不和谐所产生的十种现象。为什么说是与汽车交通不和谐所产生的呢？因为十大城市病中，全部都是与汽车有关系的。这十大城市病是：占地多、交通堵、效率低、停车难、步行难、交通油耗大、尾气污染重、交通安全差、治安管理难、交通投资巨大。可以看出，十大城市病都是由于现行城市中，汽车交通不和谐所造成的。

我们回顾一下城市的发展史，可以看到：城市中一个新的事物出现，如果处理不好，它负面的东西就会产生出来。在汽车出现以前的城市中，当然没有前面说的这十大城市病，但城市非常拥挤，那个时期因为没有快速交通工具，全部靠步行或者马拉，因此城市人口密度很大。城市密度大，房子也就盖得多，在高楼出现之前，城市的地面上几乎盖满了房子。只要看一看早期的城市照片就可以知道，照片所显示的是一片房子，包括北京的老城区也是这样。至于城市中的贫民区，那更是窝棚连在一起，除了房子，就是狭窄的走道。因为那个年代没有汽车，不需要修很宽的道路，所以早期的城市居住环境是很拥挤的。后来出现了电梯，电梯和汽车一样也是一种交通工具，电梯所完成的是一种垂直运输任务，这种垂直运输交通工具出现之后，盖楼房、盖高楼在技术上成为可能。在电梯出现以前，人们只能住在平房，最多是二层楼、三层楼，城市的拥挤问题根本解决不了。

19 世纪末，1898～1902 年期间，城市规划的一个先驱者霍华德，一个法庭书记员出身的人，提出了城市的梦想，出版了一本书叫《田园城市》。按照他的设想，也反映了当时人们对居住环境改善的一种愿望，希望城市是适当分散的，在居住的房屋周围，布置了一些道路和田园，霍华德时期汽车已经出现了，但是很少，所以汽车并没有影响到城市道路的布局。霍华德提出的田园城市，虽然没有得到实践，但对以后的城市规划有很大的影响，人们一直希望自己居住的环境，像田园城市那样美好。

到了 20 世纪二三十年代，又出现了一个城市规划的先驱者，叫柯布西耶，他提出了光辉城市模式，按照他的设想，城市中只要拿出很小一部分面积盖很高的楼，然后在楼周边的空地进行绿化和供人们户外活动。柯布西耶的城市规划设想，是以电梯为条件的，因为那个年代电梯已经在高楼中成熟使用了。正是电梯导致了城市的房屋向立体化方向发展，城市人口密度大和城市环境的宽松能够同时实现，这是电梯对城市模式所做的贡献。我国完全有理由期待，像电梯出现以后，城市普遍建起了高楼，城市生活环境得到了巨大的改善一样，汽车的出现，也一定能够产生一种全新的城市模式，同时实现城市的紧凑和畅通。

从历史上看，城市的汽车越来越多，在发达国家的城市，20 世纪 30 年代就出现了堵车现象，所以 1933 年《雅典宪章》提出来要寻找新的街道系统以适应汽车交通。但是，人们并没有找到适应汽车交通的城市模式，城市与汽车之间不和谐的问题越来越严重，以致成为当代城市的不治之症。

当代，汽车成了城市规划的核心问题，正像美国一位规划大师叫做约翰·M·利维，他写的《现代城市规划》在美国连续发行了很多版，前几年这本书被翻译成中文，约翰·M·利维专门为中文版写了序言，他在序言中语重心长地说："美国汽车交通所带来的经验和教训，对中国是很有借鉴意义的"，同时他说："如果要为 20 世纪美国的城市规划找一个核心题目的话，那么汽车就是关键词"。约翰·M·利维在他的规划理论中，还没有找到解决城市与汽车和谐共存的办法，但是他尖锐地提出了这个问题。

可见，汽车社会城市的核心问题是，如何处理城市与汽车和谐的问题。只要这个问题解决了，十大城市病就可以全面得到解决。因为，在出现十大城市病之前，电梯解决了住宅之间拥挤的问题，使人们实现了城市高密度与城市户外环境的宽松，做到了两全其美。汽车出现以后，那种户外宽松的环境被汽车霸占了，道路上是汽车，道路外也到处横七竖八地停满了汽车，供人们活动的地方，也经常会有汽车穿行，使人们受到汽车的威胁，到处充斥着汽车，几乎成了现代城市的一种时髦，还有人把这看作是城市繁荣的象征。我们曾经在媒体上见过有人发表议论，说交通拥堵不是坏事，是发达的标志。当然，这是汽车给城市带来的问题找不到出路的情况下，产生的一种不正确的观点。

如果我们明确地给出这样的定义——十大城市病就是城市模式与汽车不和谐的十种表现。那么，我们就找到了消除十大城市病的途径。本书下篇所介绍的 JD 模式，就是根据这种思路，选出来的一种能够全面消除与汽车不和谐现象的JD城市发展模式，十大城市病在JD模式中可以得到根治。

70. 为什么城市交通畅达程度越高，地价与房价的分布越均衡？

答：有的经济学家作过这样的结论：房价的差别反映了交通成本的差别。城市内房价为什么高呢？因为，在城市内就地办事交通成本低。住在中心区，城市功能集中，可以就近办很多事情。住在郊区，赶到城里来，既要花时间又要花金钱，还要花精力。因此，房价的差别是由交通成本所造成的。这里所说的交通成本包括三部分，一部分是货币成本，另一部分是时间成本，还有一部分是心理成本。因为坐车的过程并不是很舒服的事情，从早期的城市来看，在汽车出现之前，没有显现出交通成本有多大的差别，那个时代城市地价和房价分布虽然也并不均衡，毕竟有交通方便与不方便的差别，但是没有现在差别这么大。现在，城市的闹市区、城市中心商业区到了寸土寸金的程度。

从这些分析可以得出结论，如果城市交通畅达了，而且非常畅达，特别在城市做到了高密度的情况下，交通既畅达，出行距离又短、又省时间，乘车也比较舒服，在这种情况下地价和房价的分布相对就会比较均衡。

71. 为什么城市模式问题是包含20个目标的多目标决策问题，凡是不能同时满足这20个目标要求的治理措施，到头来都会推倒重来？

答：城市是个复杂的大系统，对其中任何环节的改造都会牵一发而动全身。比如说，要修一条高架路或一条大的交通干线，修通之后，那很多车辆为了快速行驶都会绕道，跑到这条道路上行驶，这样就产生了三个问题：第一，诱发了一些新的交通量，增加了一些新的交通拥堵；第二，一个大的交通工程修建之后，步行的路线就出现绕行，甚至步行道路被切割了、走不通了，像北京早期的二环、三环路之间，近在咫尺，过去却要花很多的时间；第三，这种大型的交通工程，将城市空间分割成若干个互不联系的地块，这种道路修得越多，城市空间被分割得越厉害，户外活动空间的环境就越来越差。这个事例说明，城市中任何建设项目、任何治理工程，都必须同时满足城市各项活动的要求。例如，要改造一条道路，得考虑道路改造以后，步行的环境是不是能够得到改善，人的户外活动空间是不是也能够得到改善，自行车通行的条件是不是能够得到保证，停车的问题是不是也能够同时得到保障，此外交通安全问题、尾气污染问题、噪声染污问题以及对治安的影响、对城市投资的影响等都要考虑。

现在的问题是，很难找到一个能兼顾这20个目标的城市改造方法，这大概就是城市问题的难点和关键所在。如果不能找到同时兼顾这20个目标的城市模式，那么任何城市改造的本身，都会顾此失彼，都会造成很大的后遗症。像很多城市修了高架路，高架路最早起源于美国和日本东京，大量的高架路，似乎使城市交通得到了很好的改善。但是，汽车再发展下去，人们发现这是一条死胡同，是走不通的路。所以，美国像休斯敦、波士顿，都在不同程度地拆除某些高架路；我国城市像广州，修了高架路的头几年，交通有了明显的改善，但是这几年高架路上也发生了堵车，人们慢慢感觉到前景不妙，所以也开始有人提出来：高架路将来怎么办？

因此，在城市模式的变革方面，如果不采取多目标的决策方法，而是发现什么问题就着重解决什么问题，也就是所谓的头痛医头，脚痛医脚，那么结果一定是不妙的。我们中国的《孙子兵法》始计篇里，有一段警示的话："不谋万事者，不足以谋一时；不谋全局者，不足以谋一域"。这当然是就兵法而言，但同样也适合于城市模式的变革。这里讲的"不谋万事者，不足以谋一时"中的万事，是任何人都不可能充分考虑到的，但是必需得考虑长远一点。比方说，在城市规划中，什么叫长远呢？就是考虑到汽车达到饱和拥有率的情况下，城市交通怎么办？汽车数量虽然是不断增加的，但必定有限度，不会永远增加，不可能一个人买两、三辆车吧？从世界发达国家经验来看，有充分的资料显示：当一户买两辆车以后，就是1000人买600辆车以后，再有钱他也不会多买汽车了，这就是饱和拥有率。城市的规划不要求谋万事，但至少要考虑到汽车饱和以后怎么办吧。所谓"不谋全局者，不足以谋一域"，全局也是相对的，不可能将空间上的所有东西都考虑在内，但至少要考虑到，这个城市空间中既有汽车的通行、人的走路，也有自行车的通行，还有老人、小孩在户外的活动和玩耍，也有人们需要享受的、没有噪声的、没有汽车威胁的安全空间。

我们讲了20个目标。应该说，只针对其中一个目标解决问题就已很困难。如交通拥堵，就解决这么一个问题，不要再堵车，但几十年来，这么多的国家，花了这么多的努力，到现在也没解决好。有人说解决交通拥堵是“就交通论交通”，但如果深入分析恐怕连“就交通论交通”都谈不上，只能说“就堵车论堵车”。因为城市交通不仅仅包括汽车行驶，还包括汽车停放，包括走路，还包括自行车通行等。城市现在单打一地解决堵车问题，仍然解决不好，所以多目标决策在理论上虽然是正确的，但实施起来必须有重大突破，否则是难以想像的。

本书作者花了三十多年的时间，反复衡量了各国城市所采取的30多种治理措施对20项目标的影响，经历了一个漫长而又辛苦的筛选过程，最后得出一个结论：一种能够兼顾多种目标的，或者说一举多得的城市模式是存在的，这就是本书所要介绍的JD城市模式。这个寻找的过程是很辛苦的，因为只解决其中一个目标要找的措施就很困难，长期拿20项目标作为尺度反复去衡量，最后找到了办法，并且从理论上证明，只有这个办法才能做到一举多得。仅仅就解决交通问题来看，任何措施都要适应本书中篇所述的城市交通的十条内在规律，否则任何措施都只能是权宜之计。

72. 能否用数字来说明JD模式的优越性？

答：可以，有以下两种说法：

第一种说法是“398”。“398”是指JD模式能够为国家带来三大节约、给百姓带来九大实惠、给发展带来八大好处。“398”的具体内容，在下面的问题中会作介绍。

第二种说法是“4”。这个“4”的含义，就是无论对国家，还是对个人，各种花费都降低为现行模式的1/4。比如出行的时间、出行的费用、汽车花费的燃料油、城市所占用的土地、交通事故率、环境污染程度等，都可以大致地说降低为原来的1/4，也就是说，降低了3/4。

73. JD模式带给国家的三大节约是什么？

答：JD模式带给国家的三大节约是节地、节油、节资。

(1) 节地

由于汽车的增加，1986～1996年，我国城市占地增加为人口增加的2.3倍；“十五”期间，平均城市每年多占用的耕地占全国耕地的1%，形势非常严峻。按现行城市模式发展下去，全国耕地的25%将被城市占用。而采用JD模式，城市只需占用全国耕地的6.5%。

深入研究发现，城市低密度扩散(摊大饼)的内在动力深藏于现行城市模式之中。采用JD模式，能够从根本上铲除城市低密度扩散的内在动力，城市自然步入集约利用土地的良性循环。

汽车时代城市占地面积的大小服从一个新的规律，即：

城市占地面积=汽车总量÷每平方公里土地汽车容量

现行城市模式由于道路通行能力很低，所以，每平方公里土地的汽车容量只有2000辆左右。

以北京为例，按上述公式可得：

北京城区占地面积=230万辆÷2000辆/平方公里=1150平方公里

计算结果与实际相符，目前北京汽车200多万辆，中心城面积已达1088平方公里，当汽车增加到800万辆时，城区面积可能达到4000平方公里。

JD模式城市道路通行能力提高5倍左右，可使每平方公里汽车容量增加到4倍以上，所以，城市面积只为现行城市模式的1/4。可确保城市土地利用由粗放型转变为集约型。在我国城市化和机动化的全过程，可节约三亿人口的平均耕地。

(2) 节油

在JD模式中，由于城市紧凑，汽车出行距离减少一半多；由于步行优先和公交优先的实现，可通过公共停车位的数量控制私家车的出行量，使私家车出行比重降低一半；由于取消红绿灯，汽车连续行驶，百公里油耗降低45%左右。综合这些因素，车均油耗降低至原来的1/6左右。以2020年全国1.5亿辆汽车计算，按目前汽车油耗水平，每年节约燃油1亿吨以上。

(3) 节资

由于城市面积只为现行模式的1/4，所以城市道路投资、市政管线投资、公交投资、出行时间、交通事故损失、交通管理费用等，均约同比例下降。初步估算，在我国城市化、机动化全过程，一个300万人的城市累计可节约2000多亿元，全国累计可节约60万亿元左右。

此外，每平方公里土地的转让金，国家可增收约3亿～5亿元。每一万辆汽车，开发商可节约停车位建设投资约2.2亿元，国家还可提高税收收入。

74. JD模式带给百姓的九大实惠是什么？

答：九大实惠如下：

（1）步行舒适

步行道路从平台花园中穿过，环境优美；完全不受汽车的干扰，出行安全；遮阳蔽雨，满足全天候的出行要求；城市紧凑，600米范围内配套功能齐全，步行成为日常出行的首选。

（2）出行安全

由于实现了人车的彻底分离，可杜绝城市中车撞人的交通事故。

（3）公交快捷舒适

JD模式具备了公交优先全面落实的六个要素：

① 快捷准时。由于道路畅通和每条路上都设公交专用车道，而且没有红绿灯，路口无需停顿，因此，全部公交都是快速公交，其运行的快捷准时优于BRT。现行城市模式无法做到这一点，例如北京5200公里的公交线路中，公交专用线只占3%。

② 可达性高。由于城市紧凑，所以站点密，可达性高。

③ 等车时间短。由于城市紧凑和乘客集中，发车频率可增加4倍，因此，等车时间只为原来的1/4。

④ 乘车距离短。由于城市紧凑，同样目的出行距离缩短一半多。

⑤ 乘坐宽松舒适。由于车辆运行距离短、周转快，可确保乘坐宽松舒适。

⑥ 步行便捷安全。更多的人愿意走路去坐公交车。

（4）大量节约出行时间

平均每天节约1～2个小时，增加休闲时间，提高生活质量。

（5）彻底消除了停车难

（6）彻底消除了交通拥堵

（7）享受生态型城市环境

由于油耗降低，车均尾气污染将降低至原来的1/6以下；城市绿地率超过50%，保证生态平衡。

（8）节约出行费用

步行分担率提高和乘车出行距离缩短50%以上，乘车费用降低一半多；平均每辆汽车每年节约交通拥堵损失2500元，燃油费用1200元；驾车距离缩短，减少车辆维护保养费用；车辆停在库内，避免暴晒，有利于车辆保养和降低空调费用；个别大城市每辆私家车可节约牌照费3万～4万元；不必支付拥堵费和交通控制性高价停车费。

（9）由于城市少占用3亿人口的平均耕地，可为更多的农民保留自己的土地。

75. JD模式带给发展的八大好处是什么？

答：八大好处如下：

（1）城市聚集效应极大提高

由于平均车速提高和城市紧凑，城市半小时经济圈的覆盖人口，将从300万人提高到5000万人。

（2）确保支柱产业的发展

由于畅通和节油，为汽车产业创造了广阔的市场。按现价计算，内需市场总容量约为100万亿元。

（3）高效率城市

平均车速提高至每小时70公里，城市效率大幅度提高。

（4）适应城市规模不断扩大后的交通需求

大城市用规划指标控制城市规模，并不符合客观规律，所以很难取得成效。研究发现，城市规模由边际效益的比较优势所决定。当某城市的就业条件、产业发展条件、交通条件和生活条件等优于其他地区时，该城市规模就一定会继续扩大，甚至与邻近城市相连，形成城市带。

城市采用JD模式后，无需人为地控制规模，在城市规模自然扩大，甚至形成城市带的情况下，也不会出现交通拥堵及由此而产生的各种大城市病。

（5）降低了对私家车的依赖程度

JD模式实现城市紧凑，步行优先和公交优先，估计私家车出行比重将降低一半左右。

(6) 为城市规划的合理布局创造了条件

交通拥堵及其所造成的城市蔓延，两者共同作用的结果是城市地价分布极不均衡，这又通过市场竞租的机制，使城市布局逐渐背离规划的安排，造成城市格局的严重扭曲，影响极其深远。

采用JD模式，城市中各处的交通同样畅达，所以城市地价分布比较均衡，消除了市场竞租对规划布局的影响，有利于规划的合理布局。没有通行能力均衡的路网，均衡的规划布局是不可能的。

(7) 有利于治安管理

城市紧凑，管理半径缩小一半，每平方公里警力可提高4倍；此外，人车全面分离和道路畅通也有利于治安管理。

(8) 抗灾能力强

住宅、商业及遍布全市的步行道路等，位于停车库屋顶平台及连廊上，不受水灾影响；道路畅通无阻，对各种灾害的救助都是必不可少的条件。

76. 如何理解城市发展中的“代际公平”问题？

答：所谓“代际公平”，就是不能只顾我们自己这一代，还要为下一代留下同样优越的环境和资源条件，说白了就是当代人不能占后代人的便宜，这就是代际公平。

比如，城市在发展中将地都用完了，下一代人所面临的城市，是没有新地可以开发的城市，只能通过逐步改造老城市来建设新的家园，这就不公平。土地是有限的，我们当代人不能因为土地有限，就把地用光了。香港已有一百多年的历史，但仍然保留了相当一部分空地，在今后的城市发展中，政府会不断拿出地来供市政建设使用。而我们有些城市在这方面注意不够，特别是汽车发展之后，城市蔓延使大量的土地被占用，本来预留的绿化带也被占用了，后代怎么办？当然，这种代际公平，还包括城市中的其他因素，如良好的绿化环境、清净的室外空气、洁净的水资源等。所以城市中的代际公平问题，实质上就是最大限度地节约资源、减少环境污染，只有这样才能保证城市发展中的代际公平。

实现代际公平有一个非常现实的问题：是改革现行的城市模式？还是沿用现行的城市模式？沿用现行的城市模式，已经被一百年来发达国家城市的发展所证明，不可能做到可持续发展。换句话讲，现行城市模式是建立在资源透支的基础上，城市环境和宜居程度日益恶化的一种城市模式。沿用现行的城市模式，根本无法做到为下一代留下同样优越的环境和资源，因为连当代人的环境和资源都不能得到保障。

因此，代际公平问题是城市模式创新的问题，创新是社会发展的动力和出路，只有坚持城市模式的创新，才能保证代际公平的实现。

77. 如何理解汽车时代的城市本不该是现在这个样子？

答：这个问题的提出是有针对性的。因为，社会上有一种观点认为，汽车时代的城市就应该是现在这个样子。如交通拥堵，有人认为拥堵是发达、繁荣的标志。认为拥堵有什么不好？开车的人就应该多花些时间代价堵在路上。现代城市环境污染、宜居程度日益恶劣，在有些人看来也是无法克服的。甚至还有人认为，发达国家尽管提出了这样那样的问题，城市不也在继续发展吗？就算我们的城市在汽车完全普及之后，像现在发达国家城市那样，不也还过得去吗？

但我们要严肃地说：如果继续沿用现行城市模式，汽车完全普及以后，我们的城市不会像发达国家城市现在这个样子，要比他们糟糕得多！首先，发达国家现在的城市，是建立在大量占用土地的基础上，这在我们国家做不到；其次，发达国家的城市是在大量消耗石油资源的基础上维持运作的，我们的城市将来不具备这个条件，根本做不到。我们会有10亿～11亿人口生活在城市中，这个数字超过了现在发达国家全部城市人口的总和，我们的资源条件怎么能容纳得了？更何况，发达国家也在极力地改造他们的城市，美国提出来“新城市主义”和“精明增长型城市”，欧洲也提出来要建设“紧凑型城市”等。就我国而言，现行的城市更是无法维持下去。那么，是否应该取消小汽车呢？这种想法本身是不切实际的。除非不取消小汽车，城市就根本没有办法解决现在的诸多问题。另外还有一个社会能否接受取消小汽车的问题。

我们长期研究的结果证明，既可以充分发挥汽车交通的优势，又能消除城市中存在的诸多问题，就必须彻底改革现行的城市模式。现行城市是马车时代遗留下来的基本框架，是承袭了马车时代的城市模式。城市中除了垂直运输工具——电梯与马车时代不一样外，汽车、行人和自行车所跑的道路，基本上是马车时代的平面结构。马车时代的慢行交通工具是马，或是徒步行走。而现行城市的交通工具已经立体化了，有高速的汽车，同时又有低速的行人和中速的自行车，立体化的交通结构却放在一个平面上，保留了马车时代人车混杂在地面的陈旧模式，难道不应该改一改吗？

因此，可以得出这样的结论：汽车时代的城市本不该是现在这个样子。

78. 为什么说JD模式像中药秘方一样，每一味药都很普通，而组合起来却产生神奇的效果？

答：普通的元素，进行一种全新的组合，会产生神奇的效果，这就是所谓组合创新。实际在技术发展史上，这种创新是带有普遍性的。

如二进制，也就是最早所说的布尔代数，它只有两位数，数字是由“0”和“1”组成的。人们很早就知道这种二进制数字，但这种数字加以组合后，可以描述很多事物的规律和现象。现在所谓的数码化或数字化，就是将各种现象或信息，用这个很普通的“0”和“1”来描述的。二进制是现代数码技术的基础，正是这种很普通的技术，经过创新组合，产生了神奇的效果。

如现代物流使用集装箱进行运输，是20世纪50年代由英国人提出的，并于20世纪60年代后在美国逐渐发展起来。人们当初无法想像，只用一个大铁箱将各种货物装进去，建立一套运输系统，就能产生那么神奇的效果。现在，集装箱已经成为现代物流的基本运输方式，各国码头运输量最大的就是集装箱码头。正是这种简单的组合，用大铁箱装货物，车辆、船只和起重设备都按照这个大铁箱的尺寸进行设计，便产生了现代物流业。这种简单组合产生神奇效果的现象，自古就有之。比如建筑上最早用的是秦砖汉瓦，这些基本建筑元素按照不同的方式进行搭建，就构成了各种各样的建筑，产生了意想不到的使用效果和艺术效果。

JD模式也是用了那些通常的建筑元素和道路结构元素，经过系统的整合，最后形成了一种新的模式，产生了神奇的效果。比如，人们难以想像的是，道路完全取消红绿灯，而且不需修建高架路和大立交桥，就可以很简单、很经济地实现道路的通行能力提高5～6倍，大于交通高峰时期的汽车流量，城市将永远告别堵车。再比如，JD模式城市交通不但畅通，而且所有的汽车都停放在地面停车库，再没有横七竖八到处停满了汽车的局面，停车难的问题也将永远告别人们的生活。又比如，人们本来无法想像，城市中可以有三种道路网同时存在，而且都能覆盖整个城市。这三种道路网是汽车道路网、自行车道路网和步行道路网，三种道路网相互之间没有平面交叉，而且都是遮风蔽雨的全天候交通系统。请想象一下，生活在这样的城市里，人们的日常出行、户外生活将会有多大的改善，岂不是“换了人间”?

JD模式尽管产生了如此神奇的效果，但它所采用的元素都是最普通的，如地面道路、地面停车库、停车库屋顶平台、街区中心绿地、简单的十字形立交桥等。当然，也包括了三种创新元素：公交车零换乘站点结构、人与自行车分离的道路结构、全天候隔噪声结构，这三种创新元素也是很简单、很经济的。

自有交通以来，地面道路就是最主要的道路形式；自有汽车以来，汽车也是在地面行驶的。后来只是因为人们没有办法解决交通拥堵，才想到架设高架路，甚至修建地下交通工程，好像越复杂的越能解决问题。其实，最简单、最可靠的还是地面交通。JD模式就是依靠了地面道路，而且只依靠了地面道路，就彻底解决了交通拥堵问题；只依靠了地面停车库，就彻底解决了停车难问题；人的步行在停车库的屋顶上，这也是最普通的一种建筑元素。房子的屋顶作为人们活动的大平台，由来已久，中国农民很早就利用自己的房顶来晾晒农作物，夏天去房顶上睡觉既凉爽又安全。机动车交叉路口虽然用了立交桥，但也是最简单的那种十字形立交桥，一条道路在地面，另一条道路从其下面穿过去，或者是一条道路在地面，另一条道路从其上面跨过，这些都是最简单、最经济、最朴素的建筑元素和道路结构元素。

用最普通、最常见的元素组合而产生了神奇效果，最典型的代表就是中药秘方。中药秘方中一般不会出现奇特的单味药，其中每一味药在普通药房里都能买到，只是由于配伍不同，所以产生了神奇的治病效果。这就是组合产生创新，系统集成、系统整合产生创新。

JD模式正像中药秘方一样，每一味药都很普通，它的技术含量不在于它所包含的每一味元素，而在于它的组合方式，在于系统整合和系统创新，在于系统集成的技术和理论。

79. 为什么说互联网、集装箱、JD模式完成了支撑现代社会的信息流、物流、城市交通流等三大流动的革命?

答：技术发展存在着一个普遍的规律：只要社会存在对某种技术的需要，这种技术迟早会实现。

支撑现代社会的信息流，就体现了这个规律。人们常说，进入了知识经济时代，是知识大爆炸、信息大爆炸的时代，信息流的传输和处理成为知识时代、信息时代急需解决的重大问题。正是这样一个在信息处理和流动中的瓶颈问题，促使人们致力于解决信息流问题的研究。20世纪60年代，冷战时期，由于军事上的需要，出现了多级、多通道网络的概念。为了避免因网络中的一部分遭到破坏，导致整个信息系统瘫痪的局面，出现了互联网。将一个完整的信息分解为若干个信息包，然后通过没有中心的信息网络，经过无数个渠道，将分解的信息包传达到一个终端接收点，再进行组合，这就是互联网技术的思路。后来在互联网技术发展中，又出现了浏览器、搜索引擎等，使互联网技术日趋完善，终于完成了信息处理和信息传输上的革命。所以，互联网支撑了当代社会的信息流。

再比如，随着人类社会经济的高速发展，物资空前的丰富，物资的流动也成为一个全球性的问题。本来各种形状的物资在流动过程当中，如何去搬运?如何长距离运输?都曾经历了一个非常复杂的阶段。在当年的码头，为了处理各种散货的运输，有各种各样的吊装运输工具，也为各种散货准备了大量的、分门别类的仓库。在轮船的装卸中，为了处理这些散货，需要压港很长时间，不但卸货时间长，而且装载时间也长，整个运输效率非常低。正是在这样的背景下，20世纪50年代英国人提出了：用一种标准的大箱子，将货物装起来，然后只对这标准化、标准尺寸的箱子进行运输。这种思想经历了二十多年的时间，终于在美国发展起来，现在已经普及到了整个世界。这是因为在经济发展中，物流出现了迫切的需要，在这种背景下产生了集装箱运输的思路和完整的集装箱运输系统，支撑了现代社会的物流。

与信息流和物流相比，城市交通流同样是支撑现代社会的三大流之一。但是，至今还没有解决。对于解决城市交通流，社会的需要同样是迫切的，而且越来越迫切。正是在这个背景下，全世界大量人士，致力于研究解决城市交通模式问题。

我们有幸完成了 JD 城市模式，其中包含城市交通的 JD 模式。按照这个模式，城市交通流的问题也像信息流和物流一样，得到了革命性的解决。一旦 JD 模式付诸实践，可以说支撑现代社会的信息流、物流和交通流这三大流动，全面完成了技术上的革命。

80. 什么是交通流匹配定律？

答：现代城市的汽车交通，存在一个内在规律，就是相互衔接的各条道路上的汽车交通流特性，都应该是匹配的。所谓汽车交通流的特性，就是汽车的连续性、高速性。

而现在的城市道路，却存在着两种不同的交通流特性：在没有红绿灯的快速路上，交通流的特性是连续性的，与汽车连续行驶的特性是匹配的；但是，在灯控路口处交通流的特性却是间断性的，汽车行驶要不断地走走停停。如果一条道路中的某一段道路，是连续流快速行驶的交通特性，而和它相互串连的另外一段道路，则是间断流低速行驶的交通特性，那么这种道路交通系统，就无法承受大量汽车行驶的交通需求。

一个满足汽车畅通连续行驶特性的城市道路系统，必须各段道路的交通特性都是连续性、高速性的，这就是道路的交通流匹配定律。

81. 什么是速度趋同定律与密度趋同定律？

答：这两个定律反映的是当前城市交通，在四级道路上所出现的同一个交通现象的两个方面。

一方面，在四级道路网中，快速路和灯控路口所形成的一般道路，其交通流特性不一样。但是，当车流密度达到一定程度时，或者说交通量较大时，快速路和普通道路上的汽车行驶速度就基本趋向于相同，都变成了低速行驶的道路，这就是速度趋同现象。

另一方面，当道路交通量较大时，司机总是选择车辆较少的道路行驶，以便能够较快地到达目的地。这样，城市道路上的车流密度就会自动地进行调节，最终是所有道路上的车辆都比较密集，密度基本相同，分不出哪条道路比较畅通，哪条道路比较拥挤，这就是密度趋同现象。

在四级道路中，当车流密度较大时，在不同级别道路上，车速和车流密度必然趋同，这就是速度趋同定律和密度趋同定律。

82. 城市交通中九个因果链是什么?

答：城市交通中有很多环节，如步行、乘公交车、自己驾车及汽车停放等，都是城市交通中的一些环节。这些环节表面上看彼此之间没有什么关系，而实际上却有着深刻的甚至是刚性的内在逻辑关系。

这里讲的九个因果链，是对这些城市交通环节之间的内在逻辑关系的一种描述。

因果链之一：步行优先 → 公交优先

只有实现步行优先，才能真正实现公交优先。因为乘坐公交车中一个很重要的环节就是要先走路，中间如需换乘的话还要走路，下了车以后也还要走路。现在的城市步行条件越来越差，有人称之为步行环境日益恶劣，人们本来可以乘坐公交车出行，但考虑走到公交车站需要跨越一条快速路，或需要走很长的距离，或从地下通道绕行，一想到地下通道可能有乞丐站在那里行乞，或是地下通道空气不好、光线黯淡不安全，就会选择还是自己开车。有的还需顶着大太阳走很远的路，走到了公交车站已是汗流夹背，在下雨天或是刮风天走路，困难就更大。因此，步行的优先权得到充分保证后，才能真正实现公交优先。

有人会说，在东京步行优先权并没有得到保证，但是人们在出行中大部分还是选择乘坐地铁，地铁乘坐的分担率还是达到了70%左右。东京确实如此，但是，东京的公交优先，是属于一种无奈型的公交优先。我们将公交优先分为两类：一种是公交本身对人很有吸引力，人们在有其他选择的情况下，优先选择了公交车；还有一种是无奈型的公交车，就是不得不坐。在东京，除了乘坐地铁以外，如想自己开车，那会因交通堵塞而根本保证不了出行的时间。为什么说东京的地铁是属于无奈型的公交呢？日本地铁在交通高峰时段，很多车站要雇人将乘客推进车门，以便能关上车门保证车辆的正常运行，有的日本人将这种乘车状况称作“通勤地狱”。我们所希望的公交优先，是真正以人为本的、人性化的公交优先，是保证在各种出行方式都可以自由选择情况下的公交优先。因此，步行优先权的切实保障，才是公交优先真正实现的必要条件。

因果链之二：人车全面分离 → 步行分担率提高

城市只有实现人车全面分离，才能提高步行分担率。为什么？因为在人车混杂的情况下，步行环境不可能好。只有在人车全面分离的情况下，步行的全过程与汽车不碰面，或者说没有平面交叉，既不需要在红绿灯路口等待绿灯过斑马线，也不需要提心吊胆在过斑马线的时候，被右转弯的汽车碰撞，因为在绿灯可以过斑马线的时候，很多交叉路口的右行汽车是不受限制的，照常可以从斑马线上驶过。这就是说，只有人和汽车全面分离，在步行道路上根本没有汽车的出现，才会有更多的人选择步行，步行分担率才能得到比较切实的提高。

因果链之三：城市紧凑 → 公交乘坐率高

只有城市紧凑了，公交车的乘坐率才会提高。北京最近这些年来，公交车的乘坐率不但没有提高反而降低了，包括地铁的乘坐率也完全不像设想的那样。为什么呢？因为城市的面积越搞越大，特别是在三环、四环路以外的地方，居住相对比较分散。城市越分散，乘坐公交车的乘客就越不集中，公交车的票价收入就会受到影响，为了减少由于客人较少而造成的营运亏损，只好将发车时间延长。所以在乘客不集中的车站，往往要等较长的时间才会来一辆车，这就使乘坐公交车花费的时间比较多，特别有的地方由于乘客不集中，换乘还需要走行很远的距离，站点设置也比较分散，从第一辆车换乘到第二辆车，不但走行距离较远，等待时间也较长，这些因素都会影响人们选择公交车的出行方式。所以北京这些年，自行车的出行比例在不断地提高，小汽车出行的比例也在不断地提高，而公交车的乘坐率反而在降低。因此，只有城市紧凑，才能做到公交车站点设置比较密，公交车发车频率比较高，乘坐公交车的条件才能得到一定的改善。因此，城市紧凑是公交车乘坐率提高的一个因素。

因果链之四：消除交通拥堵 → 公交优先真正落实

只有城市道路的畅通，公交优先才能真正落实。因为，在交通拥堵的情况下，公交车同样也会拥堵。当然，可以用行政手段将道路的行驶权优先让给公交车，换句话讲，其他车要给公交车让路。但是，如果比较客观地观察一下城市的情况，就会发现，在小汽车堵得一塌糊涂的情况下，为公交车让路，是很不现实的。曾经有人作过统计，2005年北京公交车专用线只占整个公交线路的2%～3%，为什么呢？因为在很多道路上没有办法设置公交车专用线。现在还有一个认识上的误区，认为推行公交优先可以解决或者缓解交通拥堵。表面看，这个逻辑似乎是对的，但实际上是执行不通的。应该说，公交优先是治理交通拥堵的结果，而不是治理交通拥堵的手段。内在的逻辑关系是：只有道路完全畅通了，公交车的快速行驶才会成为可能。如果所有的道路都畅通了，就相当于所有的道路都是公交专用线，而不是只有一部分或是一少部分设置了公交专用线。只有全部的公交车都像行驶在公交专用线一样畅通无阻，公交优先才能够全面实现。

因果链之五：汽车达到饱和拥有率时道路畅通 → 紧凑型城市实现

城市交通只有在达到汽车饱和拥有率的情况下，仍能保持畅通，才能实现建设紧凑型的目标。因为，汽车的数量必然不断增加，并且最后会稳定在每千人600辆的水平，也就是每户有两辆汽车。如果在这种情况下，道路仍然完全畅通，城市蔓延的内在动力就从根本上消除了。在汽车达到饱和拥有率的情况下，城市完全畅通的结果是：每平方公里土地上汽车的保有量达到10000辆左右，而不是目前的2000辆左右。如果每平方公里汽车的保有量是10000辆，那么100平方公里的城区，就可以容纳100万辆汽车的保有量。如果每平方公里只能容纳2000辆汽车，那么100万辆汽车就要占城区面积500平方公里。所以，只有当汽车达到饱和拥有率时，道路仍然完全通畅，才能实现建设紧凑型城市的目标。

因果链之六：汽车达到饱和拥有率时道路通畅 → 城市永无交通拥堵

只有当汽车达到饱和拥有率时，实现交通通畅，城市道路才能长期通畅。这是指在城市规划中，一定要将汽车饱和拥有率作为规划的目标，只有实现了这个目标，城市才会永远告别交通拥堵。

因果链之七：城市紧凑 → 出行距离短

建成紧凑型城市，出行距离才会缩短。对这一点，很多城里人都有深刻的体会，因为随着城市“摊大饼”，上班的距离就越来越远，所花的时间也越来越多，所以紧凑型城市是缩短出行距离的一个条件。

因果链之八：城市紧凑 → 步行分担率高

城市紧凑了，步行分担率才会提高。因为步行是人类最基本的出行方式，在交通工具出现之前，人们的出行就是靠步行。就算是现在，如果步行条件很好，出行距离也比较短，人们仍然会选择步行。如何实现步行距离比较短呢?如儿童去上学，学校比较近；出去吃饭，酒楼很近；去超市购物，超市很近；去体育场或娱乐场所活动，附近就有。那么在这种情况下，步行分担率自然会提高。很显然，只有城市密度比较高，也就是城市很紧凑，周边的配套才会比较全，更多的出行目的才能在几百米范围之内，通过步行就可以实现。因此，减少对小汽车的依赖，提高步行的分担率，只能将城市建得紧凑。

因果链之九：解决停车难 → 道路完全畅通

只有彻底解决了停车难的问题，道路才能完全畅通。根据2004年底建设部所发布的统计数据，全国停车位短缺400多万个，直观地估计恐怕还不止这个数。这样就出现了乱停车的现象，以北京为例，大量的汽车停在人行便道上，影响了人行道的畅通；大量的汽车停在道路靠边的车道上，使本来就不宽的道路变得更窄，道路的通行能力变得更低，特别是在车辆停放的过程中，还会造成道路的临时阻塞。这种由于停车难所造成的乱停车现象，以及汽车停放与汽车行驶混杂的现象，使本来通行能力就不足的道路，通行能力变得更低。因此，彻底解决停车难，是实现道路通畅的一个必要条件。

城市交通中的这九个因果链，可以用一个图来综合表述，请见本书中篇。

83. 什么是刚性约束定律?

答：在制定城市交通规划，或在确定城市模式的时候，有几个约束条件是必须遵守、不能突破和不能违背的，也就是说存在一些刚性约束条件。如果不符合这些条件，那么所设计的城市模式，或所采取的交通治理措施，就一定行不通。即使暂时有一些效果，恐怕将来还是要拆除。像美国一些城市现在正在拆除高架路一样，就是因为它不符合刚性约束定律。既然约束条件是刚性的，如果与它不一致，将来只能拆除。这里所谓的刚性约束条件有四个：

第一个是，汽车必然增加到每千人600辆。正像目前电视机发展到每家有三台以上一样，城市交通一定是每户有两辆汽车的交通需求。

第二个是，城市人均占地面积只能是60～70平方米。就我们国家来讲，想占多了，还没有地。有人估计，在我国城市化完成的时候，城市人口将达到10亿～11亿人，国家所能提供给城市划拨的用地，只有7万～8万平方公里。因为要保护粮食安全，要保住18亿亩耕地的底线，只能拿出这么多地来供城市使用，也即人均70平方米左右。同时，从城市交通的内在规律来看，如果人均占地面积大了，城市其他各项消耗也会相应地增加。如市政建设和交通投资，会随着城市面积的增加而同比例地增加，再如汽车运行中消耗的能量，也就是燃料油的消耗，也和人均占地面积有关系，人均占地面积越大，平均每辆汽车的耗油也越大，还包括出行时间、城市效率等都会相应地变化。因此，人均占地是一个不能违背的刚性约束条件。

第三个是，在城市中必须实现人车的彻底分离。为什么这也是刚性约束条件呢？因为只有真正建立起人性化的交通系统，人们才愿意在城市里居住，才不会出现向郊区蔓延的现象。而目前的大城市，普遍存在着人车混杂的现象，由于人车混杂，交通安全性就比较差，居住环境也比较拥挤。从以人为本的角度说，只有实现了人车的彻底分离，城市才能从根本上解决宜居程度不高的问题。

第四个是，交通燃油消耗必须逐步降低，并且最终能被完全取代。为什么？因为，就我国目前每年的石油产量来说，已经探明的石油储量只够开采20多年，每年石油产量将近1.6亿吨，而已经探明的石油储量也只有20多亿吨。就全世界范围来讲，已经探明的石油储量1770亿吨，按照目前每年的产量计算，也只够开采40多年。所以城市交通系统的设计，一定要为绿色交通创造条件，一定要为采用轻型、低油耗、小马力的交通工具创造条件，为电动汽车的上马降低门槛、创造条件，这样的城市交通才是可持续发展的。

以上四个条件，是任何城市交通系统都必须遵守的刚性约束条件。

84. 什么是系统相关定律？

答：城市交通本身就是一个大系统，人的出行都要通过这个大系统来解决。这个大系统又分成若干个子系统，如分为汽车行驶系统、步行系统、自行车系统和停车系统。这四个子系统是彼此相关的，并不能独立去发展。

现行的城市，经常出现一些违背系统相关定律的现象。交通拥堵使人们很苦恼，所以城市交通治理往往就单打一地解决交通拥堵问题。为了解决交通拥堵，便实施一两个大的交通工程，而这一两个大的交通工程一旦完成，就会给步行和骑自行车增加很多困难，从而提高了人们对小汽车的依赖程度，其最终结果是导致了机动车道路上的交通量急增。我国很多大城市都出现了这种现象，这就违背了系统相关定律。

所以，在城市的交通治理和交通建设中，必须同步地完善机动车道路、步行道路和自行车道路，与此相关的还有停车系统。很多城市集中力量解决交通拥堵，没有精力或者目前没有办法，解决停车位的欠账问题，结果是乱停车干扰了道路的通行。这些都充分说明，在城市交通治理中，必须同步解决各个子系统的完善问题，必须采取一揽子的解决办法。

作为系统相关定律的一个特别推论是，在充分完善了地面的各个交通子系统后，城市将会降低对地铁的需求，在一般情况下可以少修或者不修地铁。有人曾问我，是不是反对修建地铁。我说：不是，但可以肯定地说，如果地面的交通系统充分完善了，那么根据系统相关定律，地铁子系统的交通量会降低，很多人会优先选择地面交通工具，乘坐地铁的人会相应地减少。因此，除了特殊的路线，如到飞机场，或是两个较远的中心城区之间的交通等，地铁的修建可能是由于没有什么乘客而变得不那么需要。

85. 什么是系统刚性定律?

答：这是反映城市道路系统无法轻易更改的一个定律，也就是城市道路系统一旦建成，这个系统是没有弹性的系统，如果要修改就得拆掉重建。只有破坏了这个系统，才能改变这个系统，这个系统就叫刚性系统。

系统刚性定律是指城市道路系统是刚性系统。大城市道路交通系统的治理历史，也完全证实了这一点。很多城市的道路一旦需要调整，就要动大手术，进行大的拆建，给城市的日常生活和交通造成很大的困难。有的城市实在是因为道路交通无法继续前进，不得以拆掉原来花重金修建的高架路或是立交桥，像北京的西直门立交桥，就经过多次的修改，将来可能还有更大的修改。

要避免系统建成后再进行修改或者推倒重来，惟一的办法就是使系统的规划符合长期可持续发展的规律。1977 年的《马丘比丘宪章》，对城市规划所做的描述就违背了系统刚性定律，该宪章对城市规划系统做了这样的描述

"运输系统的设计，应当允许随着城市的增长变化作经常的试验"。从这个描述中可以看出，有两点结论是错误的：一是认为城市道路交通系统是无法进行准确的预测，不可能具备足够的前瞻性，也就是认为任何道路交通系统，今后必然会不断地进行修改，必然不能适应发展的需要；第二个错误的结论是，要根据城市不断变化进行规划设计的调整，把城市的道路交通建设当作一个试验的过程，也就是一个试错的过程。

须知，城市道路系统是刚性系统，这种不断修改的试错过程，势必会给城市造成很大的损失，使城市的道路交通长期处于改来改去的困局之中。

86. 什么是交通需求最小值定律？

答：汽车时代，汽车交通需求的最小值是存在的。在城市规模一定的情况下，城市面积越小，交通总量就越小；步行、自行车或公交车的分担率越高，道路上机动车的交通量就越小；城市所建的卫星城或副城分散主城区的交通量越多，主城区道路上的机动车交通量就越少，这就是交通需求最小值定律的内容。这个最小值定律表现为以下三个分定律：

第一个是反比定律。城市交通总量的大小与城市人口密度的平方根成反比。因为，城市人口密度越大，城市的面积就越小。而交通量取决于城市的直径，城市的直径是城市面积的平方根，所以城市人口密度的平方根决定了城市直径的大小，也决定了城市交通总量的大小。所以，交通总量与城市人口密度的平方根成反比。

第二个是适度规模定律。为分散主城区所建的卫星城或副城，规模一定要达到适当的大小，才能分散主城区的交通量。所谓适当的大小，是指新建的卫星城或副城，其规模应保证对本地居民就业和交通的吸引力大于老城区的吸引力。老城区的规模越大，吸引力就越强，那么为它所建的卫星城或副城的规模也就应该越大。要使新建的卫星城或副城对交通的内聚力，大于老城区对卫星城或副城交通的吸引力，才能分散老城区的交通压力。卫星城或副城要达到适度规模，才能分散老城区的交通压力，这就是适度规模定律。

第三个是机动车交通需求最小化定律。交通总量一定的城市，其交通需求总量是由机动车、小汽车、公交车、步行和自行车的交通量构成的。城市交通需求总量不变，步行、自行车、公交车所分担的比率越大，那么小汽车所分担的比率就越小，城市机动车道路上的交通量将会实现最小。这就是机动车交通需求最小化定律。

以上三个分定律就构成了交通需求最小值定律。

87. 什么是城市交通供给最大值定律和城市交通需求最大值定律？

答：城市交通供给最大值与城市交通需求最大值定律，是指在城市每平方公里土地上道路所能提供的机动车交通供给量存在一个最大值，同时在每平方公里土地上机动车交通所产生的需求量也存在着一个最大值。而且，存在着这样的一个规律：交通供给的最大值(极限)大于交通需求的最大值(极限)，也就是说在两者都处于最大值的情况下供给大于需求，道路的畅通是完全可以实现的。

首先，单位面积土地上交通供给的最大值是多少？从前面的一些问答题中可以知道，城市人口的最佳密度是15000人/平方公里，道路面积率的合理数值是20%。从道路面积率为20%可以计算出，每平方公里土地上道路所包含的汽车车道长度为50公里(车道宽度按3.75米计算)，每条车道正常的通行能力是1800车/小时，这样50公里×1800车/小时，就可以得出：每小时的交通供给量为90000车·公里，这就是单位土地面积上交通供给的最大值。

其次，交通需求的最大值是多少？每平方公里土地面积上，汽车的保有量9000辆乘以每辆汽车日平均出行距离，再被9除，就等于单位土地面积上每小时交通需求的最大值。

在以上计算中，日均出行距离取50公里，是根据大量城市日均出行距离的经验数据所确定的，紧凑型城市汽车日均出行50公里，完全满足出行的需求；上述计算中，交通总量被9除，是因为一天的交通需求总量是高峰时段小时交通需求总量的9倍。按照上述计算方法，可以得出交通需求的最大值为50000车·公里，这个数值小于交通供给最大值90000车·公里，不会产生交通拥堵。

88. 什么是城市交通与城市空间相互决定规律？

答：这是城市交通中最重要的一个规律，是指城市交通对城市空间结构起决定性作用，同时城市空间结构又对城市交通起决定作用，是相互决定关系。

根据这个规律，要解决城市交通问题，必须改变现行城市的空间结构。比如，将一个混杂的城市空间改变为供汽车行使、供汽车停放、供步行和自行车出行以及供人们户外活动的四个独立空间。

只要将城市空间作了这样一个划分，城市交通马上就是一种全新的局面：机动车道完全取消红绿灯，机动车可以快速行驶，堵车问题就彻底解决了；有足够的停车位，停车问题也彻底解决了；步行道路从与汽车混杂的空间中完全分离出来了，步行环境得到了彻底的改善，同时，人的户外活动空间也完全没有汽车干扰，形成完全人性化的户外活动空间。这就是城市空间的结构决定城市交通。

反过来说，城市交通也决定城市空间的结构。例如，在汽车出现以前，完全没有必要将人和马车分开，因为人和马车都是慢行交通，相互之间没有严重的冲突，一般情况下，人和马车的行驶是可以和谐共存的。正是汽车时代城市交通的特点，决定了在空间上一定要将两者分开，一定要进行划分，这就是城市交通对城市空间的决定作用。

正是这个相互决定作用的规律，指明了解决城市交通问题的正确方向。一百年来，城市交通问题之所以越搞越复杂，就是因为违背了这个规律。

89. 什么是交通供给密度与交通需求密度匹配定律？

答：汽车时代是否出现交通拥堵，不在于城市道路总量有多少，而在于单位土地面积上（比如在闹市区）交通需求总量与交通供给总量之间是否匹配。

单位土地面积上道路所产生的交通需求叫交通需求密度。单位土地面积上所能提供的交通供给叫交通供给密度。只有当交通供给密度与交通需求密度相匹配时，供给与需求才能实现平衡，才能实现交通的畅通。

这里讨论的密度，是现行交通工程学所忽视的。所以在现行的交通治理过程中，往往出现不断向外延伸道路，使整个市区的道路总量越来越大，而市中心区的交通拥堵依然老样。因此，这个交通供给密度与交通需求密度匹配的定律是必须遵守的。

90. 什么是后汽车时代？为什么说城市必将进入后汽车时代？

答：汽车的普及程度，可以分为三个阶段：

第一个阶级，只有少数人，比如说官员和富人有私人小汽车，多数人买不起小汽车。这个时期，汽车成为身份和地位的标志，汽车的使用价值是双重性的，一是代步工具，二是身份的象征，有时身份的象征高于代步工具的作用。最典型的例子就是在某种场合下，一些人总要炫耀自己的汽车。

第二个阶段，多数人都有了自己的汽车，除了低收入人群外，中等收入和中等以上收入的人，全都有了自己的汽车。这个时期，汽车的代步工具功能成为主要功能，而身份和地位的象征只在一部分人中还有较大的作用，有些人为了身份和地位的需要，买好车，买名牌车。

第三个阶段，社会的全体成员都有能力买自己的车，进入了社会全员享受汽车的时代，这就是我们所说的后汽车时代，也就是汽车普及三个阶段中的最后一个阶段。

后汽车时代的主要特点是：汽车已经丧失了它的时尚性，或者说基本丧失了它的时尚性，基本丧失了作为身份与地位象征的功能，而主要是一种代步工具。这个时期，人们不再追求汽车的豪华和名牌，而是追求它的实用性。我们从发达国家道路上汽车的档次，与发展中国家道路上汽车的档次加以对比，会发现很有意思的现象：越是发达的国家、越是富有的国家，城市道路上的汽车越是普通。正像手表普及之后，人们不再比手表的牌子，无论贫富人们只戴一般的手表，而有些富人干脆不戴手表。汽车也是这样，在完全普及了的发达国家，人们反而只使用普通的汽车，而刚刚富裕起来的发展中国家，道路上的名牌汽车较多。

在汽车成为全员消费品的后汽车时代，人们的日常出行，究竟是选择自己驾车，还是坐公共汽车，还是走路或是骑自行车，主要不是由他的身份所决定，而是看哪种出行方式更方便。

所以在后汽车时代，只要城市为各种出行方式都创造了良好的条件，那么人们对小汽车的依赖程度一定会明显降低，而且轻型、节能、环保的汽车将会比较快地取代重型、高能耗、大马力的汽车。其实，从这几年国外汽车的普及程度看，有一个特点就是，在美国、欧洲和日本的汽车市场，节能汽车的销售比例大于中国，因为，他们已经进入了后汽车时代。从汽车消费的规律看，随着富裕程度的增加，任何国家和任何城市，汽车都会在社会全员中普及，汽车的代步功能，都将成为它的主要甚至是惟一的功能，人们对汽车的使用方式和使用比例也将出现很大的变化。

这就是说，城市必将进入后汽车时代，城市交通必将出现后汽车时代的特点。

91. 为什么与现行城市模式相比，采用JD模式城市半小时经济圈覆盖人口将提高10倍以上？

答：所谓半小时经济圈，是指以市中心为圆心，以汽车行驶半小时的距离为半径，形成的圆圈叫半小时经济圈。半小时经济圈所覆盖的人口，等于这个经济圈内的土地面积乘以人口密度。采用JD模式，汽车平均行驶速度是现行城市模式平均车速的3倍，这就是说半小时经济圈的直径将增加到3倍，而面积与直径的平方成正比，面积就增加9倍；其次，与现行城市模式相比，在汽车完全普及之后，城市的人口密度将提高至3倍以上，那么，人口密度的3倍乘以城市面积的9倍等于27倍，也就是半小时经济圈所覆盖的人口提高至27倍。

92. 小汽车交通发展的前景是什么？

答：前面的问题已经讲到，小汽车的发展必将进入后汽车时代。它的发展前景可能是，人们只是在不得已的情况下才开小汽车出去。

前不久，我国邹德慈院士到荷兰考察后发表了一篇文章，叫《自行车王国》。这篇文章介绍的是，在汽车完全普及了的荷兰，自行车交通的地位近年来反而有了提高，于是政府就顺应这种趋势，完善了自行车的道路系统，自行车的拥有率也因此有了很大的提高，几乎每个人都有自行车。这说明，并不是小汽车越发展，自行车就越少。荷兰自行车交通所占的比例已经接近20%。

也有的国家，不仅自行车交通有了发展，而且还追求提高步行交通比例的目标，美国步行者协会的研究表明，宜人的步行环境可以使人们愿意将步行距离提高1倍。当然由于城市模式的问题还没有解决，这个目标并没有实现。

93. 如何解释交通需求的双塔模型？

答：本书中篇有一个描述交通需求预测的双塔模型，画的是两个金字塔：

第一个金字塔是个人出行需求的分类。塔的最下部分是基本出行，也就是工作，占出行的比例最多；塔尖部分是特殊需要的出行，占出行比例最小。所谓特殊需要的出行，如与朋友聚会，出行中有私密性，或是全家携带小孩出行，或是去医院接送孕妇、接送老人等，这部分出行比例很小，处在金字塔的尖部；金字塔的中部，是日常生活和偶尔外出出行。

第二个金字塔是社会不同出行方式的分担率。处于塔底的是公交出行，公交出行所占的比例估计为50%～60%；塔尖比较小，是私家车出行的比例，私家车出行对应的个人出行需求在金字塔的尖部，私家车出行的比例估计占15%，个别国家可能会占到40%，这与气候有关；金字塔的中部是步行或自行车出行，估计占出行比重的10%～25%。

94. 为什么说沿用现行城市模式，将会造成我国城市与农业双重不可持续发展的严峻局面？

答：沿用现行城市模式，城市会占用大量的土地，同时城市的交通拥堵将永远无法得到解决，由交通拥堵所产生的各种城市病，也将长期得不到解决。这就是说，沿用现行城市模式，城市占用大量的土地和各种城市病，由于长期得不到解决，将会造成城市处于不可持续发展的严峻局面。

我国如果沿用现行的城市模式，会占用大量的土地。在城市化基本完成时，城市占地高达全国耕地的25%，这将威胁到我国的耕地保护和粮食安全，将使农业同样面临不可持续发展的严峻局面。

因此，沿用现行城市模式，在我国所产生的后果比发达国家要严重得多，将会造成城市与农业双重不可持续发展的严峻局面。

95. 有人说，人类只会解决简单的问题，要解决复杂的问题，必须先把它变简单了。本书作者经过三十多年完成的一件事，就是将看似十分复杂的城市问题变得简单了。能否概括一下是哪些理论认识上的突破，使城市面临的复杂问题能够简单地得到解决？

答：伟大的哲学家和数学家笛卡儿说过："我一生只会解决两类问题：一是解决简单的问题，二是把复杂的问题变简单"。本书作者经过多年的努力(这个努力过程在本书的下篇，关于“城市模式的多目标最优化决策的方法讨论”中作了详细的介绍)，在多目标最优化决策的漫长过程中，慢慢发现了复杂的城市问题，是由汽车和现行城市模式所存在的尖锐矛盾所造成的，城市模式与汽车交通的不和谐，或者说尖锐矛盾，是城市全部矛盾中的主要矛盾，只要抓住这个主要矛盾，城市的各种问题就迎刃而解了。

要解决这个主要矛盾，就要根据城市交通与城市空间相互决定的规律，着手解决城市空间结构的有序化问题，并在有序化的基础上，实现机动车道路的全面快速化，实现人车的全面分离。正是在这个基础上，目前城市所面临的各种复杂问题就能简单地得到解决了。

96. 城市作为有机体，诸多城市病的致病基因是什么？

答：在城市规划的学术史上，曾有一位国外学者沙里宁，将城市作为有机体看待。从城市发展的过程看，确实具有有机体的特点。只要深入分析，目前大城市所表现出来的各种病态，即所谓诸多的城市病，寻根溯源就会发现：都与城市空间结构中的一个基本特点有关系，这就是城市空间结构中存在着严重的错位现象，可以把这个基本特点叫城市的致病基因。

城市空间错位现象有诸多表现，例如：人车混杂、机动车与非机动车混杂、汽车行驶与汽车停放混杂、户外活动空间成了汽车横行霸道的天下、停车空间严重不足、停车空间位置混乱(有的车要停到高层上，有的车要停在地底下)，以及汽车行驶的全过程往往会从地下钻到地面，行驶中又要上到空中的高架路，到了目的地后还要钻到地下去等，这种种现象都是空间错位的表现。

空间错位是城市病的致病基因。根据这个观点，只要在城市建设初期，或在现行城市中彻底消除空间错位的现象，城市病的问题就可以全面得到解决。在判断一个城市是否存在城市病的诊断过程中，只要看这个城市空间结构是否存在着空间错位的现象，就可以判断这个城市将来是否会产生城市病。

97. 如何进行城市致病基因的改造？

答：城市致病基因的改造过程，是城市空间结构有序化的过程。我们研究的结论是：只要将一个混杂的城市空间，划分为功能单纯的四个独立空间，那么城市的致病基因，也就彻底改造了。城市致病基因的改造，应该从城市诞生的那一天就开始，也就是从新城区或新城市的规划开始，就按照城市空间有序化的办法，将城市致病基因消灭在图纸中。

98. 长沙新河三角洲的试点说明了什么？有何重大意义？

答：长沙新河三角洲的试点，对我国城市的可持续性发展，作出了历史性的贡献。因为，在长沙新河三角洲试点之前，我们提出的 JD 模式和城市可持续发展的各种理论，还处于纸上谈兵的阶段。特别是这种全新的理论和全新的模式，由于看起来效果过于理想，很多人怀疑它的可行性、可信性、真实性，有人心里还会说简直是天方夜谭。正是在这种背景下，在长沙新河三角洲多年的规划中找不出可行的方案这种背景下，了解到 JD 城市模式，并且按照 JD 模式对新河三角洲作了详细的规划。

根据规划概算的结果发现：在人口密度提高 50%的情况下，城市绿地率反而由原来的 20%～30%提高到了 50%～60%。正像有专家所评价的“在相对高强度土地开发的情况下，能够形成畅通的交通环境，形成人性化的户外活动场所，而且从根本上提高了抗水灾的能力，这是中国城市发展的一个方向”。

如果将来回过头，对城市模式变革的历史作评价的话，新河三角洲的试点是具有里程碑作用的。当然，JD 模式还需在更大的范围内进行实践，拿出示范的效果。如果在新河三角洲之后，长沙市或其他城市能够在较大范围或是新、老市区，同时开展 JD 模式的试点，那将是又一个城市模式变革的里程碑。

99. JD 模式是否为自主知识产权？有几项专利？

答：JD 模式的产生是以理论创新为背景的，这个理论就是汽车时代城市交通新理论，是关于城市可持续发展形态的新理论。这个新理论是我们自己多年研究开创的，也是由于我们国家的特殊国情，对城市可持续性发展有着异常迫切的需要。正是在这种强大的社会需要力推动下，在科教兴国政策的鼓舞下，我们在国外长期积累的经验和有关理论的基础上，发现了城市交通的十条内在规律，发现了可持续发展城市形态的有关规律。

总结国内外的经验和存在的问题，我们提出了可持续发展城市必须满足的

20 项目标(详见本书下篇)，并以这 20 项目标和城市交通、城市形态的各种规律为手段，经过多目标最优化决策的长期努力，最后提出了 JD 城市模式。JD 城市模式目前已经申请注册 10 项发明专利，3 项实用新型专利，其中部分专利已经开始授权。这是我们中国人在自主理论创新基础上形成的自主知识产权。

100. JD 模式对城市交通安全能否有根本性的改善?

答：JD 模式做到了三条，这三条对改善城市交通安全具有根本性的保障。

第一条，实现了人和汽车的全面分离，机动车道路上没有行人和自行车，行人和自行车也不再需要过斑马线、等待红绿灯。

第二条，在人的户外活动空间中，完全没有汽车出现，人的日常出行主要在地面停车库屋顶的大平台上，休闲活动可以由平台沿着楼梯到达街区中心绿地，这个平台上面和街区绿地中，机动车是开不进去的，也就是说机动车想撞人都撞不到。

第三条，机动车道路的所有交叉路口都取消了红绿灯，交叉路口处机动车之间的冲突点全部消除了。这样，交通事故高发的红绿灯控制路口不存在了，所以交叉路口的交通事故有很大的改善。在没有红绿灯的快速路网，可以限制机动车的最高时速不超过 70 公里/小时，因为在这个速度下，机动车完全可以快速地到达城市中任何地方，限速的结果可以减少机动车之间的恶性交通事故。

除上述三条之外，还有一条就是人行道和自行车道也完全分离，这样能减少或杜绝骑自行车撞伤儿童、老人的交通事故。

因此，可以说 JD 模式对城市交通安全有了根本性的改善。

101. JD 模式对城市治安状况能否有根本性的改善?

答：JD 模式对城市治安状况的改善确实是带有根本性的。

首先，JD 模式城市人口密度为 15000 人/平方公里，也即人均占地面积只有 67 平方米。这样城市就很紧凑，在汽车完全普及的情况下，占地面积只为现行城市模式的 1/5～1/4，城市的直径或说是城市的尺度缩小了一半，治安管理半径也就缩小了一半，治安反应的速度自然可以提高一倍。

第二，JD 模式城市交通完全畅通，机动车道路的平均行驶速度是现行城市模式的三倍左右。设想一下，管理半径缩短了一半，汽车平均行驶速度又提高了三倍，那么处理治安问题的反应速度不就快多了吗？

第三，JD 模式由于城市面积缩小了，每平方公里的警力密度就相应提高了，面积缩小到 1/4，警力密度可提高四倍。

第四，JD 模式人和车是完全分家的，那些靠摩托车、汽车作案的治安事件就可以杜绝了。

第五，在 JD 模式由于车在地面跑，人在平台上和街区中心花园中活动，机动车的行驶和人的活动是分家的，这样就可以在不影响机动车利用街区内微循环道路进行绕行的情况下，对每个街区内人的活动空间进行封闭，实行大院式的管理。每个街区都可以禁止闲杂人员入内，街区内的治安管理就变得比较容易，治安状况肯定会有所改善。同时，由于每个街区是封闭的，城市的公共面积就减少了（城市面积要扣除各个封闭街区的大院面积之外，才是城市的公共面积），也即治安管理的公共面积减少了，那么，治安管理强度自然很容易得到提高。

第六，在这样紧凑畅达的城市中，几乎完全不存在治安管理的死角。

综合以上六方面的因素，采用 JD 模式，确实能使城市治安管理得到根本性的改善。

102. JD 模式对城市抗灾能力能否有根本性的改善？

答：城市的抗灾能力可以分两个方面。一方面是，城市空间结构本身对某些灾害的抗御能力；另一方面是，一旦出现了灾害，城市的应急反应能力。

JD 模式城市空间结构的一个重要特点是：人行道和消防等应急道路全部布置在地面停车库屋顶的平台上，距离地面大约有 6 米左右。城市中凡是有人活动的建筑物，也都在这个平台以上，包括住宅、商店、学校、办公楼等，平台的下面主要是地面停车库。这种城市空间结构，保证了在出现洪灾的时候，城市的日常生活可以照常进行，洪灾不会威胁到人的生命安全，不会威胁到城市物资的正常流通和人的交通。

JD 模式城市空间结构的第二个特点是，每个街区内都有一个大面积的街区中心绿地。按照我们设定的最佳尺寸，路口间距为700米，街区中心绿地的面积可以有20万平方米。如果是圆形的话，就是直径为500米的一个圆形中心绿地（当然也可以设计成其他形状）。每个街区内都有一个这么大面积的中心绿地，在城市出现地震或其他灾害时，居民可以很容易逃逸或躲避。

抗灾能力的第二个方面是应急处理能力。JD模式城市是紧凑的、交通是畅通的，不但畅通而且快速，机动车平均行驶速度在60公里/小时左右。城市尺度小了，车速也快了，而且根本不发生交通拥堵，应急处理能力就很强。例如，很多城市从打"120"电话开始，到救护车到达，需要的时间比较长；而在JD模式中，路上所需的时间大约只为现行城市模式的1/4或略多一点，至少能省一半的时间。再比如，JD模式中除了地面机动车道路，地面以上还有两个独立的道路系统，一个是人行道路系统，另一个是应急的机动车道路系统。有这么三个交通系统，在应急反应中，交通可以得到根本性的保障。

综合以上两方面可以得出结论：JD模式城市的抗灾能力将有很大的改善。不仅如此，JD模式城市交通还是全天候的，不论是机动车道路还是人行道路都是有棚的，都是不受暴风、雨、雪影响的交通系统，这种全天候正常运行的交通系统对抗灾、防灾是很重要的。

103. 破解十大城市病基本公式有何指导意义？

答：我们将城市病概括为十个方面：占地多、交通堵、停车难、步行难、交通投资大、城市效率低、交通油耗高、宜居程度差、交通事故多、治安管理难等。

如何从数量关系上说明，这十大城市病在现行城市模式中是不可能得到解决的，而一旦采用了JD模式就都可以解决了呢？

我们对城市模式和城市病之间的数量关系，进行了探索和研究，最终形成了破解十大城市病的二十几项公式。严格地说，这二十几项公式并不具有直接计算的意义，只是用数学公式的形式，反映了城市病与克服途径之间的内在逻辑关系。当然有的公式还是有计算价值的，如城市交通状态判别公式，是个不等式：城市交通供给密度＞城市交通需求密度，如果城市道路的机动车交通能力能够满足这个不等式，那么城市将永远告别交通拥堵；如果不能满足这个不等式，那么城市交通拥堵的问题根本不可能解决。现在城市采取的高架路系统，或有人倡导的地下公路系统，或大部分交叉路口都设置红绿灯的平面交叉道路系统等，经过深入计算会发现，它们都没有办法满足这个不等式的要求。

以这个不等式为代表的破解城市十大城市病的基本公式，在对城市模式的选取上，对现行城市病的诊断上，都有具有理清思路上的重要指导意义。

104. 为何说 JD 模式能使城市恢复自然景观？

答：我们这里所讲的自然景观，就像是《桃花源》中陶渊明所描写的世外桃源一样，是人们可以悠然自得生活的环境。

JD 模式中，城市所有的开敞空间都是没有汽车的、大面积绿化的安全空间。这个开敞空间由三部分组成：一是街区中心绿地，大概占城市地面的 40%左右；第二部分是地面停车库屋顶上的人行道路和空中花园；第三部分是机动车道路上方盖板的表面。这三部分构成了城市的全部开敞空间，不但可以进行绿化，而且看不到汽车，也听不到汽车的声音。在这样的开敞空间中生活，难道不会有在《桃花源》所描写的那种环境里生活的感觉吗！

正因如此，我们说 JD 模式能使城市恢复自然景观。

105. 在 JD 模式中城市商业模式将有哪些变化？

答：JD 模式是城市模式和城市形态的一场革命。任何空间形态、空间布局、空间交通状况的变化都会带来巨大的商机，我们相信在 JD 模式中孕育着巨大的商机。

JD 模式使城市交通完全畅通，物流周转速度提高 3 倍，城市尺度缩小 1 倍，综合这两方面，物流的周转效率或说周转速度就可以提高 6 倍。设想一下，如果任何商品都可以在很短的时间内，而且是可以预先确定的时间内，到达货物所需要的地点，那么城市的连锁商业模式、城市网上购物都将具备一种非常优越的交通条件。因此在 JD 模式中，必将有大量的、高档次的连锁店分布在各个居民区，或者各个组团，网上购物将会得到较大的普及，某些商业服务也会因为空间的缩小、速度的加快，而出现一种崭新的商业模式。我们现在还无法进行准确的预计，只是可以预料，在JD模式中城市会出现一种全新的商业模式。

106. 为什么说JD模式为城市规划的合理布局创造了基础条件？

答：有关城市规划合理布局的理论已经很成熟，已经逐渐脱离了早期城市规划中，按照功能划分地域的规划方法，而将功能综合的小组团作为规划的基本单位。但是，现在的城市往往在发展中背离了原来的规划，为什么呢？

因为，由于交通拥堵和城市低密度蔓延，造成了城市地价分布的极不均衡：某些地段寸土寸金，某些地段地价又很低。在高地价的地段，只有高盈利的产业才能生存。城市分布的内在机制是利益的驱动，行业平均利润率的分布和地价的分布是一致的。土地市场竞租的结果，决定了产业布局和功能布局的重新调整，而不是由生活方便以及要素之间联系的时间短、距离近、居住与就业的就近平衡等规划原则，作为城市布局的内在机制。原本合理的规划布局，往往被不均衡的地价分布所扭曲。

JD模式由于实现了整个城市的交通畅达，城市道路网是一种均质的道路网。也就是在路网的任何地方，交通通行能力都差不多。本来城市地价的差别，是由交通成本的差别所造成的，JD模式中交通成本的差别不大，地价分布也就比较均衡，所以JD模式为城市规划的合理布局创造了基础条件。

这里所谓的交通成本包含了三个方面：货币成本、时间成本、心理成本，JD模式中这三个成本的差别比较小，城市的合理布局容易得到保障。

107. 人车分离国外早已有之，JD模式的创新点在哪里？

答：人车从一个平面中分离开来，在有些城市的局部已经采用。比如：香港的中环交易广场、巴黎拉德方斯等，但这些地方的人车分离和JD模式的人车分离是两回事。因为这些地方的人车是局部分离，只为满足局部地区的需要，并没有将它作为城市的一种必然出路来看待。

我们提倡的人车分离，是在城市整个空间消除人车混杂的现象。与局部人车分离追求局部效果的目标是不一样的，两者所采用的空间范围也是不一样的。还有一个重要的区别就是，我们所采取的人车分离，是作为城市模式的一种空间结构方式，是在分离的基础上，实现地面机动车道路的全面快速化。

概括来讲，将人车分离作为整个城市空间有序化的一种方式，这是JD模式的创新点之一；创新点之二就是在整个城市实现人车分离的基础上，实现地面机动车道路的全部快速化。因此，JD模式提出的人车分离的空间有序化模式，和现在某些城市在局部地区所采用的人车分离模式，有着质的区别，这就是JD模式的创新点。

从对城市交通发展的作用来看也不难发现，某些城市已经出现的局部人车分离，在认识上，还局限于解决局部问题的需要，并没有认识到它是解决城市空间结构有序化的手段。从历史上看，像巴黎拉德方斯这样局部CBD地区的人车分离，已经存在了几十年的时间。但是，巴黎的交通拥堵在此期间却日益严重，他们并没有在认识上有所突破，没有认识到需要在整个城市实行全面人车分离，并在此基础上实现机动车道路的全部快速化。

JD模式中的人车分离，是实现地面机动车交通全面快速化的人车分离，是实现整个城区空间结构有序化的人车全面分离，是关于城市模式发展方向的创新，与某些城市局部地块上建设架空平台或架空连廊相比，完全是两回事。正像哥伦布(为证实地球是圆形的)航海西行之前，也有不少船只向西航行过，但是，只有哥伦布的西行具有环球航行的创新意义。

概括来说，几十年来国外有些城市局部采用的架空平台结构与JD模式结构有三点根本性区别：

一是目的不同。前者是为了解决局部地块步行条件的改善问题；后者是以满足城市可持续发展的4组20项目标(见下篇)为目的，进行整个城市模式的彻底变革。

二是方法不同。前者只在局部地块上采用架空平台(或连廊)；后者在整个市区采用架空平台和地面机动车快速路网，在整个市区建设人车分离的步行道路网，在整个市区建设由架空平台花园和地面绿地组成的无机动车户外活动空间，并进而设置机动车噪声全面隔离的隔声棚或盖板，采用公交车零换乘站点结构，采用步行道路与非机动道路分离的结构，采用遮阳避雨雪的全天候道路结构。

三是效果不同。前者只实现了局部(商务区等)步行道路的改善，并不能解决城市的交通拥堵等问题。而后者实现整个城市的模式创新，全面满足城市可持续发展4组20项目标(参阅下篇)的要求；形成城市的全面快速路网，取消市区道路的全部红绿灯，在汽车达到饱和拥有率(600辆/1000人)时不出现交通拥堵和停车困难；在汽车容量密度提高5倍左右的基础上，大量节约土地，建设紧凑型城市；实现50%左右的城市绿化率，形成占城市面积60%左右的无汽车户外活动空间；并可进一步形成人、机、非三分离的全天候道路系统(参阅下篇)，形成全面快速零换乘公交系统，形成噪声全隔离的生态型城市。

108. 为何说BRT系统只是一种过渡性的公交模式?

答：BRT就是快速公交系统，它的发源地是巴西。有一种误解认为，推广BRT可以解决城市交通的拥堵问题，或者可以在城市交通拥堵的情况下，实现公交优先。

但是，发源于巴西的BRT，至今却无法解决巴西大城市的交通拥堵问题，也无法解决巴西大城市的公交优先问题。这是为什么呢？因为BRT虽然能在采用这种方式的局部道路上，实现公交车的快速，但是具备设置BRT的道路在城市中很少。例如北京，设立公交道路专用线的长度只有100多公里，只占北京市公交线路总长度5200多公里的2%～3%。这100多公里中，也不是每条道路都具备设置BRT的条件，因此，BRT只能在城市中的一少部分道路设置。

而解决城市公交优先，必须是全面性的。全面解决城市的公交优先，只有一个出路，就是将城市所有的机动车道路，全部改造为快速道路，取消所有路口的红绿灯。这样，不仅是BRT，就是现在的公交车也全部变成了快速公交，而且行驶速度会比现在的BRT快，因为在所有的交叉路口都不用再停顿了。

从城市机动车交通的根本出路来看，解决交通拥堵和公交优先是一致的。一旦城市机动车道路的全面快速化得以实现，城市交通拥堵就彻底解决了，城市公交车也自然变成快速了。按照JD模式，公交车不仅全面快速，而且可以实现全部零距离换乘，就是所有的换乘基本上都在原车站进行。到了那个时期，BRT就没有存在价值了，因此说BRT只是一种过渡性的模式。

109. 美国的精明增长型城市有何特点和问题?

答：美国在20世纪末，出现了主张新城市主义和精明增长型城市的潮流。精明增长型城市和新城市主义出现的背景是：几十年来，由于美国土地资源丰富，所以城市走上了迅速蔓延的发展道路。几十年过去了，美国人终于发现，虽然土地很多，资源很丰富，但是城市蔓延造成了城市本身的不可持续发展。如交通距离越来越长；人流、物流的效率越来越低；交通能耗越来越大；道路投资越来越高且无法得到回收；由于城市蔓延居住分散，公交车的乘坐率长期没有办法提高；以及城市中心区的交通拥堵，并没有因为修建大面积的道路而得到解决，中心区的交通拥堵仍然日趋严重等。

最近二十年来，美国人对城市问题进行了深刻的反思，提出要克服城市的蔓延发展，精明增长型城市就是在这个背景下提出来的。希望建立一种比较紧凑的城市形态，城市不再蔓延，机动车交通能够实现自驾车与公交车出行方式的合理搭配，能够实现步行与自行车出行占一定的比例，使城市在面积、交通距离、交通时间、交通能耗、城市效率等方面，都能按照明智的统筹安排去发展，这就是美国精明增长型城市的特点。

有什么问题呢？就是在理论方面还没有突破认识上的一个瓶颈，没有认识到只有提高机动车交通供给密度，使机动车的通行能力超越交通由拥堵向畅通转化的临界数据，即每平方公里每小时机动车道路的通行能力不低于50000车·公里，没有认识到这个临界数据的存在。精明增长型城市的概念虽然提出了，也做了很多努力，但并没有形成一种全新的城市模式。我们研究认为，可持续发展的城市模式，恐怕只能是我们筛选优化所确定的JD城市模式。如果说精明增长型城市还有什么问题的话，那就是还没有明确城市模式发展的前景，只有JD型模式才符合精明增长型城市模式的理念。

美国的新城市主义，实际是对现代城市问题的一种反向运动，希望恢复邻里之间的密切关系，城市环境接近上世纪初小城镇式的自然环境。所以美国有人说：所谓新城市主义，实际上是城市复古主义，是要恢复自然形态下的小城镇生活环境。由于新城市主义并不符合汽车时代城市发展的必然方向，所以不具备发展的可行性，只是在土地资源非常丰富的美国国情背景下，产生的对城市环境良好发展的一种思路和愿望。

110. 欧洲的紧缩城市有何特点和问题？

答：欧洲关于紧缩城市作为可持续发展城市形态的认识，是一个伟大的突破。从1885年第一辆汽车，梅德塞兹·奔驰车出现，欧洲已经经历了一百多年汽车交通。可以说，从汽车出现经历了一百年略多一点的时间，欧洲对城市形态的认识，终于完成了这么一个伟大的飞跃。1995年欧共体的文件之一《城市绿皮书》中明确提出：只有紧缩城市才是城市可持续发展的远景目标。英国有些专家对紧缩城市进行了深入研究，指出只有紧缩城市才符合可持续发展的要求，并指出目前的城市是不可持续发展的元凶。他们指出，占全球人口1/3的发达国家的城市消耗了全球2/3以上的资源，认为城市再这样发展下去，全球必将产生生态性灾难。

概括来讲，紧缩城市的概念是城市发展史上的一个重大飞跃，方向是对的。但是，也还存在问题，主要是没有找到实现紧缩城市的途径和方法。正像英国很多专家在论述紧缩城市重要性的同时，也指出如果城市紧缩了，交通会更加拥挤，居住环境会也更加拥挤，这两个拥挤使人们对紧缩城市的可行性产生了怀疑，甚至认为紧缩城市可能是可望不可及的目标。这可能是紧缩城市这个概念在发展中的一个阶段性问题，还没有上升到理论阶段。符合什么样规律的城市，才是紧缩城市？本书的理论和模式就是对紧缩城市观点的发展及对其存在问题的一个回答。

111. 平均车速对城市交通的双重作用是什么？

答：在判断城市交通是否符合可持续发展的要求时，有一个重要的参数，就是平均车速。平均车速的合理数值，应该是70公里/小时左右，与人的正常心率70次/分钟差不多。如果平均车速降到20公里/小时左右，城市就会出现大问题，交通拥堵会越来越严重，成为一种噩梦，这很像人的心率，如果降低到20次/分钟左右，人的健康就出现了大问题。

平均车速对城市交通拥堵产生的作用是双重的。第一重作用是，平均车速降低，直接产生交通拥堵，这一点很容易理解；第二重作用是，城市交通拥堵造成城市的低密度扩散、摊大饼，摊大饼的结果造成交通距离增加，人们对小汽车的依赖程度随之增加，因为交通距离增加，步行出行的比例就会降低，机动车交通量就会增加。增加交通距离，增加对机动车的依赖程度，反过来又加重对城市的交通负担，会使拥堵更加严重，这就是平均车速对城市交通拥堵的双重作用。

112. 为何说JD模式为汽车的产业发展创造了广阔的内需市场？

答：汽车主要是用在城市里的，交通拥堵就会影响汽车市场。城市土地面积一定时，市场容量也是一定的。我们研究的结果是：目前城市模式中，每平方公里城市土地面积上，汽车容量只有2000辆汽车，也就是说1000平方公里的城区中最多能够购买200多万辆车。如果城市的土地资源不能继续供应，不能保证城市继续摊大饼，那么汽车销售就会困难。此外，现行的城市模式，由于交通拥堵，对小汽车的依赖程度很高，所以汽车的油耗就很高。燃油的供应和燃油所造成的日常开支，也会影响到汽车的购买。

如果采用JD模式，城市紧凑而畅通，每平方公里土地的汽车容量可由2000辆可以提高到10000辆，小汽车日常的油耗从理论上计算，只为现行城市模式的1/6以下，交通拥堵和燃油高消耗这两个制约汽车产业发展的因素，在JD模式中得到了克服。因此，JD模式为汽车产业的发展创造了广阔的内需市场。

汽车产业的发展对我国很重要。发达国家在发展过程中，汽车产业的拉动作用占了很大的比例，发达国家汽车产业发展的时候，还没有遭遇到城市交通拥堵和高油耗的制约。现在轮到我国发展汽车产业了，交通拥堵、燃油供应和燃油消耗对汽车产业的发展构成了一个瓶颈，汽车产业作为我国的支柱产业，在国民经济中的作用是很重要的。所以，推行JD模式为汽车产业发展开拓了内需市场，对经济的发展具有重要的意义。

113. 为何说JD模式特别适合我国国情，并且能充分发挥我国城市的后发优势？

答：我国人多地少，人均耕地只相当于世界平均数的40%，只相当于美国的1/18，我国只能为城市提供人均70多平方米左右的土地。在这种人多地少的情况下，要实现城市的可持续发展，现行的城市模式是根本做不到的。JD模式完全可以在人均占地60～70平方米的情况下，做到城市的全面可持续发展，所以它适合我国国情。

由于我国城市汽车刚刚进入家庭，汽车拥有率还很低，因此，我国城市具备后发优势，比较容易使城市模式完成革命性的转变，可以用比较低的代价在城市中采用 JD 模式。

114. 为何说只有采用 JD 模式才能建成节约型城市，实现资源节约和环境友好的目标？

答：城市的各种资源消耗之间有一个内在的规律：如果城市人均占地大，那么人均投资必然多，人均能源消耗必然大，所以有人说城市模式决定城市资源的消耗水平。采用 JD 模式，人均占地只为现行城市模式的 1/4，当然这是指城市汽车完全普及后，由于 JD 模式占地少，市政投资、交通投资、汽车油耗、出行时间、交通事故率都全面地得到了节约和减少，且由于实现人车的彻底分离，开敞空间是无汽车化的、大面积的绿化空间。因此，采用 JD 模式能够实现资源节约和环境友好的目标。

115. 为何说 JD 模式能建成人与汽车和谐共存的城市？

答：汽车是人制造出来的一种产品，这个产品是高速运动、重量很大的一个物体。这种高速运动很重的物体一旦与人发生矛盾，受伤害的肯定是人，这是其一；其二，由于汽车的广泛使用，城市交通拥堵以及由交通拥堵而产生的居住环境、城市效率每况愈下的局面，都是人和汽车之间存在着不和谐现象造成的。

我们进行了长时间的思考，明白了一个很简单的道理：就是将人和汽车的运动空间完全分离，各走各的“阳光道”，那么人与汽车的矛盾，不就解决了吗？进一步研究又发现，将人和汽车的空间完全分离，可以很经济地实现汽车道路的全面快速化，交通拥堵也就不再存在了，这样人和汽车的直接冲突就消除了，汽车和汽车之间的冲突——堵塞也消除了。所以说，采取 JD 模式能建成人与汽车和谐共存的城市。

116. 为何说 JD 模式在城市交通方面能够兼顾效率与公平？

答：兼顾效率与公平，是我国一位资深的城市规划专家李康教授提出来的。按照他的观点，城市交通进入汽车时代后，一直存在着效率与公平的矛盾。比如，在少数人拥有汽车的时候，这些人就享受了城市的高效率，那个时期城市的道路并没有交通堵塞，谁有汽车谁就快，而多数人根本不敢想象自己将来会拥有汽车，所以在城市交通方面，效率与公平就无法得到统一。

在汽车数量进一步增加后，大多数人都买了汽车，只有城市低收入阶层买不起汽车。这些低收入阶层只能去挤公共汽车或是骑自行车，他们的交通经常是在风雨和烈日下完成的，坐在小汽车里和在烈日下或暴风雨中走路的感受，是完全不同的。但是城市又不能不发展汽车交通，因为汽车能带来城市的高效率。当社会全员都能够买得起汽车了，大家都有汽车开了，结果城市的道路通行能力又满足不了要求了，又出现了路权之争，在有限的道路资源上，是保证步行人的使用权还是保证汽车对道路的使用权呢?

很长时期内城市的道路是向机动车倾斜的，修路是为了提高机动车的通行能力，修路的结果往往恶化了自行车和步行的环境，等到全员都有了汽车，那么限制汽车通行的各种规定就会相继出台：或者是分单、双号上路，有人说富人可买两辆车，一个单号、一个双号，不会受到这个限制；或是拍卖车牌，那么有钱人照样可以买车牌，买汽车；或者是用停车位来限制购汽车，那么有钱人自然也可以买停车位，可以享受汽车。所以，效率与公平的问题始终难以兼顾，政府只能在保证效率的前提下尽量兼顾公平，或者将公平控制在某一个水平上，以维持社会的安定。

李康教授指出：在JD模式中，不仅考虑了驾车一族，还考虑了乘车一族、走路一族、骑自行车一族，各有各的路，互相不受影响，而且都是在全天候的环境下出行的，JD模式使路权得到了扩大，可以满足各方面的需要。

所以，JD模式在城市交通方面能够兼顾效率与公平。

上篇　可持续发展的城市形态

现代城市的发展有三大趋势：一是城市化程度逐步提高，最终将有70%左右的人口生活在城市，城市成为人类生存繁衍、社会生活、经济生活的主要载体；二是城市规模不断扩大，部分城市连成整体，形成城市带，城市带的经济功能和社会功能将超越行政区划的范围；三是汽车拥有率最终达到每千人600辆的饱和水平，我国将有6亿辆左右汽车在城市中使用，全世界将有30多亿辆汽车在城市中使用。

可持续发展城市形态必须满足上述的城市发展趋势。本书上篇主要探讨上述发展趋势，特别是汽车交通对上述发展趋势的影响；探讨在上述发展趋势下如何建设资源节约和环境友好的城市；探讨满足科学发展观要求的城市形态。

1.1　沿用现行城市形态是拿城市前途去冒险

1.1.1　发达国家对现行城市形态已经作了否定

最近三十年来，美国人普遍发现，他们城市的模式走入了不可持续发展的困境。为什么率先进入汽车时代的美国，其城市模式却背离的汽车时代城市可持续发展的规律呢？这个问题从历史上可以找到清晰的答案：地多害了美国城市，土地在美国根本不成问题，其人均平原面积是中国的 20 倍，所以，二战以后凭借汽车的优势，毫无顾忌地城市迅速蔓延，有资料显示，美国城市人均占地为 1003 平方米。汽车使人们尽享郊区居住的舒适，仿佛这就是汽车时代的生活方式。然而，汽车时代城市可持续发展的关键取决于城市能否紧凑，正是因为美国的地多才使美国忽视了对紧凑型城市模式的探索，地多害了美国的城市。

最近十年来，美国兴起了精明增长城市的潮流，所谓精明增长，就是改变城市蔓延的城市模式，以彻底改变完全依赖小汽车的交通方式，从而解决城市交通拥堵、燃油消耗过大、城市污染严重等问题，扭转城市中心区逐年衰败的趋势。美国规划协会 1994 年提出“城市精明增长计划”，在 2002 年出版的《精明增长的城市规划立法指南》中，美国马里南洲提出了城市精明增长区法案，精明增长作为一种城市发展模式逐步在全国发展并得到公众认可。

这里应该说明，“精明增长”在美国还只是一个目标和思路，尚未找到科学的城市模式。

欧洲渴望着紧凑型城市，已经被这个目标困扰了十多年。

1995 年，欧共体发表绿皮书指出：“紧凑型的城市形态才是城市可持续发展的远景”。英国一批专家指出：“正是目前的城市是不可持续发展的元凶”；“占世界人口 1/3 的发达国家的城市消耗了全球 2/3 的资源，再这样发展下去，全球将发生生态性灾难。”

欧洲提出紧缩城市的目标已经十多年了，至今也没有找到可以实现这个目标的科学的城市模式，仍在苦苦探索之中。

彻底变革城市模式逐步成为全世界的共识。2000 年，一百多个国家城市代表参加的世界城市大会发表的《柏林宣言》中，深切地指出："全世界的城市没有一个做到真正可持续发展"。被认为交通模式成功的东京，日本学者也认为东京交通成了不治之症，城市也在摊大饼，寸土寸金的日本东京人均占地高达185平方米，日本制定了东京交通5年改造规划，正在探索能根本解决问题的途径。

城市模式决定城市占地，只有抓住城市模式的变革，才能从根本上将城市土地利用的粗放型转变为集约型。

汽车时代城市占地面积的大小服从一个新的规律，即：

城市占地面积＝汽车总量÷每平方公里土地汽车容量

现行城市模式由于道路通行能力很低，所以，每平方公里土地的汽车容量只有2000辆。

以北京为例，按上述公式可得：

北京城区占地面积＝230万辆÷2000辆/平方公里 ＝1150平方公里

实际情况与公式计算结果很接近。目前北京汽车200多万辆，中心城区面积已达1088平方公里，当汽车增加到800万辆时，中心城区面积可能达到4000平方公里。

紧缩城市的最积极的倡导者是欧共体(见1990年欧共体会议文件)。英国一批专家对"紧缩城市"作出了以下论断：

"紧缩城市是未来可持续发展的一个重要组成部分"。

"迈向紧缩城市的目标如今已经在欧洲各国的政策中确立下来。"

"紧缩城市，因其潜在的交通效率，对那些关注交通增加及其环境后果的人来说，不可避免地代表着一种令人向往的模式。"

"如果城市开发能朝着更具可持续性的方向前进的话，我们将可以展望一种变革深刻的城市远景，紧缩城市正是这个远景，但要让它成为现实，还有待于我们将正在开展的研究付诸实践。"

"降低交通需要的紧缩城市必须成为任何旨在减少全球污染的严肃行动的一个重要组成部分。而且因此也必须，比其他的居住方式更加具有可持续性"。

"污染我们的星球无异于对我们的子孙后代犯下偷窃的罪行。以目前这种消耗资源的速度，地球将不堪重负，我们必须减少对资源的消耗，而且正如政府所指出的那样，解决这个问题的最好方式就是降低交通需要，而减少交通的最好办法则是建立一个每件事情都近在咫尺的紧缩城市”。

“城市的分散化发展已经造成了小汽车使用量的急剧增加，甚至在城市地区。同时，乘车上下班交通的距离也已经大大增加了。其结果是，交通的外部成本急剧上涨；根据最新的统计，这些成本占国民生产总值的3%左右(Verhoef，1994 年)”。

“紧缩城市的方案有可能会实现，只是需要耐心与权衡，也有待出现成功的范例”。

“对紧缩城市的支持在很大程度上反映了人们对分散化的开发模式在社会及环境方面所产生的负面影响的关注。他们声称，紧缩城市的活力及多样性将会为所有的居民提供质量更高的生活：行程缩短、交通方式更具有可持续性、这会降低能源的消耗及污染水平；将开发遏制在城区范围之内有利于阻止农村土地的进一步丧失”。

“绿皮书(欧共体 1995 年文件)里提出的紧缩城市的方案既源于信心，也来自于欧洲的传统文化价值”。

“当然，正是交通问题引发了人们对紧缩性的探索，以期降低居民对机动小汽车的依赖性，减少污染，限制能耗，并提高公共交通系统的使用率。在英国和全欧洲，紧缩城市正作为可持续发展策略的一个组成部分来加以倡导。它能否实现在很大程度上取决于能否真正带来所预想的紧缩形态下的好处。这些主张对我们来说是再熟悉不过了：在更紧缩的城市形态里，人们出行的交通距离缩短了，废气排放量由此减少；农村免遭开发；地方设施得以维持，各地变得更加自治等。尽管上述这些益处还远没有真正实现(至少到目前为止是这样)，城市紧缩依然是一个被人们所遵循的指导性的政策”。

“另一个被提及的紧缩城市的优点是：它可以通过城市进行最好的设计和改善城市的活力，来创造一个振奋人心的景象，并充分释放城市的魅力。例如，密集的建筑能够使城市结构变得更连贯和一致，这些重新改造过的醒目的建筑群有助于提升城市的整体形象。此外，将更多的人带到城市中来能使城市气氛变得活跃并促进文化活动和相关设施的发展。通过这些变化，城市将以丰富多彩和充满活力的形象现身，进而吸引更多的居民和游客”。

“有学者指出(Elkin，1991 年)，一个可持续性城市必须具有便于步行、非机动车通行及建立公共交通设施的形态及规模，并具有一定程度的紧缩性以便于人们之间的社会性互动”。

“在现有的城市中，‘紧缩’概念的提出源自于对发展的强调，并倡导让越来越多的人参与到城市创新的进程中来”。

从以上这些判断可以看出，对于紧凑型城市作为可持续发展的目标模式，在认识上，分歧已经不是很大。但问题是紧凑型城市所带来的负面的因素如何克服，关于这些紧凑型城市的负面因素，很多学者也都作了分析，就其要点摘录(摘自《紧缩城市》一书)如下：

“在城市生活的一些关键问题上取得‘城市拥塞’和‘可持续发展’之间的平衡将是未来城市发展成功的关键”。

“世界上已经有许多紧缩城市了。当然，你还可能看到各种潜在的危险，交通堵塞、污染严重、缺乏舒适的空间、私密性较低”。

“留给负责实施紧缩城市，并使城市变得更富吸引力和朝气的规划者的将会是一个怎样的选择呢？首先，这套密集体系要有效益，并且这些益处能带来足够美好的城市生活以吸引人们回到城市”。

“一个成功的紧缩城市应把对社会及经济问题的考虑放在与环境问题同等的地位之上”。

“作者们也着重强调了在所宣称的紧缩城市的交通优势中固有的其他矛盾冲突，例如，潜在的负面交通影响，包括交通拥挤和停车困难，以及它们对地方商业的不利影响”。

“紧缩城市是最能有效利用能源的城市形态，它降低了交通需要，从而减少了交通尾气的排放；而且它还保护乡村免遭破坏。随着小汽车的日渐兴盛，交通问题可能会像过去那样继续控制和影响城市形态。在这种情况下，更加传统的紧缩城市的再度出现仍然是一个难以实现的目标”。

“有关紧缩城市形态给城市交通的好处的战略性讨论已经十分清晰，也被充分证明了：紧缩城市能够减少交通的路程，能够利于发展一些节省能源的交通方式，如步行和自行车等；同时它还提供了减少私家车使用频率的机会；并且有助于支持公共交通系统。然而，尽管这些好处在城区看来是显而易见的，但由此带来的一些地方性问题同样不容忽视。堵塞和危险的交通给步行环境带来了更坏而不是更好的影响，公交车被堵在了大街上；火车和汽车上的人员拥挤；停车找不到地方，这一切都影响着城市街道的功能和形象。许多城市居民，尤其是生活在英国大城市里的人，发现自己每天往返于拥堵的街道和车辆之间，他们甚至在家门口都找不到合适的停车位，这哪里像是居住在用高效的公交系统连接起来的城市里(Davison，1995年)”。

发达国家对所谓紧凑型城市探索的动力是什么呢？

20世纪70年代中期爆发的一场石油危机，引发了人们对保护能源城市形态的探索。在1990年欧共体(CEC)发表的《城市环境绿皮书》，从可持续发展的理念出发，在欧洲城市掀起了对紧凑型城市的积极探索，英国人在这方面作了很集中的讨论。并将这方面的主要观点集中起来，编著了一本由30几位专家撰写的论文集《紧缩城市——一种可持续发展的城市形态》一书。书中第76页上明确阐述了紧凑型城市开始的原因——“当然，正是交通问题引发了人们对紧凑型城市的探索，以求降低居民对机动车的依赖性，减少污染，限制能耗，并提高公共交通的使用率。”

欧洲主张紧缩城市的目标已经上升到政府的层面。

1990年欧共体(CEC)发表了《城市环境绿皮书》，绿皮书中提出了紧凑型城市的概念，引起了人们广泛的关注，并已经成为英国等国家对关于紧凑型城市讨论的基础性文件。但对于紧凑型城市，也还提出不少质疑。《紧缩城市》的第83页：“绿皮书中假设，城市就意味着紧缩，她有很多益处，实施方式也正在逐步明确。虽然用分区域的方式来解决城市被证明是无效的，但由此提出的紧凑型城市的概念上，似乎显得盲目和缺乏证据。”第85页写到：“绿皮书中提到的紧凑型城市的方案，既源于信心也来自欧洲传统的文化价值。”第86页中写到：“把可持续型城市探索下去，能否最终走向紧缩型城市呢？也许不能，但它有可能朝着这个方向发展。”书中的第89页阐述比较明确：“英国和欧洲正将紧凑型城市作为可持续发展城市的一个组成部分来倡导。它能否最终实现在于它能否实现紧凑型城市所带来的好处。”这些主张对我们来说是更熟悉不过的，在更紧缩的城市里：人们出行的交通距离缩短了，废气排放减少了，农村可以免遭开发。尽管这些益处还没有真正的实现，“但紧缩型城市依然是被人们遵循的指导性的政策”。

关于紧凑型城市的这个目标能否得到实现，《紧缩城市》明确地表达了矛盾之所在——“在城市生活的一些关键问题上，取得城市拥堵与可持续发展之间的平衡，是未来城市发展成功的关键。”在欧洲避免城市滥占耕地，也是推动紧缩型城市的一个重要原因。第 92 页中写道：“赞成城市空间紧缩的意见和城市效应之间存在着直接的联系——人们普遍认为，在现有城市的土地的充分开发，将减少城市土地被征用的压力”。

在欧洲，紧凑型城市已经讨论了十多年，为什么没有成功的实践呢？

如果将以上引入的观点作一个简单的概括的话，那就是支持建紧凑型城市的理由是：节约能量，减少对小汽车的依赖，减少城市的能源消耗，和减少对郊区农业用地占用等，也就是认为只有紧凑型城市，才符合可持续发展的要求。而反对紧凑型城市可持续发展观点的主要根据是：城市紧凑了，必然会导致无法忍受的交通拥堵，出现无法忍受的居住拥挤，出现不宜人居的减少开放空间，减少绿地，街道的环境不安全，不能作为人们包括儿童聚会的场所，城市缺乏人居的舒适性等。这样看来，要实现建设紧凑型城市，取决保留上述各项情况的优点，一定克服上述各项情况的缺点，但紧凑型城市作为发展远景是不应该动摇的。

1.1.2　在我国沿用现行城市模式将造成城市与农业双重不可持续发展

全世界大城市发展的历史告诉我们，汽车时代城市低密度扩散的程度与汽车普及的程度是同步的，如果不变革城市模式，在汽车完全普及以后，城市人均占地必将达到 300 平方米左右粗略估算，按照现行城市模式，在我国城市化和机动化的过程中，城市占地最终将达到全国耕地面积的 25%左右，因此，从根本上扭转城市低密度扩散的趋势，对我国的可持续发展具有重大的战略意义。

在我国要保持农业的可持续发展，必须保护 18 亿亩耕地不再减少。要保住这个耕地面积的底线，城市占地只允许在全国耕地面积的 7%左右。按 2005 年底的数据，全国城市占地面积约为 3.54 万平方公里，在全国城市化基本完成以后，城市人口约为 10 亿～11 亿，城市占地面积只允许为 8 万平方公里左右，折合城市人均占地约 70 平方米。

发达国家将“紧缩城市”作为可持续发展的城市形态，其主要原因是城市占地多了将导致城市本身步入不可持续发展的困境，而对农业发展的威胁并不突出。特别是美国，人均耕地面积为 18 倍左右，城市占地多少根本不会威胁农业的发展。在我国则不然，城市占地多了，不仅城市本身步入不可持续发展的困境，而且将严重威胁到18亿亩土地能否得到保护。因此，沿用现行城市模式必将滥占耕地的结果，在我国将造成城市与农业双重不可持续发展的严峻局面。

沿用现行城市模式，潜在的巨大风险是隐形的，人们很难感觉到。特别是人们往往把城市的拥挤和堵车、把城市扩散“摊大饼”，看作是国家的快速发展和城市高度繁华的正常现象；往往把变革城市模式的呼声看作是“杞人忧天”，根本不当一回事。

实际上，我国沿用现行城市模式，仅就城市本身所产生的问题来看，就会比发达国家城市目前所暴露出的问题要严重的多。问题之一是，发展下去交通燃油供应根本无法解决，以2005年数据，我国人均燃油消耗只有200多公斤，而美国人均消耗约3吨。美国的高油耗只支持了2亿多城市人口，而我国城市人口将达10亿以上，沿用现行城市模式城市将根本无法运转；问题之二是，发达国家城市的现状是包括蔓延区在内的城市人均占地为300～500平方米，在是在这个低密度的状态下，汽车尾气污染浓度才得以分散，勉强维持城市环境，而我国不可能提供城市蔓延所占用的土地，城市只能在交通拥堵更加严重、尾气污染浓度更加严重的困境中，挣扎着发展。因此，可以得出这样的结论：如果说现行城市模式才能使发达国家的城市维持正常运转的话，那么沿用现行的城市模式，我国将来的城市将无法维持正常的运转，城市所面临的不可持续发展的挑战将是灾难性的。

以上论述表明，我国沿用现行的城市模式，很可能是拿城市的前途去冒险，是拿18亿亩耕地的底限能否保住去冒险，是拿子孙后代的生存环境去冒险。

1.2　现行城市模式的“数字陷阱”

目前的城市由于交通堵塞日益严重，以及由交通拥堵所造成的交通距离越来越长，因此按照现行城市模式，城市发展下去必将滑入下列的“数字陷阱”：

(1) 在汽车进入城市以前，城市的人口密度一般为15000人/平方公里，而随着汽车数量的增加，全世界所有的城市都走上了“摊大饼”的道路。我国的城市如果沿用现行城市模式不变，最终也会变成人均占地 300 平方米的肥胖型的城市，我国 18 亿亩耕地的底线难以维护，将威胁到国家的粮食安全。

(2) 随着汽车数量的逐步增长，交通拥堵必将导致汽车平均的速度降低至 10～15 公里/小时，汽车日出行距离必将增加至 60 公里左右(2005 年底北京汽车平均行驶距离高达 2.65 万公里，平均每天 68 公里)，无论是驾车一族或者乘车一族，每天消耗在路上的时间都会高达 3 小时以上。平均每辆汽车每年堵车损失 2500 元以上，上班一族每年损失休息时间相当于 2～3 个月的工作时间。这里的汽车爬行速度、堵车损失、时间浪费，都是可怕的“数字陷阱”。

(3) 难以支付的交通投资。现行的城市模式中，平均 3 万～5 万人要修 1 公里地铁，每公里地铁需要 5 亿～8 亿元投资，每公里地铁运行一年政府需要补贴 400 万元左右，折合每个市民政府需要投资 1.4 万元建地铁，每个市民每年政府要贴 100 元左右用于地铁的运行；此外，需要修建的道路工程越来越多，政府的财政收入难以承受巨额的交通投资，以北京为例，此前的 12 年中，累计的交通投资高达 1600 亿元，而同期北京汽车的保有量也不过增加了约 180 万辆，有人估计北京的汽车最终将增加到 800 万辆，今后的交通投资将更加巨大。粗略算起来，沿用现行的城市模式，随着汽车的增加，政府将按照每辆汽车 10 万元左右进行交通投资，如何支付？如何回收？这是负担沉重的“数字陷阱”。既使完成了这个巨大的交通投资，城市交通仍然处于困境之中。

(4) 沿用现行的城市模式，汽车撞人和撞自行车的交通事故经常发生，酿成很多家庭惨剧。按照全国汽车保有量 3000 万辆计算，每年交通事故死伤约 50 万人，按车辆计算死伤率约为 1.5%，据了解，其中有半数为汽车撞人或撞自行车所造成的。在现行的城市模式中，存在着严重的人车混杂，以及自行车与汽车的混杂。就全国范围计算，如果按每年交通事故死伤 50 万人的一半来计算，汽车撞人或撞自行车造成的伤亡大约为 25 万人次，相当于每两分钟就会有一个人被撞伤，每十分钟就会有一个人被撞死。这就是城市交通安全方面的“数字陷阱”。

(5) 按照现行的城市模式发展下去，城市的宜居程度越来越差。2005 年全国城市宜居程度评比中，由于北京汽车增长很快，所以从第 3 滑落到第 15

位，这就是对城市宜居程度日益恶化的证明，城市发展得越快，宜居程度恶化的速度越快。在汽车完全普及的城市已经找不到没有空气污染的清洁空间，已经找不到没有喧嚣噪声污染的宁静空间，已经找不到没有汽车干扰的大面积户外活动空间。可以说完全自然状态的空间在城市中所占有的比例不会超过1/10，沿用现行城市模式，城市必将滑入这个背离人性化需求的“数字陷阱”。

1.3　城市人口密度与城市交通的关系

一个特例是澳大利亚(见《紧缩城市》)。澳大利亚城市人口的密度是欧洲城市人口的1/4。总的看来采取步行、骑自行车、和乘坐公共交通工具的路程占整个城市路程的12%，而在欧洲，这个数值是46%，这说明城市人口密度和城市交通方式的组合是存在着一些因果关系的。下表说明，在一个国家内人口密度大的城市，交通量较小。

英国1985～1986年人口密度与不同的交通方式下人均每周的交通距离(公里)

密度(人/公顷)	所有的交通方式	小汽车	本地公车	火车	步行	其他
小于	206.3	159.3	5.2	8.9	4.0	28.8
1～4.99	190.5	146.7	7.7	9.1	4.9	21.9
5～14.99	176.2	131.7	8.6	12.3	4.3	18.2
15～29.99	152.6	105.4	9.6	10.2	6.6	20.6
30～49.99	143.2	100.4	9.9	10.8	6.4	15.5
50及以上	129.2	79.9	11.9	15.2	6.7	15.4
合　计	159.6	113.8	9.3	11.3	5.9	19.1

注：资料来源：National Travel Survey，1986年。

美国有的专家也说，美国大规模的城市郊区化，已经酿成了严重消耗的交通局面，“公交为主”在这种大规模郊区的城市里，无法实现。小汽车的出行距离越来越长，能耗无法降低。所以美国有的交通专家提出的补救办法，就是尽量把每个郊区适当组团，做到规模适当扩大，配套尽量齐全，把大量的需求封闭在组团之内，以此来作为补救措施。

对我们中国这样一个汽车社会刚刚起步的国家来说，改造交通模式和城市空间结构模式，将是一个比较经济实惠，前景光明的好办法。何况，我们这样一个人多地少的国家，除了选择紧凑型的城市模式以外，也没有别的选择。

开展了二十多年关于紧凑型城市的讨论，结果对于紧凑型城市能否实现，总结出了以下观点："随着小汽车的日渐兴盛，交通问题可能会日渐影响城市的形态——在这种情况下，更加传统的紧凑型城市的再度出现仍然是一个难以实现的目标。"（见第《紧缩城市》一书，第 181 页）。在第 189 页中写到："在所宣称的紧凑城市的优势中（指减少对小汽车的依赖、减少城市的距离、提高公交乘坐率等问题），更有其他的潜在的交通问题存在，包括交通拥挤和停车困难，以及他们对地方商业的不利影响等。"

"单靠城市规划者很难实现城市紧凑化模式的这一巨大变革，在政策形成和实施的过程中，其他的地方部门、开发商及土地持有人、公共服务的提供者、商人以及城市的被管理人和政府通力合作是必须的，这些人员的进一步的联合，具有至关重要的作用。同时也需要建立起深入的伙伴关系，并制定有关措施确保相关进程得到发展。"

几十年来，发达国家针对城市人口密度不断降低和城市占地面积迅速蔓延所造成的诸多城市问题作了不懈努力，但是没有取得突破性进展。为什么要这样讲呢？因为早在 30 多年前，英国人就提出了彻底实现"人车分流"的想法，而且英国政府为一种理智的交通限制，选择了制止堵塞的城市交通政策，限制和引导小汽车通行的政策。但是没有达到目的，其结果是："由于越来越多的人用上了小汽车，行人和骑自行车的人生活得更加困难，公共交通持续下滑，居民哪怕上街购物，都比以前变得困难得多。"（《紧缩城市》第 304 页）。包括伦敦在内，发达国家城市今天交通拥堵更加严重。

有数据表明[注]，20 世纪 70 年代，随着轿车数量的增加，全球性的交通堵塞现象越来越频繁，并在各大城市蔓延。在美国的一些大城市如旧金山、波士顿、华盛顿和纽约等，车辆拥挤不堪。芝加哥高速路和主要通道上，车辆慢如蜗牛，小车在市中心的速度比百年前的马车快不了多少。欧洲的雅典、哥本哈根、巴黎、伦敦等大城市以及亚洲的东京等大城市都是交通堵塞成灾，车辆运行的速度每小时不足 20 公里。伦敦和巴黎的轿车平均时速则只有 16 公里。进

[注]：信息来源：《深圳特区报》，2003 年 12 月 12 日。

入20世纪90年代后，交通堵塞的情况更加严重，伦敦更是在1989年创造了堵塞车辆长达53公里的世界记录。在法国的巴黎，其环路早就因经常堵塞而臭名昭著。1997年夏，巴黎的科特达祖路段甚至出现了长达四个星期的堵塞。有关方面统计表明，巴黎每日累计有30万个小时损失在城市交通拥堵中。

私家车进入发展中国家之后，不久也是堵塞成灾。在韩国的汉城，每天交通拥堵的时间长达12小时，巴西的里约热内卢更是长达14个小时。其他国家城市如曼谷、加尔各答、伊斯坦布尔、马尼拉、拉各斯等也都普遍出现交通堵塞。

1.4　紧凑城市的“度”

关于紧凑城市“度”的问题的研究。在讨论紧凑型城市中，国外不少专家提出，究竟紧缩到什么程度？这就是一个“度”的问题。

城市的分散是由汽车的飞速发展进入城市所引起的，城市应该紧凑的观点，也是因为汽车消耗能源和环境污染的因素所促成的。既然原因在汽车，那么紧凑城市的紧凑程度也应该由汽车的特性所推导出来。

本书的研究结论是：当每平方公里汽车的保有量达到1万辆的时候，既能达到道路的利用率较高，也完全不会出现交通拥堵。

在每平方公里汽车的保有量达到1万辆的情况下，只需要占用地面面积的30%左右，就可以完全解决在地面一层停放机动车，这对机动车的停放是方便的，也比建立地下停车库经济得多。并且在占地30%左右的停车库的屋顶上，形成架空平台，作为与机动车完全分离的步行活动空间，这对整个城市的土地面积相当于增加了30%～35%。按照这个分配比例，城市大约有40%的绿化面积，这对可持续发展也是比较适当的。

根据以上分析，可以认为城市人口的合理密度，是交通畅通、停车宽裕、户外活动空间需要和绿化等生态循环需要等诸多因素取得均衡的结果，是兼顾这些因素的一个综合指标。每平方公里1.5万人的人口密度(也可以理解为每平方公里1.0万～1.5万人，或局部达到每平方公里2万～3万人)，这个数据将是一个临界值。超个这个临界值，城市可能过于拥挤，低于这个临界值，城市紧凑型的优势就得不到发挥。可以说1.5万人每平方公里就是紧凑型城市一个“度”的数值。

1.5　在社区之内实现日常出行平衡，是实现紧凑城市的条件之一

紧凑型城市才是能够实现步行和自行车交通分担率很高的健康城市，才能实现步行为主的邻里社区的建设。反之，实现步行为主，配套齐全，人口密度较高的邻里型社区，又是建成紧凑型城市的下一个条件。

首先，以步行为主的社区，它的面积的大小要符合在5～10分钟可达的范围之内，按照这个走路的时间，可以确定，这种邻里型社区大约在1.5平方公里左右。而邻里型社区日常生活的配套必须齐全，齐全的配套才能将日常生活的出行封闭在社区之内。换句话说，只有在社区中通过走路完成日常生活的各种需要，那么才自然减少了整个社区对外交通的机动车交通量。

邻里型社区的配套是否齐全，取决于两个条件：

第一个条件是：社区的人口数量要达到一定的规模，在这个规模下，社区的消费才能够支撑起这个完善的配套。例如，一个小学，学生要求有1千人左右，这就要求社区的人口不能低于6千人；例如，一个小区要设一个医院，设一个中等规模的医院，小区的人口就要有2万人左右。如果要求方便齐全、娱乐设施、文化设施、休闲和儿童活动场所，那么邻里型社区的规模也要达到2万人左右。1.5平方公里的社区，人口要达到2万人，这就要求每平方公里的人口达到1.5万左右，也就是说，要求城市是按紧凑化的原则建设的。

第二个条件是：档次较高的各类连锁店都能够在社区内设立它们的门店。它们在邻里型社区设立商店，社区必须满足它低成本的运行要求。这种门店低成本的运行又需要两个条件：一个是这个商店商品的库存量很低，另一个是当客户需要某种商品时，它可以通过配送中心迅速将商品送达这个门店。显然要满足这个条件，必须要求整个城市的交通十分畅达、十分快捷，并且准确地按照预定的送货时间送货。可见，建立以步行为主，日常生活必须封闭在社区之内的邻里型社区，它的必要条件是城市要紧凑，交通要完全畅达。

1.6　现代城市病的剖析

1.6.1　城市病的十大表现

(1) 占地多

现在大城市普遍得了“肥胖症”。根据资料，英国25个大城市平均人均占地366平方米，法国巴黎大区五个城市平均人均占地500平方米，美国大城市平均人均占地约1000平方米，寸土寸金的日本东京人均占地也高达185平方米。1986～1996年，随着汽车的普及，我国城市占地面积增加的速度为人口增加速度的2.29倍，近年来，这个比例还在扩大，以北京为例，汽车拥有率达到饱合水平的1/3，而中心城区面积已增加到1088平方公里。

(2) 交通堵

全世界的大城市，毫无例外地都存在着交通拥堵，有人把它看作城市“癌症”，也有人把它看作是“发达的标志”，近三十年来的主流观点认为，交通拥堵是不可能得到解决的。

(3) 停车难

在交通拥堵搞得人们疲于应付的情况下，停车位的不足似乎显得不十分重要；更有一种观点认为少建停车位可以“以静制动”，能够抑止人们购买小汽车的热情；对于小汽车的拥用率必将达到千人600辆的饱和水平，普遍认识不足，在老城区中没有为停车位的增加留出余地，所以，汽车数量快速增长之后，城市到处停满了汽车；在驾车出行时，很多汽车找不到适当的停车位，几乎城市中开车的人都为此十分苦恼。

(4) 步行难

几十年来，大城市交通系统的一个突出特点是把路权主要给了小汽车，特别是为了应付交通拥堵，横七竖八的修了很多高架路、大立交、快速路、轨道交通等，行人的路权逐步被边缘化了，表现为绕行距离越来越远、步行环境越来越差，有的地方干脆走不过去。由于这种背离了人性化的交通格局，往往造成了很多人强行穿过机动车道，酿成交通惨剧。这种弱势群体路权被边缘化的现象，往往被归结为行人不遵守交通规则、法规意识差，这是很不公平的。

此外，包含在步行概念下的自行车交通在城市中地位得不到保证，不少城市虽然设有自行车专用道路，但是和机动车交叉和混行，经常需要停下来等待绿灯。

人和自行车出行的一个重大特点是，不能抵御恶劣的天气，不能遮阳蔽雨，特别是暴风或暴雨下出行非常困难。

（5）能耗高

交通能耗高，是由目前城市交通结构所造成的。城市空间结构和城市道路系统造成了对汽车交通的高度依赖。目前全世界汽车保有量约为 8 亿辆，根据联合国人居署所发布的美国汽车大联盟的预测，全世界的汽车将发展到 50 亿辆。可见，交通能耗高的问题将会成为一个制约城市交通发展的瓶颈，是一个必须解决的问题。

（6）效率低

城市一方面“摊了大饼”，出行距离加长了很多，一方面平均车速又迅速下降，综合这两个因素，我国大城市 20 年来，人流和物流的周转效率降低了数倍。经常有人抱怨，以前一天能办四五件事，现在只能办一次；以前半个小时可以到达的地方，现在要提前一个半小时到两小时出发，效率全没了。可见，汽车迅速普及不但没有为城市带来高效率，反而严重降低了交通效率，以至于有人怀疑，“汽车交通的优势是在哪里?”

（7）治安差

城市大、交通堵、死角多，同时汽车、摩托车在某些路段与人混行，这些因素提高了城市治安管理的难度；治安管理半径大、警力密度低，城市治安管理的建设赶不上城市发展的需要，城市居民对治安状况普遍不满意。治安差已经成了现在大城市普遍存在的严重问题。

（8）不宜居

建设宜居城市已经成为社会可持续发展的重大课题，但是难度越来越大，出路在哪里呢？以北京为例，部分机构调查排队的结果是，2004 年北京城市的宜居程度列全国第 3 位，而 2005 年滑落到了第 15 位。问题之所以严重，北京宜居程度的下滑是发生在北京市作出巨大努力的背景下，为了迎奥运，改善城市的宜居环境，仅城市交通方面，北京 12 年来累积投资约 1600 多亿元。可见，如何提城市的宜居程度，我们还没有完成从必然王国向自由王国的飞跃，任重而道远。

（9）交通事故频发

最近几年来，我国每年交通死亡人数大约为10万人左右，受伤的大约为40多万人，伤亡总计约50万。城市中由于存在着严重的人车混杂(人与汽车以及自行车与汽车的混杂)，所以汽车撞伤行人和骑车人的事故占交通事故的比例很大，媒体经常报道这类事故给很多家庭造成的悲剧。一个令人深思的问题是，一旦发生死伤数十人的矿难，将引起整个社会的动荡，而我国交通死亡平均每天就接近三百人，相当于一架747的乘客，如果死伤算在一起，每天为1500人左右，平均不到1分钟1个人，如此严峻的交通安全局面，所引起的社会影响远远小于一起矿难，这是为什么？答案只能是人们把这样高的交通伤亡率当成了正常的现象。但是从以人为本的观念出发，想一想交通事故所造成的那么多的家庭悲剧，我们一定要找到改善交通安全的有效办法。

(10) 交通投资巨大

目前的大城市，平均每公里3万～5万人地铁，1公里地铁的投资约为6亿元，折合城市人均地铁投资约1.4万元；平均每万人8～10辆公共汽车，折合城市人均约0.3万元；平均每辆汽车的道路交通投资估计为8万元左右，在汽车达到饱和拥有率时，折合城市人均4.8万元。以城市人口1000万为例，上述投资总额6500亿元。

北京市此前12年累计交通投资约1600亿元，这12年北京汽车数量增加最多不过200万辆，然而北京交通拥堵情况却比12年前严重的多。据了解，每增加1公里地铁，政府每年需要补贴400万左右。可见交通投资不但巨大，几乎超越了政府财政的支付能力，而且投资回报率令人担心。

1.6.2 城市病的根源

表面看起来城市病的根源是日益严重的交通拥堵，以及由交通拥堵造成的低密度蔓延和由交通拥堵所造成的地价(房价)分布的极不均衡。本书作者多年研究的结论是：城市病的根源深藏于目前的城市形态之中，在于目前城市模式与汽车时代完全不适应。如果进行城市模式的彻底变革，采用人与汽车和谐共存的JD模式(见本书下篇)，十大城市病问题有望彻底解决。

1.7 破解十大城市病的基本公式

各国有识之士已经共识：“世界上的城市没有一个真正做到可持续发

展”，有一位英国专家更告诫：“如果发展中国家的城市重蹈发达国家城市模式的覆辙，那么人类社会将会出现大规模的生态灾难”，并指出“正是目前的城市是不可持续发展的元凶”。当今，城市面临着占地多、交通堵、停车难、步行难、能耗高、效率低、治安差、不宜居以及交通事故频发、交通投资巨大等十大难题，严重制约着全球所有城市的可持续发展。

破解十大难题的基本公式是城市发展客观规律的数学表达，它的重要价值有二：一是它指明了破解难题的方向和途径，以便科学地构想城市模式；二是提供了判断和筛选城市模式优劣的标尺，用以甄选最优化城市模式。只要找到能够同时通过十项基本公式要求的城市模式，那么就可以准确地推定，十大难题肯定能够得到满意的解决，一种全面可持续发展的城市，必将在全球范围内逐步取代已经处于发展困境中的目前所有城市。

早在 1933 年《雅典宪章》就提出了“要寻找新的街道系统”，以适应汽车交通。但是 44 年后，《马丘比丘宪章》却悲观地断言“根本不存在理想的解决办法”。现在我们可以说不必再悲观下去了，如今破解城市十大难题的基本公式产生了，因此理想的城市模式也自然能够找到。

搞设计最怕的是只有一个方案，或是漏掉任何一个可能的方案，因为只有穷尽所有的方案，才有把握找到一个最优方案。城市空间模式可能有多少种方案呢？答案是上百种！从数学意义上说，架空、地面、地下这三层空间就可以有 7 种组合；另外，步行、自行车、汽车、轨道交通等四种交通方式又可以有 15 种组合。两者相乘，可以得到 105 种可能的方案，当然，其中很多方案可能是不切实际的。在现实生活中，很难说清楚哪些设想是不切实际的，不是已经有人设计并制造出了带折叠翅膀的汽车，为的是堵车时可以飞过去；在巴西的圣保罗，由于堵车严重，确实已经正式在市内采用了直升飞机，并建立了市内空中交通管制塔；已经有人提出了要建设连接高楼屋顶的架空高速公路；还有人郑重提出了要在高楼之间栓上钢缆，构成空中公交系统；也有人正式提出了要建设地下高速公路系统……这些设想，有些已经超出了上面 105 种可能方案的范围。可见，城市堵车之苦激发出了人们多么丰富的想象力！

寻找城市新模式是一个涉及多学科的复杂问题，是不能靠灵机一动的奇思妙想来解决问题的，必须以破解城市十大难题的基本公式，设计和筛选各种可能的城市模式方案。经过长期筛选的结果是，只有一种方案能够全面通过十项筛选，这就是JD模式(见本书下篇)——一个全面满足破解十大难题要求的JD模式。感谢上帝的眷顾！这个JD模式竟是一个再简单不过的、既可行又实用的城市模式。

目前，城市交通的困局，是多年来在一个复杂系统中无序叠加的结果，而JD模式实现了一个复杂系统中的有序组合，有序组合的结果是，城市结构简洁化了。JD模式就像物流运输中的集装箱一样，其之简单，是在经历了长期复杂的过程以后，由复杂升华而形成的简单，也会像集装箱改变全世界物流面貌一样，将会改变全世界城市的面貌。

“研究的方法和叙述的方法是不同的”。这是一位伟大哲人的名言，借用它，作为下面基本公式部分叙述方法的说明。

1.7.1 破解城市交通拥堵的基本公式

科学理论的发展过程往往是一个证伪过程。对现行交通工程学深入研究后发现，脱胎于美国《通行能力手册》的理论还不完善。大概是由于美国土地资源丰富，长期没有把解决城市紧凑性的问题摆到重要问题上，所以在《通行能力手册》为基础的交通工程学中，找不到解决交通拥堵的理论和方法。正是理论上的重大不足，才造成了一百年来，城市交通拥堵不但没有解决，而且日趋严重。这个理论上的重大不足表现为以下三个方面：

一是，现有交通工程学只是在现行城市形态的基础上进行研究的，没有触动城市空间结构所存在的根本性缺陷。没有触动空间结构的无序性，有背于城市交通与城市空间相互决定的规律，所以，发达国家城市七十多年来，跳不出“愈治愈堵”的怪圈。

二是，城市交通是否拥堵，并不取决于城市道路的总量，单位土地面积上路网的交通供给量，也就是交通供给密度，其大小是决定交通是否拥堵的基本因素。目前城市中，每平方公里土地面积上所产生的最大交通需求，即交通需求密度极限，约为50000车·公里/时，而每平方公里土地面积上路网的交通供给量，最多只有20000车·公里/时左右，交通供给密度只能满足交通需求密度极限的40%。这个问题不解决，交通拥堵将永远存在。而现行交通工程学并不讨论这个概念。

三是，将城市道路分为快速路、主干路、次干路和支路四级，这种道路网基本上是间断流交通特性的道路网，违背了汽车为连续流交通的本性，道路通行能力的利用率极低，只发挥了15%左右，老百姓戏称之为“移动的停车场”。惟一的出路是取消道路上所有的冲突点，恢复道路连续流交通的本性。只要将城市路网改造为全部由快速路组成的路网，城市交通拥堵自然可以彻底得到解决。

1.7.1.1　破解城市交通拥堵的基本公式一

交通供给密度＞交通需求密度

上式中：

密度的单位为：车·公里/(平方公里·小时)

交通供给密度＝市区面积(平方公里)×道路面积率×车道面积率
÷0.00375公里车道宽度×车流密度
×车速/市区面积(平方公里)
＝道路面积率×车道面积率÷0.00375×通行能力
……［车·公里/(平方公里·小时)］

交通需求密度＝汽车保有量密度×日均出行距离×高峰小时流量比
×交通量不均匀系数
……［车·公里/(平方公里·小时)］

消除交通拥堵的所有努力，都应该集中在使上述不等式变为现实。

上式也可以作为城市交通拥堵与否的判别方程式。

1.7.1.2　破解城市交通拥堵的基本公式二

交通供给密度极限＞交通需求密度极限

上式中：

交通供给密度极限＝市区面积(平方公里)×道路面积率×车道面积率
÷0.00375公里车道宽度×车流密度×车速
÷市区面积(平方公里)
＝道路面积率×车道面积率÷0.00375×1800车/小时
……［车·公里/(平方公里·小时)］

交通需求密度极限＝汽车保有量密度极限×日均出行距离
×高峰小时流量比×交通量不均匀系数
……［车·公里/(平方公里·小时)］

1.7.1.3　破解城市交通拥堵的基本公式三

交通供给密度极限90000＞交通需求密度极限50000

上式中单位为：车·公里/(平方公里·小时)

本公式是以上面公式二为基础，以JD模式(见本书下篇)的数据代入后所得的不等式。从数学意义上讲，这个不等式告诉我们，城市交通拥堵这个难题的“解”是存在的，美国专家斯岱尔所断言的“靠修路解决城市交通拥堵是不可能的”，是不正确的。

在JD模式中，交通供给密度极限可高达90000车·公里/(平方公里·小时)，远远大于交通需求密度极限50000车·公里/(平方公里·小时)。因此，上面的不等式可以得到满足，彻底消除交通拥堵的目标是完全可以实现的。道路彻底畅通了，公交优先自然可以实现，城市交通将历史性地跨入良性循环的阶段。

1.7.1.4　破解城市交通拥堵的基本公式四

目前，大城市在交通高峰时段，市区道路成了“移动停车场”，道路通行能力利用率极低，可挖掘的潜力很大，判断道路通行能力利用率的公式，也是破解交通拥堵的基本公式。

道路通行能力利用率＝车道通行能力利用率×车道面积占道路面积的比例

现行城市中，在繁华市区的灯控路口，每条车道通行能力约为450车/小时(如果没有路口的停顿等待，汽车连续行驶时，每条车道通行能力为1800车/小时)，每条车道通行能力利用率仅为450÷1800＝25%；此外，道路红线范围内仅有一部分供机动车行驶，车道面积占道路面积的比例按60%计算。综合这两个因素可得：

现行城市繁华区道路通行能力利用率＝25%×60%＝15%

JD模式中，车道通行能力约为1800车/小时，车道通行能力利用率为100%，车道面积占道路面积的比例按90%计算，可得：

JD模式繁华区道路通行能力利用率＝100%×90%＝90%

1.7.1.5　破解城市交通拥堵的基本公式五

$$\text{城市汽车保有量}=\frac{\text{当年人均 GDP(美元)}}{\text{17000 美元}}\times\frac{\text{600 车}}{\text{1000 人}}\times\text{城市人口}\times\text{系数}$$

上式用于城市逐年汽车保有量的预测，以保持道路建设与汽车数量增长的同步，以避免道路建设赶不上汽车增长而出现交通拥堵。

公式中人均 GDP 超过 17000 美元时，仍按 17000 美元计算；系数依城市情况的不同，可在 0.8～1.2 范围选取。

1.7.1.6　结论

只要满足上述各项公式的要求，排除城市交通拥堵是完全可能的；城市交通规划应该按照上述各项公式的要求，规划一步到位，在实施时可以根据汽车增长情况分步进行建设；在分步建设时，每个阶段汽车数量的预测，应该按照公式五预测当期的汽车保有量。

1.7.2　破解城市“摊大饼”大量占用土地难题的基本公式

1.7.2.1　破解城市“摊大饼”基本公式一

汽车保有量密度极限＝交通供给密度极限÷(日均出行距离×高峰小时流量比 11％×交通量不均匀系数)　……(车/平方公里)

1.7.2.2　破解城市“摊大饼”基本公式二

日均出行距离＝市区名义直径×相关系数

＝$\sqrt{\text{市区面积}}$×相关系数　……(公里/日)

相关系数的值，依城市布局不同而不同，团块式布局时，相关系数取 1。

1.7.2.3　破解城市“摊大饼”基本公式三

(汽车时代)城市市区面积

＝市区汽车保有量÷汽车保有量密度极限

＝市区汽车保有量÷[交通供给密度÷(日均出行距离×高峰小时流量比 11％×交通量不均匀系数)]

＝市区汽车保有量÷[(道路面积率×车道面积率÷3.75 米车道宽度×通行能力)÷($\sqrt{\text{市区面积}}$×相关系数×高峰小时流量比 11％×交通量不均匀系数)]

＝市区汽车保有量÷道路面积率÷车道面积率×3.75 米车道宽度÷通行能力×$\sqrt{\text{市区面积}}$×相关系数×高峰小时流量比 11％×交通量不均匀系数

等式两边同除以(市区面积)，可得：

$\sqrt{\text{市区面积}}$＝市区汽车保有量÷道路面积率÷车道面积率

×3.75 米车道宽度÷通行能力×相关系数

×高峰小时流量比 11%×交通量不均匀系数　……(公里)

城市名义直径=$\sqrt{市区面积}$

市区面积=[市区汽车保有量÷道路面积率÷车道面积率

×3.75 米车道宽度÷通行能力×相关系数

×高峰小时流量比 11%×交通量不均匀系数]^2

……(平方公里)

[举例 1]

设一团块状布局城市，人口为 1000 万人，汽车保有量为 600 万车(辆)，道路面积率按全市平均为 21%，远离快速路的繁华市区道路面积率为 11%，车道面积率按 60%，车道宽度按 0.00375 公里，除快速路以外，其他道路通行能力按 450 车/小时，快速路通行能力按 1800 车/小时，全市道路平均通行能力按 788 车/小时，相关系数按 1，高峰小时流量比按 11%(日/小时)，交通量不均匀系数按 2.2 计算。

则：繁华市区交通供给密度极限=11%×60%÷0.00375×450

=7920 车·公里/(平方公里·小时)

$\sqrt{市区面积}$=6000000÷21%÷60%×0.00375÷788×1×11%×2.2

=54.84 公里

城市名义直径=54.84 公里

城市市区面积=54.84×54.84=3007 平方公里

[举例 2]

与例 1 为同一城市，但采用 JD 模式，道路面积率 21%，车道面积率按 90%，通行能力全部按 1800 车/时，其他城市参数同例 1。

则：繁华市区交通供给密度极限=21%×90%÷0.00375×1800

=90720 车·公里/(平方公里·小时)

城市市区面积取下列三种计算结果中最大者：

(1) 按汽车保有量计算

$\sqrt{市区面积}$=6000000÷21%÷90%×0.00375÷1800×1×11%×2.2

=16 公里

市区面积=16×16=256 平方公里

（2）按停车密度极限计算

市区面积＝6000000×120％÷11000 车位/平方公里＝655 平方公里

（3）按人口密度计算

市区面积＝10000000 人÷15000 人/平方公里＝667 平方公里

取以上三个数据中最大值，城市市区面积为 667 平方公里。

城市名义直径为 $\sqrt{667}$＝25.8 公里

1.7.2.4 结论

（1）例 1 中的数所与例 2 中的数据相对比可以看出，同样的城市规模，在汽车拥有量达到饱和水平时，采用 JD 模式，市区面积将减少至原来的 22％（667/3007＝22％）。

（2）我国完成城市化和城市机动化的全过程中，采用 JD 模式，城市用地将节约 3 亿亩左右。

1.7.3 破解城市汽车燃油难题的基本公式

2004 年，我国汽车保有量 2100 万辆，汽车燃油消耗 6600 万吨。如果全国汽车保有量 2020 年达 1.5 亿～2.0 亿辆，2050 年可能达到 6 亿辆，汽车燃油问题将是一个根本无法得到解决的问题。

下述公式表明，只要城市形态实施 JD 模式，车均油耗最大可能降低至目前的 1/10，燃油问题不会制约汽车交通的普及和汽车产业的发展。

1.7.3.1 破解燃油难题的基本公式一

采用 JD 模式后，油耗降低的比例按下式计算：

$$\frac{\text{JD 模式车均油耗}}{\text{现行城市模式车均油耗}}$$

＝城市紧凑后行程缩短的比例×取消红绿灯后汽车油耗降低的比例

×JD 模式中公交优先自然实现、步行环境改善、出行距离缩短等造成小汽车出行分担率降低的比例

×城市中汽车减少后备功率、降低经济时速指标、消除堵车时怠速和空调油耗等损失所形成的节油比例

＝45％×54％×50％×70％

＝9％

以上公式表明，采用 JD 模式的城市，汽车耗油仅为采用现行城市模式

的 9％。

1.7.3.2 破解燃油难题的基本公式二

上面公式等号右边的四项因素都是由城市紧凑和畅通所产生的，所以也可以采用下述形式的公式估算：

$$\frac{\text{JD 模式车均油耗}}{\text{现行城市模式车均油耗}}=\frac{\text{JD 模式城市占地面积}}{\text{现行模式城市占地面积}}\times\text{系数}$$
$$=22\%\times\text{系数}$$

系数取值：0.5～1.0 之间，依据城市具体情况取值。

1.7.3.3 结论

如果 2020 年全国汽车保有量为 2 亿辆，汽车燃油年需求不会超过 1 亿吨，每年可节约燃油 2 亿吨以上，每年节约燃油费用 8000 亿元左右。

1.7.4 破解城市巨额交通投资难题的基本公式

1.7.4.1 破解交通投资难题基本公式一

大城市交通投资总额＝地铁投资＋公交投资＋道路建设投资＋其他

[举例 1]

目前的大城市，人口 1000 万，3 万～5 万市民平均建 1 公里地铁；每 400 人一辆公共汽车；每辆汽车平均道路面积 80 平方米。

交通投资总额＝1000 万人×1(公里/4 万人)×5(亿元/公里)＋1000 万人×300(万元/0.04 万人)＋1000 万人×600(车/0.1 万人)×80 平方米×0.1 万元/平方米＋其他
＝6800 亿元(其他投资忽略不计)

[举例 2]

实施 JD 模式的大城市，人口 1000 万，15 万市民平均建 1 公里地铁；每 2000 人一辆公共汽车；每辆汽车平均道路面积 20 平方米。

交通投资总额＝1000 万人×1(公里/15 万人)×5(亿元/公里)＋1000 万人×300(万元/0.2 万人)＋1000 万人×600(车/0.1 万人)×20 平方米×0.1 万元/平方米＋其他
＝1683 亿元(其他投资忽略不计)

1.7.4.2 破解交通投资难题基本公式二

破解交通投资难题的基本公式：

$$\frac{\text{JD 模式城市}}{\text{交通投资总额}}=\frac{\text{现行城市}}{\text{交通投资总额}}\times\frac{\text{JD 模式城市占地面积}}{\text{现行模式城市占地面积}}\times\text{系数}$$

$$=\text{现行城市道路交通投资总额}\times 22\%\times\text{系数}$$

公式中系数按城市布局和地形情况确定，数值范围约在 0.8～1.5 之间。

引用上面“1.7.4.1”中的数据可得：

$$\text{紧凑型城市交通投资总额}=6800\times 22\%\times(0.8\sim 1.5)$$

$$=1197\text{ 亿}\sim 2244\text{ 亿元}$$

1.7.4.3　结论

实施 JD 模式后，城市直径缩小为原来的 45%，面积缩小为原来的 22%，城市总面积只相当于现行城市道路的总面积，上述交通方面的数据均相应减少，道路交通投资总额将降低至原来的四分之一左右。以北京为例，如果实施 JD 模式，当汽车增加至 800 万辆时，市区面积仍可以控制在 1000 平方公里以内，道路投资的大幅度降低是很自然的事情。

1.7.5　破解城市停车难的基本公式

城市停车位数量的规划目标，是个动态的数据，这个数据应该满足两个要求，一是以城市中每一年汽车保有量的准确预测为基础，随时保证停车位数量为汽车数量的 1.2 倍左右；二是最终满足汽车拥有率千人 600 辆的饱和水平，最终可实现千人 720 个停车位。

解决停车难的关键在于对逐年停车位需要的预测是否准确。

1.7.5.1　破解城市停车难的基本公式一

$$\frac{\text{逐年所需}}{\text{停车位数}}=\frac{\text{当年人均 GDP(美元)}}{17000\text{(美元)}}\times\frac{600\text{ 车}}{1000\text{ 人}}\times\text{城市人口}\times\text{系数}$$

公式中人均 GDP 超过 17000 美元时，仍按 17000 美元计算。

1.7.5.2　破解城市停车难的基本公式二

$$\text{最大需要停车位数量}=720\text{(车位/千人)}\times\text{城市人口}$$

上述公式是根据世界银行专家对 52 个国家和地区调查的数据，和联合国人居署发布的汽车增长预测数据，归纳分析后所制定的。

1.7.5.3　破解城市停车难的基本公式三

从城市空间结构合理性的角度出发，在汽车数量达到饱和水平以后，80%的汽车应该停在地面，20%的汽车停在建筑物的人防地下室内。地面停车库的面积按下面的公式确定：

$$
\begin{aligned}
\text{每平方公里地面上停车库面积} &= \text{人口密度} \times 0.72(\text{车位/人}) \times 35 \times 10^{-6}(\text{平方公里/车位}) \times 80\% \\
&= 15000 \times 0.72 \times 0.000035 \times 0.8 \\
&= 0.302\ \text{平方公里}
\end{aligned}
$$

城市市区地面面积的30%～35%用于停车，建地面停车库，地面停车库每个车位的成本比地下室的车位要节约30%左右，而且停车库屋顶自然形成了占市区面积30%～35%的架空平台(无需额外投资)，各个架空平台之间用通道连接，可以在整个城市形成与机动车完全隔离的、宜人的步行和户外活动空间。

1.7.5.4 结论

只要拿出城市地面30%～35%建设地面停车库，就恰好满足每平方公里9000辆汽车的要求(人口密度可以为15000人/平方公里)。地面建停车库，这是最经济、最方便的，可以就近停车，然后乘电梯上下楼，避免了钻入地下停车的麻烦。

1.7.6 破解城市交通制约经济发展难题的基本公式

城市交通制约经济发展表现在四个方面，一是堵车造成城市人流和物流的周转效率急剧降低；二是造成城市“摊大饼”，半小时经济圈只能涵盖200万人口，造成特大型城市经济运行的外部成本急剧增加，抵消了特大型城市的聚集效益；三是城市容纳不了大量的汽车，作为国家支柱产业的汽车产业，其发展受到严重威胁，这将严重削弱整个国家经济发展的消费拉动力，产生难以估量的战略损失；四是堵车造成巨大的经济损失。

破解城市交通制约经济发展难题的基本公式：

1.7.6.1 公式一

$$\text{半小时经济圈的半径} = \text{平均车速} \times 0.5\ \text{小时}$$

1.7.6.2 公式二

$$\text{半小时经济圈的面积} = 3.14 \times (\text{半小时经济圈的半径})^2$$

1.7.6.3 公式三

$$\text{半小时经济圈涵盖人口} = \text{半小时经济圈面积} \times \text{人口密度}$$

1.7.6.4　公式四

城市汽车市场容量＝城市最大汽车保有量×系数

＝城市面积×汽车容量密度×系数

在现行城市模式中：

半小时经济圈半径＝20 公里/小时×0.5 小时＝10 公里

半小时经济圈的面积＝314 平方公里

半小时经济圈涵盖人口＝314 平方公里×5000 人/平方公里＝157 万人

半小时经济圈汽车市场容量＝314 平方公里×2000 辆/平方公里

＝63 万辆

在 JD 模式中：

半小时经济圈半径＝60 公里/小时×0.5 小时＝30 公里

半小时经济圈的面积＝2826 平方公里

半小时经济圈涵盖人口＝2826 平方公里×15000 人/公里＝4239 万人

半小时经济圈汽车市场容量＝2826 平方公里×9000 辆/平方公里

＝2500 万辆

1.7.6.5　公式五

实施 JD 模式所避免的堵车直接损失，可以按下式进行计算：

有资料表明，北京年堵车损失 60 亿元计算，按 240 万辆车计算可得：

每辆汽车年堵车损失＝60 亿÷240 万辆＝2500 元/辆

城市年堵车损失＝城市汽车保有量×2500 元/辆

有资料表明美国年堵车损失 630 亿美元，按汽车 2 亿辆计算可得：

城市年堵车损失＝城市汽车保有量×315 美元/辆

以上计算表明，在我国估算每辆汽车年堵车损失 2500 元，在美国，每辆汽车年堵车损失 315 美元，折算成人民币约为 2445 元。

按我国汽车保有量 2020 年 2 亿辆计算，每年可避免堵车损失估计约可达 5000 亿元。

1.7.6.6　结论

与现行城市模式相比，采用 JD 模式，半小时经济圈面积增加 9 倍，人口密度至少可增加 3 倍，城市最佳规模可以从 200 万人增加至 5000 万人以上；城市交通制约城市人流、物流周转速度，以及城市交通制约城市最佳规模的问题，都得到了满意的解决。

与现行城市模式相比，在城市面积相同时，JD模式汽车容量密度增加5倍左右，城市汽车市场容量也相应增加5倍左右。因此，采用JD模式，城市交通制约汽车产业发展的问题可以得到解决。

1.7.7　破解城市交通事故频发难题的基本公式

2005年8月份，深圳龙华的交通事故一次撞死19人、撞伤30人。城市中的恶性交通事故，多数表现为汽车撞伤和撞死行人。据报道，我国城市交通事故中80%为车撞人的事故，因此，将城市中车的运行空间和人的活动空间完全隔离，城市中交通事故将大幅度降低。

破解城市交通事故频发的基本公式：

城市交通事故率＝车撞车的事故＋车撞人的事故

＝总事故率×20%＋总事故率×80%

其他事故比例很低，在本公式中忽略不计。

采用JD模式，实现车的运行空间与人的活动空间完全隔离。

JD模式城市交通事故率＝现行城市交通事故率×20%

在交叉路口取消交通冲突点(取消红绿灯)以后，车撞车的事故也会有所降低。

1.7.8　破解大城市治安差难题的基本公式

城市警力密度＝城市警员总数÷城市市区面积

治安管理有效半径＝城市市区半径

与现行城市模式相比，实施JD模式后，市区半径缩小至原来的45%，市区面积缩小至原来的20%。根据上面两个公式，实施JD模式后，治安管理半径缩小至原来的45%，警力密度增加到原来的5倍，如果原来每平方公里只有2个警力，现在可以增加到10个警力。

另外，在JD模式中，人的活动空间与机动车的运行空间完全隔离，可以杜绝驾车抢劫行人的案件；在人的活动空间中，由于每个街区都可以封闭成一个独立的大院，禁止闲杂人员入内，也为治安管理创造了较好的硬件条件。

1.7.9　破解城市人居环境日益恶化难题的基本公式

城市宜居指数(满分100分)

=人居绿地指数+人均户外无汽车威胁的自由活动空间指数
+人均污染物指数+交通畅通指数+交通安全指数
+治安状况指数+抗灾能力指数

上述公式中：

人居绿地指数，人均每平方米绿地，指数加 1，最高为 15；

人均户外无汽车威胁的自由活动空间指数，人均每 2 平方米户外活动空间，指数加 1，最高为 20；

人均污染物指数，人均年交通油耗 100 公斤时，指数最高为 15 分，每增加 100 公斤油耗，指数减 1，最低为 0；

交通畅通指数，平均车速 50 公里/小时，指数最高，为 20 分，车速每减少 2 公里/小时，指数减 1，最低为 0；

交通安全指数，最高 15 分，杜绝车撞人的事故得 15 分，交通事故率低于世界城市平均水平，得 10 分，高于得 5 分，出现恶性交通事故一次扣减 5 分，最低为 0 分；

治安状况指数，警力密度达到大城市平均水平得 5 分，每提高一倍加 1 分，最高分 10 分，每低于平均水平 20%，扣减 1 分，最低 0 分。

抗灾能力指数，畅通城市模式中，全市所有道路畅通，有利于抗灾救灾，同时，全市人行道路网架高至 6 米左右，发生水灾时，人行和救灾车辆行驶不受影响，所以抗灾能力指数定为 5 分；现行城市模式定为 3 分。

举例：

按现行城市中等水平计算，可得：

城市宜居指数=人居绿地指数 12 分+人均户外自由活动空间指数 8 分
+人均污染物指数 11 分+交通畅通指数 4 分
+交通安全指数 10 分+治安状况指数 5 分
+抗灾能力指数 3 分
=50 分

按 JD 模式计算，可得：

城市宜居指数=人居绿地指数 15 分+人均户外自由活动空间指数 20 分
+人均污染物指数 15 分+交通畅通指数 20 分
+交通安全指数分 15+治安状况指数 9 分

＋抗灾能力指数 5 分

＝99 分

1.7.10　破解步行难基本公式

步行系统宜人系数(满分为 1)

＝绕行系数×等待系数×安全感系数

上述公式中：

绕行系数，现行城市模式需要绕行斑马线和过街天桥，使步行举例增加 25％左右，绕行系数定为 0.8，畅通城市模式无需绕行，系数定为 1.0；

等待系数，现行城市模式过路口时需等待，等待系数定为 0.8，等待延长时间增加 25％左右，畅通城市模式无需等待，系数定为 1.0；

安全感系数，现行城市模式人车混杂，交通事故频发，安全感差，本系数定为 0.5，畅通城市模式中人车彻底分离，系数定为 1.0。

现行城市步行系统宜人系数＝0.8×0.8×0.5＝0.32

JD 模式步行系统宜人系数＝1.0×1.0×1.0＝1.0

1.8　城市肥胖症的基因改造

城市作为一个复杂的巨系统，与有机体有共同的规律，这就是构成城市系统的基本元素犹如有机体中的基因一样，基本元素的结构特点将决定城市总体的状态和发展，我们可以将这种基本原素称作城市的基因。

汽车出现以后，城市普遍出现了低密度蔓延的现象，我们称之为城市肥胖症。深入研究发现，产生城市肥胖症的基因是城市结构中存在着局部的空间结构错位，这种局部的城市空间错位就是城市肥胖症的致病基因，简称为“空间错位”。

1.8.1　城市土地问题的三个重要特点

(1) 城市蔓延扩张、大量侵占土地的过程与汽车交通的发展是同步发生的从世界范围看，城市的低密度扩张与汽车的增加是同步的。一百年来，城市的人口密度从平均 15000 人/平方公里左右，下降至 3000 人/平方公里左右。城市占地面积的急剧膨胀，使得大城市普遍患上了“超级肥胖症”，城市大量占用宝贵土地的同时，不但没有给城市发展带来积极因素，反而使城市普遍陷入不可持续发展的局面。

城市的低密度扩张经历了主动扩张与被动扩张两个阶段：在发生交通拥堵以前，汽车的交通优势使得城市产业和住宅的布局趋于分散，使产业密集区的人口密度迅速降低，市区面积迅速扩大，这就是城市面积主动扩张的阶段；当交通拥堵在大城市中普遍出现之后，城市被迫继续向外扩张，以疏缓交通压力。以北京为例，1990 年以前，城市处于主动扩张阶段，在那以后，城市逐渐进入了被动扩张阶段，市区面积扩大数倍，正在向六环蔓延。

可以看出，城市扩张的这两个阶段都是由汽车交通发展造成的。

从发达国家的经验来看，这种城市低密度扩张的趋势似乎是无法遏制的。发达国家不得不在 1977 年的世界现代建筑大会上发出呼吁："自从 1933 年以来，尽管多方面的努力，城市土地有限仍然是实现规划好的城市建设的根本障碍。所以，对这一问题今天仍迫切要求拟订有效的公平的立法，以便在不久的将来能够找到确有很大改进的解决城市土地的办法。"（引自《马丘比丘宪章》）。

城区蔓延与汽车发展同步，这个不争的事实告诉我们，如果不能处理好汽车交通所暴露出来的城市结构缺陷，要想控制城市土地使用，是无法做到的。西方专家虽然没有找到解决办法，但是已经认识到了这一点。美国规划界的元老约翰.M. 利维指出："实际上，如果有人为美国 20 世纪城市规划找到一个核心题目的话，那么汽车就是关键词"。

（2）标本兼治才能有效控制城市用地

发达国家城市的"肥胖症"已成"不治之症"，我们的北京在汽车数量超过 200 万辆以后，市区面积已经突破五环，市区正在向六环范围蔓延（六环周长 190 公里，围合面积约 2500 平方公里）。

现在的问题是，为什么所有的城市一方面在控制土地的使用，而市区却在不断蔓延扩大呢？答案只能是：目前控制城市土地的措施只是治标不是治本。

汽车时代"城市肥胖症"的根源是，在城市的有机体中，存在着"肥胖症"的致病基因——"空间错位"。铲除这个致病基因，才能从根本上解决控制城市用地的问题。致病基因一旦被铲除，城市土地开发的内在冲动将从

"我要扩张"转变为"我要紧凑"。

城市土地蔓延的内在规律要求，只有标本兼治才能有效控制城市的用地。

（3）控制城市用地的意义不仅是节约土地，更在于形成全面可持续发展的城市形态。

历史证明，城市大量占用宝贵土地的同时，不但没能给城市发展带来积极因素，反而使城市陷入了不可持续发展的严峻局面。下文中将要谈到的影响城市可持续发展的十个问题中，有五个都是由于城市"肥胖症"所造成的。因此，控制城市用地，既是节约土地的要求，更是为了"城市瘦身"，满足城市全面可持续发展的内在要求，形成紧凑型可持续发展的城市形态。

1.8.2　多占用土地给城市带来的不是好处而是坏处——空间尺度膨胀造成了影响城市可持续发展的第一组问题

造成城市不可持续发展局面的主要问题有10个，其中5个是由于城市低密度扩张所造成的，这5个问题是：

（1）占用大量土地

从发达国家城市来看，城市人均占地面积在360平方米左右，寸土寸金的日本东京，人均占地面积也高达成185平方米。而我国人均土地只有800多平米，无法满足城市低密度扩张的需要。土地资源不足，制约城市发展，是世界范围内的问题，在我国更加突出；

（2）低密度的城市，交通距离成倍增加，增加了人流物流的周转时间，降低了城市的运营效率；

（3）交通距离加大成倍的增加了能源消耗；

（4）交通能源消耗的增加，导致了环境污染更加严重；

（5）交通投资增加4倍左右。

城市得了肥胖症，人口密度从15000人/平方公里下降至3000人/平方公里时，城市的面积扩大了5倍。在道路面积率保持不变的前提下，交通投资将增加4倍左右。

1.8.3　空间结构错位形成了影响城市发展的第二组问题

影响城市可持续发展的主要问题除了上面谈的5个之外，还有以下5个问题是直接由"空间错位"这个致病基因所造成的。

（1）交通拥堵

对于交通拥堵，发达国家一百多年来没有找到彻底解决办法。所以不少西方专家告诫我们中国人，不要重蹈他们城市发展的覆辙。遗憾的是，我国城市交通模式正在重蹈发达国家的覆辙。

北京和上海正在执行的城市规划存在很大隐忧，这可以从两个城市交通规划具体主持人的下述观点中得到佐证：

北京交通发展中心全永燊主任："我们对城市交通的属性特征及其自身发展的内在规律还缺乏足够的、准确的认识。因此，我们解决交通问题的思路和具体方法就难免带有一定的盲目性，事倍功半（甚至事与愿违）也就是自然的结果了。"

上海交通综合规划所陆锡明所长："董总提出的是一个大思路（指"JD模式"），可以说是中美两个工程院对这个问题研究的一个趋势，最终规模对小汽车的需求是600辆/1000人。上海高峰期退下来也就是在16～17公里/小时，尽管有200多公里的快速路，还是出现不少这样的问题。我从虹桥机场回到家里，客人正好从虹桥机场到了香港，大家一样是3小时，他到了香港，我刚到家里。上海是一个没有办法的状态，投资商都要走，所以交通对经济的影响很明显。"

据报载，北京每年交通拥堵的直接损失约为60亿人民币，美国每年交通拥堵的直接损失约为600亿美元。显然，交通拥堵所带来的后果，远远大于它所造成的直接损失。

（2）停车难严重制约着城市的可持续发展

我国目前汽车保有量只有2000多万辆，停车问题已经变的十分困难，将来怎么办？有关部门预测，2020年，我国汽车保有量将达到2亿辆左右，几十年后，将最终将达到每千人600辆的饱和水平。停车难问题如果得不到妥善解决，将严重制约着城市的可持续发展和生活质量的提高。

（3）缺乏宜人的步行系统和户外活动空间

目前大城市已经成了汽车的天下，步行道路日益支离破碎。步行环境日益恶劣，人们的户外交往和活动空间越来越少，城市变得越来越不适于人们居住。人居条件严重背离了"以人为本"。

（4）交通安全差

目前我国交通事故死亡率很高，差不多相当于每天掉下来一架波音747。交通事故率每天都在千起以上。

(5) 城市治安环境严峻

1.8.4 “空间错位”基因的种种表现

(1) 地面空间人车混杂

人的活动空间与车的活动空间不能分离，在地面上存在着“人与车的冲突”和“车与车的冲突”，其结果是“人的运行效率”和“车的运行效率”都极低。

(2) 人车架空错位

从物理学上看，在解决交通问题时，是架空人行道还是架空汽车道？人的重量不足机动车的1/10，人行的运输量(吨·公里)不足机动车的1/100，人行的动量(质量×速度)不足机动车的1/1000。所以，将人行道架空的成本比汽车高架路要低的多，建造起来也容易的多。汽车高架路还有一个致命的缺点，就是抗灾能力差、抗堵能力差。当汽车增加到高架路堵车以后，将是不治之症。国外有的城市已经开始拆掉高架路了。

(3) 汽车往往要“从天下钻到地下”

汽车往往要上高架路，到了终点以后，又要钻入地下停车。这种跨越高度的行驶和停车必然造成交通设施面积的增加、交通设施投资的增加、交通能源消耗和环境污染的增加、以及交通时间的浪费。

(4) 户外活动空间成了汽车横行霸道的天下

人的活动空间从属于汽车活动空间，人居空间日益背离“以人为本”。汽车进入城市以后，人们的户外空间越来越小。以北京为例，蕴育着传统文化的胡同，早已经成了汽车行驶的支路，大量的人行道也都成了停车场。除了少量公园以外，在整个城市几乎找不到，没有汽车“横行霸道”的地方，城市空间变的越来越不适宜人居。

(5)“空间错位”的典型表现之一是停车空间严重错位和不足

在我国刚刚进入汽车社会的初期，停车难问题已经严重影响了人们的生活质量和城市正常运转。今后汽车数量必然会急剧增长，在目前城市模式中，停车位的安排问题，基本上是没有妥善办法的，停车位的缺失问题将日益严重，长期折磨着城市居民。

1.8.5　消除空间错位的致病基因，是形成城市可持续发展形态的有效措施

判断一个城市是否满足可持续发展的要求，只需判断这个城市中是否存在着上述的各种空间错位现象。判断一个城市的规划是否满足可持续发展的要求，同样要判断按照这个规划所形成的城市空间中是否存在上述的各种空间错位现象。

消除空间错位致病基因所工作过程，就是城市空间结构的创新过程。在完成 JD 模式的创新过程中，将城市划分为行车、停车、步行、无汽车户外活动空间等四个功能单一的独立空间，实现了空间结构有序化。在 JD 模式的城市空间中，不存在上述的各种空间错位现象(详见本书下篇)，所以既实现了城市的紧凑，又实现了居住环境的宽松，做到了两全其美。

国务院发展研究中心陈清泰副主任对此评价说："正像集装箱运输这个思路改变了全世界的物流面貌一样，这个城市模式的思路(指 JD 模式)，如果我们把它扩展好的话，它会改变很多城市"。中国工程院院士李京文对此评价说："是把人升上去，而不是把车放到地底下去。我觉得这不仅是一个城市交通模式的变化，甚至是一个人类生活模式的变化。如果全国、全世界都这样做(指采用 JD 模式)，人类的生活增加了一个大的空间，由一个空间变成了两个空间，一切成本的节约都出现了，肯定是很多指标都是很优越的，人类真正实现了有一个'天上人间'了"。全国人大财经委主任、中国工程院院士傅志寰对 JD 模式的推广表示要全力支持，并指出："大的思路(指"JD 模式")是很有创造性的，如果说在操作层面上能够解决，那就意味着重大突破"。

国内众多的交通工程学专家对"JD 模式"给予了高度肯定。认为通过基因改造形成的 JD 模式："可以提高通行能力数倍，可以满足城市全部停车需要，可以形成人车全面分离的人性化城市空间，符合发展趋势。并建议选择城区进行建设和推广。"。(摘自 2004 年 9 月国务院发展研究中心产业部与建设部政策研究中心联合召开的专门会议的记要)。

1.8.6　城市肥胖症的治本方法——致病基因改造

下面将介绍如何将城市的致病基因"空间错位"改造成为健康基因"和谐空间"。

城市交通问题四层次图

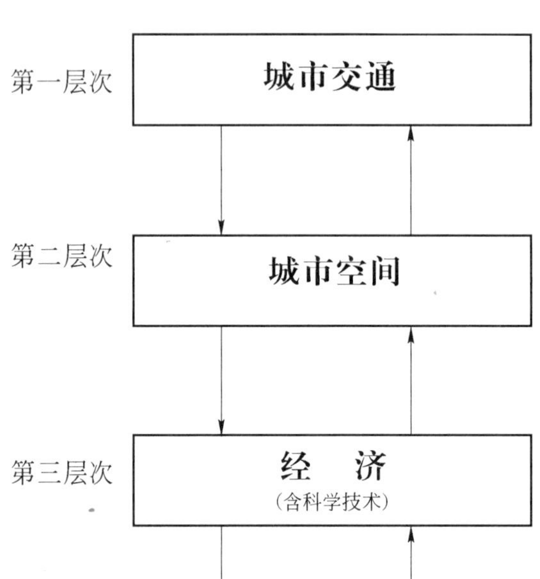

四层次图反映了城市交通问题的深层次根源。交通工具（汽车）的发展打破了四个层次原有的平衡，出现了全面的不和谐，有待于建立新的平衡。

就交通论交通，只在第一个层次内部做文章，这是 100 年来没有解决城市交通问题的原因。

跳出交通看交通，以实现四个层次内部的全面和谐为目标，多方面的专家共同努力才能最终解决交通问题。

“JD 模式”是实现四个层次内部全面和谐，建立新平衡的有效方法。

通过对城市交通、空间、经济、社会等多视角的综合考量，在对城市形态理论透彻研究的基础上，终于找到了一个城市的“和谐空间”。这个“和谐空间”是按以下方法产生的：将人和车从一个平面中彻底分离开来，将机动车道和停车库放在地面一层，停车库屋顶所形成的架空平台上作为人们出行和活动的空间。按照这个 JD 模式，城市空间结构明晰化和简单化了。由于人车彻底分离，在地面一层可以比较容易和比较经济地形成四通八达的、没有红绿灯的、棋盘式的快速路系统，道路通行能力可提高 5～8 倍，并能同步建成完全满足需要的停车系统和花园式的、宜人的步行系统。

现行城市模式中存在着“空间错位”，所以存在着“车和车”及“车和人”的双重冲突，这是有悖于人性化的。在 JD 模式的“和谐空间”中，彻底消除了这两个冲突，是对城市空间结构模式进行的人性化改革。

下图表明，构筑城市“和谐空间”和结构中，城市空间分配的比例：

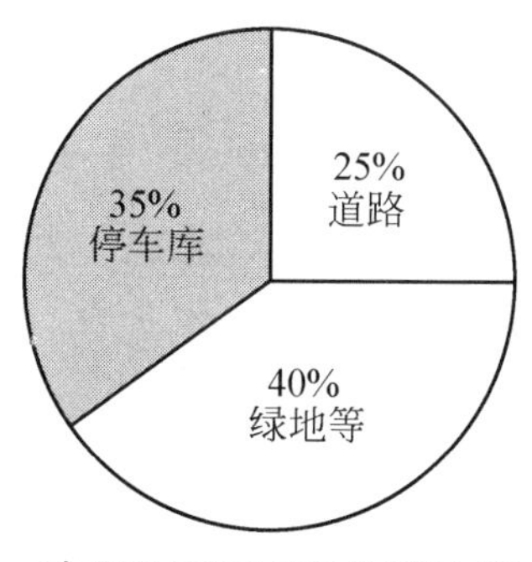

城市地面层面积分配比例

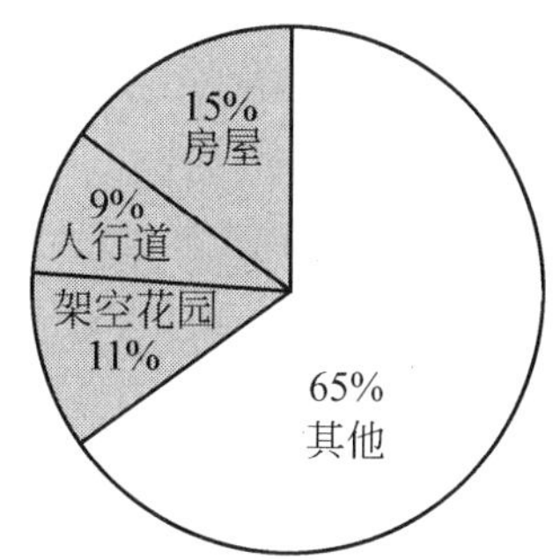

停车库屋顶架空平台上面积分配比例

上面两个圆图，是就整个城市的总体比例作的安排，具体到某一个街区，可以根据街区的产业功能作灵活调整。例如，某些重型工业、大型物体的仓储业、物流枢纽，以及给水排水站、场等需要在地面安排。另外，房屋建筑面积是按照人均 100 平方米安排的，其中包括居住用房人均 50 平方米，其他市政及产业用房人均 50 平方米。

消除空间错位的致病基因，塑造和谐空间，可以“一石三鸟”，同时解决了城市交通以及由此所导致的社会、经济等三个方面的不和谐，将为子孙后代构筑资源节约型人性化的城市生活空间，符合科学发展观的要求。

1.8.7　结论

将城市看作有机体，城市的发展状况取决于有机体中的基因。这种关于致病基因的论述，其重要性在于给出一个明确的概念：无论新建城区或老城区，只要判别其空间中是否存在“空间错位”现象，就可以断定该城区今后发展中是否会出现“病态”，即出现不符合可持续发展要求的问题。例如一个新建的城市，建成的初期各种问题都不会暴露出来，往往会埋藏下“空间错位”的结构要素，待到城市发展的中后期，城市病态出现了，再改造起来要花很大的代价。所以一个新建的城市或城区，必须在起始的规划中充分注意到消除“空间错位”的结构。

1.9 后汽车时代城市的概念

1.9.1 后汽车时代的特点

首先，任何带有时尚性的消费品，其发展阶段都明显分出了前期、中期和后期。例如手表，只为少数富人所拥有时，是财富和身份的象征，手表的计时功能，只是其使用价值的一部分，有时只是一个次要的部分；当小康以上的人群全部配带手表以后，手表的计时功能上升为主要功能，而象征性功能降为次要；当包括低收入人群在内的社会全员都拥有手表以后，手表就只剩下了计时功能，其象征性功能几乎消失。像手表一样，服装、自行车、录音机、电视机等带有时尚性的消费品也都经历了类似的三个发展阶段。

汽车作为具有时尚特点的消费品，同样具有以上三个发展阶段。当汽车只为少数富人或官员所享有时，其代步的功能只是使用价值的一个部分，甚至有时是很次要的一部分；当小康以上家庭都拥有汽车时，汽车的代步功能上升为使用价值的主要部分；当包括低收入人群在内的社会全员都拥有汽车以后，汽车的代步功能几乎成了它惟一使用价值。当然，在某些场合，汽车仍保留了其他使用价值，但只是个别现象。

所谓“后汽车时代”，是指汽车作为时尚消费品的第三个发展阶段，即包括低收入人群在内的社会全员都拥了汽车。这个后汽车时代在汽车的使用上出现了三个重要特点：一是大部分人丧失了自驾车出行的偏好，其出行方式是选择自驾车或是乘坐公交车或是步行和骑自行车，完全取决于出行的方便；二是汽车不再是炫耀的手段，一般情况下，大家都开普通的汽车，从道路上汽车的档次来看，发达国家道路上普通汽车比例很高，而较发达的发展中国家，道路上的高档汽车比例较高；三是交通拥堵、燃油供应、环境污染等因素引起了人们对小汽车交通的深刻反思，部分人已经出现了厌倦小汽车的情绪，不解决交通拥堵、燃油供应和环境污染，已经严重制约了小汽车交通的发展。

根据以上分析，后汽车时代，人们出行观念必将产生良性的深刻变化，这就是不再追求小汽车，只要城市交通系统为步行和自行车出行创造便捷、舒适、安全的道路条件，只要城市交通系统为公共出行创造便捷、舒适、安全的条件，人们必将倾向于优先选择步行、自行车出行或乘坐公交车。在汽车完全普及的某些发达国家，例如瑞典，近年来骑自行车出行的比例有了明显提高，政府为了满足人们健康出行的要求，在很多城市都开辟了自行车专用道路。

本书下篇将深入讨论的JD城市模式，就是完全适应后汽车时代人们出行心理上重大变化的、完全适应健康出行发展趋势的一种后汽车时代的可持续发展的城市模式和城市交通模式。

1.9.2　发达国家普遍进入了后汽车时代

根据世界银行专家对52个国家和地区汽车拥有率统计的结果，当一个国家人均GDP水平超过17000美元以后，汽车拥有率就达到了该国家和地区的饱和水平，包括低收入人群在内的家庭都具备了购买汽车的经济能力，这样的国家进入了后汽车时代。

目前发达国家普遍进入了后汽车时代：

美国：现有人口2.6亿，拥有汽车2亿辆，平均每1.3人1辆汽车，每1.8人1辆轿车。

加拿大：现有人口2920万，拥有汽车1825万辆，平均每1.6人1辆汽车，每2人1辆轿车。

澳大利亚：现有人口1780万，拥有汽车1047万辆，平均每1.7人1辆汽车，每2.2人1辆轿车。

日本：现有人口1.25亿，拥有汽车6579万辆，平均每1.9人1辆汽车，每2.9人1辆轿车。

德国：现有人口8140万，拥有汽车4284万辆，平均每1.9人1辆汽车，每2.1人1辆轿车。

法国：现有人口5770万，拥有汽车2885万辆，平均每2人1辆汽车，每2.4人1辆轿车。

瑞士：现有人口700万，拥有汽车350万辆，平均每2人1辆汽车，每2.2人1辆轿车。

英国：现有人口5810万，拥有汽车2767万辆，平均每2.1人1辆汽车，每2.3人1辆轿车。

奥地利：现有人口800万，拥有汽车381万辆，平均每2.1人1辆汽车，每 2.3 人 1 辆轿车。

瑞典：现有人口 880 万，拥有汽车 440 万辆，平均每 2.2 人 1 辆汽车，每 2.3 人 1 辆汽车。

1.9.3 发达国家首先认识到现行城市模式不能满足可持续发展的要求

进入后汽车时代，人们从对小汽车的陶醉中清醒过来，进入后汽车时代的城市充分暴露出了十大城市病(见本书有关章节)。上面谈到后汽车时代的三个重要特点，也导致了对现行城市模式的深刻反思。正是在这个背景下，2000 年一百多个国家代表参加的关于城市未来的国际会议发表的《柏林宣言》中指出："全世界的城市，没有一个做到真正可持续发展"。在美国出现了新城市主义和精明增长城市的潮流，在欧洲展开了实现紧缩城市的努力探索。

在汽车交通的发展中，走在前面的国家发展现行的城市模式不对头，而我们发展中的国家还处于汽车交通的发展初期，不少人还处于对小汽车交通的陶醉阶段；在城市规划方面有些人还没有意识到城市并不美妙的前景，没有充分注意到发达国家已经认识到就可持续发展而言他们的城市规划是失败的，正在积极地"复制"着发达国家的城市。

应该充分认识后汽车时代的特点，充分认识到像我们中国这样的发展中国家，也必将进入后汽车时代，发达国家城市所遇到的问题我们也会遇到。因此，在目前的城市规划中，防患于未然，采用全新的城市模式是十分重要的，以避免今后进入汽车时代各种大城市病的出现。

1.10 发展中的异化——汽车对人的奴役现象

从哲学意义来说，任何事物的发展都可能向反面转化。从 1885 年第 1 辆汽车出现至今，汽车交通的发展中也逐渐出现了日益明显的异化现象——汽车对人的奴役现象。

我国目前汽车保有量 3000 多万辆，汽车交通所造成的伤亡每年约有 50 万人，年伤亡率为汽车保有量的 1.6%。目前全世界的汽车保有量约 8 亿辆，按年伤亡率为汽车保有量的 0.5%来计算，年伤亡人数约为 400 万人。汽车出现已经一百多年了，汽车交通累计造成的伤亡人数可能只有战争能与之相比，这是汽车对人的奴役现象的突出表现。

汽车对人的奴役现象表现在很多方面：由于城市模式与汽车交通的不和谐，城市中存在着严重的交通拥堵，以每辆汽车年损失100美元计，全世界的汽车年损失就高达800亿美元；交通拥堵严重侵犯了人们的休闲时间，以目前的北京为例，一般市民每年损失的休闲时间大约相当于2～3个月的工作时间；正是汽车的普及促成了城市的“摊大饼”，使上班一族出行难、出行时间过长，损害了身体健康，据报道，个别人上班出行时间每天要占去6～7个小时；大量汽车尾气的污染、严重交通噪声的污染等，已经严重恶化了城市的居住环境。

汽车交通虽然具有一般事物发展的规律，可能向反面转化，但是汽车交通是一种人造的事物，因此，可以通过人的主观行为改变汽车交通向反面转化的现象。本书之所以探讨汽车交通的异化现象，目的是为了寻找消除这种异化现象的办法。

1.11　可持续发展城市形态应满足的条件

城市形态可以是紧凑型的，也可以蔓延型的；从外在形状上看，可以是集中团块形的或分散团块形的，也可以是树枝形的手指形的、或条带形的。

城市进入后汽车时代以来，人们对城市形态的认识有了很大的深化，发现并不是任何一种形态的城市都能满足可持续发展的要求。从已经形成的主流观点来看，只有紧凑型的城市形态才能满足可持续发展的要求；至于城市的外在形状则取决于具体的地理环境条件，可以有不同的形状，可以是多种多样的，但是都必须满足于紧凑型的要求。

可持续发展城市形态应满足的条件，可以概括为以下五个方面：

1.11.1　资源的可持续性

首先是土地，土地是城市的载体。没有土地的持续供应，就没有城市的持续发展；反过来说，如果城市的发展所要求的土地供应量是无法得到解决的，城市也不能发展。因此，可持续发展的城市形态在土地的需求上必须符合土地供应的可能性。以我国土地供应为例，在城市化基本完成以后，城市人口约为10亿～11亿，人均城市用地为70平方米左右。这个人均70平方米，就是可持续发展城市形态必须满足的条件。

其次是交通燃油，2004年的数据是我国汽车保有量2000万辆，汽车燃油消耗6600万吨，平均每辆汽车年耗油3.3吨。如果按照这个油耗水平，我国汽车全面普及达6亿辆时，每年汽车燃油消耗将根本无法解决。从我国已探明石油储量只有25亿吨的国情出发，从全世界已探明的石油储量1770亿吨的资源条件考虑，在我国汽车全面普及时，恐怕年汽车燃油消耗应控制在1亿吨以内。如果这样考虑，每辆汽车的年燃油消耗只有160多公斤。因此，在我国可持续发展的城市形态，必须满足交通燃油消耗高度节约的要求。也可以说必须满足步行、自行车出行和公交车出行为主的要求，在小汽车交通方面，要实现小型、轻便、节能的要求，并且可以不依赖于小汽车。

1.11.2 内部功能的可持续性

城市内部功能的可持续性包括很多方面：

首先是交通，本书中篇中将详细讨论，只有城市形态有利于在城市中形成“人、机、非三分离”的交通系统，城市交通才是可持续的。所谓的“人、机、非三分离”是，城市中同时存在着三个遍布全市的交通网，一个是步行道路网，一个是机动车道路网，一个是非机动车道路网。这三个道路网是独立的、互不干扰的、没有平面交叉的，可以确保各种出行方式都符合人性化的要求。只有这样的道路网，才能全面满足公交优先的要求。

其次是效率，城市的优势在于它的聚集性，而聚集性优势的发挥取决于运行的效率，因此，可持续发展城市的形态必须最大限度的缩短各个要素之间的交通距离，在畅通交通的条件下，确保人流、物流的周转效率。

第三是产业布局的扩展性，在产业区域和经济全球化的背景下，各个产业之间以及各个企业之间的联系日益紧密，可持续发展的城市形态必须为产业集群的扩大和不同产业聚群之间的融合创造宽松的空间条件。

第四是社区的邻里化。人是群居的动物，目前城市中“只知道邻居的汽车是什么牌号，而不知道邻居的姓者名谁?”的闭塞和隔绝现象，不符合人性化的要求。可持续发展的城市形态必须满足城市中人们之间的日常沟通，必须为丰富的户外活动和群体活动创造空间条件和环境。

第五是有利于城市中各个区域内部的就业与居住的平衡，各个分区域居住与日常生活设施、商业设施、文教设施的平衡。

第六是抗灾功能和治安管理，人口高密度的城市，其形态必须满足提高抗灾功能的要求，满足强化治安管理功能的要求。

1.11.3　投资与支付的可持续性

城市市政建设投资、交通建设投资、以及文教和公共设施投资都与城市形态有一定的关系，可持续发展的城市形态应满足城市中所有公共设施具有高使用率，以降低人均投资的数额，并有合理的投资回报。

以市政建设和交通投资为例，像北京这样的城市，由于城市“摊大饼”式的蔓延发展，中心城区面积已超过1000平方公里，连同外围各组团在内，城市及蔓延区的面积已达3000多平方公里，如果按每平方公里市政和交通投资3亿元估算，城市市政建设和交通投资总额将高达1万亿元，此前的12年，城市交通投资累计约1600亿元。如果北京市能保持15000人/平方公里的人口密度，城市面积只需1000平方公里，由此可见，能否形成紧凑的城市形态，是决定城市建设投资可持续性的重要因素。

1.11.4　环境的可持续性

城市环境的可持续性主要包含空气质量和水资源的供应。其中水资源的供应与城市形态关系密切，低密度的城市由于城市占地面积很大，造成较大面积上的地表水不能下渗，雨水迅速流失，地下水水位不断下降，随着城市的不断扩大，城市水资源的短缺问题会日益严重，因此，紧缩城市面积，增加裸露地面的比例，分布设置绿化隔离区和大面积的街区花园，对补充地下水具有相当的重要性。

1.11.5　规模发展的可持续性

城市的规模必然不断扩大，国内外大城市多年来用规划控制城市人口的努力几乎都不成功。只要城市产业发展的边际收益和就业收入优于其他地区，城市的规模自然会不断扩大。可持续发展的城市形态应满足城市规模不断扩大的发展需要，满足城市在发展中连成一体形成城市带或大经济区域的需要。有不少学者认为，团块形态的城市沿着外围发展，比树枝状的或放射式的、卫星城式的发展更为适应城市规划不断扩大的发展趋势。

1.12　城市泛中心论

1.12.1　象棋围棋互联网与城市泛中心化

如果说现在的城市格局与象棋棋盘相似，无法适应各个中心位置和边界的发展与变化，那么城市的格局应该像围棋棋盘一样，并不锁定哪里是“中心城”，哪里是“界河”，各个中心的位置在发展中形成和调整，城市到处都具备形成中心的支撑条件，这就是我们所提出的城市泛中心论。

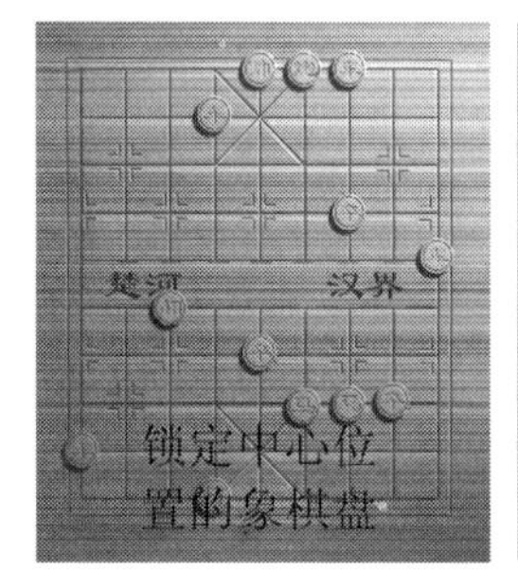

锁定中心位置的象棋盘

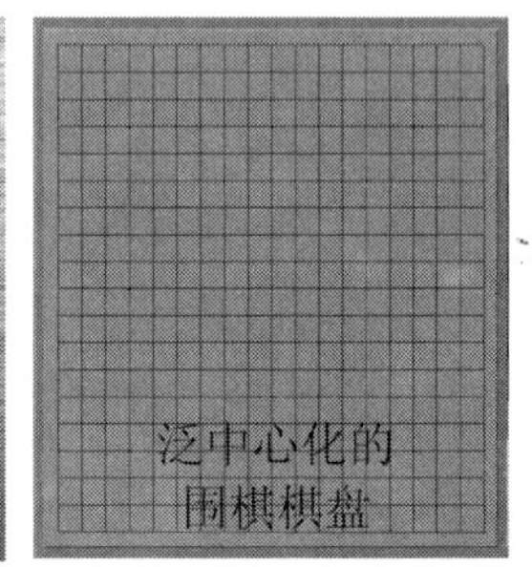
泛中心化的围棋棋盘

纵观全世界，几乎所有的城市都存在着城市格局不能适应城市发展的问题。这个不争的事实说明，任何城市规划都会造成今后历史性的遗憾，都会为今后城市中心的负荷过重，或是城市中心的空心化所困扰。多年以来，已经有不少学者提出城市更新和城市再造问题，但是，受城市道路通行能力和道路格局严重局限，这些更新改造的设想，往往很难实现。城市困局的出路在哪里呢？

借鉴互联网的理念，是否可以说，在城市规划中锁定若干个中心的理念，是造成城市规划发展困局的根源。笔者认为，道萨·迪亚斯提出的城市的发展是没有边界的观点，可能是对的。如果城市发展是没有边界的，那么城市规划中锁定若干中心的理念，与城市发展就肯定更是不适应的，城市中心的超负荷与空心化就是一定是要发生的。

城市格局应该像象棋棋盘，还是围棋棋盘？或是互联网？这是一个很有意思的问题。

象棋和围棋的一个根本性区别是，象棋的棋子是分等级的，象棋的棋盘是划出了中心的，而围棋的棋子是没有等级的，棋盘的划分上也是没有中心的。围棋的特点与互联网有些相似，是泛中心的，所以下棋的人有了更大的主动权，更能体现“以人为本”的精神。

互联网的出现，引起了我们对城市规划的深层次思考。互联网的广泛互通性、泛中心性和无限发展的自由性，是否对城市规划理念的发展也有某种启示呢？

在围棋棋盘上并不划定哪里是中心城，哪里是界河，各个中心的位置在发展中形成和调整，这就是我们所称之为“泛中心化”的理念。正是泛中心化的理念，促成了伟大互联网的产生，泛中心化是否也应该成为可持续发展城市规划的新理念。

1.12.2　“系统弹性”是城市可持续发展的必要条件

城市规划是规划部门为全体市民做的规划，是当代人为后代做的规划，是少数人为多数人当家，是当代人为后代人当家，考虑不周和预测不准是难免的。因此，城市规划应该具有足够的弹性和可塑性，以便适应当代城市发展变化和城市长远的发展。与以前的网络相比，互联网是在一个全新的理念下产生的。从互联网产生和发展的过程可以借鉴的是，城市规划的理念也应该与时俱进，不断创新。这个理念的核心问题，是如何处理城市中心的问题。具体地说，哪些中心应该在规划中确定，哪些中心应该交给市场去形成，交给今后的发展中去形成，以及如何做到城市布局和城市各个中心的布局，在发展过程中可以顺利的进行调整。

我们提出，在规划中要为城市中心的布局调整留出足够的弹性，在规划中可以设定若干个中心，但是不要用道路的格局锁定这些中心，不要建设向心型的道路网(如环路＋放射路)，不要使路网的通行能力的设置向中心位置倾斜。遗憾的是，按照现行城市道路的路网模式，其通行能力远远小于交通需求，所以在城市规划中，为了保证各个中心的交通，不得不设计向心型的道路网，不得不使路网的通行能力向中心位置倾斜。这就注定了，城市道路网必然锁定了城市若干个中心位置，在今后很难再调整，城市面临再更新的困局也一定会出现。

我们提出，在城市规划设计中，不要用路网结构锁定中心位置，有些中心在规划时可以不设定，而是留给市场、留给发展，在发展中自然形成，或自然更替，以便适应今后发展中不可避免的调整。

1.12.3　均质路网是泛中心化的基础

现在的问题是，必须寻找通行能力很强的道路网，以避免为满足中心交通需要，而建设向心型道路网，或是路网建设向各个中心倾斜。换句话说，我们需要找一个像围棋棋盘一样的道路网，这个道路网的格局不受中心位置的影响，任何位置的道路网都能满足在该处设立中心的交通需求。

本书后面要讨论的JD模式具备两个特点：一个是像围棋棋盘一样不需要划定中心位置，二是每条道路的通行能力，都能够满足今后在该区域形成中心的交通需要，到处都是由快速路组成的方格路网。

采用JD模式，每条机动车道路都是快速路(而目前北京市道路网中快速路只占5%左右)，不再因道路通行能力不足，而需要修建环形路和放射路，来满足市中心的交通需要，路网是均质的。

均质路网可以推动城市规划理念发生一个重大的飞跃，即：不再用路网的格局锁定城市中心位置，与现行城市模式相比，每条道路通行能力都提高5倍以后，在路网的任何位置上，交通都能满足在该处设立中心的需要，各个中心的位置也可以根据今后发展需要进行调整，不再受道路通行能力和路网格局的制约。城市中任意一个地段都具备形成中心的支撑条件，增加未来城市规划调整的弹性，为城市今后的无限发展提供必须的“系统弹性”。

1.12.4　均质路网是城市合理布局的必要条件

在现行城市中，城市中心的地价很高，随着与中心距离增大，地价迅速降低。这种由竞租所造成的地价分布，是畸形的，这对城市的合理布局很不利，也是造成大城市病的重要原因之一。城市中不同地点房价的差别，是交通成本(包括货币成本和时间成本)差别的反映。实施JD模式，地价分布曲线很平缓，全市交通畅达，取消全部红绿灯，平均车速可达60公里，城市半小时经济圈覆盖人口，从300万人提高到3000万以上，在交通便捷程度上，城市中各个位置都没有明显差别。这对形成合理的规划布局，减少交通负担，将起到关键作用，特别是为今后城市布局的调整创造了有利条件。

泛中心的理念，造就了伟大的互联网，也应该成为城市规划中值得借鉴的重要理念。紧凑、畅通、宽松、泛中心化应该成为可持续发展规划的新理念，这就是我们提出的城市规划新理念——“城市泛中心论”。

中篇　可持续发展的城市交通

城市交通问题是困扰全世界城市长达一个世纪的难题。以《柏林宣言》为代表的发达国家主流观点，已经认识到就可持续发展而言，现行城市交通模式是失败的。

我国城市刚刚进入汽车社会，如果沿用发达国家并不成功的城市交通模式，必将重蹈发达国家城市模式失败的覆辙。探讨汽车时代城市交通的内在规律，是彻底解决城市交通问题的基础。本书中篇介绍了作者三十年来的研究成果，揭示了汽车时代城市交通的十条内在规律，探讨了全面人性化的城市交通应具备的条件，提出了实现全面可持续发展城市交通的操作性思路，并对城市的交通前景预测、交通政策选择、交通规划程序的科学性等问题，进行了深入的探讨。

2.1 城市交通理论创新若干问题的思考

2.1.1 关于可解性的争论——交通拥堵能否彻底解决

1933 年，《雅典宪章》中提出了要寻找新的街道系统，以适应汽车交通的需要。可见，在《雅典宪章》时期，人们深信城市交通拥堵是可以得到解决的。但是到了 1977 年的《马丘比丘宪章》中，则悲观的宣称，要寻找的理想方法是不存在的。此后二十多年中，业界主流的观点认为，城市交通拥堵是“无解”的，其中的代表人物美国的斯岱尔更是明确地宣称：如果半个多世纪城市道路建设还能给我们一点启示的话，那就是靠道路建设解决交通拥堵是不可能的。

认为城市堵车问题无解的观点，是一个危害极大的迷信，导致各国政府先后放弃了解决交通拥堵的目标。难道人类将要世世代代生活在交通拥堵的环境中吗？

我们研究发现，现行城市中心区交通供给密度极限仅为交通需求密度极限的 40%，所以交通拥堵长期存在。而采用 JD 模式，交通供给极限可高达交通需求极限的 160%，交通拥堵将不复存在。

2.1.2 城市交通理论研究的方法论问题

作者自 1974 年在巴黎市中心品尝到堵车 3 小时之烦恼后，开始关注城市交通问题。近年来城市道路的使用已经逐渐背离了道路功能的本质——通行，汽车大部分时间是停在道路上的。深入研究发现，现行的交通工程学对此已经无能为力，其理论的缺陷是造成城市长期交通拥堵和大量占用土地的深层次原因。作者 1997 年退休后，亲自驾车走遍了国内几个大城市，验证了对汽车时代交通工程学的理论思考和研究成果。作者的研究尚未最后完成，鉴于我国城市堵车问题已经十分严重，如果不能尽早摆脱理论误区，继续走国外城市低密度扩张的老路，走得越远，将来治本越困难。汽车时代城市交通所面临的问题是堵车、能源、土地、环保、步行和停车等一系列难题，新概念交通工程学旨在为解决这一系列难题提供理论依据。

城市交通理论应该完成的两个历史性课题是：其一是全面实现《雅典宪

章》提出的建立“新的街道系统，以适应现代交通工具的需要”；其二是全面实现《马丘比丘宪章》所期盼的“找到确有很大改进的解决城市土地的办法”，以解决“城市土地有限仍然是……城市建设的根本阻碍”的问题。

两个宪章的发表至今已经几十年过去了，为什么宪章中所提出的问题不但没有得到解决，反而日趋严重了呢？作者认为要解决城市交通拥堵的“路在何方”问题，必须首先解决城市交通研究工作途径的“路在何方”问题，也就是方法论问题。前不久，读到一本很精彩的书，书名正是《路在何方》，可能这个书名的涵义也是一语双关的。

从方法论的角度来看，城市交通理论的研究可采取分三步走的途径：

第一步，科学地确立城市道路交通规划目标和约束条件。比如说，要不要把汽车拥有率 600 辆/千人和人均占地 67 平方米等六个条件作为规划的刚性约束条件；要不要把人、车交通流均为无冲突点的连续流和随时保持停车位数量大于汽车保有量等作为规划可行与否的必达目标。

以上约束条件和规划目标是客观的必然和历史的必然，违背了它道路交通规划必然大走弯路。

第二步，深入研究汽车大量涌入城市以后城市交通的新规律，全面创新汽车时代城市交通的理论，探索建立新概念交通工程学。

第三步，以上述第一步中的内容为目标，第二步中的理论为手段，提出科学的规划程序和具体设计方案。

以上三步走的研究工作，其成败的关键在于第一步和第二步。第一步和第二步做对了，第三步的工作才不会白做。第三步所完成的治本方法，将是一个简洁明了的方法，它只不过是现有的道路交通结构要素，按照第二步中的理论进行科学地整合而已。

本书对城市交通理论的探讨可以称之为新概念交通工程学，是对现行交通工程学理论的修正与补充，两者共同构成汽车时代交通工程学的完整体系。

作者深知，解决城市交通这样一个十分复杂的问题，超过了本人的学识和能力。书中不妥之处，热切盼望有关专家和学者给予指导、指正和帮助，共同携起手来，创立新概念交通工程学，使城市交通规划早日走上坦途。

现行的交通工程学的基本理论将成为新概念交通工程学基础理论的一个组成部分。但是，现行交通工程学中的部分理论已经过时，在前汽车时代原本正确的某些理论，与汽车时代城市交通规律发生了抵触，这部分理论已经由正确变成谬误，非但不能指导今后城市道路的规划和改造，而且可能把城市道路的规划引向误区。为了促使当前城市交通规划和改造尽快地走出误区，有必要对业已偏离实践、偏离汽车时代城市交通规律的过时的理论加以修正。

2.1.3 城市交通的全面人性化——人、机、非三分离

(1) 不同出行方式的人性化要求

城市交通的全面人性化问题，可以分解为不同层次的人群和采用不同交通方式时，全部满足人性化的需要。

小汽车出行的人性化要求：不堵车、不绕行、交通安全、停车方便，中途不停顿地连续行驶，行车和停车的环境满足全天候交通的要求，路上没有行人和自行车，没有交通冲突点。

步行的人性化要求：道路上没有汽车出现，没有自行车等非机动车出现，不绕行，不需要在路口停顿等待，不从机动车道穿行，环境优美，遮阳避雨全天候的交通环境，路边有休闲的座椅和紧急呼救的通讯设施。

自行车等非机动车出行的人性化要求：道路上没有行人和机动车的出现，不需要在路口停顿等待，不从机动车道穿行，环境优美，遮阳避雨全天候的交通环境，在适当的位置可以停车、存取方便。

乘坐公交车出行的人性化要求：快捷、准时、舒适、有座位，等车时间短，与全天候步行道路衔接，全面实现全天候零换乘。

(2) 同时满足各种出行方式的城市道路系统

经过长期多目标最优化决策，在JD模式中的人、机、非三分离的城市道路系统，能同时满足各种出行方式的人性化需求。所谓人、机、非三分离道路系统是指在城市中同时存在着三个独立的道路系统，即步行道路系统、机动车道路系统、非机动车道路系统。三个道路系统彼此间没有平面交叉，在空间上是完全分离的；三个道路系统都是遍布全市的、四通八达的、全天候的道路系统(具体结构见本书下篇)。

2.1.4 城市中交通供给密度和交通需求密度的巨大反差是现有交通工程学的要害问题

在汽车时代，城市交通需求的产生是以高密度的形态出现的，而现有的

交通工程学对城市道路交通资源的开发是粗放式的，其所能实现的交通供给密度很低，需求密度和供给密度存在着巨大的反差。

初步计算表明，进入汽车时代以后，交通需求的密度将高达 50000 车·公里/(平方公里·小时)。而现行城市交通模式所能提供的交通供给密度，大约只为 10000～20000 车·公里/(平方公里·小时)，交通需求和交通供给完全无法匹配，这就是城市普遍发生堵车的理论根源。

半个世纪以来，美国解决这个问题的办法就是无休止地修建道路、低密度地扩张城市，从而达到了大幅度降低需求密度，使供给密度与需求密度接近匹配。其结果正如 J. R. Meyer 教授所指出："要排除所有的交通拥堵(使之不再出现)就要无休止地建设道路，费用极其昂贵，远远超出其带来的效益。"但是，这只说对了一半。在现有的交通工程学认识的误区中，既使是不计代价的无休止的修路，仍然无法解决拥堵问题，因为，在城市的繁华区和城市的功能区交通需求密度是无法降低的，仍然可能高达 50000 车·公里/(平方公里·小时)，依照现行的交通工程学理论，在这些地区交通需求密度和交通供给密度的匹配将永远无法实现。交通供给与交通需求的总量平衡，并不能代替在交通密集点两者密度的匹配。这就是在西方大城市虽然修了那么多路(美国每公里道路只承担 31 辆汽车)，却仍然饱受堵车困扰的原因。

2.1.5　现有交通工程学城市道路级配理论与汽车时代交通完全不相适应

可以断言，在这个级配理论指导下的城市道路改造永远解决不了城市堵车问题。因为在这个道路级配方式的路网中，强化任何一条道路的通行能力都势必诱发新的交通量发生，逃脱不了所谓当斯定律的惩罚(这个定律的基本概念是:沿着交通走廊的新的道路建设降低了出行时耗,但同时吸引了其他道路的交通量转移或者诱发了新的交通量)。

将城市道路分为快速路、主干路、支干路、支路四个等级的初衷，是希望快速路的车速远远高于其他道路，以达到城市快速通达的目的。但恰恰事与愿违，当市区其他道路发生严重的交通拥堵时，车辆会自动涌入快速路，并最终使快速路的车速与其他道路的车速基本相同，全都变成了"慢速路"。怎么办？只好增加快速路，但 1∶2∶3∶6 的比例又不对了，只好再增加其他道路的比例。又发生了事与愿违的情况，再增加快速路……如此造成的死循环，非但没能彻底解决问题，反而不断地蚕食原本就稀缺的土地资源。

上述城市道路的级配理论还造成了城市交通供给的密度很不均衡，有的地方密度高，有的地方密度很低。这种交通供给密度的分布方式，恰恰与城市交通需求密度的分布方式很不一致。因为，交通需求密度较高的行政、商业、文化等公建设施往往远离快速路。在这些公建设施周围，经常会发生交通拥堵。人们往往把这种原因归罪于微循环交通不畅，经常提出打通微循环的口号，经常实施打通微循环的工程。但是，残酷的事实告诉我们，永远有打通不完的微循环。这是为什么呢？就是因为这种微循环不畅的根源是由于现行的城市道路级配理论所产生的。属于先天不足，只有彻底改变城市路网的级配理论，才可能从根本上消除层出不穷的微循环不畅问题。

2.1.6 现行城市道路规划的理论与汽车时代不相适应

几十年来，几乎国内外所有的城市都处在这样一个困惑当中：为什么总是规划赶不上变化？为什么规划所期望的交通畅达局面都迅速地被更大范围的拥堵局面所代替？究其原因，归根结底就是：规划期限的任意性。

例如：如果是在1970年做远期交通规划，规划期限定为30年，那么规划就至2000年为止，道路网络设计和通行能力都是以对2000年的预测为基础的。这样就产生了两个问题：其一是，你能预测准吗！北京市交管局副局长张景利曾经透露，本来专家预测北京市机动车保有量突破200万辆的时间是2010年，没想到提前了7年。其二是，交通需求再进一步发展了，怎么办？这种规划期限的确定是很不科学的，就好比是给一个3岁的孩子做盖房子的规划，规划期定为5年。预测当孩子8岁时，身高为1.2米，房子的高度按1.5米建造，那么当孩子超过8岁以后，会是个什么局面呢……恐怕谁都会认为这种规划方法是很荒唐的，谁都会明白这个盖房子的规划中，不能用某个年份来作为规划目标，而应该以孩子长大成人以后的高度作为盖房子规划的依据。谁都明白孩子长大以后的高度根本不需要去预测，所有的人成熟期的高度早已经被历史数据所提供。显然，其规划之所以不应该以年份作为规划指标，是由这类事物的规律性所决定的。城市道路建设的规律性和这个事例是相似的。

不幸的是，现今国内外所有城市的交通规划所犯的错误，和上面这个盖房子的例子竟是那样的雷同！

从前面关于前汽车时代和汽车时代的划分理论，应该可以得出这样的结论：如果你的规划是为前汽车时代做的，那么只要以城市汽车拥有率100辆/千人为目标就可以了。当然，任何城市的汽车拥有率都不会停留在100辆/千人这个水平上，而一旦超过了这个临界点，城市的汽车拥有率就进入了高速成长期，一直发展到拥有率达到饱和水平——600辆/千人的水平，城市交通才进入了一种稳定状态。这犹如前述盖房子这个事例中，孩子长到了成人的高度以后就不再长了一样。至此，结论已经不言自明了，那就是要以高速成长以后的稳定期作为长期规划的目标。也可以说，要以汽车时代的成熟期，即：600辆/千人的汽车拥有率的终极目标作为远期规划的前提条件。而中短期的规划都只能是这个远期规划中的一个部分，是一个过渡性的规划。

2.1.7　小汽车主要在城市外围和城市之间使用的结论是错误的

首先，大量的小汽车在城市外围使用，是以低密度的、大面积的都市圈的建设为前提的。这不仅要占用大量的土地资源，同时需要大量地修建道路，修建道路的巨额投资不仅筹措困难，也无法得到起码的回报。这种方式已经被美国的交通发展史证明是一种不可取的方式。目前，美国的汽车保有量大约为2亿辆，美国的全国公路长度约640万公里，而我国全国公路长度不过170万公里，我国的汽车保有量大约于20年左右达到美国的饱有量水平，并最终将达到6亿辆以上。如果按照美国的交通模式，小汽车只在城市外围和城市之间使用，我国公路长度应不低于1900万公里，是目前我国公路长度的11倍。显然，无论从土地资源和财力资源方面看，这在我国是根本不能做、也根本行不通的。

依据我们的理论，汽车拥有率达到饱和水平以后，小汽车主要只能在市区内使用，城市之间也主要依靠公共交通。以北京和天津之间的公路交通为例，一条双向10车道的高速公路，一天所能承受的交通量大约为16万辆，这只相当于北京和天津汽车饱和拥有量的2%。可见，城市之间的道路不可能承受小汽车为主的城际交通量，大量小汽车的停车问题也无法得到解决，跨城市的旅行只能主要依靠公共交通。

2.1.8　“一重两轻”将导致背离可持续发展道路

所谓“一重两轻”是指在现行交通工程学中，只重视汽车在道路上行使的问题，而对于步行系统和停车系统这两者研究得都很不充分。甚至可以说它实际上是汽车通行的工程学，这大概和它的原始版本——美国的《通行能力手册》有关。

当城市汽车拥有率达到饱和水平，停车问题作为城市的静态交通设施，如果得不到妥善解决，必然造成以下两种后果：要么是限制小汽车购买，这不仅会严重影响国家经济发展，也是根本行不通的；要么是汽车到处停放，严重影响道路的通行能力，造成严重的交通拥堵。以北京为例，当汽车保有量达到 780 万辆时，仅停车面积就要占到 310 平方公里。另外，步行系统如果不能同时建设完善，则必将加大道路汽车交通的负担，同时增加汽车的能源消耗和对环境的污染。

目前，几乎所有的大城市都会出现这样一个非常不合理的局面：道路越改造，步行越困难，甚至于完全破坏了步行系统。有的人甚至主张，完全废除自行车交通，认为慢行系统可有可无。这是一种非常有害的观点，排挤了步行系统和自行车慢行系统的结果是，大大增加了道路车辆交通的负担。由于步行系统不完善，走路很辛苦，人们不愿意走路去乘公交车，都在热切的盼望自己能有一辆小汽车。由此可见，汽车交通和步行交通必须综合考虑，才可能创造城市交通的良性局面。

目前，人们在城市交通的改造中，对于必将严重影响城市交通和汽车工业发展的停车问题，有意无意地进行了回避。有人甚至认为，多建了停车位，反而会加重城市的交通负担。汽车进入百姓生活，是历史的必然，也是国家经济发展的需要。之所以在城市交通改造中，对于必将发生的非常严重的停车问题，采取了“驼鸟政策”，就是因为现行的交通工程学对于如何解决停车问题，没有在理论上给予解决。如前面所讲过的：当北京市的汽车饱有量达到 780 万辆时，如果把公共停车位也考虑在内的话，全部停车的面积，不会小于 310 平方公里。这样一个十分严重的问题，在交通规划中必须进行妥善安排，否则，城市交通的可持续发展将是一句空话。

从系统工程学的角度来看，行车、停车和步行是人的交通系统的有机组成部分，因此，必须以 600 辆/千人的拥有率为前提，在交通规划中三位一体地同时解决行车难、停车难和走路难(含自行车)的问题，城市交通的发展才是可持续性的。

2.1.9　一般情况下在城市中大量地修建地铁并不是必须的

地铁最早是在伦敦出现的，随着大城市堵车现象日趋严重，世界上几乎所有的大城市都有了地铁。据了解，除个别城市外，地铁的运营几乎都处于亏损状态。修建地铁，不仅投资巨大(目前我国每公里地铁大约需要投资 7 亿元)，而且建设周期很长。有人估计，像东京那样修建 400 公里的地铁大约需要 30 年的时间。何况，地铁的修建速度远远落后于城市堵车的发展速度，靠修地铁解决已经出现了的严重堵车问题，将是一个很痛苦的漫长过程。

从历史上看，城市地铁的出现，是在地面交通不能实现畅达的情况下，不得以转入地下的。可以预见，一旦实现地面交通完全畅达，地铁将在城市交通中被逐步淡出。因为，与地面交通相比，地铁不仅投资大、建设周期长、运营成本高，而且只能实现站到站的交通。特别是近几年来，地铁不断出现遭遇恐怖袭击的情况，降低了地铁的安全性，并进一步提高了运营成本。

从新概念交通工程学的角度看，地面交通完全可以实现畅达和便捷。新概念交通工程学的成果，一旦用于城市道路的规划和改造之中，修建地铁的必要性将不复存在，甚至已有地铁的使用率也会迅速降低，地铁将完成历史使命，从城市交通中退出。

2.1.10　关于道路系统可靠性问题

城市交通问题是一个系统工程，系统工程中可靠性问题是一个致命性问题。现行交通工程学中，几乎忽略了对道路系统可靠性研究。这个偏差表现在以下两个方面：

在路网规划中，对于城市中的快速路和主干道，没有设置同样通行能力的冗余系统。在设计道路通行能力时，往往把着眼点放在一条路线上。在选择城市路网结构时，往往把直线性系数作为比较路网优劣的主要因素。国内外不少城市采用了环放式路网结构(环形路＋放射路)，或者是采用不具备同样通行能力冗余系统的快速路和主干道，道路的可靠性完全得不到保证。

上述忽略道路系统可靠性的根源，在于现行交通工程学中没有将可靠性问题放到重要位置上加以研究，没有给出提高道路可靠性的有效方法。这个理论偏差所造成的恶果就是，一旦道路出现拥堵，拥堵的长度就可能长达数公里，拥堵时间就可能长达几个小时，甚至几天。如前面所讲到的，据报载：“伦敦在 1989 年创造了堵塞车辆长达 53 公里的世界记录”、“1997 年夏，巴黎的科特达祖路段甚至出现了长达四个星期的堵塞”。类似的情况在北京八达岭高速公路上也发生过，最近在北京二环路和三环路上也经常发生。另外，从可靠性角度来看，地铁系统是可靠性最低的道路交通系统。为了确保地铁系统的可靠性，将会付出过高的运营成本。

从可靠性角度来看，棋盘式路网最具有优越性。

在城市交通系统的改造方面，往往重视某一条道路的改造或者是寄希望于某个大的交通改造工程。一旦改造完成后，可能会出现更大范围的拥堵。究其原因就是，路网中一条或某几条道路的通行能力得到强化以后，按照车速趋同定律，交通对这些道路的依赖性加大，车辆会自然流向这些道路，从而增加了这些道路的交通负荷，使道路系统的可靠性更加脆弱了。实际上在城市道路的改造中，应该将提高整个路网结构的可靠性与提高整个路网的通行能力放在同等重要的位置。

2.1.11　现行交通工程学的定义落后于时代

城市交通进入汽车时代以后，交通供给和交通需求之间产生了巨大的反差，交通供给总量远远小于交通需求总量，准确地说是交通需求密度远远小于交通供给密度。这是交通工程学应该解决的主要矛盾。在城市道路的改造当中，往往会出现强化了道路的车辆通行能力，却破坏了原来的步行系统，更无法建立满足需求的停车系统，致使交通供给结构严重失衡。造成这种局面的理论根源，在于交通工程学的定义中没有把交通供给和交通需求，以及两者之间的关系这一最核心的问题放在突出位置。

此外，交通工程学是涉及社会各阶层广大人群的日常生活的学科，涉及到“社会公平”这一关系到可持续发展的重大问题。所以，在交通方式中如何真正做到“以人为本”，这是关系到能否贯彻正确的发展观的问题。这个问题也应在交通工程学的定义中有所体现。

现在流行一种片面的观点，认为“以人为本”就是把人运到目的地，而不是把车运到目的地。这种对“以人为本”的理解中，把人和车对立起来了，在逻辑上犯了“偷换概念”的错误，以“人的躯体”的概念代替了“人”的概念，以“人的躯体”的运输(物理上的)代替了人在交通上的丰富需求。实际上，人的概念应该不仅包括人在物理上的需求，还应包括人在精神上的需求以及个性化的需求。“以人为本”就是以满足人在交通上多样化的需求为本。应该说汽车文明的发展本身就是“以人为本”的体现，不能因为我们没有能力解决小汽车交通问题，就把小汽车排除在“以人为本”之外，就用对“以人为本”的片面解释为城市交通的无奈来辩解。

对于新概念交通工程学的定义，应该根据汽车时代特点进行修正。

2.1.12　城市交通三步曲

城市交通必将经历从连续流到间断流再到连续流的三个时期。

本书作者1974年在巴黎第一次品尝了被堵车三个小时的烦恼。当时，巴黎人原以为环路通车以后可以解决堵车问题，可是，环路刚通车不久，堵车又严重起来了！已经过去三十年了，为什么城市交通至今还没有找到出路？究其原因就是：没有认识到从发生堵车这一现象开始，城市交通已经进入了一个新的时代，现行的交通工程学已经不适应这个新的时代，交通工程学需要在继承的基础上进行创新，建立新概念交通工程学。有创新才有发展，从一个全新的视角，创立城市交通新方法，才能彻底解决汽车城市的交通问题，即同时彻底解决行车、停车和步行三个系统的交通问题。

城市交通具有明显的时代特征，首先经历了非机动化时代。这个非机动化时代差不多经历了两千年。在这个时代，交通流为连续流。之后，由于汽车进入了城市，交通流由连续流变为间断流，城市交通进入了前汽车时代。这个前汽车时代实际上是一个从非机动化到机动化的过渡阶段。这个过渡阶段时间较短，大约只有几十年。随着汽车拥有率的提高，道路分四级的级配理论的不合理和红绿灯的冲突点，使堵车日益严重，道路“通行”的本质功能逐步丧失，“停顿”成了道路的基本状态，连续流变成了间断流，这种间断流的交通方式已经完全不能适应城市交通的需求，必将由更高水平的交通连续流取而代之。简而言之，从发生不可逆转的拥堵现象开始，城市交通显然开始进入了一个新的时期——汽车时代。与汽车时代相适应的城市交通方式，只能是连续流方式。

2.1.13　新概念交通工程学定义

新概念交通工程学的定义：以饱和的汽车拥有率(600辆/千人)为前提条件，主要研究实现城市交通供给最大化、交通需求最小化以及实现交通供给的结构与交通需求的结构和谐统一的、并体现和尊重以人为本原则的一门技术科学。

在新概念交通工程学的定义中，之所以规定要以600辆/千人的汽车拥有率为前提条件，这是因为近几十年来发达国家城市交通机动化发展的历史证明，当人均GDP达到15000～20000美元时，汽车拥有率必然达到500～600辆/千人，并且将稳定在这一水平上，拥有率处于饱和状态。由此可见，新概念交通工程学如果不能满足汽车拥有率600辆/千人这一前提条件，就无法最终并彻底解决汽车时代的交通问题。世界银行的交通专家对几十个国家进行的调查证明，人均GDP水平与人均汽车拥有率存在着严格的对应关系，这个规律的发现为汽车城市交通工程学提供了必须遵循的前提条件。

2003年我国人均GDP已经超过1000美元，沿海大城市人均GDP已经接近3000美元。从韩国的发展经验来看，人均GDP从1000美元增长到10000美元只用了18年的时间(1977～1995年)。我国人均GDP增长到15000美元以上大约只需要四五十年，我国城市人均汽车拥有率达到600辆/千人也只需要一代人多一点的时间。由此可见，我国城市交通正处在汽车时代全面到来的前夕，城市交通全面改造的时间已经十分紧迫，我国必须尽快开展新概念交通工程学的研究，发挥后发优势，率先在世界上创建完全没有堵车现象存在的现代化国际大都市。

在新概念交通工程学定义中，之所以规定“研究实现城市交通供给最大化”，这是因为从投入产出的角度来看，交通工程学必须完成用最少的土地资源实现最大的交通供给。如前面所讲到的，必须实现城市每平方公里土地面积所形成的交通供给量达到50000车·公里/(平方公里·小时)或更高，才能满足汽车时代城市交通的需要。

在新概念交通工程学定义中，之所以规定“研究实现城市交通需求最小化”，这是因为对应城市不同的规划方式，交通需求量的大小将有很大的不同；这是因为交通供给结构的不同(所谓结构是指汽车路、公交路、步行街和自行车路的组合)，各类交通的需求量也会有很大的不同。只有实现交通需求的最小化，才能有效地提高交通运行效率，减少交通对土地资源和能源的消耗。

在新概念交通工程学定义中，之所以规定“研究实现交通供给结构与交通需求结构的和谐统一”，这是因为科学的交通供给结构将会引导交通需求结构的合理发展。也只有充分研究交通需求结构的客观规律，才有可能实现交通供给结构的科学化、合理化和最优化。此外，交通供给的结构状况也是在交通工程学中体现以人为本的重要方面。

以人为本就是充分满足人在交通方面，对物理上、生理上、心理上和精神上的全部需要，以人为本就应该充分满足这种人性的需要。但是，由于城市交通改造的多年努力都没有实现这个目标，以至于有些人不得不退而求其次，将以人为本解释为限制小汽车使用，解释为只要将人的躯体运到目的地就是以人为本，忽略了以人为本中人性化的核心。小汽车为人提供了舒适性、便捷性(门到门的交通)、私密性。从发展趋势上看，很多家庭设施和办公室设施已被搬上了小汽车，使小汽车具备了移动办公室和移动生活空间的功能，这些都是人性化的需要。用人的躯体代替人的人性化需求，实际是忽略了人性的全面需要，背离了以人为本的真正涵义。在新概念交通工程学中，应该充分研究如何使人们在出行时，可以自由地选择步行、驾车或是乘坐公交。并且，这三种出行方式都应是便捷而舒适的，这样才能满足人在交通方面的全面需要，使以人为本的原则得到充分地尊重和体现。

2.1.14　新概念交通工程学的八个基本问题

全面研究当前城市交通存在矛盾的复杂性，可以概括为下列八个问题。

(1) 城市道路的交通供给与交通需求的严重不平衡，是造成交通拥堵的根本原因。现在的问题是，道路的供给水平还能提高多少？是否存在道路供给水平的最大值——道路交通供给极限？如何计算？

(2) 解决城市道路交通供给与交通需求严重失衡的另一个途径是，设法降低交通需求。现在的问题是，如何做到交通需求最小化，有什么规律可循？

(3) 有的国家，如美国，交通供给的总量已经明显地超过了交通需求的总量，美国汽车保有量 2 亿辆，公路长度 640 万公里，每公里公路只分摊 31 辆汽车。但是，为什么美国各大城市的市区内，仍然存在着严重的交通拥堵呢？或者说，为什么交通供给总量超过了交通需求总量，交通拥堵依然存在呢？

(4) 城市人口密度问题是一个多年来争论不休的问题，不少人主张只有人口低密度才能解决交通拥堵问题，“新城市主义者”则主张提高人口密度达到基本出行不需要驾车的目的，本文认为这两者都是脱离现实的。从解决交通拥堵的角度来看，城市人口密度取多少才合适？最佳值是否存在，如何计算？

(5) 如果把道路通畅作为可靠性的指标，在道路规划中如何实现较高的可靠性？

(6) 为何多年来在城市交通的改造中，几乎全都不能实现改造的预期效果，出现了规划赶不上变化的局面？

(7) 为什么有不少城市实施公交优先的方针，却长期存在公交占出行比例较低的局面？

(8) 为什么不少城市实施重大道路改造工程后，微循环不畅的问题往往更加突出，微循环不畅成了永远无法彻底解决的问题？

2.1.15 城市交通理论的继承与发展

自1885年第一辆汽车出现，一百多年来，对城市交通问题的认识经历了三个阶段：

(1) 1885～1933年，提出问题阶段。1933年的《雅典宪章》中提出："要寻找一种新的街道系统，以适应汽车交通的需要"。

(2) 1933～1977年，探索否定阶段。1977年的《马丘比丘宪章》悲观地宣称："四十四年的经验表明，要寻找的理想方法是不存在的"。

(3) 1977～2000年，否定之否定阶段。

2000年的《柏林宣言》指出："全世界的城市，没有一个做到真正可持续发展"。实际上又提出了继续寻找理想模式的任务。

一百多年来，人类对城市问题的认识走了一条"之"字形的曲折路线，完成了认识上的正、反、合三个阶段，蕴育着从必然王国向自由王国的飞跃，蕴育着理论上的重大突破。

2.2 城市交通理论上的盲目性

在两院院士周干峙主编的城市热点丛书《路在何方》前言中，清醒地告诫人们："我们对城市交通的属性特征及其自身发展的内在规律还缺乏足够的、准确的认识。因此，我们解决交通问题的思路和具体方法就难免带有一定的盲目性，事倍功半(甚至事与愿违)也就是自然的结果了。"

这是否意味着，正在实施的城市交通规划，存在着事倍功半甚至事与愿违的风险呢？上海城市交通规划主要制定者之一说："上海交通已经到了没有办法的状态，有些外商都要走，对经济影响很大。"所谓"没有办法的状态"，实际上是看不清出路在哪里。带有盲目性的规划，已将城市导入交通困局。可见，盲目性的存在是治理城市交通问题的要害。

盲目性表现之一，忽视了平均车速降低必然造成灾难性后果：

一个人的血液循环速度如果降低1倍，一定会出现灾难性的后果。但是，人们却没有认识到，城市车速的大幅度降低，带来的后果也是灾难性的。

我们研究发现，“慢”是祸根：平均车速从70公里/小时降至20公里/小时，城市生活将“从天上掉到地上”，人流和物流周转效率将降低4倍以上，土地、燃油、投资等资源消耗和环境污染也将增加4倍以上。

盲目性表现之二，忽视了汽车容量密度决定城市占地面积：

政府在严控土地，城市却在“摊大饼”，为什么管不住呢？因为没有认识到汽车时代的城市面积，是由单位土地面积上的汽车容量所决定的。现行城市模式汽车容量密度很低，所以，200多万辆汽车的北京，中心城面积已达1088平方公里，汽车增加到800万辆时，城区面积可能超过3000平方公里。JD模式中汽车容量密度增加4倍，城市面积只为现行城市模式的1/4，可确保城市土地利用由粗放型转变为集约型。

盲目性表现之三，用规划指标控制城市规模是行不通的：

北京等大城市用规划指标控制城市规模，并不符合客观规律，所以未能取得成功。

我们研究发现，城市规模由边际效益的比较优势所决定。当某城市的就业条件、产业发展条件、交通条件和生活条件等优于其他地区时，该城市规模就一定会继续扩大，甚至与邻近城市相连，形成城市带。

城市采用JD模式后，无需人为地控制规模，在城市规模自然扩大、甚至形成城市带的情况下，也不会出现交通拥堵及由此而产生的各种大城市病。

盲目性表现之四，没有将节约作为规划的核心目标：

现行城市模式中，城市空间利用率很低，浪费极大。在汽车普及了的城市，每平方公里土地只能承载3000人和2000辆汽车，无汽车户外活动空间只有20％左右，而且城市交通投资巨大，难以支付。

JD模式城市空间利用率很高，每平方公里土地承载15000人和9000辆汽车，无汽车户外活动空间高达75％左右，城市交通投资也降低75％以上。

盲目性表现之五，迷信城市道路的四级结构：

目前全世界奉为经典的办法是，将城市道路分为快速路、主干路、次干路和支路四级。其道路交通流主要是间断性的，与汽车快速行驶的连续性之间形成尖锐矛盾，结果是车多了必然堵。

以北京市区为例，连续性交通的快速路只占5%，95%的道路是间断性的交通流，堵车不可能解决。只有将城市道路全部改为快速路，才是治本之策。

盲目性表现之六，忽视了交通供给密度与需求密度的匹配：

交通拥堵与否，不在于城市道路总量大小，而在于单位土地面积上交通供给(密度)是否大于交通需求(密度)，但是现行交通工程学根本不讨论这个密度。

目前城市道路交通需求密度高达50000车·公里/(平方公里·小时)，而交通供给密度只有20000车·公里/小时，远远小于交通需求密度，两者完全不匹配。JD模式中交通供给密度高达80000车·公里/(平方公里·小时)，交通拥堵将不复存在。

盲目性表现之七，城市疏散与交通量剧增形成恶性循环：

传统的思路是疏散能缓解交通拥堵。其实，疏散的结果是“饼越摊越大”，路越修越多，交通需求总量越来越高，车越来越堵，形成恶性循环。

挖掘城市道路通行能力的潜力，才是有效的途径。JD模式将道路通行能力利用率，由目前的15%提高至90%，城市可保持适度的紧凑，交通需求总量相对最小，实现了交通需求总量与交通供给总量的最佳匹配。

盲目性表现之八，“就交通论交通”：

一百多年来，只是“就交通论交通”，而不触及城市空间的结构。这违背了吴良镛院士所倡导的融贯综合的研究思路，所以始终找不到出路，应该“跳出交通看交通”。研究发现，城市空间结构的有序化是交通状况的决定性因素。不改变城市空间混杂的局面，解决交通问题是不可能的。

JD模式从城市空间结构有序化入手，彻底解决下述混乱局面，即：人车混杂——存在着人与汽车的严重冲突，机非混杂——机动车与非机动车混杂，驶停混杂——汽车行驶与停放混杂，户外活动空间混杂——几乎成了汽车横行霸道的天下。

盲目性表现之九，忽视了步行是人类出行的最基本方式：

改善步行系统、美化步行环境，应该是交通规划中体现“以人为本”的主要内容，也是减少机动车交通量的基本条件。但是，按照现行城市交通规划的思路，步行环境越来越差，绕行距离越来越远，这不仅降低了人们的生活素质，制约了“公交优先”的落实，而且大大提高了对小汽车的依赖程度。

盲目性表现之十，在规划中忽视了汽车饱和拥有率的存在：

现行的城市规划根本不考虑汽车饱和拥有率，导致城市长期处于“修路赶不上汽车高速增长”的局面。世行专家对52个国家和地区作了调查发现，当人均GDP达到17000美元时，汽车拥有率必然达到600辆/千人的饱和水平。

联合国人居署发布的资料(见下表)，也符合这个规律，到2050年全世界的汽车保有量将增加6倍多，达到49.75亿辆。城市规划应该把汽车的饱和拥有率(600辆/千人)作为规划的刚性约束条件。

年　份	低收入和中等收入的国家		高收入的国家		机动车总数
	(百万辆)	(%)	(百万辆)	(%)	(百万辆)
1995	164	25	487	75	651
2000	209	27	565	73	774
2010	340	31	759	69	1099
2020	555	35	1020	65	1575
2030	905	40	1370	60	2275
2040	1470	44	1840	56	3310
2050	2400	48	2475	52	4975

盲目性表现之十一，忽视了城市交通系统是刚性系统：

全世界几乎所有的大城市，道路系统都不断地反复拆建，对城市正常生活造成很大干扰，也造成了极大的浪费。其根源在于把城市规划当做一个“试错”过程，作为规划经典的《马丘比丘宪章》曾错误地宣称：“运输系统的设计，应当允许随着城市的增长变化作经常的试验”。须知，城市交通系统是刚性的，建成后经不起做为“试验品”改来改去。

盲目性表现之十二，忽视了卫星城需要适度规模：

全世界为缓解交通压力而建的卫星城，由于规模不够，没有一个能获得成功，反而加快了城市“摊大饼”的速度，造成了更大范围的交通拥堵。

卫星城应达到适度规模，以充分保证就业与居住的平衡，保证在就业、产业和社会生活等方面的内聚力，大于老城区对卫星城的吸引力，达到疏解中心城区交通压力的目标。像北京市，中心城区吸引力很强，卫星城的适度规模可能需要600万人。

盲目性表现之十三，忽视了系统相关的规律：

城市交通拥堵问题不可能孤立地得到解决。同样，孤立地解决公交优先，也很难全面成功。

公交系统、私车系统、停车系统和步行系统等，都是城市交通大系统的子系统。子系统之间存在着相互依存与相互制约的关系，只有同时着眼于四个子系统，一揽子地解决问题，才是正确的方法。JD模式的四空间论就是按照这个思路，比较容易地同时解决了各种交通问题。

据报道，北京5000多公里公交线路中，公交专用线只占3%，在小汽车与公交车争路情况下，“公交优先”难以全面落实！

盲目性表现之十四，忽视了畅达的交通是城市合理布局前提条件：

交通拥堵造成城市蔓延，两者又共同作用，造成城市地价分布极不均衡，这又通过市场竞租的机制，使城市布局逐渐背离规划的安排，造成城市格局的严重扭曲，影响极其深远。所以，紧凑和畅达，是形成城市合理布局的绝对必要条件。

2.3　城市交通中的九个因果链

城市交通中有些深层的逻辑关系，从表面上可能难以察觉。这些深层的交通因果关系，可以归纳为九个因果链：

2.3.1　城市紧凑→步行出行分担率提高

只有城市紧凑，步行比重才能加大。紧凑型城市的空间尺度比较小，在人们步行范围能够达到的出行目的相对比较多。如果在700米的步行范围内，可以解决中学、小学、幼儿园，可以解决吃饭、理发、超市购物、娱乐休闲、体育锻炼、以及公园绿地的假日休闲活动等，步行在出行方式中的比重将提高很多。

2.3.2　城市紧凑→公交乘坐率提高

城市紧凑将会导致公交车的乘坐率较高。最典型的是一个反面的证明，美国多年来，随着城市的郊区化，公交乘坐率降低至原来的四分之一，这是令美国政府头疼的事情。如果我们北京的所有民众将来分布到六环线以内的广大区域，那该需要多少公交车才能把每个居民点的人都涵盖进来。公交车为了自己的运营成本，不可能满足所有居民点或工作岗位分布的要求。有大量的数据表明，城市越紧凑、居民点越集中、城市工作岗位越集中、越具备发展公交的条件。因此，公交车的乘坐率就越高。

2.3.3　城市紧凑→出行距离缩短

城市紧凑将导致出行距离缩短。这几乎不需要说明。如果从城东到城西，城市长度减小了一半，出行距离也就缩短了一半。

2.3.4　在饱和汽车拥有率时，实现小汽车交通通畅→城市道路才能长期通畅

小汽车的出行通畅，才能够形成整个城市交通道路的通畅。从世界银行对世界 52 个国家和地区调查的结果来看，当人们足够富裕以后，小汽车的拥有量将达到 600 辆/千人左右。因此，只要道路交通容量允许，甚至于道路仍在堵塞的情况下，居民购买小汽车的愿望是遏制不住的。城市居民购买小汽车，最终将达到饱和的水平。城市道路系统必须满足的一个条件是：在小汽车的拥用量达到 600 辆/千人时，城市的道路系统仍然保持通畅。

2.3.5　城市道路的畅通→公交优先的全面实现

城市的道路通畅，才能够实现公交优先。这恐怕不需要更多的语言解释。前不久，新华社上海通讯社在 11 月份发过一份通讯，其标题就是“上海公交优先遭遇尴尬。”文章反映的情况就是在上海交通拥堵日益严重的情况下，推行公交优先很难实现。现摘引如下：

“地面堵、地铁挤，使得公共交通对市民的吸引力不断降低，“公交优先”的效应也因此大打折扣。与此相对应，上海市民出行选择个体交通方式的比例正不降反升。统计显示，上海自行车登记总数竟以每年 130 万辆左右的速度猛增，而私人购买轿车的热潮，也从每月拍卖的车牌额度不断增加中可见一斑。由于行人、自行车、公交车、小汽车的关系以及换乘点规划和道路配套规划都比较混乱，上海道路交叉口的通行能力只有发达国家的 1/2～2/3，从而影响了道路建设的使用效率。”

上海“公交优先”的尴尬境地，显然也已引起了管理层的关注。上海市

城市交通管理局副局长韩强撰文指出，城市公共交通“优不上去、先不起来”，在相当程度上已经成为影响上海未来发展的瓶颈。”

快速公交BRT首创于巴西，我国不少城市寄希望于采用BRT来解决交通拥堵问题。但是，令人清醒的是，BRT却解决不了巴西本国各大城市的堵车问题。巴西的城市圣保罗，由于堵车严重，驾车出行一次要两小时以上，该城市已允许直升飞机作为市内交通工具，并为此设立了市内直升飞机交通管制塔。这生动地说明：快速公交在城市严重堵车的情况下，不但不能解决交通拥堵，本身也无法实现。快速公交是治堵的结果，而不是治堵的措施。

2.3.6 汽车达到饱和拥有率下，道路完全通畅→建成紧凑型城市

城市道路机动车的完全通畅，才有可能形城紧凑型的城市。最近二十多年以来，紧凑型城市作为城市可持续发展的一种形态已经成为了发达国家大部分学者的共识，但是这并没有形成一个紧凑型城市的满意模式。其根本原因就是没有找到城市道路完全通畅的办法。只要城市的道路出现了拥堵，城市内的交通条件与居住条件必然恶化。这必然又导到大量的人跑到郊区去居住，宁肯忍受长时间的上下班，也不肯住到城里。房地产商则顺应市场要求，开发郊区住宅。在汽车飞速增加的情况下，维持城市道路的畅通，保持城市内比较好的生活质量与出行质量，从而吸引居民不要搬到郊区，这是城市紧凑型的一个最基本的条件。

2.3.7 彻底解决停车难→道路实现完全的通畅

城市彻底解决了停车难，才能够解决城市道路的完全通畅。据建设部最新发布的统计数据，全国停车位缺少约400万个，估计恐怕还不止这个数目。以北京为例，大量的汽车停在一部分道路的边上，大量的汽车每天晚上停在行人的边道上，本来自行车是可以在边道上开辟慢行路的，但是北京自行车道抢占了机动车的道路。一部分汽车停在机动车道边，道路通畅问题的解决就更加困难。经常出现汽车到达目的后，为了寻找停车位反复的绕行，有人估计，这将增加城市的交通量30%左右。

2.3.8 人车的全面分离，建立宜人的步行系统→步行分担率提高

人和车的全面分离，才能够实现在全市建有宜人的、花园式的步行系统。在这个步行系统中，根本看不到汽车，汽车也开不上来。只有这样的步行环境，步行才能成为人们出行的最基本的选择，或者是第一个选择。当然

这个步行系统包括可以遮阳蔽雨的条件、花园式的设施。西方有的学者说（见《紧缩城市》第67页）："我们最终的目标是要构建这样一个城市，在这里，人们不再需要频繁的使用机动车，因为他们已经构成了一个社会性的环境性的问题。"

我们的研究结论是，一旦实现了人和车的全面分离，并且建成了遍布全市的花园式的步行系统，那么步行系统的分担率必将明显提高。

2.3.9　实现步行优先权→公交优先的真正实现

步行优先权的落实，才能保障公先优先权的落实。目前城市的交通状况，汽车交通难，交通拥堵。其实步行的交通更难，不亚于汽车的行车难。像深圳几条主干道经常发生由于行人穿行马路造成的交通事故。人们往往归罪于这些人的交通法规意识不强，实际上每个人，处在这种步行难的局面下，都会产生走"捷径"的想法，因为近在咫尺却要绕行大半天。这种绕行的困难，在人们乘坐公交车的时候，或者是在人们从路的这一侧到另一侧去换乘的时候都可以感受到。城市的每一条快速路，实际上就是一条无法逾越的鸿沟。每一座立交桥都会使近在咫尺的地方花费数倍的时间，夜晚还很不安全。在刮风下雨天，走路去做公交就更是困难。所以，要真正落实"公交优先"，必须先落实"步行优先"权的问题。

2.3.10　城市交通九个因果链的综合表述

上述城市交通中的九个因果链，也可以把它综合表述如下（见下图）：

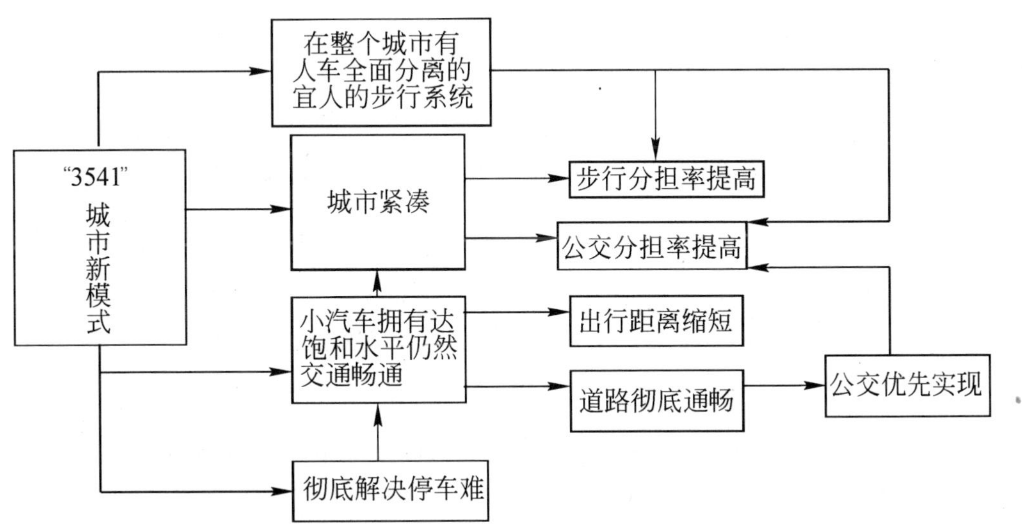

要完全理解这些因果链，需要对本书的全部内部进行研究。但是，由于城市交通的开放性和它的群众性，也就是每个人都生活在城市交通的环境中，可以说生命有多长，在城市交通环境中的生活就有多长。所以，细心体察的人，恐怕对这些交通链有所领悟。城市交通的公众性、开放性、透明性就决定了每个人在一定程度上都是内行，所以对于细心体察交通的人士来讲，可以不需要阅读本书的全部内容，同样可以理解这九个因果链的存在。

从上图可以看出，“JD 模式”这个方框只有向外的箭头，这说明它是起原始作用的因素。“公交分担率提高”这个方框只有向内的箭头，这说明它是各项要素所形成的最终结果。

2.4 城市人口密度的合理数值

在城市规划中，城市人口密度是由多种因素决定的，本文只从交通方面确定城市人口密度的最佳数值。

城市人口密度的最佳数值由三个因素决定：反比定律，交通供给密度极限，停车位供给极限。

2.4.1 交通供给密度和人口密度的关系

汽车需求密度(辆/平方公里)≤汽车容量密度极限(辆/平方公里) ①

上式中：

汽车需求密度=人口密度×汽车拥有率 600 辆/千人

汽车容量密度极限=交通供给密度极限÷日平均出行距离

假设条件：采用本文提出的城市交通新方法，道路面积率 22%，车道面积率 70%，车道宽度 3.75 米，平均车速 60 公里/小时，日平均出行距离 60 公里。

将以上假设条件代入公式①，可得出：人口密度≤19096 人/平方公里。

2.4.2 停车位供给密度和人口密度的关系

人口密度×汽车拥有率 600 辆/千人≤停车位供给密度极限×90% ②

上式中：

停车位供给密度极限应为 10000 个/平方公里，考虑到应该由 10%的停车位供周转使用，所以上式中停车位数按90%计算。

根据公式②得出：人口密度≤15000人/平方公里。

2.4.3　人口密度和反比定律的关系

在城市人口相同、规划布局相同的条件下，城市的汽车容量与城市的直径成反比；城市交通需求总量与城市直径成正比，与城市人口密度的平方根成反比。城市的密度越大，日出行距离越短，城市的汽车容量越大，所以城市的人口密度应尽量取允许值的上限。

综合考虑以上公式①、②，人口密度的最佳数值应为15000人/平方公里。如果上述的假设条件有变化，人口密度的最佳数值应作相应的调整。

在人口密度为15000人/平方公里时，汽车保有量密度允许为9000辆/平方公里。若按现行的交通模式，当汽车拥有率达600辆/千人时，由于道路通行能力很低，每平方公里土地上只能容纳约2000辆汽车，人口密度允许最大值仅为3300人/平方公里。

2.4.4　采用JD模式，城市人口密度上限为3万人/平方公里

上述的人口密度15000人/平方公里，是在JD模式中机动车道路为开敞式的、地面停车库为一层的结构时，人口的合理密度。

在JD模式中，采用机动车道路上方设置盖板、地面停车库为两层结构时，设建筑覆盖率为20%、慢行道路面积率为10%，则城市面积的70%为户外活动空间，人均绿地指标不小于20平方米。

(1) 按人均绿地指标考虑，人口密度上限可为3万人/平方公里

当人口密度上限为3万人/平方公里时：

户外人均绿地面积＝1平方公里×70%÷3万人＝23平方米/人

户外人均绿地大于20平方米，环境容量允许城市人口密度上限为3万/平方公里。

关于户外人均绿地指标推荐为20平方米，根据如下：

1) 国内外主要城市的绿地指标

[资源来源：《城市生态环境学》(第二版)第175页]

世界许多国家在制定大城市绿地定额时，提出每人36～40平方米的方案。如美国提出城市绿地指标为每人平均拥有公共绿地28～36平方米；英国为42平方米；法国为23平方米；日本较低，近期为6平方米，远期为9平

方米；世界卫生组织推荐的标准是绿地覆盖率为40%，建筑绿化用地率40%，人均绿地面积40～60平方米，人均公共绿地20平方米。我国也有人考虑到城市燃料所产生的二氧化碳，按每人10平方米绿地再增高1～1.5倍。比较理想的定额应为每人拥有25平方米以上的绿地。

2）我国城市绿地面积现状

[资源来源：《城市生态环境学》（第二版）第176页]

目前我国城市绿化水平较低，据180个城市统计，城市绿化覆盖率低于10%的占50%以上，按人口平均公共绿地面积计，许多城市只有每人2～3平方米，较高的也只有每人5平方米。根据我国城市绿化规划要求，在有条件的城市，绿化覆盖率近期内应达到30%，远期争取达到50%，每人平均公共绿地面积近期争取达到6～10平方米。新建城市，园林绿地面积应占城市总面积的30%，改建的旧城区一般也不低于25%。

3）广州市人均绿地推荐值18.1平方米

[资源来源：《城市生态环境学》（第二版）第167页]

为保证城市居民呼吸需氧量也应规划一定的城市绿地面积生产氧，这是现代城市建设不可缺少的。为此，按上述8种乔木平均的吸碳放氧量计算，广州城市人均林地面积应占18.1平方米，相当于广州城市绿林覆盖率约22%。

（2）停车位数量满足人口上限3万人/平方公里的要求

地面停车库为2层结构时，按20%的车停在地下，地面停车库需满足停车位数量为：3万人/平方公里×600辆/千人×80%＝14400辆/平方公里，计算可得：

地面停车库面积＝14400辆/平方公里×30平方米/辆÷2

＝216000平方米/平方公里

地面停车库面积小于JD模式中可以提供建地面停车库面积350000平方米/平方公里的80%，可以满足需要。

（3）满足人口密度3万人/平方公里时的交通需求

人口密度提高一倍，城市的尺度缩小一倍，机动车日均出行距离基本缩短一倍，机动车车均交通需求量减少一倍。因此，当人口密度由1.5万人/平方公里提高至3万人/平方公里时，人口增加一倍的同时，机动车总量增加一倍，但由于机动车车均交通需求量减少一倍，所以，交通需求总量基本不变，道路不会产生交通拥堵。

2.5　道路面积率的合理数值

2.5.1　国内外部分城市道路面积率

北京市区 2005 年的数据，道路面积率为 12%。国内部分城市的道路面积率列如下表：

国　名	城　　市	道路面积率(%)
日　本	东　　京	15.3
	大　　阪	17.2
	名 古 屋	17.6
美　国	纽　　约	35
	芝 加 哥	23.4
	洛 杉 矶	50
	华 盛 顿	43
德　国	柏　　林	26
英　国	伦　　敦	23
法　国	巴　　黎	25
西班牙	巴塞罗那	15.8
奥地利	维 也 纳	15

2.5.2　道路面积率与人口密度的关系

城市的基本功能是承载人类的社会活动、经济活动和生存繁衍，《雅典宪章》对城市功能用八个字进行描述：“居住、工作、休息、交通”。实际上，交通只是进行其他活动的手段，本身并不是目的，所以交通应该包含在其他功能当中，而不应该单独成为一项功能。

城市的面积是为城市功能服务的，首先应满足居住、工作、休息的功能需要。在满足居住、工作、休息等功能的前提下，交通所占的面积越少越好。如何取得各种功能面积与交通面积之间的均衡，就是确定道路面积率的合理数值的原则。

首先分析居住对面积的需要：从居住方便、住房造价经济和建筑防灾难角度考虑，住宅的平均高度宜选择为 10 层；从建筑的合理间距考虑，在住宅建筑用地上，建筑覆盖率宜选择为 30%；从居住面积的长远需要考虑，并参照发达国家人均住房面积的数据，宜选择人均住房面积为 50 平方米。从以上数据可得：

人均建设用地面积＝50 平方米/人÷10÷30%≈17 平方米/人

按照紧凑型城市模式，人口密度的合理数值为 15000 人/平方公里，由此可得：

每平方公里土地上居住建设用地面积
＝15000 人/平方公里×17 平方米/人
＝255000 平方米/平方公里
＝0.255 平方公里/平方公里

由公式可知，居住用地面积率为 25.5%。

除住宅以外，其他建筑用地面积：其他建筑包括市政公共设施、文化教育、体育、娱乐、商业以及其他产业建筑设施。如果按照人均建筑面积 30 平方米计算，建筑容积率按 5 计算，可得：

其他建筑人均建设用地面积＝30 平方米/人÷5＝6 平方米/人

按人口密度为 15000 人/平方公里，可得：

其他建筑用地面积率＝15000 人/平方公里×6 平方米/人
＝9%

城市全部建筑用地面积率
＝居住用地面积率为 25.5%＋其他建筑用地面积率 9%
≈35%

地面停车库面积：按 80%的汽车停在地面停车库，按人口密度 15000 人/平方公里，汽车拥有率 600 辆/千人，按停车位数量为汽车拥有量的 120%计算，可得：

地面停车库面积率
＝15000 人/平方公里×600 辆/1000 人×30 平方米/辆×120%
＝324000 平方米/平方公里

=32.4%

按照JD模式(见本书下篇)，地面停车库可以全部放置在建筑物的架空层之内，因为地面停车库面积率32.4%小于建筑物用地面积率35%。

以下按照对道路交通能力的需求，计算道路面积率：

(1) 设人口密度为15000人/平方公里，汽车拥有率为600辆/千人，日出行距离为50公里/日，高峰小时交通流量比K=11%(日/时)，计算可得：

交通需求密度=15000人/平方公里×600辆/千人×50公里/日×高峰小时交通流量比K

=450000车·公里/日×11%(日/小时)/平方公里

=49500车·公里/(平方公里·小时)

(2) 为实现交通畅通，需要满足下列的交通畅通判断公式

交通供给密度>交通需求密度

考虑到交通在各条道路上的分布不均匀，取不均匀系数为1.6，则交通供给密度应为：

交通供给密度≥49500车·公里/(平方公里·小时)×1.6

≥79200车·公里/(平方公里·小时)

(3) 为满足交通供给密度79200车·公里/(平方公里·小时)，设每条车道通行能力为1800辆/小时，可得应具备的车道密度：

车道密度=79200车·公里/(平方公里·小时)÷1800辆/小时

=79200车·公里/(平方公里·小时)÷1800辆/小时

=44公里/平方公里

(4) 根据车道密度44公里/平方公里，求取机动车道面积密度：

机动车道面积密度=44公里/平方公里×车道宽度3.75米

=0.165平方公里/平方公里

按双向10车道考虑，道路长度为4.4公里，道路中央的隔离带宽度为8米，道路两侧路肩宽度各为2.5米，可得：

隔离带及路肩面积密度=(8米+2×2.5米)×4400米/平方公里

=0.0572平方公里/平方公里

道路面积率=(0.165+0.0572)平方公里/平方公里

=22.22%

由以上计算可知，当交通不均匀系数为1.6时，道路面积率为22.22，若城市规划比较合理，能保证交通不均匀系数为1.2，则道路面积率为22.22×1.2/1.6=16.7。

(5) 当道路面积率为22.22时，城市绿化用地为：

城市绿化用地率=1−22.22%−35%=42.78%

净绿地面积约为42.78万平方米×80%≈34万平方米。

人均绿地面积为34万平方米÷15000人≈23平方米

人均绿地面积满足生态要求。

(6) 由以上各项计算可得，道路面积率的合理范围为16.7～22.22，圆整为17～22，可以近似地认为道路面积率的合理数值为20。

应该特别说明，以上道路面积率的数字范围，是以以下各项假设为条件的：人口密度为15000人/平方公里，汽车拥有率为600辆/千人，日出行距离为50公里/日，高峰小时交通流量比$K=11\%$(日/时)，每条车道通行能力为1800辆/小时。其中，每条车道通行能力为1800辆/小时，只有在机动车道路全部为快速路的JD模式中才能实现。如假设条件有变化，道路面积率的合理数值应按以上方法重新计算。

2.6 路口间距的合理数值

关于路口间距的合理数值，历来有两种观点：一种认为路口间距应取较小的数值，可以取到100～200米的距离，认为路口较密有利于机动车灵活选择路线，有利于减少交通堵塞现象；另一种观点认为路口间距应取800～1000米较好，以利于车辆的变线行驶和转弯，以利于将道路面积集中使用，可以建成双向6～10车道的机动车道路，在发生交通事故时可以避免交通堵塞。

在研究路口间距的大小时，首先应分析路口间距对交通的各种影响。与路口间距大小有关的交通行为如下：

(1) 汽车变线所需要交织距离

所有的机动车在两种情况下都需要变线，一种是准备向路边停靠或从路边准备转入快速车道直行，一种是准备转弯或是从转弯进入直行。在这两种情况下都需要有足够长的交织距离。关于交织距离的长度比较合理的观点是，交织距离应在30～600米之间，距离大小取决于车辆行驶速度和车辆密度。经长期观察，在城区内交织长度应在100～300米之间，从安全的角度考虑，交织长度宜长不宜短。

一般在城区，两个路口之间总会有小区道路的进出口，考虑到小区道路进出口前后交织距离的要求，小区路口距离前后两个城市道路交叉口的距离各应不小于100～300米。如果按较长的交织距离考虑，城市道路的路口间距应在300～600米较好。

（2）由城市道路分割而成的各个街区，经常安排为居住小区。各个小区内应该有较大的绿地，有足够的配套设施。因此，每个街区的面积应足够大，在街区内可以设置体育场、学校及商业、娱乐设施。只有路口间距不小于300米时，街区内围合的面积才能达到6万平方米，这已经是小型社区所需要的最低面积了，如果要使小区有足够的配套的设施，小区规模应该较大，其围合面积应为10万～20万平方米较好，这就要求路口间距不小于400米。

（3）城市道路中应设公交车专用车道，因此道路的宽度应满足双向6车道的要求。如果考虑到道路通行可靠性的要求，也就是一旦发生交通事故，事故车辆占用了两个车道时，剩余的车道仍能保证道路的畅通，那就应该考虑双向10车道。因此，在道路面积率一定的情况下，一旦确定双向10车道的道路宽度，那么计算可以得出路口间距的数据。在道路面积率为20的情况下，计算可得路口间距约为700米。

（4）假设每个城市道路上都设有公交车，那么乘坐公交车的走行距离大约为路口间距的1/2，一般认为走行距离不应大于300米，因此，路口间距应在600米，以便于从家中出发向东西南北各个方向去乘车时，走行距离都不太远。

（5）从消除交通拥堵考虑，城市机动车的平均行驶速度应在每小时60公里左右，为了节油和减少尾气污染，不应该频繁的刹车、启动和转弯，路口的间距应满足机动车行驶速度保持每小时60公里的要求，因此路口的间路不宜过小，从汽车行驶特性来看，不宜小于300米。

（6）为了实现紧凑畅通城市的目标，按照JD城市发展模式的要求，城市道路的交叉口应全部或大部分设置十字形立交桥。在这种情况下，两个交叉路口的之间距离应扣除立交桥的坡道长度，剩余的平面部分长度应满足路口之间小区道路车辆进出时交织段长度的要求，也就是说，路口间距的长度等于立交桥坡道的长度加上小区路口前后交织段的长度。一般坡道长度约为200米，如果交织段按200米左右考虑，路口间距宜选择为不小于600米。

2.7　规律之一：城市交通与城市空间相互决定规律

2.7.1　导论

在2000年召开的“21世纪世界现代城市大会”发表了《柏林宣言》，其中，有这样一段令人触目惊心的论断：“当今世界，所有的城市都存在着各种各样的问题，没有一个城市真正做到可持续发展。”

城市可持续发展的出路在哪里呢?

我们中国作为发展中国家，几乎所有的城市交通规划都在学习发达国家的经验，而不了解他们只有失败的经验。我们没有意识到这是一条走不通的路。不了解我们的努力，正在推动我国的城市加入到严重不可持续发展城市的行列!

英国的专家们曾经指出“世界的环境危机正由我们的城市所驱动”，并告诫说，发展中国家的城市走发达国家城市的道路“将是重蹈覆辙”。还告诫说，发达国家占世界人口1/3，其城市能源透支性的消耗，已经给全球生态环境造成潜在的灾难，如果占世界人口2/3的发展中国家，其城市发展走发达国家的路，“我们很快会面临大规模的生态系统崩溃……我们必须竭力发展出另一种城市模式”(《紧缩城市》第5页)。

在1990年，欧盟国家达成共识，要寻求城市可持续发展的形态，并把紧凑城市做为可持续发展的目标形态，十几年过去了，欧洲人仍然没有找出建设紧凑城市的办法。

我们在很多方面可以学习发达国家的先进经验，而唯有城市交通和城市空间结构方面，不能学习他们的经验，因为他们没有成功的经验。要学习的是他们经验中所蕴含的教训。

全面分析发达国家城市建设经验中所蕴含的教训，那就是没有处理好城市交通与城市空间相互之间高度依赖的关系。他们已经感觉到了两者之间的关系“好像是鸡和蛋”，但是，没有系统化和理论化，没有形成指导规划实践的理论和方法。

本章所要讨论的城市交通与城市空间相互决定论，将为城市交通和城市空间规划的实践提供理论和方法的参考。

下图是对城市交通城市空间相互决定论内容的扼要描述，对本章全部内容，或对本书的全部内容了解之后，自然会对这张图产生深切的理解。

2.7.2　城市交通与城市空间相互决定规律基本内容

在现代城市中，城市交通与城市空间是由多种因素决定的，包括自然的、经济的、社会的、文化的、技术的、生产方式、工作时间的长短、人们

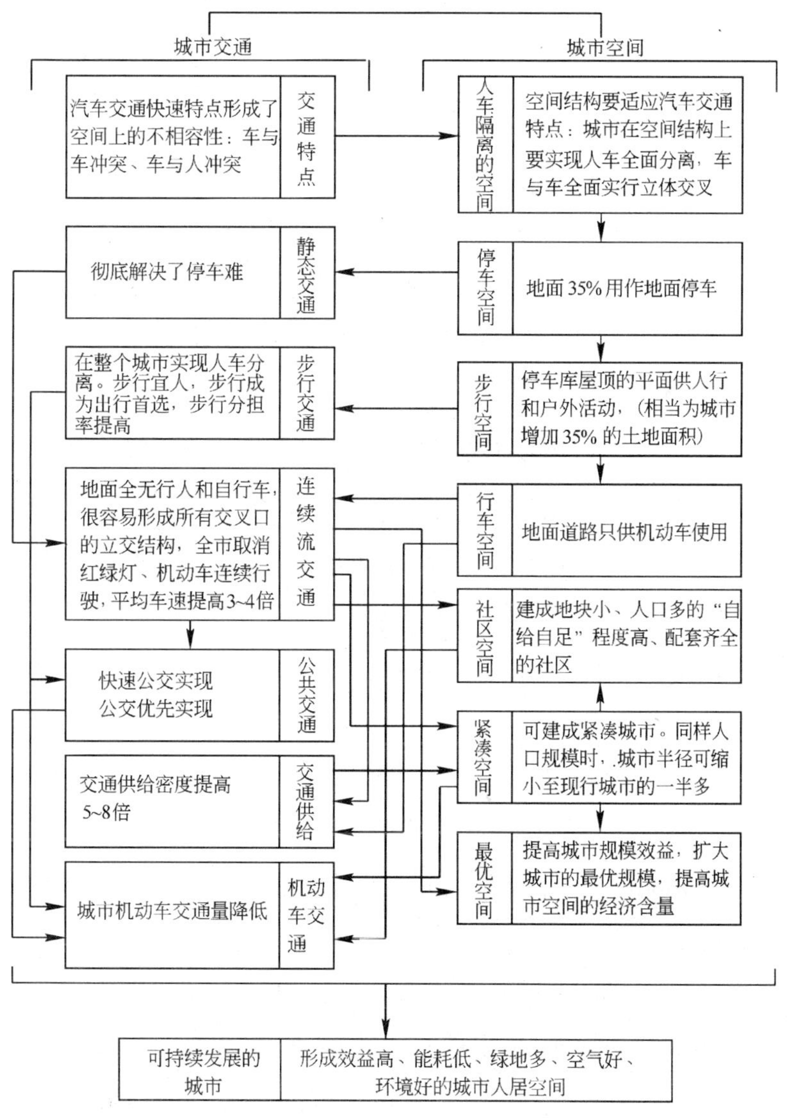

城市交通城市空间相互决定规律

的富裕程度等。但是多种关系中，城市交通与城市空间结构中两者之间的关系最为重要。可以说，在其他各种因素处于一定状态的背景下，是城市空间决定城市交通，也可以说城市交通决定城市空间，这两种说法同时能够成立。

城市交通对城市空间的决定作用已经被城市发展的历史所证实。在19世纪前，城市工业化的初期，由于铁路的出现，造成了城市沿着铁路扩散，后来由于电车、汽车等交通工具的出现，从1900～1940年期间，城市规模膨胀的同时，人口进一步的集中。从1945年以后至今，西方国家的城市，由于小汽车的飞速发展，城市开始大规模低密度的扩散。

历史证明，城市交通决定城市形态布局的密度和尺度，以及城市空间的使用质量、产出水平，以及城市经济的空间分布状态等。近年来比较生动的例子就是，由于城市交通的拥堵，国内几乎所有的大城市都开始修建环型快速路，这种道路模式必然导致了在环型路之外，再修环型路，以至城市走上了所谓的“摊大饼”的道路。欧洲国家最近极力倡导的建设紧凑型城市(1990年，欧共体对此形成共识)，其基本动因也是出于改善城市交通、减少城市交通拥堵、减少能耗和增加公共交通出行分担率等因素。

城市空间结构决定城市交通，这个问题，人们认识的比较晚，但这恰恰是城市交通全部问题能否解决的一个关键问题。深入研究发现：在某种城市空间结构下，城市交通供给能力可能处于很低下的水平；而在另一种城市空间结构下，城市交通供给能力可能处于很高的水平，两者可能相差5～8倍。空间结构方式不同，所实现的交通供给能力反差极大。另外，在一种空间结构中，城市的步行系统完全处于支离破碎的状态，人成了汽车的奴隶，步行系统的自由和步行系统的聚会功能完全丧失了；而在另一种空间结构下，可以在整个城市建成人车全面分离的、宽松宜人的步行系统。

城市空间结构决定城市的交通供给能力和交通供给方式的结构。步行、骑自行车、驾车出行、乘公共汽车出行等几种不同出行方式的结构，是由城市的空间结构所决定的。

另一方面，城市的空间结构还决定着城市的交通需求。人们已经看到，在“摊大饼”的情况下，机动车的交通量非常大，城市交通对机动车(特别是私家车)的依赖程度很高，公交系统的乘坐率也很难提高。在某种城市空间结构下，人们的步行系统被破坏了，步行环境变恶劣了，这就增加了小汽车的出行需求。由于步行环境的恶劣，减少了人们乘坐公交的需求，城市的交通需求结构也会变得很不合理。空间结构的方式和尺度不同，所产生的交通需求大小和结构也不同，会有很大的反差。

如果城市的空间结构合理，那么按照人的生活需要和健康需要，人们出行首选是步行。一种合理的城市空间结构，能够产生较大的步行需求，能够产生较大的公共交通需求，而只有特殊需求的情况下，才选择私人驾车出行。城市交通与城市空间相互决定的现象，在现代城市中的表现日益突出，这是我们认识汽车时代城市规划本质特点的一个基本依据。

约翰.M. 利维实际上已经认识到城市空间与城市交通相互关联的现象。他在书中写到："当前的土地利用模式决定当前的交通需求，而交通决策决定未来的土地利用模式。在最好的情况下，土地利用和交通规划是相互协调而非相互孤立的过程"。英国城市规划学者指出："所有的城市都是由他那个时代交通技术交通设施的发展水平所塑造的。"(《紧缩城市》)

2.7.3　城市空间尺度的"时空转换"现象

汽车进入城市以后，城市作为一个经济要素的聚集体，其内部因素产生了一个城市里从来没有出现的现象，这个现象就是"时空转换"现象。

经济要素之间的距离决定着要素之间物流和人流速度，或者说物流和人流之间的传递时间，在汽车出现以前，这个要素之间的传递时间和几何距离，基本上是成正比的。在非机动化的时代，城市的交通速度取决于人力和畜力的行走速度，人力和畜力的行走速度差不多，而且速度基本上是恒定的。在那个时代，城市中两个地方的距离一定，交通所需要的时间也一定。城市中各个点之间的距离的大小，与他们相互交流(包括人流和物流)的时间和距离是成正比的。在非机动化时代，一定距离所需要的时间，大体上是没有变化的，例如一个小时大约要走 5 公里，也就是 10 华里，不管哪一天，在什么时间，在哪个地方，只要 5 公里的距离，就需要 1 个小时。在非机动化交通的时代，城市之间的几何距离完全可以描述经济要素之间运作的效率。

但是在汽车社会的城市，情况就完全不同了。同样是 5 公里的距离，如果是步行需要 1 个小时。如果是汽车，一般情况下，只要几分钟就可以了，但是距离和时间之间也就没一个稳定的对应关系，也就是说一定的空间距离所需要的时间，并不是一种稳定的关系。在汽车时代，要看使用的是什么交通工具，还要看道路的通畅情况。

在汽车社会的城市，同样的城市距离，拥堵的时候，1个小时跑10公里，不拥堵的时候，1个小时可以跑100公里。也就是说10公里的距离，在拥堵的时候需要1个小时，在不拥堵的时候，只要6～7分钟就可以了，在这种情况下，决定经济要素之间流动效率问题，已经不在于它的空间距离，而在于两者交通所需要的时间。作为一个聚合体来看，城市内各个要素之间的距离，用时间来表达比用几何空间距离来表达，更具有经济意义。

实际上在日常生活中，人们考虑两点之间交流，考虑的不是距离，而是时间。因此，在汽车社会中，城市的空间距离，就转化成用时间来描述。这就产生了空间距离用时间来描述的现象。这就是汽车时代，城市中的“时空转换”现象。

城市中的“时空转换”现象也可以这样定义：在汽车时代，城市中的各个经济要素之间的距离，已经从它的几何度量转化为时间度量。而且，同一个距离的几何长度上，它们之间的度量可能因交通工具的选择和道路的畅通情况，产生1～10倍以上的变化。空间距离之间的几何长度和它转化的时间，不存在简单的对应关系，在几何距离的数量和时间表述的数量上，可以在1～10倍以内进行变化。这就是现代城市中的“时空转换”现象。

这个“时空转换”现象，是城市交通与城市空间相互决定论的基础。城市交通和城市空间设计所追求的目标就是较远的“空间几何距离”转化为较短的“时间距离”。我们把这种在较短时间内完成较远距离的交通，称为“时空良性转换”。可以说，做好城市交通与城市空间设计的标志就是：能够实现“时空良性转换”。

如果城市的空间结构规划得当，那么同样的距离，可以节约90%的时间。因为城市适当地紧凑，在城市人口规模不变的条件下，将使城市尺度缩小至原来的40%，实行JD模式，又可使交通高峰时段的平均车速提高四倍。所以，城市中最大距离(直径)的交通时间将缩短至原来的10%，即：40%×1/4=10%。

如果空间结构安排不当，则可能要用10倍的时间。这种现象说明，在城市规划，特别是城市规划的空间设计中，空间结构的安排方式，对城市中各个经济要素之间的“时间距离”，将会产生完全不同的结果。

例如，假设在紧凑型城市中，两点之间的距离是10公里，那么放大至现行城市模式的尺度，这两点之间的距离就增加至25公里；如果在紧凑、畅通的城市中，前述的 10 公里距离，其交通时间大约为 10 分钟，而在现行城市模式中，如果城市不紧凑，同样两个要素间的距离就是前述的 25 公里，其交通时间大约需要 90 分钟。可见，空间紧凑程度不同、平均车速不同，城市中两个经济要素的时间可能相差 9 倍。

例如，决定市区半径的半小时经济圈，在城市空间结构合理的情况下，这个半小时经济圈的半径距离可以达到 30 公里，如果城市空间结构设计不合理，造成了严重交通拥堵，这个半小时的经济圈半径只有 10 公里。半径为 30 公里经济圈和半径为 10 公里经济圈，它们所包围的面积，大约相差 9 倍。

从城市经济学的理论可以得出这样的结论：半小时经济圈的大小，决定了城市最佳规模的大小，决定了城市聚集效应的大小。半小时经济圈为 10 公里时，城市市区面积为 320 平方公里为宜。而半径为 30 公里时，其市区的面积为 2880 平方公里为宜。按每平方公里 6000 人计算，前者的城市经济规模约为 192 万人，而后者可以达到 1728 万人。如果两种情况下城市都是 1700 万人口的特大城市，两者相比，每百元投资的效益可能相差 20％左右，人均 GDP 和人均利税也可能要相差 20％左右。

以世界大都市东京和纽约(见书末彩图 1、2)为例，当汽车平均车速为 16 公里时，半小时经济圈的半径为 8 公里，1 小时经济圈半径为 16 公里；当汽车平均车速为 60 公里时，半小时经济圈半径为 30 公里，1 小时经济圈半径为 60 公里。

图 1 与图 2 的对比中可见，由于平均车速不同，城市适度规模所覆盖的面积差别悬殊。由此看来，充分认识城市当中的这种“时空转换”现象，对于我们正确安排城市规划的工作程序，自觉地应用城市交通与城市空间相互决定论的理论，通过规划，产生一个紧凑的、节能的、畅通的、宜人的城市，是很有现实意义的。

早在恩格斯时代，城市的聚集效应已经表现的十分突出，恩格斯在描述全球商业首都伦敦时说，“这种大规模的集中，250 万人集中在一个地方，让 250 万人的力量增加一百倍”。

巴顿在城市经济学《理论与策略》这本书中，将聚集所产生的经济效益划分为十种(见《现代城市规划》第 78 页)。摘录如下：聚集经济效益的产生原因划分为 10 种：(1)本地市场的潜在规模，居民和工业的大量集中产生了市场经济；(2)大规模的本地市场也能减少实际生产费用；(3)在提供某些公共服务事业之前，需要有个人口限度标准；(4)某种工业在地理上集中于一个特定的地区，有助于促进一些辅助性工业的建立，以满足其进口的需要，也为成品的推销与运输提供方便；(5)日趋积累的熟练劳动力汇聚和适应于当地工业发展所需要的一种职业安置制度；(6)有才能的经营家与企业家的聚集也发展起来；(7)在大城市，金融与商业机构条件更为优越；(8)城市的集中能经常提供范围更为广泛的设施；(9)工商业者更乐于集中，因为他们可以面对面地打交道；(10)处于地理上的集中时，能给予企业很大的刺激去进行改革。这10类聚集经济效益充分体现了现代城市不断发展的原因及其活力所在。

关于都市规模的问题，联合国人类聚集中心在“人类聚集的全球报告”中，把人口在400万人以上的城市称为超级城市。将800万人口以上的城市称为巨大城市。国际上一般把500万以上人口规模的城市称为大城市。

现代城市聚集效应因交通时间缩短，产生的几何级数增大。各经济要素之间的距离缩得越短，人流、物流、信息流之间的交流速度越快，这正是现代聚集效应产生的客观基础。但是各经济要素之间真正关心的是空间距离吗？不是，关心的是进行人流、物流、信息流交换的时间。因此，各要素之间的距离与其用几何空间距离来表示，倒不如用时间来表示，更符合城市聚集功能的本质。

我们从城市的发展历史也确实可以发现，城市的空间距离在城市交通的不同时代，完成这个距离的时间有了很大的变化，正是这个变化，影响了城市聚集效应的高低。

我们在研究城市中各要素之间的距离对相互交流时间，可以提出一个转换系数的概念。这个转换系数的概念可以定义为：以汽车的平均行驶速度30公里/小时为基准，30公里/小时与实际平均速度之比称为“时空转换系数”。

当实际行驶速度为15公里/小时时，这转换系数的值就是30公里/15公里＝2。当汽车在城市交通高峰期时，行驶的速度为12公里/小时时，这个“时间转换系数”就是30公里/12公里＝2.5。这个时候，城市中各经济要素在相互交流上，实际上每公里空间距离的交流时间，相当于原来2.5公里的交流速度。

如果汽车的平均行驶速度为每小时60公里。这时实际上每公里空间距离的交流时间，相当于原来0.5公里距离的交流时间，这个时候的“时空转换系数”即为：30公里/60公里＝0.5。与每小时12公里相比，相当于0.2公里距离的交流时间。

上面两个例子中的 2.5 公里和 0.5 公里，称为相距 1 公里的两点之间的当量距离。定义：两点之间的当量距离＝实际距离×时空转换系数。时空转换系数愈小，当量距离愈小，城市的人流物流周转速度越快。例如，半径为 30 公里的城市，当汽车的平均速度为 60 公里/小时和 12 公里/小时，其城市的“时空转换”当量半径分别为 15 公里和 75 公里，城市的聚集效益相当悬殊。城市规划的努力目标应该是尽量减小城市的“时空转换”当量半径。

2.7.4　城市交通决定城市空间的经济效益

城市交通决定城市空间的经济效益，表现在交通的畅达情况，决定城市规模的边际效益。城市随着规模不断扩大，其聚集效益不断增加，但是所产生的外部成本也相应的增加，会抵消聚集效益。当外部成本与规模效益刚好抵消的这个点，就是城市的边际效益等于 0 的这个点，这时城市的规模成为城市的最大合理规模。很多专家对此进行了研究，见下图(引自《现代城市经济》)。

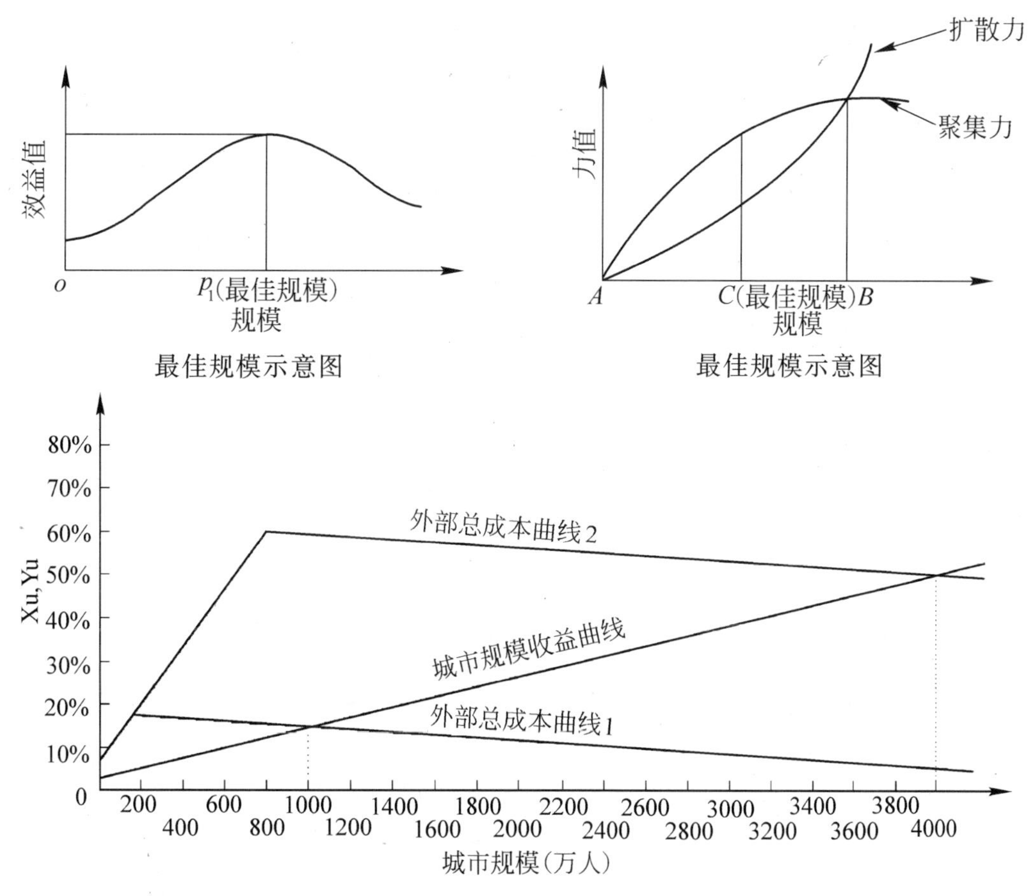

城市规模收益和外部总成本的拟合曲线

注：Xu 和 Yu 表示规模收益和外部成本占 GDP 的百分比

从上图中可以看出，城市的规模在 200 万～400 万人之间时，城市规模效益、聚集规模效益最好。大约在 200 万人口时，城市的聚集效益、规模效益达到了顶峰。随着人口的不断增加，城市的规模效益就逐渐降低。从上图可以看出，城市的人口增长至 1000 万时，城市的聚集效益和外部成本相互抵消，这时城市聚集效益的增长变为 0。

城市交通的平均汽车行驶速度能够提高 3～4 倍，即从每小时 12～15 公里提升到 60 公里左右，则城市的运转效率大幅度提高，城市每平方公里土地上的产出也相应会有所提高。从所掌握的数据来看，可以粗略地计算，在城市交通模式由传统的模式转换为 JD 模式之后，城市每平方公里土地上的产出率大约增长 18%左右。城市聚集效益最高的人口规模将从 200 万人有望提升到 800 万人左右，城市的最大合理规模有望提高至 4000 万人左右（示于上图中的外部总成本曲线 2）。可见，城市交通决定城市空间的经济效益。

2.7.5 空间的无序性造成城市交通的全面不和谐

汽车进入家庭以后，正面的问题是人们享受了汽车文明，但是，负面的东西是十分严重的，已经使城市变得越来越不适应人类居住。这是因为城市空间结构的无序性造成的结果，即多年来治标措施积累的结果，是“面多了加水，水多了加面”所形成的。

城市交通的不和谐是全方位的。概括起来有五个方面：

(1) 公交系统不和谐。

几十年前，人们可以自由自在地乘坐公交，能够准时到达想要到达的地方，乘公交车前后的步行也是比较安全、比较轻松的，这种局面目前已经不存在了，留下来的只是美好的回忆。现在做公交变成一件十分烦人的事情，不但乘车走路不方便，换乘时走路不方便、不安全，就是坐在车上也不知什么时候会遭遇堵车。所以公交系统不和谐这是有目共睹的。

(2) 小汽车的行驶不和谐。

这方面已经众所周知的就是交通拥堵、能耗大、污染重的问题。

(3) 步行不和谐。

人们只要将几十年前城市走路的环境和现在走路的环境加以对比就会发现，由于汽车大量进入城市，城市不断地改造道路系统，已经严重破坏了完善的步行系统。有的地方只因为隔着一条快速路，就像隔了一道鸿沟，近在咫尺，却要走很长时间，很难绕行到达目的地。步行的环境变得很不安全，空气也变得让人很不舒服，步行系统已经被汽车交通城市造成的道路改造冲击得七零八落、时断时续。这种步行系统的不和谐，使得很多人，本来可以走路去做的事情，现在也都采取了驾车或者乘车的方式出行。

（4）自行车交通不和谐。

这本来是一种健康的交通方式，但是现在骑自行车和以前相比，困难多了。最近以来，有的城市骑自行车的比例有所提高，不是因为骑自行车舒服，而是因为乘坐公交或者私人驾车无法准时上下班。人们被逼无奈，只好在困难当中选择困难较小的出行方式，选择了骑自行车。实际上，骑自行车出行，其舒适及便捷程度已经完全不能和几十年前相比。

（5）停车系统不和谐。

停车难已经越来越使有车一族经常处于尴尬的局面。

我们的目的，是使城市恢复汽车进入城市以前那种既宜人、舒适，又方便的生活空间。我们在本书的后面，会专门谈到城市交通全方位的不和谐是可以一揽子得到解决的，造成这种全面不和谐的根本原因，是城市空间结构的不合理，是城市交通系统的不合理，而城市空间结构合理化，是解决城市交通合理化的前提条件。

在通过对城市空间结构设计的合理化之后，城市交通系统中的五个不和谐将同时得到全面的解决，城市将变得方便、快捷、舒适、宜人，城市变成了一个能够吸引所有人到城里居住的人性化的生活空间。

2.7.6　先有交通，后有城市

约翰.M. 利维说：“城市交通和城市规划的关系就像鸡和蛋的关系”，但这还不够确切。从历史上看是先有交通后有城市。传统的城市规划中，只把交通系统作为城市规划系统的一个子系统对待，往往是在城市规划全面确定后力图解决城市交通问题，这正是没有把城市交通和城市规划摆到应有的位置上，从城市形成、发展、变化的历史来看，可以说先是城市交通决定了城市的空间结构，作为反作用，城市的空间结构又决定了城市的交通局面。

一位英国专家说：“正是因为城市的交通，决定了城市的形态”。城市交通和城市规划，或者说城市交通和城市空间是相互制约、互为条件的关系。但这样说，并没有说清问题的全部。

从城市产生的历史来看，交通是在城市形态形成以前，就早已经存在的。实际上，交通是动物界一种普遍的行为，不管是候鸟的迁徒，角马的长距离的迁移，还是动物的日常活动，都是和动物在其躯体在空间上的活动紧紧相连的。人类在没有形成城市以前，早已经和所有的动物一样，不断地在空间移动自己的躯体。因此，应该说交通的产生先于城市，而交通的方便又是城市形成的一个重要基础。从这个意义上说，一个城市的形态，一个城市的空间结构，或者说一个城市的规划，有赖于交通系统的规划先行。交通与城市的关系比作作用力与反作用力的关系，更为确切一些。

贯穿本书的一个核心观点就是：通过城市空间结构的设计，或者以交通系统的规律和特性为根据，进行城市空间的合理设计，是整个城市规划的基础。在这个满足城市交通系统结构和发展的空间结构基础之上，城市规划才可能全面实现其人文目标、经济目标、生态目标，才可能完成一个符合时代——汽车时代合格的城市规划。

正如一位英国规划专家所指出的(见《紧缩城市》)：“所有的城市都是由它那个时代交通设施的技术发展水平所塑造的。”

2.7.7　城市交通与城市空间相互依赖性的种种表现

2.7.7.1　交通量的评估和决策影响土地开发特征

开发规模与开发特征将决定于这块土地上产生的交通量。例如，开发这块土地作为住宅所产生的交通量，与成为公寓、或成为商业、或成为购物中心、或成为娱乐场所所产生的交通量就有所不同。在这个地块上，要建设学校，特别是小学校，那么交通模式的安全就成为主要的考虑因素。在这个地块上，是准备开发一个社区，那么它就意味着，即要避免过度密集开发，也要避免过度分散开发。要使居民易于接近娱乐场所、文化场所、学校或购物场所，或其他辅助设施等。这就意味着社区内将要一个便于使用的街道模式，当交通高峰出现时不会过度拥挤，意味着独立的、不相容的土地利用活动，包括在居住区中设立必要的商业设施，但是要将以红区外人群为顾客的商业活动分离出去。

在这样一个现代化的社区里，要提供的交通系统，并要使行人、自行车交通与机动车交通彻底分离。因此，可以说，一个地块的开发，本质上它的开发决策首先是交通决策。

2.7.7.2　交通决定论的生动例证是港口城市的形成和城市扩张的历史

港口的最早出现，是由于水运发达水平先于陆地运输。在运输量上，在运输物品的大小上和运输成本上，是在机动车出现以前，水运具备的绝对优势。由于当时的水运的成本只有当时陆路运输成本的1/10，水运中的海运成本就更低，因此，港口城市就形成并且逐渐发展。而在港口城市中，大多数人都是步行上下班，这就决定了工作地点和居住区距离较近，形成了人口的高度集中。到19世纪20年代，铁路运输开始发展，这就形成了围绕着铁路站点及其周围地区高度集中所形成的一些城市。

在当时，人口的高度密集，是生产活动的需要，但是给人们的生活，特别是居住水平，带来了很大的负面影响，人们渴望着能够居住生活得舒适一些，能够离自然更近一些。因此，19世纪末，20世纪初，有轨电车的出现，使城市开始向外延伸，城市的郊区化，从那里就开始了。这是当时在西方城市出现的向四英里半半径范围以外迁移的巨大的浪潮。城市开始延着有轨电车线和铁路沿线开始向外扩散。

20世纪20年代左右，美国城市出现了大规模的郊区化，美国的学者认为，造成这种分散及郊区化的主要动力源自于汽车。19世纪末，第一辆汽车出现，到1915年，美国汽车拥有量是500万辆，到1930年，就达到了2500万辆，正是这个时期，美国城市的郊区化才大规模地开始了。由于汽车的出现，工厂的选址可以远离铁路，有较大的自由布局的范围，商业和劳动力也可以离开铁路，有较大的自由空间。在20世纪20年代，高速公路开始出现，这也推动了城市郊区化的发展。

汽车的发展，推动了城市向郊区扩散的进程，这也可以从反面论证。美国在1941～1945年，作为第二次世界大战的参战国，由于民用汽车的生产推迟，汽油的限量供应，美国城市的郊区化进程暂时得到了终止。当战争结束以后，整个美国就进入了一个持久的城市郊区住房建筑膨胀期。汽车拥有量从1945年的2500万辆，到1950年就发展到4000万辆，1960年6200万辆，1970年8900万辆，1980年1.22亿辆，1990年1.44亿辆。据最新的统计，美国汽车已经发展到了2亿辆，差不多每千人拥有700辆。

由于汽车的高度发展，城市的郊区化已经发展到了难以想像的程度。像美国的芝加哥，城市的人均占地达到了700平方米；洛杉矶城市的人均占地也达到了500平方米左右。

特别需要指出的是，是不是汽车的大发展，一定会造成城市的低密度扩散呢？像我们中国，人均耕地只有800多平米，按照美国的模式，汽车城市发展以后，岂不是大部分耕地都要被挤占了吗？

本书的论证将要说明，交通决定论的一个重要方面就是：一旦汽车交通和汽车交通的道路交通系统作了彻底的改进，使城市每平方公里土地上汽车的拥有量能够从目前的1500辆增加到10000辆左右，那么城市就可以在汽车高度发展的同时，维持紧凑型的城市形态。完全避免城市摊大饼、城市郊区化。道路交通模式的改革，使得汽车的增加和城市的低密度之间，不再成为必然的逻辑结果。采用JD模式，城市人均占地只需70平方米，这也是交通决定论的一个新的例证。

当然，家庭向郊区迁移的吸引力之一就是郊区向人们提供了比较宽松的、比较接近自然的居住环境。但是本书将要说明，在城市道路交通系统彻底变革之后，在城市内能够形成一个既贴近自然、又十分方便于邻里之间进行沟通交流的人性化空间，这个人性化的空间将比郊区的居住对家庭具有更大的引吸力。因此，一个好的道路交通系统，一个全新的城市道路JD模式，将提高城市对家庭居住的吸引力，将从根本上消除家庭向郊区迁移的动因。城市交通模式对城市居住吸引力的巨大提升，也从“以人为本”这一个层面反映了交通决定论。

2.7.7.3 交通问题严重损害了人居环境的宜人程度

目前城市空间中的交通局面及城市空间的状态，是被动的、自然的、盲目的、和无序的状态下所出现的，令市民十分无奈的局面。

先说城市交通。若干年前，人们可以在街道上自由漫步，甚至于带着孩童戏要，朋友之间边吃边谈、吃着小吃、逛着商店、欣赏街道美景，那个令人向往的时代已经一去不复返了。闲暇居民想骑自行车到路上去兜兜风，在过去是一件即有利于健康，又能够愉悦精神的一项室外活动，但是，现在要想在城里骑自行车外出，那一定是些非常不得已的人，才会采取的交通方式。比如说为了赶时间去上下班，比如说为了去送货，或者是一些学生为了节省费用不得已才去骑自行车。至于要乘公交车去购物或者是郊游，那现在已经成为一个令人十分烦恼的事。

目前城市交通对于驾车一族也是一个令人无奈而十分烦恼的局面，不知道什么时间能到达目的地，不知道什么时间就遭到了长时间的堵车，或者是在车的海洋中蠕动式地爬行。好不容易到了目的地，又很难找到停车位，有时为了一个停车位，要转来转去，稍不注意，就出现了违章，还要接受交警的违章处罚，排队去交款。现在已有的交通工具、交通方式都处于困难和无奈局面，包括行人、自行车、驾车、乘坐公交和停车。

至于城市空间，应该说人们是为了生存，不得不住在城里，为了工作，不得不住在城里。稍微有一些条件的人，都巴不得能够搬到郊区去住。尽管在路上每天要花去很长的时间长上下班，但是也要从繁杂压抑的大城市中逃出去。目前大城市的空间，基本上不再有人情味了。邻里之间很少有交往的场所，老人和小孩很少有自由活动的空间，要说人们的空间还有自由，那也是自己的住房，房间内部的一点点空间。

不少大城市由于空气的污染、灰尘的增多，居民仅有的一点空间，就是高楼住房带有的阳台，也不得不用窗户把它封起来。像以前，小孩子可以在室外玩耍、捉迷藏、做游戏、或者滑一些滑板、旱冰运动等，现在都很难找到这样自由的空间。如果说城市中还有一些公园可以供市民活动的话，那么居民从家里到公园的交通也是令人生畏的事情，所以很多居民，特别是老人和行动不便的人，就更难享受公园的那一点仅有的有限的空间。为什么会出现这样的局面呢？就是因为城市交通与城市空间之间的关系没有得到和谐的处理。

比如说，如果能够把城市的交通拥堵彻底根除，那么城市居民就可以在有限的时间里选择适于自己的活动空间，能够在预定的时间内到达那个室外空间，如果能够彻底解决城市停车难的问题，那就不至很多可能供行人活动的空间，都被大量机动车所占用。像北京街道那样，到了晚上，很多街道上摆满了汽车，行人不得不穿来穿去。如果在交通上能够彻底实现了人车的全面分离，为行人准备了无处不在的步行道路，那么在步行道路就可以设置许多供休闲用的长椅、长廊、遮阳棚等。在这些专供行人行走的道路上，自然可供儿童、嬉戏、玩耍，包括儿童的一部分户外活动。如果实现了人车的全面分离，就很容易在所有的居民居楼附近形成开敞、比较自由的、安全感很强的室外活动空间。

本书有关章节将介绍一种全新的城市交通模式和城市结构空间模式。

在这个模式中，在人口密度每平方公里15000人的情况，仍然可以有40%的土地面积，作为小区的公园。在一个700米×700米的街区单位中，就有一个20万平方米的小区花园。除此之外，在居民楼附近，还有大约8万平方米的楼宇之间的活动空间。在这个新的城市交通空间模式当中，每平方公里城市土地面积上，汽车保有量可以达到1万辆车，这时候不会出现交通拥堵，也根本不会出现停车困难。

人和车在空间上实行了全面的分离，邻里之间，日常交往的场所、儿童嬉戏场所，以及在十分钟步行范围内，到达所有日常生活的公共活动设施单位，完全不必要天天驾车出行，时时乘坐公交。在这种模式下，目前国际上所倡导的每天步行半小时的健康的、绿色的交通方式，完全可以实现。

在所述的JD模式和城市结构空间JD模式下，每个居民平均可以有室外绿地30平方米左右，可以有室外步行的和自由活动的空间10平方米左右。

特别需要说明的，在这种JD模式下，每个街区都是可以像大院式的，完全封闭起来。这里面的封闭，是在实现了人车全面分流以后，在人的活动平面上，实现了以街区为单位的全面封闭。而在车的平面上，整个城市完全没有任何人为的分隔。这样，既保持了车的完全畅通，也保持了每个街区的居民都生活在一个相对分隔，或者说是相对封闭的大院里，这保证了市民室外活动的安全性。不像现在，一到了傍晚，或者说到了人迹稀少的时候，居民外出，安全感很差。在城市偏僻的地方或者是人迹稀少的时候，容易出现治安事件。空间的安全性问题，也是居民可以自由享用室外空间的一个非常重要的条件。

如果按新的模式实现了，那么城市内的空间结构，对居民将具有很大的吸引力。相信城市居民将打消从城区迁居到郊区的念头。甚至住在郊区的居民感到交通不便、购物不便、上学不便也有可能返回到城市里买房居住。

如果把居民迁往城市郊区居住所形成的空间，也看作目前城市空间的一个有机组成部分的话，那么在这个空间当中……那么在郊区所形成的居住空间，也是存在很多不足之处的。

美国城市规划学家约翰．M. 利维指出，在郊区过度依赖汽车，对人们的生活结构有很大的影响，郊区的老年人不仅因为在他们身体不够硬朗、难以行走的时候失去独立性，而在他们因眼花不能驾车时，同样失去独立性。这样一个成年人在他还完全可以独立生活时就要依赖他人了。尚未达到法定年龄人，要极端依赖成年人为他们驾车，带他们去参加各种活动。孩子的自由和活动被严格限制了，而父母发现他们中的一个，因为需要而被栓住，成为孩子们的司机。

2.7.7.4 大规模使用汽车的发展史与城市病的发展史是同步的

美国战后城市更新，大规模的郊区化，有很多原因，但是除了政府的财政政策、信贷政策和房地产的开发推动之外，汽车交通的大量推广是这个郊区化得以实行的重要前提。战后时期，美国经历了伴随着汽车拥有者的大幅增加所带来的大规模的郊区化。20 世纪 60 年代、70 年代至 80 年代，美国建成了四万英里的高速公路系统，高速公路的汽车交通，成为了重新塑造美国城市空间形态的主要动力。

美国城市郊区化的过程，也就是美国汽车大规模使用的过程，两者基本上是同步的。二次大战以前，美国拥有汽车已经发展到 2500 万辆，从 1945 年开始到 1980 年，美国的汽车拥有量达到的 1.5 亿辆，达到了每两个美国人都拥有 1 辆汽车的水平，正是在这个时期，美国城市大规模的郊区化才得以完成。

随着城市的增长和发展，引发了大城市的一系列问题。包括环境卫生问题、公共健康问题、城市开敞空间的消失问题、城市居住质量过度低下的问题、过度拥挤的问题、以及交通拥堵和城市交通物流运转效率低下的问题等。回顾一个世纪以来，城市发展形态的变化和所谓大城市病产生的历史，我们会发现，它和汽车大规模使用的历史是同步的。

我们所关心的是，在汽车大规模使用过程中，是哪些问题促成了城市病的产生，哪些问题是那些大城市病所以产生的深层次的原因呢？如果我们把城市交通和城市空间看作是相互决定性的，那么我们就应该把城市交通直接产生的问题和城市空间不合理产生的问题，都可以归结为汽车所产生的问题。例如环境卫生问题，环境卫生问题在一个交通拥挤不堪、城市交通通达严重不均的情况下，城市环境卫生所必须的交通条件是很难具备的，在由于交通拥堵造成的城市“摊大饼”之后，在城市广阔的地域面积中，环境卫生所承担的任务就变得十分艰巨，卫生死角的现象总是难免的。

因此，如果能解决整个城市的交通通畅问题，能够解决城市“摊大饼”的问题，使城市的所有土地的使用全是在集约状态下的使用，而是不是粗放状态下的使用，城市环境卫生条件将比较容易得到改善。公共健康问题是与城市空间结构紧密相关的问题，他与城市开敞空间的消失和住居环境的拥挤，是紧密联系的。

居住质量低下和过度拥挤等问题，也都和汽车交通局面严重失调有关。设想一个城市所有的道路都堵满了汽车，放眼看到的空间到处都停放着汽车，人们生活在交通拥堵、空间狭小、废气充斥的空间中，人的公共健康还会有保障吗？城市还会有散发自然气息、散发田园牧歌式的开敞空间吗？

人们居住质量低下与交通拥堵是紧密相关的，解铃还得系铃人。在历史上，随着汽车大规模使用的历史，平行的展开了一个城市形态变化的历史和城市病产生的历史。这是由于人们对大规模使用汽车准备不足，对大规模使用汽车以后，城市交通与城市空间之间的相互决定关系没有及时地加以认识，对于汽车时代城市交通新的规律缺乏全面的或者潜心的研究，特别是对城市交通和城市空间相互决定规律，和城市交通本身规律缺乏深刻、正确认识的情况下，对城市交通的解决已经丧失了信心，这就难免对城市交通出现的问题，已经习以为常，有时是无奈的，有时认为解决不了是理所当然的。

本书的观点认为，只要正确地认识了城市交通与城市形态相互决定的规律，正确认识城市汽车交通新规律，同时正确处理好城市交通和城市空间的问题，就能够解决城市形态变化和城市扩大以后所产生的一些问题。

美国曼哈顿的建设，也证明了在城市当中应该可以看到草地、林区、人工湖所构成的田园景致。公园能够使一座城市的空气流动起来。建于曼哈顿繁华中心区的公园，约两英里长，1.5英里宽。四周均被密集城市开发所包围，但它成功地为美国曼哈顿提供了一片城市乡村景观。曼哈顿的经验证明，乡村景观、田园景致、是可以和紧凑型城市相容的。

我们的理想是，在全面解决城市交通和城市空间的相互关系的基础上，使所有的城市、所有的居住小区都能够建立一个田园景致、带有乡村风光的、完全自然的人的休闲活动区域，从而彻底解决大城市病中，影响公众健康、影响接近自然、影响开敞空间的问题。

同样，城市的安全问题在正确处理了城市空间与城市交通之后，一样得到很大程度的改善。人们都知道，如果将城市每个街区都封闭成一个大院，那么城市的治安管理将会变得容易得多。但是，大院的分隔势必严重影响城市的交通。目前北京的交通，就是因为很多大院的存在，造成了很多城市微循环的交通无法打通。

在我们倡导的JD模式当中，由于人车完全分离，人所生活、所活动的一个平面上，完全可以把每个街区封闭成大院，而在机动车运行的平面上，没有任何分隔，机动车可以自由通行，这样就做到了机动车通行和街区分隔两者可以兼顾。在人的活动空间中，没有机动车的干扰，这就减少了靠汽车、靠摩托车作案的可能性。

2.7.7.5　汽车交通是美国城市形态变化的根源

约翰.M. 利维对于小汽车飞速发展造成的城市形态变化，作了这样的描写："第二次世界大战后的郊区化、私人小汽车的飞速发展，促进数百个社区进行分区和整体规划。同时，由于小汽车拉动的办公和居住的区域分散，使区域规划开始了，并创造了巨大的城市地区。至20世纪七八十年代，美国修建了大量的高速公路，大约4万英里长的高速公路系统成为重新塑造国家空间形态的主要动力。第二次世界大战后，快速的郊区和增长的汽车拥有量，使中心城市相对于郊区而言的竞争力减弱，同时日益加强了人类活动对自然环境影响的认识。"

2.7.7.6　城市空间的特点制约了出行方式的合理化

城市越紧凑，城市公交的出行分担率越高；城市越分散，城市公交的乘坐率越低。因此，城市空间的紧凑型，是提高公交出行分担率、推行"公交优先"政策的一个前提，这是城市空间结构决定城市交通的一个方面。

城市密度越低，城市的大饼摊得越大。那么，平均出行的距离就越长，出行距离越长的结果，一方面就是对私人交通工具的依赖性越大，一方是出行距离不方便，一方面私人小汽车开行距离越来越长，这造成了整个城市的交通较大，整个城市的能源消耗较大，城市交通的尾气污染也较严重。

在目前城市交通结构的情况下，汽车和行人要在同一个平面活动，在这个平面上存在着车和人的冲突、存在着车和车的冲突。两个冲突的存在，就造成了城市交通的低效率，这种将人、车分布在一个平面上的城市交通结构，就注定了城市交通拥堵、城市停车困难、市内走路困难，城市交通事故率高、城市生存环境恶劣，特别是步行环境日益恶劣。

城市空间目前的局面，由于步行系统日益遭到破坏，因此，步行所占的比重正在日益降低，富裕的人选择早日购买私人小汽车，经济困难的人也尽量采用骑自行车上下班。

2.7.7.7 汽车时代决定城市占地面积的不是人均占地面积，而是车均占地面积，这是城市“摊大饼”的深层次的原因

早在20年前，北京打通了二环路，取消了二环路上的红绿灯。当时从政府到百姓对城市交通一片信心，那里我正在北京的一个工业局任主管生产的副局长，当时的主管副市长带着我们在二环路上转了一圈，大约是29分钟。人们心情非常愉悦，以为在我们北京，不会出现交通拥堵。

但是随着汽车的增加，北京二环路堵了，三环路堵了，四环路堵了，修了五环路，目前虽然还没有堵，但为了缓解城市交通，采取了五环路不收费的办法。为了应付汽车的不断增加，现在北京又修了六环路，六环路一圈190公里。二环路一圈33公里，城市发展不过二十几年的时间，就从二环扩展到六环，造成这种分散的动力就是小汽车的飞快发展。

这里面有一个人们刚刚开始认识的规律：就是随着小汽车进入城市以后，人均占地面积，已经不是人口在起决定因素。从国外大规模的汽车发展提供的数据来看，就是小汽车进入城市以后，每个小汽车占的道路面积约100平方米左右，交通勉强能够应付，道路面积又占整个城市面积的20%左右。

因此，在现行城市模式中，汽车一旦进入了城市，每个城市带来的城市面积的增加大约是每个小汽车占地500～800平方米之间，也就是说决定城市面积的已经不是人口需要所决定，而是由于交通需要所决定，如果我们接受这个数据，就是每个汽车占地500平方米，那么北京如果发展到800万辆汽车以后，城区面积至少要达到4000平方公里，这个汽车占地面积决定城市总占地面积，这个规律就是城市交通决定城市空间最重要的一个方面。

2.7.7.8 交通便捷程度的分布影响级差地租的分布

城市交通在整个城市所造成的便捷程度是不一样的，一般说，市中心

比较便捷，坐在几何中心上。所以市中心的地价越高，交通越是拥堵，区位地价的差别就越大，交通便利的地方地价就越高、交通困难的地方地价就越低。由于级差地价的梯度大、高低之间相差数倍，最高达十倍之多。

这种由于城市交通造成的城市地价极度不均衡，市场造成了城市布局的极大不均衡，这个城市布局的极大不均衡，反过来又增加了城市的交通量，又影响了城市的交通效率。

2.7.7.9　能否解决汽车交通给城市带来的问题，是城市方案可行性的关键

从城市空间形态的历史来看，最有名的有两个方案。一个是霍华德提出的花园城市的方案，一个是柯布西埃提出的光辉城市的方案。这两个方案都反应了人性化的需要，但是在这两个方案中，都没能解决汽车时代的城市交通问题。

在柯布西埃的光辉城市中，对城市交通作了一种复杂的设计，但是从理论计算上，它是不可能满足汽车时代城市交通的。正是由于这两种人性化的方案中，都没有解决交通问题，因此，这两个乌托邦式的理想的城市空间人性化的方案都没能真正实现。这也从反面证明了城市交通对城市空间的决定作用。

2.7.7.10　汽车交通造成美国城市郊区化已成不治之症

美国第一辆汽车出现在19世纪90年代。1915年，有汽车500万辆。后来由于享利福特T型汽车的大规模生产，美国汽车的总体数量大幅增加。到1930年，已经达到2500万辆左右。随后的一段时间，汽车的增长较慢。

二战期间，由于美国汽油的配给政策和民用汽车转向生产军用汽车，美国的民用汽车增加很少。到1945年，汽车拥有量仍然在2500万辆左右，但此后则有了迅猛发展。到1950年，达4000万辆。到1960年，达6200万辆。到1970年，达8900万辆。到1980年达1.2亿辆。到1990年，达1.44亿辆。1980年，差不多每两个美国人就拥有一辆汽车。1994年，美国人口增长到2.6亿人的时候，美国的小汽车的数量增加到1.34亿辆，达1.9人1辆，平均每个家庭拥有1.3辆汽车。在全国人口增长96%的同时，汽车数量的增长达到了436%，这还不包括另外注册的4600万辆轻型卡车。2003年，

美国汽车保有量达 2 亿辆。

战后美国的全面繁荣，不仅使更多的美国人拥有了汽车，而且还推动了城市的郊区化浪潮。美国战后的郊区化和汽车数量的飞速增长是互为补充的，表现了汽车的广泛进入家庭促进了郊区化。郊区化以后，又增加了对汽车的需求。但是美国城市郊区化飞速发展的时期，公交的乘坐分担率却迅速地下降。

1945 年，美国公交的乘坐达到了 190 亿人次，达了 1975 年下降到了 56 亿人次。后来政府采取了很多措施，到了 1992 年，公交乘坐回升到了 85 亿人次。但这个时候人口比 1945 年几乎翻了一番。如果考虑到人口增长，那么公交车的乘坐率从 1945～1992 年，降低到了原来的 1/4。

美国城市郊区化、居住分散化，强化了人类交通对私人汽车的依赖性。美国有的专家得出结论说：城市的高密度，将使汽车的使用不再吸引人，并能使公交车的乘坐率有所上升。但是，美国城市郊区化已经到了积重难返，未来几十年，恐怕美国解决城市的可持续发展问题，要靠全面解决交通的清洁能源和节能计划的最终实施。但是，城市郊区化造成的交通量大、对小汽车依赖性高和繁华市区交通拥堵已成不治之症。

2.7.7.11 空间内部特性影响组团之间的吸引力

下图所示模型就是最常使用的引力模型，它最初是在 20 年代分析购物方式的，最初的名称叫作“奈利零售引力法则”。过去有的也把这个模型叫做“奈利模型”（见《现代城市规划》第 221 页）。它的基本概念就是两个对象间的吸引力与它们之间的数量成正比，而与它们之间的距离成反比。

从现代城市交通情况来分析，这个模型需要做较大的修正。例如两个组团之间的吸引力，不仅仅取决于两个组团的大小与距离，更主要的取决于两个组团之间的差异性，就好像同性相斥、异性相吸的道理一样。

如果两个组团之间的配套情况、人口规模都基本相同的话，那么两个组团之间吸引力也只有就业岗位上的一部分吸引力和友好往来上的一部分吸引力。如果两个组团之间的差异性很大，比如一个是产业集中地，一个是居住集中地，那么这两个组团之间的吸引力就变得异常巨大，甚至于距离都不起作用，或者距离起的作用很小。

除此以外，两个组团之间的吸引力还会被组团内聚力所抵消。例如说两个相邻的城区，每个城区内的配套对居民都有很大的吸引力，比如说医院、比如说重点学校、比如说大型商场、大型娱乐设施、大型文体设施等，或者是休闲公园设施等，如果两个城区内部配套都很齐全，对本城区的居民内部吸引力都很强，那么两个城区之间的吸引力便在很大程度上被抵消了。

所以两个城市之间的发生的交通量就不简单地取决于他的规模和距离，所谓的与两个城市之间的距离成反比，与两个城市之间规模成正比，就变得完全不一样了。

所以我们在做城市组团布局形态的时候，其间交通量的产生，除了取决于两个组团的质量，也就是人口密度，和两个组团之间的距离之外，还取决于两个组团之间的差异性和每个组团之间的内聚力，这在我们考虑组团布局时必须把所有因素都考虑周全，才不至于出现偏差。

2.7.7.12　环放式路网导致城市布局分散化

作为城市交通决定城市空间的一个很现实的例证就是：环路加放射路的交通模式，必然导致城市“摊大饼”。这在美国已经经历了这样一个过程。

美国在城市郊区化的时期，出现了所谓的“逆城市化”的设计，就是要将城市的场所向外围扩散，环形公路就是一种意义深远的逆城市化设计方案，环形公路为城市周围的经济活动提供了主要的场所，环形公路沿线的企业及工作人员，不再需要居住在市中心的范围内。环形公路从效果上来看，成了新的中心地带。有些学者所期望的边缘城市，由于环形公路的设计而变成了现实。

为什么环形公路必然发生“摊大饼”呢？因为环形公路本身就分散了城市市区的空间布局。同时，环形公路及它所产生的拥堵又产生修建第二条环形公路的需要。像美国华盛顿的大都市区，环形公路和郊区的交通很拥挤，这个区域的房地产的价格也因为土地的竞争而变得非常的高。近年来，还正在激烈的讨论，在10英里或10英里以外的地方建立第二条环形公路，这会使城市的面积越摊越大，并且使成百上千平方英里的城市远郊的土地都纳入城市范围内。

从某种程度上说，美国的种族隔离和社会阶层的隔离也是该公路系统造成的，因为它是城市郊区化过程的强大推动力。可见，城市交通对城市空间的决定作用有多大。环放式交通必然导致“摊大饼”，这是包括北京在内的大城市交通模式已经产生的严重后果。

2.7.7.13 环形路破坏人行系统，背离“以人为本”的城市空间发展方向

环形路之所以被很多城市所采用，常常是为了解决城市中心的交通拥堵。期望环形路一旦修通，原来要穿过市内交通的，就可以走环形路，避免车辆穿行市区，这也就是环形路初期所表现出来的优点。

环形路的缺点是，对城市造成了深远的，难以弥合的损失。首先环形路本身就相当于一道环形的城墙，或者是一道环形的鸿沟。环形路两侧的土地，沟通很难。特别是环形路建设的初期，不可能在环形路上开很多大的交叉口，因此，环形路两侧的土地，就像是被一条河流或者说是一条城墙分隔一样，很难沟通。相互沟通的交流成本将极大的提高。环形公路的第二个缺点是，环形路内外侧的步行系统被断开了，这造成了城市背离“以人为本”的发展方向。环形路的第三个缺点是环形道路一旦通车，则很多企业、居民点就沿着环形公路展开，城市自然形成一种“摊大饼”的局面。初期是环形路的内侧，首先是发展起来，地价较高，环形路的外侧，地价比较低，当环形路的内侧拥挤不堪时，环形路的内侧就会建立很多密集的交叉口，环形路的外侧地价开始攀升，环形路上再出现拥堵，这个时候人们自然产生了在环型路之外，再修一条环形路的想法。重新修建的环形又重复上面的一个发展过程。这样，城市附加的交通量越来越大，城市的土地面积也越来越大，造成了一种无法抑制的“摊大饼”的趋势。

2.7.7.14 城市交通决定城市空间的一个特例——带状城市

深圳是带状城市的一个典型，深圳从东到西距离比南北方向的距离大约要大 5 倍。目前市区除罗湖区和福田区作为特区的中心地带以外，西面的南山区、东面的盐田区，都相距较远。

这种带状城市交通的明显特点是交通分析要沿着纵轴和沿着横轴分别进行分析。我们可以把横轴作为 X 轴，纵轴作为 Y 轴。在 X 轴上，交通量很大，交通距离很长，交通车辆也很多，但是在 X 轴上，交通资源最少。因为，带状城市，狭长段宽度有限。而在 Y 辆方向上，交通距离很短，交通通道很多，这样一种带状城市的城市形态，要彻底解决它的城市交通问题，就不能不考虑 X 轴上交通资源和交通量的巨大反差。

其解决办法，只能通过这种交通特点来强化各个组团的规模发展和内部配套的“自给自足”，城市的发展方向应该是各个组团内，要取得就业平衡，取得日常出行的平衡，在各个组团之间的交通量要尽量减少。在这里，传统的引力模型已不再适用，而是要减少各个组团之间的差别性。差别性会产生组团之间的相吸，就像物理学的上的异性相吸一样。各个组团本身内部配套齐全、配套等级上的同一性，将大量减少组团之间的交通量。这种带状城市必然采取各个组团同步发展，各自配套齐全，使组团之间的差别性尽量降低，使各个组团内部的内聚力高度加强，恐怕这是由城市交通决定的一种城市形态，这就是城市交通决定论的一个特例。

2.7.7.15　城市的规模与交通量的关系

欧洲 1993 年，英国的统计资料显示了一种现象，城市规模的大小不同，城市每周的交通量会有明显的差别。见下表(源自《紧缩城市》第 135 页表 1)：

每周人均交通距离(以公里计，不同的城市规模及模式下)

城市地区	小汽车	公交车	火车	步行	其他	合计
伦敦内城	45.3	12.0	34.1	2.5	16.6	110.5
伦敦外城	113.3	8.9	23.3	2.6	18.5	166.6
大都市区	70.6	16.9	4.7	3.4	17.1	112.7
人口超过 250000 人的城市	93.6	11.2	8.3	4.2	23.9	141.2
100000～250000 人	114.8	8.6	11.3	3.2	22.6	160.5
50000～100000 人	110.4	7.2	13.0	3.7	20.2	154.4
25000～50000 人	110.8	5.7	12.5	3.7	18.2	151.0
3000～25000 人	133.4	7.2	8.0	3.0	24.1	175.7
农村	163.8	5.7	10.9	1.7	28.9	211.0
平均	113.8	9.3	11.3	3.2	22.0	159.6

注：资料来源：ECOTEC，1993 年。

从以上数据看出，似乎大城市的交通量最低，而小城市和农村的能耗较高。从这方面看，国家大量发展小城镇是不利的，不仅规模效益低，而且交通成本也较高，对减少国家城市交通总量也不利。

2.7.7.16 人居的吸引力是城市可持续发展的核心因素

决定城市未来可持续发展的，除了能源交通、环境保护之外，还有一个最核心的问题，就是是否最适宜人类居住。也可以理解为是否对人的居住有很强的吸引力，这个吸引力应该超过郊区居住的吸引力。

像日本东京，可以说交通问题还是可以接受的，尽管市民不太满意。有日本人表述，如果从交通上考虑，他宁肯居住到名古屋这种相对宽松的城市去。东京地铁的出行分担率高达60%左右，而东京居民的汽车拥用率则比较低，1000人不到400辆，这使那些生活富裕，又追求汽车享受的人产生了到郊区居住的欲望，只不过由于工作的关系，不得不留在市区。

大城市内对居民居住吸引力在降低。从美国的情况来看，导致了大量的居民向郊区迁移，其结果造成了城市经济功能的衰退。人们有理由担心在超级互联网普遍应用之后(据介绍，其传播速度是目前互联网速度的1000倍)，将使远程办公，远程经济磋商在很大程度上代替面对面的交谈，因为那时可以用较大的视频屏幕、远程交流和磋商，这种设施除了可以完成简单的交谈以外，还可以看到人的面部表情、身体语言、工作环境等。超级互联网的出现，可能要使经济要素间的空间距离在经济活动中的影响降低。

城市内的繁华很大程度上取决于城市内部的居住环境是否满足居民的要求，满足居住要求的很重要的一个方面就是可以自由地购买小汽车、可以方便地停放小汽车。而且在小汽车交通中，可以完全不发生交通拥堵。当然，这并不是说这些人每天都要驾车出行，但是作为整个出行特殊需要中的一部分，这对每个人的生活都是必须的。因为，出行都有特殊需要的情况，比如说大宗购物、结伴旅行、看病就诊、接送儿童、接送孕妇以及礼仪接待等。特殊情况下，应该用小汽车。

我们并不认为小汽车的出行比例占有主要比重，我们认为这种特殊需要的出行不会超过出行总量的20%，但正是这20%对提高人们的生活质量是至关重要的。刮风下雨、恶劣天气，人们出于出行舒适性的需要，可能就会采用自驾车出行。有没有自由享受小汽车的条件，对于富有的一部分人来讲，可能是决定住在城里还是郊区的一个很重要的条件。

东京小汽车拥有率分布(1990年)

区　　域	小汽车拥有率(辆)	
	每户均	人　　均
CBD(中央三区)	—	—
中心城其他地区	0.47	0.19
东京都多摩地区	0.74	0.25
东京交通圈其他地区	0.96	0.39

注：资料来源："The Four World Cities Transport Study"，London Research Centre，1998。

2.7.8 不同交通模式下，市场竞租造成的产业分布完全不同

2.7.8.1 城市交通状况影响城市级差地区的分布状态

级差地区的分布状态影响城市空间的布局，由于城市中心区和城市外围交通状况的差别性，造成了城市外围与城市中心区有很大的差别，地价的差别造成了市场上的竞租现象，就是在高地价的地区只有那些高利润的行业，如金融业、商业等才有能力承担高的地价，才会在那个地区发展，而有些行业尽管按功能需要应该在城市中心区的适当位置布局，但是由于无力承受高的地租，所以只有迁至比较偏远的地区。

例如，人们生活所必需的小商业，由于承担不了繁华地区高额的地租，只能够把店铺开到边远的地区；还一个有趣的例子，就是繁华市区很难见到公共厕所。

这种布局方式实际上是不合理的，造成了不必要的交通量，也给人们生活带来了不便。例如在城市的很多地区出现了穷人郊区化的现象，北京、天津、上海等城市在危房改造和老城市改造之后，照顾的只是一部分人，很多经济上比较贫穷的人搬到偏远的新区。国外有学者把贫穷人住在都市近郊外围的现象称为"穷人面包圈"现象。

这种级差地租的布局方式，就造成了城市的中心区都是高收入行业，在城市的近郊形成了一些比较贫穷的人居住的区域，在远郊区有很多富人居住。造成了很多行业不是依据交通量的大小来分布，而是根据地价高低的区域来进行分布的局面。

我们这里所要讲的是，一种合理的JD模式想使市区的每个地方都变

成交通十分通达、十分快捷，在这种交通模式下，城市的不同区域在交通通达性及通达时间上变得比较小，因此，地价的差别也相对较小。这种随着距离的增加，地价变化不大的状态我们可以称之为级差地租的梯度较小的状态。这样级差地租现象对城市布局所产生的负面作用就可以比较轻微。

因此，可以得出这样的结论，由于JD模式使整个城市的所有地区的交通都变得比较畅达、比较快捷。因此，城市中各个行业、不同功能的设施在布局上就可以主要考虑功能特点，主要考虑它的交通量，主要考虑如何方便人们的工作和生活。城市交通新的模式，由于改变的级差地租的分布状况，为城市内部空间的合理性创造了很好的条件。这也是城市交通决定城市空间规律的表现。

2.7.8.2　可达性与级差地租状况分布的关系

有的学者提出，从交通学上考虑，通达性是确定土地价值的最大因素。通达性最好的区位所形成的租金，也一定是最高的。广义的说，不只是通达性，所有的交通设施对地价都会形成重要的影响。在道路沿线，特别是地铁沿线，建造一个车站就能创造出很大的土地增值，或者是在繁华地区、商务区、或者写字楼区，能建一座停车大楼，对地价和房价都会产生重大的影响。当然，除此以外，配套状况也是影响通达性的重要因素。例如，一个地块附近建有中学、小学或者幼儿园、一个地区有机场等交通设施也会影响这个地区的地价。

原始规划中，对地区配套设施的建设，配套设施的安排，必定影响交通的可达性，而可达性又会通过市场机制影响布局的发展变化。

2.7.8.3　交通是决定竞租结果的原始因素

城市土地使用的分布是市场竞租的结果，市场竞租的结果取决于由交通造成的不同区位所产生的经济效益的不同。

在不同的城市交通模式下，由于交通是决定城市土地价格的第一要素，不同的区位，交通的状况差别极大，呈现出来的地价有很大落差。在这种情况下，城市土地的布局，基本上取决于不同产业对不同地租的承受能力产生竞租的结果。我们的观点是，只要彻底变革城市的交通状况，减少不同区域土地在交通上的差别性，能够极大地改善不同地块效益上的差别性，这样土地利用上的布局就会相对更合理。

关于城市级差地租和竞租的理论，程道平先生的专著《现代城市规划》中，有了很明确的概括。

“城市竞租理论：地租是经济学中的一个重要概念。大卫·李嘉图(D. Ricardo)首先提出了一般的地租概念，指出地租的含义是任何一块土地经过利用而得到的纯收益。杜能则提出了位置级差地租的概念。位置级差地租理论认为，一定位置、一定面积土地上的地租的大小取决于生产要素的投入量及投入方式，只有当地租达到最大值时，才能获得最大的经济效果。城市土地使用的分布在很大程度上是根据对不同地租的承受能力而进行竞争的结果。某类特定使用所能承担的地租比其他活动所能承担的租金高，则该使用便可获得它所要求的土地。也就是说，按照位置级差地租理论，在完全竞争的市场经济中，城市土地必须按照最高、最好也就是最有利的用途进行分配，这就是经济学范畴内合理性(或称经济理性)的思想基础。由于级差地租的存在，使得在城市中区位成为决定土地租金的重要因素。比较重要的地租理论是阿罗素(W. Alonso)于1964年提出的竞租(bid rent)理论。这一理论就是根据各类活动对距市中心不同距离的地点所愿意或所能承担的最高限度租金的相互关系来确定这些活动的位置。所谓竞租，就是人们对不同位置上的土地愿意出的最大数量的价格，它代表了对于特定的土地使用，出价者愿意支付的最大数量的租金以获得那块土地。根据阿罗素的调查，商业由于靠近市中心就具有较高的竞争能力，也就可以支持较高的地租，所以愿意出价高于其他的用途，因此用地位于市中心。随后依次为办公楼、工业、居住、农业。根据该量论，在单中心城市的条件下，可以得到城市同心圆布局的结论。”

2.7.9　城市交通、城市空间相互决定论在城市规划中的应用

2.7.9.1　各有关方面专家共同努力才能完善理论

城市交通与城市空间相互决定论是指导城市划的一个重要的理论。也是解决城市交通问题，城市滥占耕地问题的一个理论分析的结果。需要城市规划、城市建筑、城市形态、城市经济、城市社会学等各个方面的专家，从各个层面来研究城市交通与城市空间的相互决定论，使这个相互决定论的内容更深入、更具体、更细致，对城市规划作用的指导更清晰。这将有利于从根

本上解决目前大城市存在的交通问题、低密度扩散问题、以及布局不会理问题、生态问题、环保问题、能源问题等一系列的现代城市所面临的问题。

我们说，深入研究城市交通与城市空间相互决定论，最终将导致解决城市病的各方面的问题，这样说是有根据的。因为现代城市病产生的历史就是伴随着小汽车飞速发展的历史，也是小汽车交通给城市发展带来负面影响长期作用的结果。因此，我们有理由认为，一旦我们通过对城市交通与城市空间相互决定论的研究，解决了因为小汽车的发展给城市带来的各种负面影响，那么城市所表现出来的各种大城市病，有可能得到了很大的改善，甚至于得到了基本的解决。

2.7.9.2 运用相互决定论实现交通供给最大化

作为城市交通决定城市空间的一个典型的事例是，可以在一个合理的城市空间中，实现城市交通供给的最大化。从理论计算上可以确定，在街区的范围(比方说700米×700米或者800米×800米)适当的时候,并且在道路面积率适当的时候(比方说20%或25%)，可以实现整个城市交通供给的最大化。

在规划上实现交通供给最大化，一个最大的好处是适应交通的长期发展，以交通发展的终极目标作为规划的出发点，而不是以一个阶段性预测的目标作为规划的出发点。这样就可以避免许多城市出现的一种现象，即交通规划赶不上城市汽车的增长。城市永远跳不出拥堵、治理、再拥堵的这样一个怪圈。

这个交通供给最大化从汽车交通上来讲，可以做到每平方公里的土地面积上，允许汽车的保有量达到1万辆。可以做到每平方公里的土地面积上，停车位的数量在1.2万个左右。我们对城市闹市区城市交通高峰期的观察，目前城市道路网的容量，在每平方公里的道路容量为1500辆，最多也不超过2000辆。因此，我们有理由认为，一旦实现了交通供给最大化，在每平方公里允许汽车保有量达到1万辆，汽车停车位达到1.2万个，城市汽车交通拥堵的问题将可以一劳永逸地永远得到解决。

2.7.9.3 交通节能取决于城市空间结构与尺度

城市空间决定论的表现之一是交通节能问题。在城市空间与城市交通相互决定论的范畴中，可以说城市空间决定城市交通，其表现的一个方面是城市空间的结构对城市交通能否节能带有根本性的影响。

首先空间的紧凑决定城市空间的尺度，从城市比较适当的人口密度每平方公里15000人来看，与目前城市“摊大饼”形成的每平方公里3000人相比，将会缩小至45%。因此，无论是私家车还是公交车，出行距离也相应地缩短至45%。仅此一项就能够节能一半以上，降至原来的45%。

在城市空间中，如果将人从地平面完全分离出去，地平面彻底消除了人与车的冲突，地平面就很简单地实现十字立交。这样汽车之间的冲突也就消除了，汽车运行速度就可以从目前的十几公里提高到四十公里以上；汽车在行驶当中也不会经常地减速、加速、停驶、启动；汽车的运行模式就会从所谓的市内模式转换成城郊模式；汽车能源消耗就可以减少到一半左右，下降至原来的54%(见下表)。

<table>
<tr><th colspan="2">车　　型</th><th>平均油耗(升/100公里)</th></tr>
<tr><td colspan="2">富康1.6iAL</td><td>90公里/小时　6.5；
120公里/小时　8；市区：10</td></tr>
<tr><td colspan="2">富康RX</td><td>90公里/小时　6.0；市区：8.5</td></tr>
<tr><td colspan="2">CITROËN
XANTIA</td><td>90公里/小时　6.1；市区：10.9
90公里/小时　6.2；市区：12.1</td></tr>
<tr><td colspan="2">高尔夫Golf</td><td>市区：12.8，郊外：6.7</td></tr>
<tr><td colspan="2">红旗CA7200</td><td>90公里/小时　8.1；
120公里/小时　9.9；市区：13</td></tr>
<tr><td colspan="2">帕萨特Passat</td><td>市区：13.6，郊外：7.0
市区：16.2，郊外：7.8</td></tr>
<tr><td colspan="2">别克Buick
GL，GLX，新世纪</td><td>90公里/小时　6.9
城郊：11.2</td></tr>
<tr><td rowspan="4">大众汽车</td><td>新甲壳虫New Beetl</td><td>市区：13.3，郊外：7.21</td></tr>
<tr><td>波罗Polo</td><td>市区：9.4，郊外：5.2</td></tr>
<tr><td>路波Lupo</td><td>市区：9.3，郊外：5.1</td></tr>
<tr><td>夏朗Sharan</td><td>市区：15.3，郊外：9.0
市区：18.0，郊外：10.1</td></tr>
</table>

在这种连续运行无需停顿的汽车行驶中，可以有理由将汽车的平均速度、设定速度选择在每小时40公里左右，这样又能够造成能量的大幅下降至

原来的70%左右。

另外，实施JD模式，将使小汽车出行分担率下降至原来的50%左右。

上述的四个因素，即：汽车运行距离的缩短(油耗降低至45%)、汽车运行循环的改善(油耗降低至54%)、汽车运行速度的调整(油耗降低至70%)、小汽车出行率的降低(降低50%)。合在一起，将使汽车节能有意想不到的效果。即：

$$45\% \times 54\% \times 70\% \times 50\% \approx 9\%$$

保守计算，至少有可能将汽车能量消耗降低至目前的1/8～1/6。这里还没有考量消除拥堵所带来的能源节约，这就是城市空间决定论的一个表现。

这个计算结果决不是天方夜谭，请看(引自《世界商业评论》ICXO.COM 2004-10-18)：

开发新能源—世界范围内，混合动力驱动系统技术已经成熟，日本的汽车公司领先进入商业化生产，丰田和本田公司都有新型混合动力轿车投放市场；燃料电池技术发展迅速，特别是氢燃料电池技术已有所突破，许多概念车陆续出现；发动机的控制技术日益先进和复杂。

节能和环保—在节约燃料方面，经济型轿车将达到百公里油耗3升，2005年德国已开始研究百公里油耗一升的轿车，这将大大提高汽车燃料的经济性。预计未来十年中，在技术上取得突破的主要是在现代小型直喷柴油机方面。

2.7.9.4　空间结构变革可以根除车撞人的交通事故

在城市交通与城市空间相互决定论的范畴中，城市空间决定论的另一个表现就是交通安全，这里指的交通安全，并不仅指交通事故的多少，而主要的，或者说是更重要的是人在交通上的安全感。

现在城市交通事故率是可以通过交通安全措施进行控制的，但是人的交通安全感，却越来越差。20世纪三四十年代时，街道是儿童自由活动的天地。可以在那里捉迷藏，可以在那里做游戏，可以在那里跳绳，年龄稍大的孩子，可以在那么抛沙袋、踢足球，有的地方还架起了单杠、双杠，放上了举重用的杠铃和石锁，总之人们可以在街道上自由活动，也有不少老年人做在街边上下象棋。小孩子们可以在街道上自由玩耍，那个时候人们的活动空间除了自家的院子之外，街道就是一个广阔的活动天地。

当然随着车辆的增加，各种情况显然是可以发生改变的，但是目前已经走到了另一个极端，城市中的人，除了在自己家里有安全感外，只要走到路上，安全感就几乎丧失殆尽。以北京为例，以前在胡同里，还是儿童们活动的天下，也是行人可以悠闲散步的场所，但是到如今，几乎所有的宽一点的胡同都成了汽车通行的道路。政府部门还把在胡同中行车当作打通城市交通微循环的一项措施。现在的北京人，四合院已经消失了。那么除了家里的小阳台之外，哪里还有什么室外活动的空间呢？小一点的孩子，走在路上，大人提心吊胆，很多小孩到了上小学的年龄，家长还不得不接送子女，为了交通安全。有的家长为了避免上学时过几个马路，而不得已让孩子在最近的学校去上学，而且还要派人天天接送。

小孩子在路上走，如果没人陪伴，大人一百个不放心。儿童没有成人领着，在马路上行走的安全就更得不到保证。所以，在今天的城市空间中，由于交通问题的干扰，在室外活动的安全感已经基本上不存在了。在交通安全中，与出事故相比，日常生活的不轻松，日常生活中在室外缺乏安全感，这对人们的精神影响应该说是很严重的。交通安全事故问题，在城市交通安全中也是居高不下。这里就不展开讲了。

总之，城市空间的不合理，对居民精神上的安全感和实际上的安全感影响很大。如果，城市交通从设计上就造成了人和车的全面分离，在人的活动空间里面，不会有汽车的行驶，甚至看汽车都看不到，这岂不又回到了20世纪三四十年代可以在室外自由活动的自然城市生活了吗？本书所提到的JD模式就能够实现这个要求、实现这个目标。

有一位老先生看了JD模式以后，感叹地说：在这种环境下生活，可以自由自在外出，这岂不是到了共产主义，到了人间天堂。他还说，在这种环境下，汽车想撞人都撞不着了。可见人们对这种宽松的、安全的、完全可以自由步行的室外空间的向往是多么强烈。

2.7.9.5　从“以时间换空间”向“以空间换时间”的转换

城市空间结构设计与城市交通设计的结合，使城市设计从以时间换空间向以空间换时间的方向转变。

所谓的“时间换空间”，就是目前城里人从空间的一个点到另一个点只能牺牲大量的时间。

所谓的“空间换时间”，就是以空间结构的合理化，来实现从一点到另一个点交通时间的极大节约(大约 75%)。

这个说法比较抽象，也不容易理解。现举例说明，目前，在传统交通模式下，为了各城市要素之间联系的速度，只能够依靠空间上的巧妙布局，缩短距离。缩短距离的目的是缩短各要素之间相互联系的时间。时间就是效率，例如从北京的北城到长安街，在 20 年以前，坐公交车也只要 20 分钟的时间，空间距离没有变化的情况，现在只怕需要 1～2 个小时都未必能够到达。

在交通并不畅通的情况下，人们对交通的前景并不乐观的情况下，每个经济要素在选择他的地理位置时，优先考虑是经常与它联络的经济单位之间的几何距离。也就是空间距离，在每一个经济要素通过市场竞租的形式选择地理位置的时候，它出于时间上的考虑，来追求它与周边单位的空间距离，其实是用空间换取时间。

本书的作者曾在 20 多年以前在北京的一个工业局担任主管生产的副局长，当时一天可以比较从容地巡视五六个生产企业，但是就目前的交通局面来看，虽然这些企业的地理位置没有变，一天巡视一个是可能的，巡视两个就变得非常困难。企业的地理位置没有改变，但相互之间的沟通和联系时间大大地延长了。这样就促使市中心的地价更加高涨，级差地租的现象变得愈演愈烈。

在大家都关注的交通便利的中心地带地价急剧上升。从这里可以看出，在传统模式下，城市交通追求的本质是追求时间，追求相互交流的时间，其本质是用空间换时间。

在本书所提出的 JD 模式中，完全消除了交通拥堵，包括公交通行速度将比目前提高 2～3 倍，公交行驶距离将比传统模式缩短 1 倍。因此，出行的效率将大大提高。由于全市交通的畅达，基本上不存在某些地区交通非常困难，也就是在全市范围内，各个点的可达性、便利性、快捷性没有太大差别。这样，城市空间要素的布局，就没有传统城市模式下那样严格，距离略微做些调整或者调整较大，对与其他城市要素联络起来的效率不会有太大的影响。

形成这样一种交通局面的优点在于，所有城市要素点对点的交通都变得时间大大缩短，时间可以预计。实行 JD 模式的本质就是用空间换时间，也就是城市空间上所有点之间相互联络的快捷性能够得以保障。在城市交通与城市空间相互作用这个层面上，用空间换时间，将会对城市的经济效益和社会效益产生非常积极的影响。

以城市的最佳规模而论，当今学界普通观点是：从经济上讲，当今的城市人口宜控制在 200 万人或更大：但是，从生活质量上来看，城市的规模宜控制在 25 万～30 万人。西方学者认为，最适宜人居的城市是 25 万～30 万人。为什么城市人口增加以后就不适宜人居了呢？主要是城市交通所带来的一系列的问题，包括交通拥堵问题、环保问题、居住空间的安全性问题、步行空间的自由度问题等，如果我们实现了“空间换时间”的 JD 模式，那么城市的最佳人口规模可以达到 200 万～600 万人。城市最佳人居规模的变化，对整个国家经济状况会产生很大的影响。有资料显示，规模为 200 万人的城市与规模为 20 万人的城市相比，每百元产生的效益相差产生 1 倍，人均的劳动生产率与人均的利税率也相差 1 倍，土地的使用效益就相差得更多。

在我国迅速发展的城市化过程中，如果采取了“空间换时间”的 JD 模式，可以避免过度分散的建设很多过度分散的城镇，这样对整个城市所产生的经济总量和经济效益有很大的积极作用，是以空间换时间，还是以时间换空间，对于大城市所产生的效果就更为明显。以上海为例，同济大学丁建所发表的专著《城市经济学》中对上海作了比较深入的分析，在充分肯定上海城市空间发展成就的同时，指出了上海城市经济空间存在的三个缺陷。我们仔细研究会发现，这三个缺陷都是上海市采用了“时间换空间”这样一种结果。丁建先生的著作中，指出上海城市空间存在的问题，现摘录如下。

我们对上海城市空间存在缺陷，从新的视角可以进行如下分析：

首先，整个城市空间分布不尽合理的问题。这个城市空间结构不尽合理，主要表现在工业用地比重比较高，人口聚集的密度悬殊过大，中心城市每平方公里人口超过 1 万人。非中心区则大大低于这个数字，郊区土地面积占整个城市土地面积的 80％以上，而人口仅占整个人口总量的 20％多，中心城和卫星城、县属镇和乡级镇，分布不合理，卫星城在经济增长点上也没有起到更大的作用。

可以得出这样的结论：造成这种分布不合理的局面，使城市级差地租过于悬殊，也就是级差地租的梯度过大。在城市竞租过程当中，自然造成了城市增长较高的地区，人口密度过大；造成了乡镇城区在经济总体中作用较差，人口数量很低，整个城市分布很不合理的局面。

实际上城市级差地租的分布，与城市各个点的交通状况有关的。由于在传统交通模式下，几何位置不同，其交通可达性将有很大的差别，这种差别性就造成了地租分布的不均衡性。如果实施了“空间换时间”的JD模式，城市所有点上的可达性、快捷性差别不大。那么这种在密度上，造成很大反差的现象就自然会由市场调节得到改善。也就是说，如果市中心以外的地区，交通都很快捷，都很方便。那么很多行业就会自动地通过市场调节，向比较宽松的地区迁移，城市的布局市场化的过程将逐步得到改善。

上海经济空间存在缺陷的第二条，老城市区城市空间尚未理顺。这个未理顺主要表现在，居住与工业区混杂的局面没有得到改善，交通设施和布点相当的分散，市内交通与郊外交通在衔接不够；居住地与办公地交通不畅达、交通效率不高等。我们可以设想，丁建先生所提出来的这个问题，不但确实存在，而且日益严重。为什么？因为城市交通的效率正在日益恶化，城市布局上的不合理造成了城市交通效率不高，城市交通成本日益增加的情况今后会越来越严重。造成这种布局缺陷的根本原因在于，没有在城市规划的同时解决交通问题。

丁建先生提出来的上海城市交通的第三个缺陷，就是体制不顺造成的政府城市空间的控制缺乏力度。这在相当程度上增加了城市的外在成本，这个问题的产生实际上是城市布局的政府控制，和城市经济布局的市场化影响两个方面的统一问题。在城市交通日益恶化，城市区位经济产生明显落差的情况下，政府的行政控制和市场的潜在力量自然会出现不和谐，使政府控制的难度变得力不从心。产生这种现象的根源仍然是城市空间的布局和经济要素的地理位置，由于对外交流的效率影响越来越多，很多经济要素不得不自发地去抢占其有利的地理位置。

丁建先生在他的著作中也提出了21世纪上海经济优化和调整的曲线，其中的六个方面，我们认为这六个方面并没触及到问题的关键，因为城市空间的构成与城市的交通是相互决定的。如果在城市的总体规划和城市规划布局的完善方面，不从城市交通问题入手，问题是不可能得到解决的。

城市空间调整和优化的趋向应该是从“以时间换空间”的结构模式变为“空间换时间”的结构模式。通过彻底变革城市空间与城市交通模式，使城市变成和谐、畅达，使城市内部人流和物流的效率提高数倍以上，城市空间结构的尺度相对缩小数倍，城市经济布局的现状，在彻底解决交通问题之后，将会极大地得到缓解。实际上，城市各经济要素已经坐落的位置很难再作调整，城市空间上很难有所作为。如果转换成“以空间换时间”的交通模式，可以逐步彻底改善城市的布局上的不合理给城市带来的负面影响。

本书的观点完全赞同丁建先生在他的专题论述当中所提出的：星座式放射型的城市布局。丁建先生写到：“对于城市空间形态，不能简单地用好与坏来评价。”由于构成城市空间形态的因素复杂，因此评价是综合性的。不过有一点可以肯定，即：星座式放射形态构成了现代城市主流的空间形态。首先这种空间形态便于交通的组织，和不同等级中心的布置，使大城市和特大城市形成多中心的格局，以解决过度聚集的问题。

本书认为丁先生的这段论断，道出了事物的本质。上海整个城市布局也正是采用了最具发展前景的星座式放射型城市布局。问题是，在这个布局中，只有打通交通，做到完全畅通，这种星座放射式的布局才能充分发挥这种规划的优势。否则，空间距离将会因为交通的日益困难，变成联络效率降低，等于加长了城市各个要素之间的距离，使城市的运作效率达不到这种星座放射式规划的初衷。

本书建议上海市在坚持这种星座式放射状布局的同时，彻底地改换城市的交通模式，要在城市规划中补上这一课。在城市规划过程中，城市交通与城市空间交互进行磨合，同步进行规划。目前城市的形态既然已经确定，那么补救的办法就是早下决心，尽快改变城市交通的模式，把传统的、以“时间换空间”的城市空间结构和城市交通模式，逐步转换成“以空间换时间”的城市空间与城市交通模式。

本书作者听说，上海市政设计院曾经有的专家提出将外滩的建筑，通过举升的办法，形成上层平台走人，架空部分停车的方案。这种人车分离的思路是对的，但本书作者并不赞成举升的方法，有比较经济的办法将这种方案如果能在全市推而广之，实现人车的全面分离，将地面全部留给机动车，并且在各个交叉路口实现简单的十字立交，那么上海整个城市的交通格式，将彻底走出困局，将完全实行“空间换时间”的JD模式，上海城市交通发展和城市环境发展的前景将变得美好。

2.7.9.6 城市规划工作将会发生跨时代的转变——体现交通的决定性作用

在非机动化交通为主的很长的历史时期，在城市规划中，好像感觉不到交通对城市规划的作用，城市的外部交通对城市的形成是起决定作用的，城市内部的交通并没有显示出它特殊的重要性。好像是在城市布局当中，是自然而然可以解决城市交通问题的。因为那个时代的交通工具主要是人的两条腿和马的四条脚。这两条腿和四条腿对各种交通环境都能适应，在城市交通中，这种冲突并不严重，偶尔有马车撞人的事情，或者马被人惊吓而狂奔造成的交通的问题。年事稍大的人，可能有这种记忆，在几十年前，马车为主的城市交通中时有发生马被惊吓撞人的事情，但毕竟那个时代，马车交通对城市规划的影响不用特别对待。

但是，进入了汽车时代，也就是城市交通机动化时代，城市交通出现了完全新的特点，作为交通工具的机动车，在行驶过程中，机动车与机动车之间的冲突，机动车与行人之间的冲突都是十分危险的，它严重影响到了城市的效率。因此，在城市的空间布局上，必须彻底地解决这个问题。不幸的是多年以来，人们一直在平面上搞城市的设计，沿用马车时代的空间方式，把城市全面的交通都留给地面来解决。地面上碰到了问题，才采取向地下发展或者是向空中发展。由于已经形成的城市规划观念，所以在城市交通，向空中或者是向地下发展的同时，地面上却依然保持了人车混杂的局面，依然存在着车和车的冲突以及人和车的冲突这两个严重的问题。正是这两个问题，构成了目前城市交通全部问题的根源。

要彻底改变城市交通目前所存在的问题，需要使城市规划工作完成划时代的转变。即要在城市规划当中贯彻城市交通与城市空间相互决定论的思想，以交通决定论的方针来开展城市规划工作。

前不久，北京市已经提出来，城市交通要与城市规划同步进行。美国的规划专家约翰.M.利维也提出了城市交通要与城市规划同步进行的思想。并且指出了城市的土地利用与城市交通的相互关系很像是鸡和蛋的关系。是鸡生蛋还是蛋生鸡？本书明确的提出了城市交通与城市空间相互决定论，就是要明确的提出，城市规划工作，要理性地完成从前汽车时代到汽车时代城市规划工作的转变。甚至可以强调，在城市规划的第一个阶段，要首先完成城市交通规划，完成的方式是通过对城市空间布局的合理调整，在完成城市交通规划和城市空间布局的前提下，再进行城市的总体规划设计，再根据总体规划调整城市交通的布局和城市空间的布局。

我国学者程道平等，他们的专著《现代城市规划》中提出了私人小汽车对城市规划的影响，明确地指出了汽车将以不寻常的速度“飞入了百姓家”。并且强调，私人小汽车的发展，将持续推进城市规划建设水平的提高。本书认为这里所谓的“提高”，其内涵应该是：传统的城市规划方式，即把交通规划只看作城市规划一个子系统的规划，改变为交通规划先行。城市交通规划的指导思想应该是按城市交通与城市空间的相互决定论的规律进行。

程道平先生的专著中对小汽车的发展给城市的影响，归结为六个方面：

（1）住宅郊区化使城市的形态趋入分散。

（2）城市道路规划建设面临着持久的压力。

（3）停车场(库)的建设面临着巨大的压力。

（4）次级商业中心向城市的边缘转移。

（5）城市交通影响城市的视觉景观。

（6）城市的规划要考虑小汽车、环境的污染问题。

这 6 个方面的概括是比较完整的、比较准确的。但是如何解决这 6 个方面的问题呢?

本书认为，通过城市空间的合理布局，在城市中建设一种全新的交通模式，可以解决上述问题的第一条。完全可以避免住宅郊区化，使城市的形态趋于分散。城市可以控制在每平方公里人口 10000 人左右，维持一种紧凑型的、高效率的城市形态。采用 JD 模式会持久改变城市交通面临压力的局面，因为新的模式满足了城市交通增长的终极目标，即 600 辆车/千人的情况下，城市不出现交通拥堵、不出现公共交通困难、不出现步行困难的三难局面。至于第三条停车场的问题，采用新的交通模式，可以实现每平方公里土地面积上设有 12000 个左右的停车位，停车难的问题将彻底告别历史。至于上述的第四个问题，城市居民向城市边缘地区的转移的问题，这种转移增加了很多附加的交通量，会给城市交通带来新的压力，采用新的交通模式后，城市所有的区位上交通都是畅达的，级差地租的递减将是平缓的，市场上土地竞租造成的某些产业向城市边缘转移的局面将会得到缓解。次级商业中心的区位，在紧凑型城市的形态下，它将根据销售市场自动选择自己的位置。小汽车对城市影响的第五个问题——影响城市视觉景观的问题。程道平先生所列举的高架路、大立交、大量的过街天桥等，在采用 JD 模式后，将在人的视觉空间中完全消除，在人们的视视空间中，将看不到高架路、看到不五光十色的交通标志和警示标志。所看的完全是没有机动车的，回归自然的城市形态。程道平先生提出的第六个影响，城市规划要考虑小汽车的污染问题。这是一个很实际的问题，本书的适当章节对此已经有了非常深入讨论，结论是采用 JD 模式，城市的能源消耗将降低至目前的 1/6～1/8，环境污染问题也会相应地有所降低，并且节能汽车和绿色能源汽车会更容易地替代当前的燃油汽车，从而彻底改善汽车对城市的污染。

2.7.9.7　全国城市规模和布局将影响整个国家城市交通总量的高低

在每百元产值和百元利税产生的交通量来看，大城市比中小城市至少要低一倍以上。大城市有高密度、高聚集的特点，所以在大城市中落户的经济单位，包括企业、公司以及第三产业的商店、旅游等。他们自身运营所需要的配套，对外的人员交流，包括人员招聘、对外的各种协作、以及对外的各种物质采购和工程委托等，都可以在本市范围内完成。由于都处在一个城市当中，所以相互联络之间，人流和物流交流的距离近、时间短、效率高，交通量发生的相对较低。

如果把每百元产值的交通量，在全国范围内累积起来，那么其总量的大小，显然取决于大城市所占的比重。我们可以做这样的简单计算进行比较。假定全国的产值 80％来自大城市，20％来自小城镇，那么它所发生的交通指数：

交通指数＝80％×权重系数 1＋20％×权重系数 2＝120

这里的加权系统是每百元产值所产生的的交通量，与大城市百元产值所产生交通量的比值。如果是全国产值 50％来自大城市，50％来自小城市，那么所产生的交通量指数

交通量指数＝50％×权重系数 1＋50％×权重系数 2＝150

从这个计算可以看出，在全国大型城市所占的比重越大，整个国家所发生的城市交通量的总量越低。城市越小越分散，城市交通总量就越高。这个总量涉及到国家城市能源消耗的总量和城市交通的排污总量。因此，如果能解决大城市所产生的负面的东西，也就是城市病，那么我们在城市形态规模的规划上，就应该增加大城市的比例，尽量减少效率低，消耗高的小城市的比例。

本书所提的JD模式，应该可以在2000万人口城市规模下，基本上不出现严重的城市病。由于采用JD模式，能够扩大整个国家中大城市的比例，从而对整个国家中城市能源消耗和百元投资的经济效益，以及人均的劳动生产率和人均的利税率产生大幅度提高的效果。由此看来，一个城市的交通模式和城市空间模式，不仅仅关系到本城市交通是否通畅、人性化空间是否能够建立，而且关系到整个国家的经济效益问题。

2.7.9.8　城市最佳规模和城市交通的关系

如果把一个城市看作一个经济体，那么城市的最佳规模是多大呢？极而言之，整个国家是一个城市，那么效率一定是很低的。那么多的人口在一个城市里面，显然是没有办法运作的。那么城市规模过小呢，城市的经济效益就会很低。

城市规模效益的产生是大量的经济要素聚集在一起，就为每一个经济要素创造了高速发展的外围条件。有资料显示，200万人的城市它的人均劳动生产率是20万人规模小城市的一倍，每百元投资的收益也是20万人口规模小城市的一倍。可见城市规模越大，城市效益越好。

但是，当城市大到一定规模以后，城市规模再增加，它的百元产值和百元投资的效益开始下降，这个临界规模的边际效益是等于零。超过这个临界规模，他的边际效益就成为了负值。

问题是这个最佳规模与城市交通是什么关系？

从经济运转的情况来看，可以讲城市经济要素高度集中，其聚集效果以相互发生联系的时间作为一个衡量尺度。

比如CBD，CBD中的所有进驻的单位、企业，他们之间的相互联系可以在10分钟之内见面，也就是满足10分钟经济圈的要求。在一个城市内，相互之间的便捷联系，从经济上看，应该是半个小时，联系的人就应该可以见面磋商。市场经济中的交易往往应该是要经过磋商才能达成交易的。从这个意义上讲，市场经济的本质实际上是一种磋商经济。不断地进行磋商，达成契约和合作。在一个城市带，企业之间的相互联系，应该不会超过1小时的时间，即所谓1小时经济圈。而在区域经济中，相互之间的联系应该是3小时经济圈。这是一个香港学者所提出来的观点。所谓的3小时经济圈，就是前去一个单位办事，3小时之内可以到达、3小时之内可以返回，这样在一天之内可以完成一次接触。

可见决定城市规模的并不是城市空间尺度的大小，而是相互沟通的时间，如果我们按照国内学者的观点，200万人是一个最佳经济规模的话，那么200万人所占的土地面积，大约是半径为15公里的一个区域，也就是大约是700平方公里的范围。半径为15公里，按照目前城市的交通状况，在高峰时期大约需要1个小时，如果按照直径作为最大距离，大约需要两个小时。在交通畅达时，15公里大约需要半个小时，而直径方向30公里，则需要1个小时。这样我们就可以把城市空间最佳200万人口规模的时间尺度，确定为在直径上的通行时间约1个小时，在高峰期间是2个小时。

那么，如果城市交通模式进行了变革，使城市的交通速度提高了1倍，显然，由交通时间长短所决定的城市直径就可以从30公里扩大到60公里。城市的面积就可以从700公里放大成2800平方公里。在城市人口密度不变的情况下，城市的人口规模就可以扩大到800万人。如果800万人在新的交通模式下成为城市的最佳规模，那么800万人口规模的人均产值为每百元的投资收益率，比200万人口规模的城市大约又要大出20%左右。可见，是城市交通决定了城市最佳规模，也就是决定城市周边尺寸的大小。

2.7.9.9 紧凑型城市，交通距离将缩短到原来的45%

我们假定城市的形状是一个正方形，当然其他形状，最后的计算结果应该是一样的。这个正方形交通的最大距离是对角线，设城市为300万人口，在城市人口的平均密度为每平方公里3000人时，城市的面积如下图当中比较大的正方形所示，为1000平方公里。而人口密度增加到每平方公里15000人时，城市的面积缩小5倍，如下图中小的正方形所示，为200平方公里。

两个正方形边长的比例是城市面积平方根的比，也就是：

面积比＝200/1000＝1/5

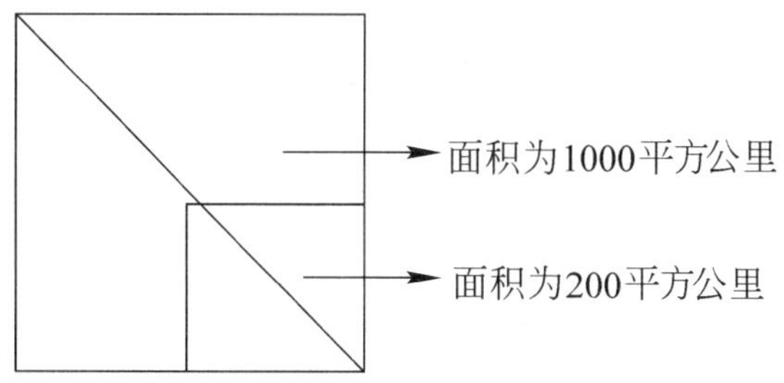

对角线长度比＝1/2.236＝0.45＝45％

由此图可以很清楚地看到，同样要跑一个对角的最大距离，在人口密度由3000人提高到15000人时，出行距离只相当于原来的45％，我们这里选的每平方公里3000人的密度，是目前世界上各大城市，由于汽车进入家庭、城市低密度扩散以后，人口密度的大约数值。

我们这里选择的1.5万人每平方公里，恰恰是城市没有出现汽车所造成的低密度扩散以前，历史沿革下来的平均人口密度。也是本书提出的JD模式所允许的城市人口的最佳密度。紧凑型城市与现行模式出行距离的比值，即为0.45∶1，JD模式出行距离缩短至原来的45％。

2.7.9.10　城市空间的时代化变革，是城市空间发展的必由之路

通过对城市交通的深入研究，我们发现了城市空间结构决定城市交通。当然，城市交通也决定城市的空间结构。在进入汽车时代以后，城市交通和城市空间都要跟上汽车的发展。就城市空间而言，汽车出现后，对城市空间带来的问题很多，但这些问题集中起来，就是地面上人车混杂造成的。

也正是机动车进入城市，才造成了地面上人车混杂的严重，由此派生出来城市交通的全部问题。其解决办法在本书的有关章节中作了充分的研究，其结论：要将地面的设施全部留给机动车，将人和自行车完全分离出来。由此，停车库屋顶所形成的平台，供人们的步行和户外活动，这样就形成了机动车的平面和人的平面完全分开。则一方面，汽车交通进入城市给人们生活带来的各种优势得以充分发挥出来；而另一方面汽车交通给人们的负面影响基本上说全面得到克服。

因此可以说，将城市空间进行人车全面分离的空间改革，将快行系统与慢行系统分置于两个不同的平面上，这是城市空间适应汽车时代的合理化改革，是城市空间跟上汽车时代的发展，是城市空间改革的时代化。

根据城市交通与城市空间相互决定论，深入研究得出来的结论是：城市空间的时代化变革，即上述的空间层次分隔的改革，是城市可持续发展的必由之路。

对于这个结论，可能还有很多人还不能接受。但我们希望这个论断能引起各个方面广泛的关注和讨论。交通问题对城市的可持续发展乃至对整个人类社会的可持续发展，具有基础性的重要性。如果本书的这个论断能够引起相关的讨论，甚至于提出一套与本书所提倡的完全不同的城市空间改革新模式，只要这个模式能够适应这个时代城市空间可持续发展的要求，那么本书所作的工作也就起到了抛砖引玉的重要作用了。

2.8　规律之二：平均车速决定作用规律

2.8.1　概述

城市道路交通系统可以有二十多个参数来进行计量和评价，例如：城市的汽车容量、城市的道路面积、城市的停车位比例、或是城市的道路投资、公交出行分担率、步行和自行车出行的分担率、日均出行距离、车均能耗等，一共有28个参数。

这些参数之间是什么关系呢？初看起来似乎比较简单，但经过仔细分析发现，每个参数都不是孤立的，大多是由其他相关参数决定的。比如说公交出行分担率，这个参数就由很多因素所决定。例如，城市是否是紧凑型的城市。因为大量城市的经验证明，城市紧缩出行的分担率才能提高。此外，还与城市布局有关系，城市布局将使工作点与居住点之间的距离相对合理，人们对小汽车出行依赖性才会降低，公交分担率才能提高。另外公交出行分担率还与步行设施的完善有关，因为乘公交车前后要走路，换乘也要走路，只有步行环境比较宜人，公交环境的出行分担率才能提高。再有，公交出行的分担率还取决于快速公交，而实现快速公交又有很多因素决定，首先道路是否畅通，其次是公交车的发车频率是否足够高，行驶的路段是否相对比较短，这又取决于城市是否是紧凑型的。快速公交的出行率还有赖于微循环的状况。可见，实现快速公交所需要的这些因素都不是孤立存在的。这二十几个参数之间的关系的确错综复杂，我们有没有办法把这个关系梳理清楚呢？

这就是下面要详细讨论的内容。

我们对这二十几个参数逐一进行追踪，追踪那些决定它们的因素，然后再向上一级追踪下去。经过仔细追踪，这个看起来好像是一张漫无头绪的网，就找到了终点。经过一级级的向上追溯，发现所有的参数最后都归结到一个点上，归结到一个参数上，这就是道路上汽车的平均行驶速度。从这个终点再反溯回去，可以得出这样的结论：涉及到道路交通系统的这二十多个参数，都是由平均车速这个因素直接或间接决定的，这就是平均车速决定论。当然，城市的车速并不一定如本书中所讨论的 60～70 公里/小时，也完全可以降低至 35～40 公里/小时，因为这里的平均车速决定的是每个车道的通行能力。我们已经知道，汽车通行速度与道路通行能力之间有一个函数关系，当汽车行驶速度在 40 公里/小时左右，单一车道实现的通行能力最大，所以这里提出的车速为 60～70 公里/小时是否降至 40 公里/小时，并不影响本章所分析的结果，因为一旦将平均车速降低至 35～40 公里/小时时，道路的通行能力会进一步提高，各个参数之间的数据就更趋于理想。

在下面的讨论中，之所以没有使用通行能力这个参数，而使用了平均车速这个参数，是为了更直观，因为车速是人们所能看到的，更能够理解城市交通拥堵之解决的关键所在。平均车速决定论的实践意义在于：只有将城市的平均车速，提高到适应最大通行能力的车速水平，使每条车道都实现最大通行能力水平，整个城市的交通拥堵问题才能得到彻底解决。整个城市道路系统涉及到的 28 个参数，才能够处于满意的水平。

2.8.2 “平均车速决定作用规律”产生解决城市堵车的科学思路

这里讲的平均车速是指整个城市道路上全部在途车辆在交通高峰时的平均速度。平均车速决定论指明要解决城市的堵车问题，不能仅靠修新路，更重要的是要通过改造，将城市中所有道路的车速都提高起来，才能解决包括微循环堵车在内的全部交通拥堵问题。

本文将证明：

(1) 城市交通中高峰期全市的平均车速，是决定交通畅堵和城市用地等 28 项技术经济指标中惟一的本源性要素(详见本文“四”)；

(2) 只要将市区路全部改造为快速路，将平均车速提高至 60～70 公里/小时左右，堵车问题和城市用地问题以及建设紧凑型城市的问题就同时得到了解决；

(3) 在平均车速为60～70公里/小时左右时，涉及城市功能和资源消耗的其他25项指标恰好都得到满意的数值。

(4) 解决全市平均车速的问题是解决城市堵车、城市用地等问题的惟一治本的途径，其他办法是不能治本的。

要把解决城市堵车的全部努力集中到一个点上——千方百计提高平均车速，并为此全力寻找能将市区道路全部改为快速路的方法，建成《雅典宪章》所期盼的“新的街道系统”，这就是解决城市堵车的科学思路。在城市道路交通这个领域中，全市的平均车速决定一切，这就是“平均车速决定作用规律”，它是解决城市堵车科学思路的理论根据。

城市在进入汽车时代以后，汽车将遍及大街小巷。那种希望通过几个大的道路工程来解决全市交通拥堵的想法，显然已经不合时宜了。只有把目光从几条线上转到“面”上，即把目光转到提高整个路网中所有道路的通行能力上来，设法使全市路网中所有的道路都变成快速路，将全市的平均车速提高到60～70公里/小时左右，彻底恢复道路应有的通行功能，城市交通问题才能一劳永逸地得到彻底解决。关于这个思路真理性的有关问题，作者在《汽车城市交通工程学探讨》论文中作了深入的阐述。

2.8.3　平均车速决定作用规律的逻辑关系图

说明：

(1) 图中共有28个方框，每一个方框中标注一个指标的名称和这个指标的代号(标注代号是为了便于下文中的表述)。

(2) 图中的箭头表示指标之间的关系，箭头起点方框内的指标对箭头终点方框内的指标起决定作用，即后者是前者的函数。

(3) 从图中可以看出，指标“①平均车速”的方框只有向外的箭头，没有向内的箭头，这表明该指标是本源性的指标。该指标对箭头所指的方框中的指标起决定作用，并通过逐级传导作用对方框图中的其他所有指标，间接地起决定作用。可见，这个逻辑关系图形象地说明了“平均车速决定作用规律”的内涵。

2.8.4　平均车速决定作用规律的基本内容

平均车速决定作用规律反映了汽车时代城市交通的内在规律：城市道路

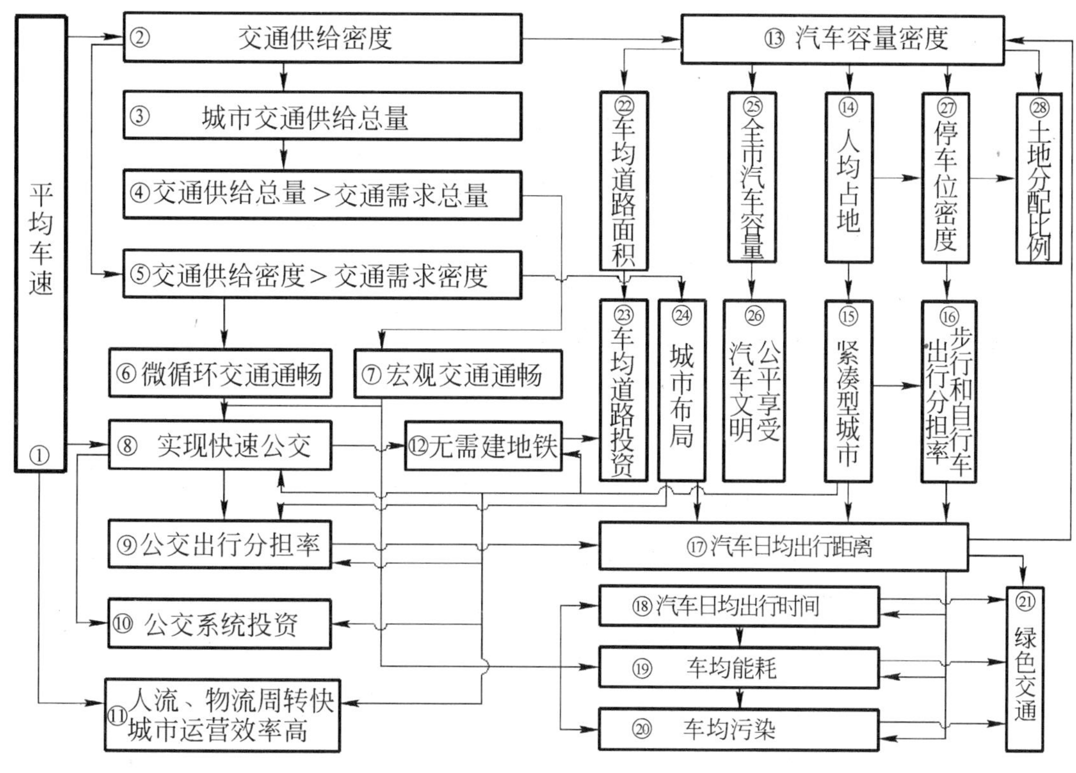

“平均车速决定论”逻辑关系图

交通可持续发展的诸多指标，全部取决于交通高峰期城市道路在途车辆的平均车速。计算表明，当城市路网中全部道路皆为快速路，平均车速为 60～70 公里/小时左右，城市道路交通系统不但可以满足饱和汽车拥有率(600 辆/千人)时交通完全畅达的要求，而且可以满足城市土地占用指标、汽车能耗等二十多项指标的要求，实现城市的可持续发展。

为了便于理解，本章采取案例方式进行叙述。

本案例假定条件如下：城市人口 600 万，城市人口密度 15000 人/平方公里，道路面积率 22%，车道占道(路面积)率 75%，市区道路全部为快速路，交通为连续流，平均车速 65 公里/小时。

(说明：下述每项指标前面的指引号①～㉘与平均车速决定作用规律逻辑关系图上的指引号一致)

① 平均车速

平均车速是指全市在途车辆起讫全程的平均行驶速度。平均车速 60 公里/小时，是假定所有交叉路口均为简单立交，是汽车不停顿行驶所允许的正常速度，在干路上这个速度也可以提高到 70 公里/小时。这个速度接近汽车的经济时速，油耗较低，尾气污染也比较低。

② 平均车速决定交通供给密度

首先要给交通供给量下一个明确的定义：

交通供给量(车·公里/小时)＝车道长度(公里)×汽车密度(辆/公里)×平均车速(公里/小时)

这里特别需要说明，本文对交通供给量的定义和通常的定义并不相同。通常，用城市的交通资源代替交通供给量，所谓交通资源是用时空来定义的。即：

日交通资源＝道路长度×24 小时

这个定义不能真正反映城市交通供给量，因为它只包括了静态特性——道路长度，而没有包含动态特性——汽车行驶速度。显然，道路的静态特性是长度，道路的动态特性是道路中车辆能够实现的平均速度。一个城市路网的平均车速不同，城市的交通供给量也就不同。

例如：

(1) 假设一个城市的路网长度是 300 公里，车辆密度为 31 辆/公里，只有 8％是快速路，平均车速为 65 公里/小时，92％为交叉口有红绿灯的道路，高峰期平均车速为 12 公里/小时。

道路供给的交通总量＝(300 公里×8％×65 公里/小时＋300 公里×92％×12 公里/小时)×31 辆/公里
＝151032 车·公里/小时

(2) 如果城市交叉路口全部为立交，城市中 300 公里全部为快速路，则：

道路供给的交通总量＝300 公里×65 公里/小时×31 辆/公里
＝604500 车·公里/小时

两种情况交通供给总量相差四倍(604500÷151032≈4)。

所谓交通供给密度是指每平方公里土地上，道路所能提供的交通供给量。

交通供给密度＝(1 平方公里×道路面积率×车道占道率÷车道宽度×车流密度×平均车速)/平方公里
＝22％×75％÷0.00375 公里×31 辆/公里×65 公里/小时

=88660 车·公里/(平方公里·小时)

交通供给密度是作者在《汽车城市交通工程学探讨》中提出的一个新的概念，这是一个决定城市微循环中能否消除交通拥堵的一个关键性概念，也是一个防止城市低密度扩散的关键性概念。城市现行交通模式最大的问题就是交通供给密度低，一般只能达到 6000～10000 车·公里/(平方公里·小时)，造成交通供给密度低的根源是，现行城市沿用 1940 年英国人提出的将城市道路分为快速路、主干路、支干路和支路四个等级。这种城市道路的级配方式只能适应汽车拥有率低于 100 辆/千人的前汽车时代，当汽车拥有率超过 100 辆/千人，并最终达到 600 辆/千人时，这种将道路分为四级的级配理论，将给城市道路交通造成灾难性的局面。在汽车时代，城市中市区道路应该全部建成快速路，否则交通供给密度永远无法提高，交通拥堵永远无法消除。

从上式中可以看出，交通供给密度取决于道路上所能实现的平均车速，换句话说，平均车速决定交通供给密度。

③ 平均车速决定城市交通供给总量

城市交通供给总量=交通供给密度×城市土地面积

按照本案例的假定条件，可得：

城市交通供给总量=88660 车·公里(平方公里·小时)×400 平方公里

=35464000 车·公里/小时

上式中交通供给密度与城市占地面积(即能否建成紧凑型城市)都取决于平均车速，所以当城市面积一定时，平均车速决定城市交通供给总量的高低。

④ 平均车速决定交通供给总量与交通需求总量的匹配关系

交通需求总量=交通需求密度×城市土地面积

=汽车密度×日均出行距离×高峰小时交通流量比 K(平均值为 11%)×城市土地面积

=9000 辆/平方公里×60 公里/日×11%(车/小时÷车/日)×400 平方公里

=23760000 车·公里/小时

按照上述③中计算所得：

35464000 车·公里/小时＞23760000 车·公里/小时

即当汽车日平均出行距离为60公里时，在城市交通高峰期：

小时交通供给总量＞小时交通需求总量

这个不等式表明，交通供给总量与交通需求总量能够实现匹配。

⑤ 平均车速决定交通供给密度与交通需求密度的匹配关系

按照上述④中的计算，可知交通供给密度为88660车・公里/平方公里・小时。

即当汽车日平均出行距离为60公里时，小时高峰需求密度为59400车・公里/(平方公里・小时)，可以满足判断两者匹配关系的下述不等式：

小时交通供给密度＞高峰小时交通需求密度

⑥ 平均速度决定微循环交通通畅

由上述⑤中的结果，可以判断微循环不会发生交通拥堵现象。即在本案例平均车速为65公里/小时和日平均出行距离为60公里等假定条件下，完全可以实现微循环交通通畅。

⑦ 平均车速决定宏观交通通畅

按照上述④城市交通供给总量大于城市交通需求总量，因此当平均车速为65公里/小时，在本案例假定条件下，城市能够实现宏观交通畅达。

⑧ 平均车速决定能否实现快速公交

实现快速公交取决于两个条件，一是公交线路上允许的车速；二是城市为紧凑型城市，公交运行距离短。前一个条件直接取决于平均车速，第二个条件间接取决于平均车速。可见，平均车速决定能否实现快速公交。计算可得(详见《汽车城市交通工程学探讨》)当平均车速为65公里/小时，公交车速可提高1～2倍；由于城市紧凑，乘车距离可缩短一倍，所以乘车时间可以缩短两倍以上，能够实现真正的快速公交。

⑨ 平均车速决定公交出行分担率

提高公交出行分担率的基本条件有两个：其一，公交车平均行驶速度；其二，公交车的可达性。前一个条件取决于快速公交的实现，后一个条件取决于城市布局和城市的紧凑程度，这些指标都间接取决于平均车速。可见，平均车速决定公交出行分担率。

按本案例条件，在城市合理布局的前提下，公交车出行分担率可达40％。

⑩ 平均车速决定公交系统投资

按上述⑧实现快速公交后，公交车速提高1～2倍。这个因素可以使公交车辆减少一半以上。平均车速决定城市为紧凑型城市(见下述⑮)，公交车运行距离可以减少一倍。

综合以上两个因素，在本案例假定条件下，平均车速为65公里/小时，与现行城市公交系统相比，公交车数量可以减少75%左右。因此，平均车速决定了公交系统投资只相当于现行交通模式下的1/4左右。

⑪ 平均车速决定人流、物流周转时间和城市运作效率

人流、物流的周转时间取决于平均车速和运送距离，运送距离取决于城市的紧凑程度，城市的紧凑程度取决于城市的平均车速。所以归根到底，平均车速决定人流、物流周转时间和城市运作效率。

⑫ 平均车速决定城市无需兴修建地铁

如前述，当平均车速达到60～70公里/平方公里小时，城市交通实现完全畅达，并能实现快速公交，同时可以建成紧凑型城市，成倍地缩短城市距离。所以，兴建地铁的理由已经不复存在，城市没有必要耗费巨资兴建地铁。

⑬ 平均速度决定汽车容量密度

按照上述②中的数据

高峰小时交通需求密度＝汽车容量密度×日均出行距离×高峰小时交通流量比K

高峰小时交通需求密度(车·公里/平方公里小时)≤高峰小时交通供给密度(车·公里/平方公里小时)

由以上两个公式得：

汽车容量密度×日均出行距离×高峰小时交通流量比K≤高峰小时交通供给密度

汽车容量密度≤高峰小时交通供给密度÷日均出行距离÷高峰小时交通流量比K＝88660÷60÷11%

＝13433辆/平方公里

取汽车容量密度为9000～10000辆/平方公里

⑭ 平均车速决定人均占地

人口密度＝汽车容量密度÷汽车拥有率

=9000～10000(辆/平方公里)÷600辆/千人

=15000～16667人/平方公里

取人口密度为15000人/平方公里。

城市人均占地=1/人口密度=67平方米/人

⑮ 平均车速决定紧凑型城市

城市面积=人均占地×城市人口

按照本案例假定条件，得：

城市面积=67平方米/人×600万人

=400平方公里

⑯ 平均车速决定步行和自行车出行分担率

平均车速决定城市为紧凑型城市，紧凑型城市平均出行距离(按本案例数据)仅为现行城市道路交通模式平均出行距离的1/2。

(1) 本案例为紧凑型城市

城市名义直径=(城市面积400平方公里)1/2×(1+21/2)/2=24.14公里

平均最大出行距离(往返合计)=24.14公里×非直线系数1.21=29.2公里

设：步行距离为1公里，在1公里范围内步行出行分担率为100%；

自行车出行距离为5公里，在5公里范围内自行车出行分担率为100%。

每人每日步行1公里的频率为1次，5公里出行频率为0.5次，平均最大出行距离(往返合计)为29.2公里，出行的频率为0.8次。

每人每日出行总距离=1×1+5×2×0.5+29.2×0.8=30.36公里

步行+自行车出行距离=1×2+5×2×0.5=7公里

步行和自行车出行分担率=7/30.36=23%

(2) 按现行城市交通模式(城市面积为紧凑型城市的四倍)

各种出行方式的出行频率同上。

城市名义直径为紧凑型城市的2倍=24.14×2=48.28公里

平均最大出行距离(往返合计)=48.28×非直线性系数1.21=58.42公里

每日出行总距离=1×2+5×2×0.5+58.42×0.8=53.74公里

步行和自行车出行分担率=7/53.74=13%

由以上计算可见，平均速度不同，则城市面积不同，则每日出行总距离不同，所以步行和自行车出行分担率也不同，即平均速度决定步行和自行车出行分担率。

⑰ 平均车速决定小汽车日均出行距离

平均车速决定紧凑型城市，决定最大平均出行距离，在本案例为 20 公里；

平均车速决定自行车出行分担率，平均速度决定交通供给密度，后者又决定城市的合理布局(人口密度大时，在生活组团范围内配套齐全，日常生活出行可以完全靠步行和自行车解决)，城市布局合理，可以使汽车出行只承担日平均最大距离的出行；

平均车速决定公交出行分担率，按本案例，在日平均最大出行距离时，公交出行分担率可达 40％。

综合以上三个方面，按本案例只在日均最大出行距离时，小汽车出行分担率为 60％，按⑯中的数据：

小汽车日均出行距离为 29.2 公里×60％＝17.52 公里

按现行交通模式，日平均最大出行距离为 58.42 公里，公交出行分担率为 20％，可得：

小汽车日均出行距离为 58.42×80％＝46.74 公里

⑱ 平均车速决定小汽车日均出行时间

日均出行时间取决于日均出行距离和交通畅达程度，因此同样取决于平均车速。

⑲ 平均车速决定小汽车车均能耗

车均能耗取决于日均出行距离和交通畅达程度，因此同样取决于平均车速。

⑳ 平均车速决定小汽车车均污染

小汽车车均污染取决于日均出行距离和交通畅达程度，因此同样取决于平均车速。

㉑ 平均车速决定绿色交通能否早日实现

降低车均能耗时绿色交通工具能否早日普及推广的前提条件。这个前提条件的具备间接地取决于平均车速。

㉒ 平均车速决定车均道路面积

按本案例数据，城市每平方公里面积中车道所占面积

=1 平方公里×道路面积率×车道占道率

=1×22%×75%

=0.165 平方公里

车均占道面积=0.165 平方公里÷(9000～10000 车)

=18.3～16.5 平方米/车

上式中，汽车容量密度 9000～10000(车/平方公里)，取决于平均车速(已如⑬中所述)，所以车均占道面积取决于平均车速。

㉓ 平均车速决定车均道路投资

道路投资是由三部分组成，其一，机动车道道路投资，其投资量基本上取决于车均占道面积；其二，按本案例，公交投资的车均分担量与现行城市道路交通模式相比，将降低至 1/4 左右；其三，按本案例，无需兴建地铁。按目前大城市中每 5 万人需兴建 1 公里地铁，1 公里地铁大约需 7 亿元投资计算，平均每个市民需地铁投资 1.4 万元。按汽车拥有率 600 辆/千人计算，如不兴建地铁，车均道路投资可节约 2.33 万元。

综合以上因素，按本案例数据，与现行城市道路交通模式相比，车均道路投资只需要 1/4 左右。

㉔ 平均车速决定城市布局

从道路交通系统的合理性和交通能源有限的制约条件出发，在城市布局中，一方面要力求紧凑，另一方面要力求在步行可及的范围内，布置功能齐全的生活组团，这两个方面都取决于城市人口密度，而城市的人口密度取决于平均车速。因此，平均车速决定城市布局。

㉕ 平均车速决定全市汽车容量

在城市土地面积一定时，全市的汽车容量取决于汽车容量密度，归根到底，平均车速决定全市汽车容量。按本案例数据，城市面积为 400 平方公里，城市人口为 600 万人，全市汽车容量为(9000～10000)×400=360～400 万辆。

㉖ 平均车速决定公平享受汽车文明

城市允许汽车拥有率达到饱和水平 600 辆/千人，而且包括市中心区在内，不出现交通拥堵，因此没有必要限制小汽车购买和通行。后富起来的人们，同样可以不受任何限制地享受汽车文明。

㉗ 平均车速决定停车位密度

本项是平均车速对停车位密度所提出的要求，如⑬所述，汽车容量密度为9000～10000车/平方公里，必须保证停车位密度不小于汽车容量密度。取停车位密度＝1.1×汽车容量密度＝9900～11000车位/平方公里。在规划设计中如何实现，见下文。

㉘ 平均车速间接决定城市土地分配比例

按停车位密度的要求，每平方公里土地面积上停车面积

＝(9900～11000)车位×30平方米/车位

＝297000～330000平方米

停车位中，按1/3放在地下人防工程，则地面停车占土地面积为198000～220000平方米。

在本案例中，地面的停车位设置在建筑物首层架空层内，架空层顶部为房屋建筑及架空花园。

在本案例中，取道路面积与架空层面积合在一起覆盖率为55%，其中道路面积率为22%，架空层覆盖率为40%，两者重叠部分为7%。架空层上房屋建筑覆盖率为土地面积的15%，为150000平方米/平方公里。架空花园及架空层步行道路占土地面积的25%(40%～15%)，为250000平方米/平方公里。

人口密度按15000人/平方公里计算，人均建筑面积按100平方米/人计算，建筑密度为15000×100＝1500000平方米/平方公里，建筑平均层数为1500000平方米/平方公里÷150000平方米/平方公里＝10层。

土地面积的另外45%按城市规划的其他功能进行分配。

2.8.5　平均车速对交通拥堵的双重作用

城市交通拥堵这个世界性的难题，之所以长期得不到解决，是因为对“产生交通拥堵的机制是什么?”没有搞清楚；从另一个侧面看，也可以说对“形成畅通交通的机制是什么?”没有搞清楚。

上面所谈的机制，是比较复杂的，但是，这个机制中最主要的因素是平均车速对交通拥堵与否的双重作用：

(1) 平均车速的降低，将导致同样出行距离时汽车占用道路时间的增加，即导致占用道路资源的增加；在单位土地面积上，道路资源一定时，将导致

单位土地面积上汽车容量的减少，从而导致交通拥堵的加重；

（2）如上所述，由于平均车速的降低，导致单位土地面积上汽车容量的减少，其结果是，在城市汽车保有总量一定时，将导致单位城市占地面积的增加，即导致城市低密度扩散；城市低密度扩散的结果，将导致出行距离的增加，这又将导致每辆汽车占用道路资源的增加，其结果是使交通拥堵进一步加重。

上述两项概括地说就是，平均车速降低的本身，会导致交通拥堵，这是平均车速对交通拥堵的直接作用。其次，平均车速降低导致城市低密度扩散后出行距离的加长，又进一步导致交通拥堵，这是平均车速对交通拥堵的间接作用。

双重作用的表述：平均车速降低对交通拥堵的产生和加重，是通过直接作用和间接作用的双重作用机制来实现的。

关于双重作用的进一步说明：

（1）平均车速降低，必然导致城市低密度扩散，因为汽车时代城市占地面积的大小服从一个新的规律，即：

城市占地面积＝汽车总量÷每平方公里土地汽车容量

现行城市模式由于道路通行能力很低，所以，每平方公里土地的汽车容量只有2000辆。

以北京为例，按上述公式可得：

北京城区占地面积＝230万辆÷2000辆/平方公里 ＝1150平方公里

实际情况与公式计算结果很接近。目前北京汽车200多万辆，中心城区面积已达1088平方公里，当汽车增加到800万辆时，中心城区面积可能达到3000平方公里；

（2）城市低密度扩散的结果，将使步行600米距离内功能网点大幅度减少，从而增加了机动车出行的交通分担率，加重了道路上机动车交通的负担；

（3）城市低密度扩散的结果，将导致公交站点的分散，导致公交车发车的频率，从而导致公交出行分担率的降低，导致对小汽车依赖程度的增加，这又进一步加重了道路上机动车交通的负担；

从另一个侧面来看，平均车速的提高，将导致每辆汽车对道路资源占用量的降低，并导致城市占地面积的缩小，这又导致出行距离的缩短，从而又导致每辆汽车对道路资源占用量的进一步降低，这也是双重作用。在平均车速 70 公里/小时的范围内，这个双重作用的机制，将形成城市交通畅通的良性循环。

列宁曾经说过：生活中最根本的一个问题，就是粮食问题。那么，我们也可以说：城市可持续发展中最根本的一个问题，就是提高平均车速的问题。平均车速对交通拥堵的双重作用告诉我们，“治慢”是“治堵”的关键，只有将城市平均车速提高至 50～70 公里/小时，交通拥堵的治理才能进入良性循环，并最终实现交通拥堵的彻底消除。

2.9　规律之三：交通流匹配定律

2.9.1　道路四级级配理论导致交通拥堵的死循环

城市堵车是一个世界性的难题，早在 1933 年著名的《雅典宪章》就提出了寻找“新的街道系统”以适应汽车交通的需要。70 年过去了，“新的街道系统”还没找到。不但堵车问题没有得到根治，而且汽车交通造成了城市严重的低密度扩散。以致于 1977 年的《马丘比丘宪章》又呼吁，要寻找解决土地资源有限阻碍城市发展问题的办法。城市堵车和城市滥占土地，这两个严重问题至今没有找到真正的解决办法。

多年以来，发达国家一直致力于实现建设(不发生交通拥堵的)紧凑型城市的目标。人们深知一旦实现这个目标，上述两个严重的问题就能同时得到解决。但是，建设紧凑型城市这一目标至今也没有找到实现的途径。

造成上述局面的原因是无法克服城市道路交通系统改造的盲目性。中国城市交通规划学术委员会副主任全永燊说出了我们的共识：“我们对城市交通的属性特征及其自身发展的内在规律还缺乏足够的、准确的认识。因此，我们解决交通问题的思路和具体方法就难免带有一定的盲目性，事倍功半(甚至事与愿违)也就是自然的结果了”。(资料来源：《路在何方》)

2.9.1.1　历史证明道路级配理论是失败的

将城市道路分为四级，即：快速路、主干路、支干路、支路。这就是现行的城市道路级配理论。这四级道路的比例推荐为 1∶2∶3∶6。

这个道路级配理论，在六十多年前，起源于英国。我国很多城市交通规划还以此理论为指导，并把城市堵车的原因，部分地归结于城市道路级配结构不合理。好像是只要级配结构合理了，就可以消除堵车问题。

遗憾的是，级配理论的故乡——英国，至今城市堵车日益严重，级配理论救不了英国的交通拥堵。不仅英国，包括美国、欧洲、日本在内的发达国家和地区，没有一个城市，靠这个级配理论能够解决城市堵车。历史证明，将城市道路分为四级的级配理论，在汽车时代以后，从来没有在任何地方取得过成功。历史证明，将现行的级配理论，用于汽车时代的城市交通，结果是失败的，这个理论已经过时了。

2.9.1.2 默认两个冲突的存在，是级配理论的要害

现行城市交通中，存在着“车与车”的冲突以及“车与人”的冲突。

汽车行驶的特点是快速和危险，快速是它的优点，危险是它的缺点。为了克服这个缺点，道路上不得不设置汽车交通的红绿灯，和行人交通的红绿灯。这样造成了两个后果：

一个是道路上机动车的通行能力很低，只发挥了不足 20%，造成了道路资源的极大浪费，造成了城市交通拥堵，造成了交通供给密度(每平方公里土地的道路网所能提供的交通供给)很低，从而导致城市低密度扩散占用了大量的土地，也导致了交通距离加长，交通量增加，能源消耗增加，并加剧了环境污染。

另一个是，行人走路的安全感很差，不但经常需要停顿，而且交通事故率高。在人车混杂的情况下，行人又造成了汽车行驶速度更加缓慢。

汽车时代的主要特点是高速，这就不允许在道路系统中，存在“车与车”的冲突，以及“人与车”的冲突。而道路分成四级的级配理论，其本质是默认了这两个冲突存在的合理性。这四级道路中，除快速路以外，其他三级道路中，所有的交叉路口，都是灯控路口。这些灯控路口的设置，就是为了避免车和车相撞，以及车和人相撞。默认这两个冲突存在的合理性，就等于掩盖了现行城市道路交通系统，其特性与汽车交通的本质特点相矛盾的要害问题。在城市交通规划工作中，把精力放在追求道路级配结构的合理上，无疑会影响对城市交通真正出路的探索，这是一个值得深思的问题。

2.9.1.3　级配结构中的支路堵车是先天性的

在汽车社会，城市中的聚集点主要分布在支路上。这个支路就像是船泊的码头，大量的汽车都要在这个“码头”出发和停靠。随着汽车拥有率的飞速提高，每个支路上必然车满为患，灯控路口无法应付繁忙的汽车交通。这就造成了城市交通的微循环不通，这个不通，是由于级配结构的先天性缺陷所造成的。

2.9.1.4　现行级配结构将造成交通供给永远小于交通需求

城市交通高峰时段，每平方公里土地的交通量将达到 5 万车·公里/小时，而四级结构的道路网，最多能提供 1 万车·公里/小时。

按照城市人均占地的规定，城市人均占地平均 80 平方米。在这个密度下，当汽车达到饱和拥有水平时，一个 100 万人的城市，其交通总需求量将达到 300 万车·公里/小时。而道路分为四级的路网，只能为城市提供 60～100 万车·公里/小时的交通供给。交通容量不足，是现行城市道路级配结构无法克服的矛盾。

2.9.1.5　级配结构造成道路交通特性与车流特性不匹配

汽车时代城市交通，道路上的车流是连绵不断的，这就是车流的特性由以前的间断性、变成了连续性。城市道路的大量灯控路口，造成了道路交通特性的间断性特点。城市交通中出现了，车流的连续特性与道路的间断特性不匹配。这个不匹配促使大量汽车挤到快速路上，造成了快速路变慢速路的现象。道路级配理论的初衷根本无法实现。

2.9.1.6　道路悖论及摆脱方法

现有城市道路交通系统模式的基础是城市道路的级配结构，在这个级配结构中将城市道路分为四级：快速路、主干路、支干路、支路。这四级道路密度的比例为 1∶2∶3∶6，其中快速路占 1/12，约为 8%。

本文作者发现，城市道路的这种级配结构将使城市交通陷入一个无法摆脱的悖论。这个逻辑上的悖论正是造成如下怪圈的内在原因：

我们将这个悖论称之为“道路悖论”。揭示这个悖论中的内在规律，并最终找到完全摆脱这个悖论的新的城市道路结构，将使城市交通进入完全畅达的新时期。

2.9.1.6.1　城市交通拥堵所产生的第一个推论

在城市道路现行的级配结构中，随着汽车数量的增加，交通拥堵首先产

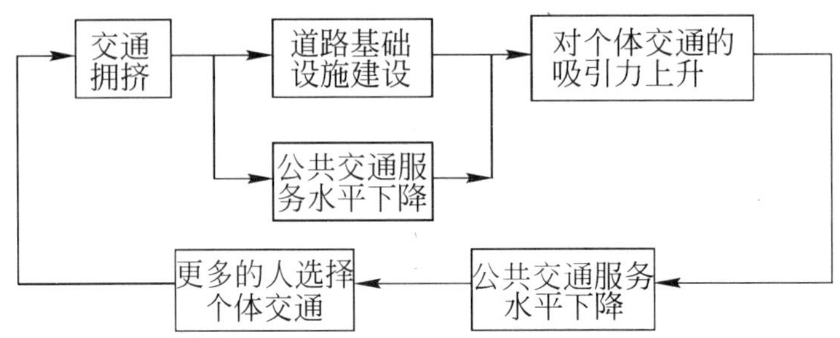

生在快速路的进出口道路上。这种局面的产生，往往会得出下述结论：产生这种交通拥堵的原因，是与快速路配套的支路或支干路太少。人们通常会说，国际上通行的城市道路级配结构是金字塔形的，即四级道路的比例为1∶2∶3∶6，而我国城市四级道路的结构不是这样。因此，认为必须增加支路和支干路的比例，解决我国城市道路级配结构不合理的问题。简而言之，快速路进出口道路拥堵现象的产生，使人们得出了需要增加支干路或支路比例的结论，这就是交通拥堵所产生的第一个推论。

2.9.1.6.2　城市交通拥堵所产生的第二个推论

随着城市车辆进一步增加，在逐步改善快速路进出口道路之后，城市开始出现了第二阶段的交通拥堵，这就是在城市的快速路上普遍出现了交通拥堵现象，这个交通拥堵现象又会促使人们得出一个新的结论：必须增加快速路的道路密度，以提高快速路的通行能力，这就是交通拥堵现象所导致的第二个推论。按照这个推论，当城市汽车数量越来越多时，快速路的道路密度也越来越高。

2.9.1.6.3　道路悖论

按照上述第一个推论，解决城市交通拥堵的办法是增加支路和支干路的比例，但这将导致快速路比例的降低，也就是快速路的密度降低。

按照上述第二个推论，解决城市交通拥堵的办法是增加快速路的密度，也就是增加快速路的比例，但这将导致支路和支干路比例的降低。

按照第一个推论，能够解决城市交通拥堵问题，但是由于第一个推论将会否定第二个推论，所以又将导致不能解决城市交通拥堵的局面。按照第二个推论，能够解决城市交通拥堵问题，但是由于第二个推论将会否定第一个推论，所以也将导致不能解决城市交通拥堵的局面。

将第一推论和第二推论综合在一起进行演绎，可得：增加支路和支干路比例的努力将导致减少支路和支干路比例的结果；增加快速路比例的努力将导致减少快速路比例的结果。

这是一个典型的悖论，我们称之为“道路悖论”。这是一个在现行城市道路级配结构中，人们无法克服的悖论。如果将堵车看成“城市癌症”的话，道路悖论就是这个癌症的基因。

“历史的就是逻辑的”（恩格斯名言）。前述悖论中的逻辑矛盾，在国内外很多大城市交通改造的历史中，客观上都发生过生动的演绎。前述两个阶段的交通拥堵现象，在北京城市交通的历史上都先后出现过，北京道路交通改造也曾按照上述第一个推论和第二个推论做过很多努力。目前，北京正处于第二个交通拥堵局面之中，即交通高峰期二环路、三环路都处于交通拥挤的局面，平均时速常常在10公里/小时左右。

当车流密度较高，道路服务水平较低时，交通间断流的道路根本无法与交通连续流的道路(快速路)相匹配，现行的四级道路结构永远无法消除交通拥堵现象。

在现行的四级道路级配结构中，随着车辆的增加，快速路上将发生车流速度降低到与非快速路车流速度大体相同的趋同现象，快速路的功能将完全丧失。

2.9.1.6.4 摆脱道路悖论的方法

摆脱这个“道路悖论”的方法就是将城市中市区道路全部建成快速路。在理论上，市区道路全部为快速路是可以做到的。但是必须解决三个难题：一是，与平面交叉路口相比，这个快速路网的立交桥不多占用土地，以适应现有城市道路的改造和满足城市不多占用耕地的要求；二是，要解决人车彻底分离，建设宜人的步行系统(含自行车道)；三是，要同步地解决大量汽车的停车系统。

“表面来看，根据现行的道路级配结构，随着汽车数量的增加，交通拥堵首先产生在快速路的进出口道路上。这时，人们很容易得出需要增加城市的支路和支干路比例的结论，但是，在逐步改善了快速路进出口道路，即增加支路和支干路比例之后，随着汽车的进一步增加，城市的快速路上又出现交通拥堵。这时，人们势必又认为，必须增加城市快速路的密度”。这其实是一个“死循环”：快速路进出口拥堵→增加支干路和支路比例→快速路比例(密度)降低→快速路拥堵→增加快速路比例(密度)→支干路和支路比例(密度)降低→快速路进出口拥堵。这一“死循环”导致的交通拥堵，在北京城市交通的历史上都先后出现过，北京道路交通改造也正是按照这一逻辑展开的。“目前，北京正处于快速路拥堵局面之中，即交通高峰期二环路、三环路，甚至四环路都出现交通拥堵，平均时速常常在 10 公里/小时左右。”因此，他认为，现行的 4 级道路结构永远无法消除城市交通拥堵现象。(摘自新华网)

2.9.2　交通流匹配定律

交通流匹配定律：相互连接路段，其交通流必须皆为连续流才能相互匹配。换句话说，与交通流为连续流的路段相连接的其他路段，其交通流也必须为连续流。

城市交通发展至汽车时代的成熟阶段(汽车拥有率 600 辆/千人)以后，道路交通将经常处于二级至三级服务水平(31～62 辆/公里)，在车辆行驶前方的任何停顿都将造成交通拥堵现象的发生和蔓延。所以，在车辆行驶的全过程中，不允许有停顿。车辆将要驶入的每一条道路都应该是连续流交通(没有红绿灯)。北京二环路在西直门路段发生严重拥堵的根源就在于道路系统不符合交通流匹配定律。

作为本定律的一个合乎逻辑的推论是，在汽车时代的成熟阶段，路上的汽车较密，城市路网中道路的交通流应全部为连续流；现行城市路网中的级配理论将城市道路分为四级，其中除快速路为连续流之外，主干路和支干路皆为间断流交通，这显然不符合交通流匹配定律，现行的城市道路级配理论与汽车时代是不相适应的，是带有根本性缺陷的。按照这个级配理论，城市的交通拥堵将必然发生，并将永远无法解决！

2.10　规律之四：交通供给密度与交通需求密度匹配定律

2.10.1　名词解释

- 交通供给密度：在城市 1 平方公里土地上，机动车道路的每小时交通供给量[车・公里/(平方公里・小时)]。
- 交通需求密度：在城市 1 平方公里土地上，每小时发生的机动车交通需求量[车·公里/(平方公里·小时)]。

■ 交通需求密度分布状态：在城市的地图上，将所有功能点(或每一平方公里土地)的交通需求密度全部标注出来，所形成的交通需求密度分布图，称为城市交通需求密度分布状态。

■ 交通供给密度分布状态：在城市的地图上，将所有功能点(或每一平方公里土地)的交通供给密度全部标注出来，所形成的交通供给密度分布图，称为城市交通供给密度分布状态。

2.10.2　定律表述

定律表述一，要彻底消除城市交通拥堵，必须做到以下两点：

(1) 城市的交通供给密度分布状态必须与交通需求密度分布状态相匹配，所谓匹配是指在每个点上，交通供给密度大于或等于交通需求密度。

(2) 如果在个别功能点上(如体育场馆、摩天大楼等人员高度密集的地方)，交通需求密度高于交通供给密度，则应采取措施实现两者的匹配。可以采取的措施是：扩大功能点地块的面积，以达到在地块的边界上交通需求密度和交通供给密度相匹配；以静制动，采取停车位票证制度，事先领取(或发售)停车位票证(或预约车位)，没有事先落实停车位者，不要自己驾车前来。

定律表述二，设人口密度15000人/平方公里，道路面积率20%，汽车饱和拥用率600辆/千人，日均出行距离50公里/车，计算可得(参见交通供给最大值定律)：

交通需求密度极限＝49500车·公里/(平方公里·小时)

交通供给密度极限＝90000车·公里/(平方公里·小时)

由此可知，交通需求密度极限＜交通供给密度极限，彻底消除交通拥堵的问题是“有解”的。

这个交通供给密度和交通需求密度相匹配的定律十分重要，它指明了彻底解决城市(包括繁华区)交通拥堵的途径。

像美国那样，修了很多的路，每公里道路只承担31辆汽车，但是城市市区拥堵依旧严重，其根本原因就在于城市交通不能满足这个匹配定律。

按照现行的交通工程学，城市道路供给水平很低，一般只能做到6000～10000车·公里/(平方公里·小时)，而大城市中心区交通需求密度高达50000车·公里/(平方公里·小时)，两者根本无法匹配，这是西方发达国家大城市长期陷入交通拥堵泥潭之中的根源所在。根据前述的交通供给最大值定律，只有改变现行城市间断流的交通方式，全面实现城市道路交通的连续流，才能满足本定律的要求，彻底消除城市交通拥堵。

现将城市交通为间断流时匹配情况示于图1，城市交通为连续流时匹配情况示于图2。图中柱状体的高度表示交通需求密度或交通供给密度的数值。图中图1(a)为交通需求密度分布状态；图1(b)为交通供给密度分布状态；图1(c)为交通需求密度和交通供给密度的对比。图中数字表示城市土地面积的尺度，单位为公里，图2(b)和图2(c)中城市土地面积因为交通总量的增加而由10公里×10公里扩大为20公里×20公里。

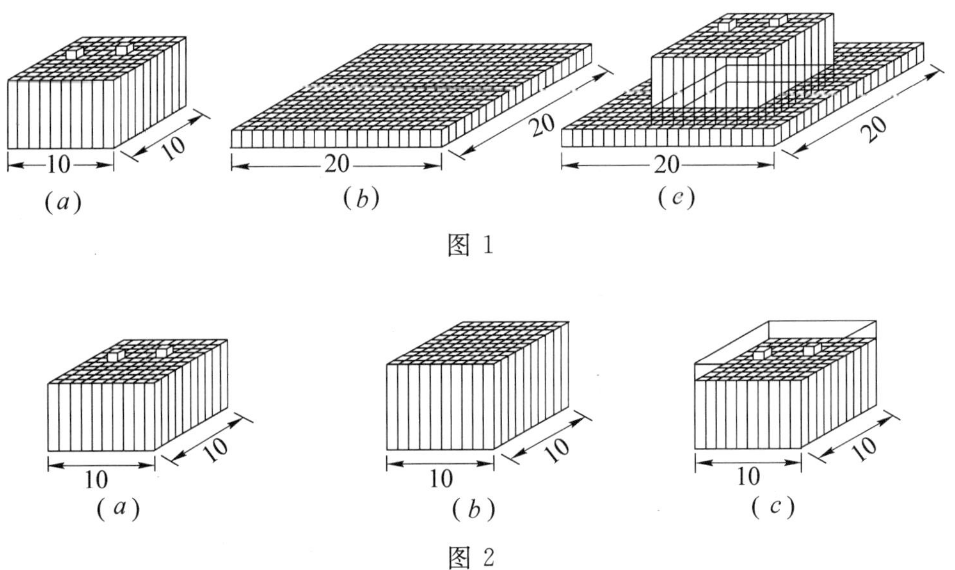

图1

图2

2.11 规律之五：交通供给最大值与交通需求最大值定律

定律表述之一：在给定道路面积率的前提下，城市每平方公里土地上交通供给存在着一个可以计算出来的最大值，此最大值称为交通供给密度极限[单位：车·公里/(平方公里·小时)]。

交通供给密度极限＝车道长度/平方公里×车流密度×车速

＝(1平方公里×道路面积率×车道面积率/车道宽度/平方公里)×

车流密度×车速 ①

城市交通供给极限（车·公里/小时）＝交通供给密度极限［车·公里/（平方公里·小时）］×城市土地面积（平方公里）　②

城市汽车容量极限（辆）＝城市交通供给极限（车·公里/小时）×9小时/日÷日平均出行距离（公里/日）　③

关于以上公式的3点说明：

（1）车道面积率＝车道面积÷道路面积

（2）9小时/日——每日按9小时计算，依据高峰小时交通流量比 K 平均值为11％（大量观测数据的结果），即：高峰小时交通流量/日平均交通流量＝11％≈1/9，可得：日交通供给密度极限＝小时交通供给密度极限×9小时/日。全天交通流量如果只集中在9个小时内通过，道路也能承担（K 值数据引自《交通工程手册》）。确定道路设计能力时也可按全年第30位高峰小时流量，其数值约为10％，计算结果不如上述算法更稳妥。

（3）各项数据以日为单位，这是因为人的出行活动是以一天为一个完整的循环，平均出行距离也是以日为单位的。

［应用举例1］

计算一个城市的交通密度供给极限、城市交通供给极限、城市汽车容量极限并确定该城市允许汽车保有量和汽车拥有率。

假定条件：城市人口600万人，占地面积20公里×20公里，道路面积率22％，车道面积率70％，全市为连续流交通，平均车速60公里/小时，道路服务水平二级，车流密度31辆/公里，车道宽度3.75米，日均出行距离35公里/日或60公里/日。

将上述数据代入公式①得出：

交通供给密度极限＝76384车·公里/（平方公里·小时）

根据公式②得出：

城市交通供给极限＝30553600车·公里/小时

根据公式③得出：

城市汽车容量极限＝785万辆或458万辆

结论：城市汽车容量按照极限数值的80％计算为366～628万辆，汽车拥有率为610辆/千人以上。

［**应用举例 2**］

设道路面积率为 20%，车道宽度 3.75 米，道路红线内面积 94%为机动车道路，机动车道路全部为快速路，每条车道通行能力为 1800 辆/小时，可得：

车道长度密度＝20 万平方米/平方公里÷3.75 米×94%
＝50 公里/平方公里

交通供给密度极限＝50 公里/平方公里×1800 辆/小时
＝90000 车·公里/(平方公里·小时)

本书有关章节的论述证明，道路面积率的合理数值为 20%，机动车道路全部为快速路时通行能力最高，在车速为 60 公里/小时时，通行能力为 1800 辆/小时。由此可以得出结论，在正常的行驶速度下，交通供给密度极限的最大值为 90000 车·公里/(平方公里·小时)。

定律表述之二：设 15000 人/平方公里为最佳人口密度，汽车饱和拥有率为 600 辆/千人，日均出行距离为 50 公里/车，高峰小时交通流量比 K＝11%日/小时，由此可得，交通需求密度极限为 49500 车·公里/(平方公里·小时)。计算公式如下：

交通需求密度极限
＝15000 人/平方公里×600 辆/千人×50 公里/车×11%日/小时
＝49500 车·公里/(平方公里·小时)

2.12　规律之六：交通需求最小化规律

规律的表述：在一定条件下，可以实现机动车交通需求的最小数值；其条件是城市人口密度在合理范围取最大值，步行、自行车出行、公交出行等出行方式最大限度地被采用，以及卫星城或副中心城能最大限度的分散主城区的机动车交通量。

交通需求最小化的极限值是存在的，但是涉及到城市规划布局的方方面面。所以，离开具体的城市规划方案，这个极限值没有办法进行计算。

以下两个规律对实现交通需求最小化具有指导作用。

2.12.1　反比定律

在城市人口相同、规划布局相同的条件下，城市的汽车容量与城市的直径成反比；城市交通需求总量与城市直径成正比，与城市人口密度的平方根成反比。

说明：在本定律中城市的直径按城市面积的平方根来计算。

城市的汽车日平均出行距离与城市的直径成正比，日平均出行距离越大，城市的汽车容量越小。实际上，城市的直径越小，步行占出行的比例越大，汽车日平均出行距离会更小一些。

目前，很多城市交通改造，采取了在城市外围建设低密度的都市圈，或是通过疏散城市功能降低市区人口密度。这样做的结果反而增加了日平均出行距离，从总量上增加了道路的交通负担，往往造成新的拥堵。造成这种后果的根源就是违背了反比定律。从本定律可知，适当提高人口密度可以减少交通负荷。城市的低密度扩张并不能达到疏缓交通的目的，反而加大了城市交通总量。

2.12.2　适度规模定律

城市或市区的规模过大，往往会产生交通拥堵现象；大城市外围的卫星城规模过小，或城市功能等级较低，往往会增加卫星城和中心市区之间的交通量，也同样会产生交通拥堵。

适度规模定律：为疏散老城区功能、分散交通负荷，所需要建设的新城区，应满足以下不等式。

基本出行封闭在本组团内的凝聚力＞市中心区对本组团居民交通的吸引力

在拟转移的功能方面新区的凝聚力＞老城区的凝聚力

北京的望京小区完全没有实现缓解市区交通的初衷，就是因为望京小区没有达到“适度规模”。只有小区的规模足够大，达到“适度规模”，才能够满足人们对日常生活和工作的高等级要求，才能使基本出行封闭在小区之内，从而减少与中心市区之间的交通量。这里所谓的“能够满足高等级要求”是指与市中心区具有同一等级的功能，否则，市中心区必将吸引本小区居民，增加市中心区的交通负担。

上海市的浦东新区具备了这里所说的“适度规模”，必将明显减少浦西老城区的交通负担。我们之所以建议在北京新建600万人口的商务新城，新城面积20公里×20公里，是因为作为首都这样一个高等级城市的一个新城区，只有达到这个规模，才能符合上述“适度规模”的要求，才具备“能够满足高等级要求”的条件。

2.13 规律之七：车速趋同定律

车速趋同定律：随着城市交通拥挤情况的增加，由于车辆大量涌入快速路，将出现快速路的车速与其他道路车速趋同的现象。

在按照快速路、主干路、支干路、支路等四级建设的城市路网中，理想的情况是快速路的车速远高于其他道路，以达到城市快速通达的目的。但是，这种理想情况只有在汽车拥有率较低(在大城市约为低于100辆/千人)时才会出现。当汽车拥有率较高，市区道路发生严重的交通拥挤时，其他道路的车辆会自动涌进快速路，并最终稳定在快速路的车速与其他道路的车速基本相同的局面。以北京市为例，在交通高峰期，作为快速路的二环路和三环路，车速降低到与其他道路基本相同，这就是车速趋同定律的体现。

2.14 规律之八：车流密度趋同定律

车流密度趋同定律：随着城市汽车保有量的增加，在疏散功能较好的路网中，交通服务水平较低道路上行驶的车辆，将自动向交通服务水平较高的道路上转移，出现路网中道路车流密度趋同的现象。

这个定律有两层涵义：其一，只有路网疏散功能较好时，才能实现道路交通量的均匀分布；其二，当城市路网为方格式快速路网时，各条道路的车流密度将比较均衡，这时只要做到交通供给密度大于交通需求密度，城市就不会发生堵车现象。

2.15 规律之九：刚性约束定律

刚性约束定律：在城市交通规划中，存在着必须遵守的刚性约束条件。

如不遵守这个定律，交通规划实施中必将陷入“堵车——缓解——再堵车”的恶性循环之中。

刚性约束条件是：

（1）汽车拥有率的饱和数值 600 辆/千人。发达国家城市机动化的历史证明，当人均 GDP 达到 15000～20000 万美元左右，汽车拥有率必将达到 600 辆/千人左右，并且基本不再增加，将稳定在一个饱和水平上。在达到饱和水平之前，城市处于汽车数量高增长阶段，不应该把高增长阶段中任何一个年份的要求作为规划的目标。

（2）人均城市占地 66 平方米左右，占地过大将形成不可持续发展的局面。小汽车基本上用于市内交通，市内停车位不得少于汽车保有量的 110%。汽车拥有量达到饱和水平之后，在城市外围既不可能修建足够多的道路，更不可能拿出大量的土地解决数亿个基本停车位和旅行停车位。

（3）必须实现人车全面彻底分离，形成无汽车干扰的步行系统和户外活动空间，城市才能满足宜居的要求。

（4）城市交通方法必须有利于节能汽车和电动汽车的推广，才能确保在有限的燃油资源和严格的环保限制条件下，汽车时代可以持续、健康地发展。

2.16　规律之十：系统相关定律

系统相关定律：在城市中，人的出行是一个大系统，行车系统、步行系统（含自行车）和停车系统是这个大系统的三个子系统，三个子系统必须同步进行建设，才能使每个子系统正常运行。

很多城市在交通改造中，往往是单兵独进，只注意到行车系统的建设。往往在完成一项大的道路改造之后，原有的步行系统受到了严重的破坏，甚至于行人无路可走。步行困难的结果，造成了乘坐公交车的困难，因为坐公交车两头都要步行。有的城市，道路经过若干次交通改造之后，出现了交通供给结构严重失衡的局面——道路更加只适应于开小汽车出行，走路和坐公交车更加困难。这就促使市民产生更加强烈的购车欲望，小汽车数量出现了爆炸性的增长，交通拥堵更加无法收拾。目前，北京就陷入这种恶性循环之中。

我们可以设想这样一种出行方式：第一步，在宜人的步行系统中，步行或乘坐便携式电动助力车到达公交车站；第二步，乘坐快速公交车，这个公交车是定时到站开行的，像火车一样每隔一定时间准时到达一辆，乘客可以将便携式电动助力车带到公交车上，公交车采用宽体多门的车辆，采取进出站验票制度，分为一站一停和多站一停(快车)，乘客可以根据需要换乘快车，这样的公交系统既舒适又快捷；第三步，乘客下车步行或乘坐电动助力车到达目的地。这种出行方式是否受欢迎，关键在于第一步和第三步是否符合舒适和便捷的需求。这种出行方式说明了行车系统和步行系统的相互依赖关系(公交车系统是行车系统的一部分)。

停车系统对于行车系统和步行系统的影响是有目共睹的，按照目前城市中停车系统残缺不全的局面，无法想像当汽车拥有率达600辆/千人时，城市交通系统将如何收拾局面。按照目前很多城市交通改造的模式发展下去，将来再想完善停车系统几乎是不可能的！

系统相关定律告诉我们，行车、停车和步行三个系统必须“三位一体”地一揽子加以解决，必须按照刚性约束定律，一步到位地完成城市交通规划或交通改造规划。在这个规划的实施中，可以分期、分阶段进行，但是，在每一个阶段的实施中，三个子系统必须同步、协调地进行建设。

作为系统相关定律的一个特别推论是，当地面行车系统充分完善后，兴建地铁的理由将不复存在，地铁系统将完成历史使命，甚至于已经在运行的地铁都有可能逐渐被淡出。

2.17　城市交通规划的思路

划时代的城市交通新特点产生了划时代的城市道路交通设计新思路。这个新思路将导致一个全新的城市道路交通结构要素的整合方式，产生一个完全适应汽车时代城市交通需求的简捷的道路交通系统模式。

2.17.1　设计思路要由“线”上转变到“面”上

汽车时代城市交通的一个划时代的特点是，城市的交通需求已经不只是对若干条干路通行能力的需求，即交通需求不只是表现在几条“线”上，城市中高密度的交通需求几乎表现在城市每一块土地上，即由“线”上的需求转变为“面”上的需求。当今城市道路交通系统的建设必须满足“面”上每一个功能点的交通需求，城市道路网中的所有道路都要全面实现连续流交通。城市交通进入了需要整个路网全部成为快速路，才能解决城市交通问题的新时代。设计思路要与时俱进，着眼点要由“线”转到“面”上来。应该说，当城市中汽车数量超过一定比例之后，只靠修好几条路就能改善城市交通的时代已经一去不复返了。

理解了上面的观点以后，就不难理解前不久美国一位交通专家 S. Stares 下述观点是不准确的。他说：“道路建设是否能真正解决城市交通拥堵问题？如果说将近半个世纪的世界城市道路建设还能给我们一点启示的话，答案是明确的：不可能。城市道路建设只能是解决城市交通问题方法的一部分”。我们将 S. Stares 的话做如下修改以后，这个说法就比较准确了。即：在开头的“道路建设……”前面加上“如果不是将城市中所有的道路全面改建为快速路，而只是进行强化几条路线通行能力的(道路建设……)”。

传统的、靠强化几条路线(即几条干路)的通行能力，企求解决城市交通拥挤问题的思路已经完全过时了。汽车时代城市的交通表现为两个特点：一个是城市陷入汽车的“汪洋大海”之中，到处是汽车，靠强化几条路线的通行能力来解决交通问题的想法已经落后；另一个是单位土地面积上所形成的交通需求很高，微循环交通的交通量已经达到传统的快速路才能解决的程度。

汽车时代城市交通需求的特点，已经从“线”上的需求转变为“面”上的需求，即在每个单位土地面积上都产生了高密度的交通需求。与这个特点相适应的城市道路交通系统，必须在每单位土地面积上都提供高密度的交通供给。也就是说，城市道路交通系统设计的着眼点，应该从强化几条“线”的通行能力转变到强化每单位土地面积上路网的通行能力，即完成由“线”到“面”的转变。

传统的设计思路将城市道路依照通行能力的高低分为快速路、主干路、次干路和支路四个等级。按照《城市道路规划设计规范》，快速路、主干路、次干路和支路路网密度的比例约为 1∶2∶3∶6。主要依靠快速路和主干路承担连通的功能，承担城市机动车 50%以上的交通量。这种道路等级和交通量的划分已成经典，如下图所示：

按照上述传统的设计思路，快速路只占城市道路面积的 8%左右。目前，各大城市交通的现状证明，当城市汽车拥有率超过 100 辆/千人以后，交通拥堵现象就会频繁地出现，微循环的交通拥堵现象日益严重，并随着汽车拥有率的不断提高，最终变为“不治之症”。以一个汽车保有量为 800 万辆的城市为

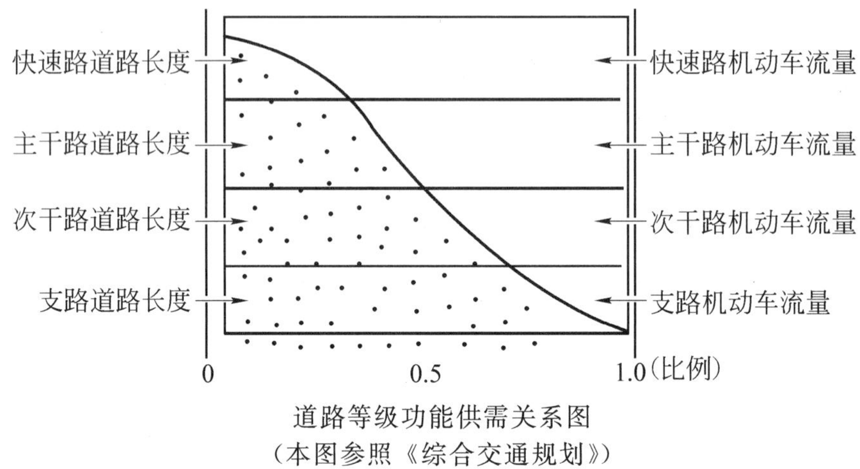

道路等级功能供需关系图
（本图参照《综合交通规划》）

例，按车均占道面积30～80平方米来计算，道路面积应为24000万～64000万平方米，即240～640平方公里。显然，能维持交通畅达的快速路面积将远远低于这个要求，何况快速路不可能进入微循环的交通空间。可见，在现行城市的交通模式下，依靠强化快速路的通行能力解决汽车时代城市交通问题，不但在道路面积上满足不了需要，而且也无助于解决微循环的交通拥堵。

2.17.2　由交通供求总量平衡转变到交通供求密度平衡的设计思路

本文在前面提出的交通供给密度和交通需求密度的概念，是解决汽车时代城市交通问题的一个关键性的概念。

城市进入汽车时代以后，交通需求出现了一个新的特点，这就是在繁华市区或某些居民集中的地区，出现了汽车密度很高的现象。说得形象一点，如果在地面上每隔10米在纵横两个方向画平行的直线，形成每个小格为10平方米的方格图，在上述汽车密度很高的地区，差不多相当于每个交叉点上有一辆汽车。这类地区交通需求密度可达50000车·公里/(平方公里·小时)。要解决这类地区的交通拥挤问题，用传统的、通过多修道路和城市低密度化的方法提高交通供给总量，虽然可以实现供给与需求在总量上的平衡，但是大量事实证明，根本不可能解决汽车高密度地区的交通拥挤现象。出路只能是设法提高交通供给的密度，以求得供给密度与需求密度的平衡，达到解决交通拥挤的目的。虽然按照现行交通工程学的理论，交通供给密度与交通需求密度平衡似乎是无法实现的，但是舍此别无他途。要适应汽车时代城市交通的这个新特点，就要坚定不移地由交通供总量平衡转变到努力实现交通供求密度平衡的设计思路上来。

2.17.3　由“一重两轻”转变到三个系统同步建设的思路

城市道路交通系统是由三个子系统构成的，即机动车道路系统、步行系统和停车系统。现行的城市道路交通系统规划设计的思路，将着眼点主要放在解决机动车道路系统的建设上，往往机动车道路越修越多，步行系统却越来越差，停车位的“欠账”也越来越多。这是因为现行的交通工程学理论中虽然也强调步行系统和停车系统重要性，但是根本没有办法实现人车的彻底分流，也没办法实现与道路建设同步扩大的停车系统。这是一个在理论上没有给出满意答案的问题，所以国内外几乎所有的城市在道路交通系统规划建设中都形成了“一重两轻”的局面，即重机动车道、轻人行道和停车系统的建设。其结果造成的交通需求结构很不合理，一方面步行所占的比重越来越小，另一方面，或是路边停车较多影响道路通行，或是为寻找停车位增加绕行的距离。有资料显示在繁华市区为停车而增加的交通量高达30%。

城市进入汽车时代以后，由于汽车数量很大、密度很高，如果不改变“一重两轻”局面，城市道路交通系统已经无法满足可持续发展的要求。因此面对汽车城市道路交通系统的规划，要坚定不移的从偏重机动车道路规划的思路，转变到机动车道路、人行路和停车系统并重的思路上来。三个系统并重不仅表现在最终完成规划建设全部工程以后三个系统是平衡的，同时要确保在实施道路交通规划的每个阶段中随时保证三个系统同步协调建设。

2.17.4　由“市区公交优先＋市区外围使用小汽车”转变到“紧凑型城市”和小汽车主要用于市区的思路

目前国内外所有的大城市，在道路交通系统规划中，都无法跳出“市区内公交为主＋市区外围使用小汽车”的模式，即所谓多模式转换系统。实行这种模式将造成城市不可持续发展的问题。问题之一是如“二”中所述的微循环交通拥堵的问题永远解决不完；问题之二是城市低密度扩散的结果，出行距离越来越远，出行时间越来越长，道路交通总量越来越大，同时汽车能耗和尾气排放增加，步行交通所占的比例也越来越低；问题之三是城市占地越来越多，土地资源不足成了城市化发展的不可逾越的障碍。

解决上述三个问题的惟一出路是建设紧凑型的城市。所谓紧凑型城市是指人口密度为15000人/平方公里的城市。城市的基本特征是人们聚集，这也是形成城市功能的基本条件。城市在被汽车交通迫使进行低密度扩散以前，城市的人口密度大约在15000人/平方公里。这个人口密度值是城市长期自然选择的结果，可以把15000人/平方公里称为城市本性的特征值。这个特征值应该成为建设紧凑型城市的一个指标。在汽车时代城市交通规划中要坚定不移的把规划思路转变到建设紧凑型城市的思路上来。

在汽车高度普及以后，我国汽车保有量将达到6亿～8亿辆，在城市外围和城市之间不可能提供足够的道路和停车位供那么多的汽车使用。也不可能有那么多的能源供给汽车在城市外围和城市之间跑来跑去。所以，汽车时代城市一定要为小汽车在市区内的行驶和停放创造宽裕的条件，使人们能够在市区内充分享受汽车文明所带来的舒适和便捷，城市之间的交通和外出旅游的交通主要依靠公共交通。在汽车时代城市交通规划中，要坚定不移的把规划思路转变到市区道路交通系统要为小汽车自由使用创造条件的思路上来。

2.17.5　从“轨道交通为主的公交系统”转变到“建设地面快速公交走廊”的思路

在大城市和特大城市的道路交通规划中，几乎无一例外的都把轨道交通为主的公交系统做为公共交通的主体。作为轨道交通主要形式的地下铁道存在很多缺点：缺点之一是投资巨大、运营成本很高、投资可支付性差，在经济上很不划算；缺点之二是道路可达性较差，辗转倒车造成出行时间很长，对老弱和残疾人也很不方便；缺点之三是防灾能力较差，近年来不少国际大都市的地铁都出现过严重的人为灾害；缺点之四是兴建地铁周期很长，赶不上地面交通拥挤发展的速度，此外兴建地铁时往往会严重影响地铁路线上方的地面交通。

历史上地铁的出现本是地面交通拥堵的结果。如果地面交通能够彻底解决交通拥挤，建设完善的地面快速公交系统，城市交通完全没有必要转入地下。没有必要建设地铁。按照本文提出的汽车时代城市交通的新理论和新方法，地面交通的畅达完全可以实现，在城市道路交通系统规划中应确立不依靠地铁和不建设地铁的思路。

2.17.6　由追求非直线性系数转变到追求交通畅达和高可靠性的思路

城市进入汽车时代以来，路网通行的非直线性系数的要求已经严重脱离城市交通的实际。尽管在道路系统设计中评价路网形式的优劣，要把非直线性系数放到重要位置，有的路网设计中还为此增加了对角线的道路。但是，其结果常常事与愿违，增加了路口的拥堵，绕行成了家常便饭。一般情况下，为了追求非直线性系数，普遍否定选择行驶路线方便、通行可靠性较高的方格式路网，优选环放式或对角线式路网。城市交通的事实证明，车辆较多的情况下在环放式或对角线式路网中，绕行的距离和出行的时间，远大于方格式路网。城市进入汽车时代以后，驾车选择的行驶路线偏重于考虑交通畅达和可靠，而不是首选哪条路线行驶距离最近。可见，城市进入汽车时代以后，在规划中追求非直线性系数的思路已经过时，应该转变到追求交通畅达和高可靠性思路上来。在一般情况下，推荐优选方格式路网。

2.18　城市交通规划的目标体系

2.18.1　城市道路交通系统可持续发展的正确思路

2.18.1.1　指导思想

城市道路交通的可持续发展问题的基本思想应遵循我国的科学发展观。党的十六届三中全会进一步明确提出了“坚持以人为本、树立全面、协调、可持续的发展观，促进经济社会和人的全面发展”。温家宝总理在一次讲话中强调：“按统筹城乡发展、统筹区域发展、统筹经济社会发展、统筹人与自然和谐发展、统筹国内发展和对外开放的要求”。“坚持可持续发展，这就要统筹人与自然和谐发展，处理好经济建设、人口增长与资源利用、生态环境保护的关系，推动整个社会走上生产发展、生活富裕、生态良好的文明发展道路。我国人口众多，资源相对不足，生态环境承载能力弱，这是基本国情。特别是随着经济的快速增长和人口的不断增加，能源、水、土地、矿产等资源不足的矛盾越来越尖锐，生态环境的形势十分严峻。高度重视资源和生态环境问题，增加可持续发展的能力，是全面建设小康社会的重要目标之一，也是关系中华民族生存与长远发展的根本大计”。“坚持资源开发和节约并举，把节约放在首位，在保护中开发，在开发中保护；坚持统筹规划，加大投入、标本兼治，突出重点，有步骤的进行环境治理和建设”，“坚持以人为本。这是科学发展的本质和核心。以人为本，就是要把人民的利益作为一切工作的出发点和落脚点，不断满足人们的多方面需求和促进人的全面发展”。

2.18.1.2 要抓住难得的机遇

城市道路交通可持续发展的问题，是我国经济发展的可持续性、社会发展的可持续性和资源利用的可持续性等国家可持续发展的重要组成部分。目前我国城市化比重为39%，预计至2020年城市化比重将达55%，城市人口将达7～7.5亿人，按目前城市汽车增长速度，估计至2020年我国汽车保有量将从2000万辆增加至1亿～1.5亿辆，是目前汽车保有量的5～7倍。城市道路交通的可持续发展面临着十分尖锐、十分严重的问题。为了国家经济社会的可持续发展，应该在汽车全面进入百姓家庭之前，抓住汽车时代刚刚起步的难得机遇，彻底解决城市道路交通的可持续发展问题。

2.18.1.3 关键在于认清必然规律

解决城市道路交通系统可持续发展问题的首要工作是搞好城市道路交通系统规划，而这个规划能否满足可持续发展的要求，关键在于科学地确定规划的目标体系。这里所谓的科学地确定规划目标体系，就是要把确立规划目标体系的工作，建立在对城市道路交通发展中必然性和规律性的正确认识的基础上。例如：要不要把饱和的汽车拥有率(600辆/千人)作为规划目标；要不要把人均占地67平方米(人口密度15000人/平方公里)作为规划必须遵循的条件；要不要把交通畅达、平均车速60公里/小时，作为规划目标。另外，城市进入汽车时代以后，究竟存在哪些新的必然规律？汽车大部分时间停在路上，道路本来具有的通行能力发挥的越来越低、甚至低于道路应有的通行能力的1/4，这难道是正常的吗？

我们认为，只有对城市交通中出现的新规律有全面的认识，只有对城市交通量发展的最终水平有客观的、全面的估计，才能够科学地确定城市道路交通系统的规划目标，才能够搞出科学的城市道路交通系统规划，才能够确保城市道路交通系统的可持续发展。

揭示客观规律，完成从“必然王国”向“自然王国”的飞跃，这就是应该采取的思路。

2.18.2 城市道路交通规划的目标体系

2.18.2.1 确定城市道路交通规划目标体系的科学方法

城市道路交通系统规划是属于多目标规划，科学地选择规划目标是实现规划系统科学性的首要条件。由于城市道路交通涉及到城市布局、城市功能、土地占用、能源消耗、环境保护、社会公平、交通安全和拉动汽车工业发展以及城市道路投资的可支付性等很多问题，所以规划目标体系非常庞杂。这个规划目标体系中，有的目标属于基本目标，如城市人均占有土地这个目标就属于基本目标，它代表了与土地有关的一系列指标，包括人口密度、道路面积率、建筑覆盖率、道路密度以及与城市用地结构有关的各项指标。由基本目标可以派生出或分解出一些子目标，在具体规划设计中，还有很多的重要结构参数。所以，在选择城市道路交通系统规划目标时，应该力求抓住"纲"，做到规划目标既精简又没有疏漏，达到所谓"纲举目张"的效果，使规划目标体系全面涵盖城市道路交通所涉及的各个方面。

为了实现确定城市道路交通规划目标体系的科学性，应遵循以下各项要求：

(1) 紧紧围绕《雅典宪章》和《马丘比丘宪章》所提出如下的期盼："……我们实在需要一个新的街道系统，以适应现代交通工具的需要"(见《雅典宪章》)；"……城市土地有限仍然是实现规划好的城市建设的根本阻碍。所以，对这一问题今天仍迫切要求拟定有效的公平的立法，以便在不久的将来能够找到确有很大改进的解决城市土地的办法"(见《马丘比丘宪章》)。

(2) 紧紧抓住城市交通新理论所揭示的城市交通拥堵的要害问题——城市交通拥堵的根源是目前市区内交通供给密度(车·公里/平方公里·小时)远远小于交通需求密度。后者是前者的5倍，两者存在着无法弥合的巨大反差。由于这个巨大反差的存在，像美国各大城市在城市低密度扩散之后，仍然无法解决市区之内交通严重拥堵的问题。我们主张在城市道路交通规划目标体系中一定要包含交通供给密度这一项。

(3) 城市道路交通系统规划应该满足汽车时代城市最大交通量的要求，因此，要以饱和状态的汽车拥有率和市区平均车速(例如60公里/小时)为规划的基本目标。

(4) 规划目标体系应该全面体现道路交通系统的"外特性"，即与道路交通系统使用功能、服务功能有关的各项特性，而没有必要包含道路交通系统设计中的结构参数，因为这些结构参数属于实现"外特性"要求的手段，而不是必须实现的目标。

（5）选定的规划目标应力求提出定量指标，规划目标不应是定性的指标，更不应该是概念性的要求。只有这样做，才能满足可操作性的要求。

2.18.2.2 城市道路交通系统规划的基本目标

可以把涉及到经济的、社会的和资源的诸多规划目标，归结为以下 13 个基本目标：

（1）交通畅达

彻底消除城市交通拥堵现象，实现交通完全畅达。这个交通畅达在时间上表现为，在城市发展的全过程中交通始终处于畅达状态。即从现在开始至汽车高速增长期结束后，汽车拥有率达到 600 辆/千人的饱和水平以后，城市交通仍保持畅达状态；这个交通畅达在空间上表现为，城市的全部地域上(包括在繁华的市中心)道路交通全部处于畅达状态。

目前，在世界上没有任何一个城市实现了交通畅达的目标，包括纽约、东京、巴黎、伦敦、洛杉矶等国际性大都市，在市区内都存在着严重的交通拥堵现象。这个问题如不能彻底解决，城市交通的可持续发展是无法实现的。正如何东全博士最近所指出的："北京是我国堵车最严重的城市，现在还没有达到美国那样一个情况。这种国际上的例子给了我们一个非常振撼的情景，我们如果不在现在去努力解决交通问题，那么我们未来很可能就发展到他们那样严重的程度"。

（2）饱和水平汽车拥有率

汽车一旦进入家庭，汽车拥有率的提高将是历史的必然。分析资料显示，当人均 GDP 达到 15000～20000 美元时，人均汽车拥有率必将达到 500 辆/千人以上。应该将饱和状态的汽车拥有率作为规划目标。见下图。

有人主张，通过交通需求管理，限制城市的汽车拥有率。由于实施这些限制的条件之一是维持城市道路的低服务水平，即亚拥堵状态，以免道路的畅达刺激个人自驾车出行的欲望，所以这种做法不仅违反了"以人为本"的原则，也违反了公平的原则，而且不能真正达到限制汽车增长的目的。也只有新加坡、香港这样的地域非常狭小的国家和地区，按照强者生存的原则，限制了小汽车的增长。在其他城市，这种限制会导致城市向郊区蔓延，降低城市的运行效率。

（3）汽车密度、或城市人口密度、或人均占地

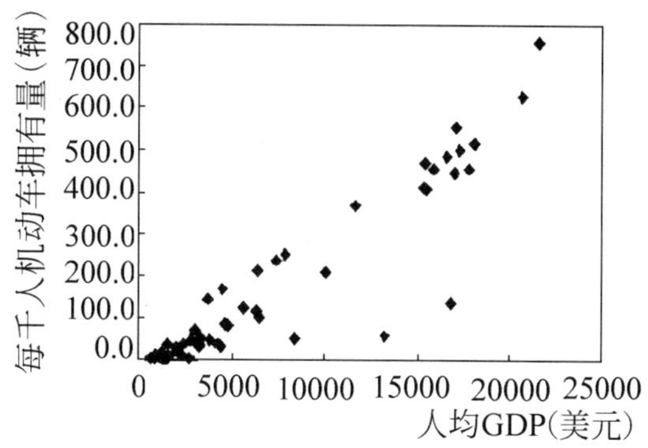

本图为 52 个国家和地区的人均收入与机动车拥有率的关系
（本图转引自《路在何方》）

城市人口密度决定汽车密度，它是影响城市交通可持续发展的、带有根本重要性的一个指标。在汽车拥有率 600 辆/千人的前提下，城市人口密度 15000 人/平方公里就相当于汽车密度 9000 辆/平方公里。

汽车密度对城市交通中多项技术经济指标有决定性作用，如：

城市人口密度(人/平方公里)＝汽车密度÷汽车拥有率

城市占有土地面积＝城市人口÷(汽车密度÷汽车拥有率)

汽车日平均出行距离与汽车密度的平方根成反比。

乘车日平均出行时间与汽车密度的平方根成反比。

汽车能源消耗与汽车密度的平方根成反比。

汽车污染物排出量与汽车密度的平方根成反比。

在城市人口规模不变的前提下，城市的汽车容量与汽车密度的平方根成正比。

在道路面积率不变的前提下，每辆汽车的城市道路投资与汽车密度成反比。

汽车密度对全国汽车的饱和容量起决定性作用，并间接地决定汽车工业发展的市场容量，间接影响城市内是否限制小汽车购买和限制小汽车出行等社会公平性问题。此外，还会影响到城市地铁的乘坐率，这涉及到是否兴建地铁等投资决策问题。

(4) 对汽车工业的拉动力

今后 40 年为我国汽车工业的发展提供购买力总额 100 万亿元的内需市场。

当全国汽车保有量达到6亿辆时，购买和重置车辆将达到10亿辆。按现价计算，购买力总额将达到100万～150万亿人民币，实现这个规划目标的关键是要在全国所有城市都实现交通畅通，都能承受600辆/千人的汽车拥有率。

（5）宽裕的停车系统。

停车系统属于静态的交通设施，一个完美的汽车时代城市，其停车系统应达到两个要求：一个是停车位总数应该大于城市的汽车保有量，我们认为，不应小于汽车保有量的1.1倍；另一个是，在城市交通设施建设的每一个阶段，能随时保持停车位总数大于当时汽车保有量的1.1倍，同时满足就近停车的要求。

（6）便捷宜人的步行系统。

人们在出行时是否选择步行，取决于步行道路的便捷、舒适、安全和中间无需停顿。完善的步行系统是减少汽车交通量和提高公交系统乘坐率的重要条件，也是使人们生活贴近自然，提高生活质量的重要条件。

（7）能源消耗

目前，全世界的汽车保有量约为7亿辆，估计一代人之后，世界汽车保有量将达到15亿辆，并最终可能达到30亿辆以上，汽车的能耗目标应该以全世界的能源供应为前提。汽车的能耗除了与汽车本身的技术性能有关之外，主要取决于汽车的日平均出行距离、出行时间、频繁启动情况等因素，所以在道路交通系统规划中应把汽车能耗作为一个重要规划目标。

（8）环保指标

环保指标指汽车的排放污染、噪声污染。排放和噪声除了与汽车本身的技术性能有关之外，与道路交通系统的结构有密切关系。在排放水平和噪声程度一定的前提下，道路交通系统的结构不同，尾气排放和噪声对人们生活的影响会有很大差别。因此，环保指标应是道路交通规划的重要指标之一。

（9）车均道路投资

在进入汽车时代以后，城市道路交通投资总额在一定的人口密度前提下，主要取决于汽车保有量。在汽车保有量较高时，由于交通严重拥堵，迫使地面交通转入地下——修建耗资巨大难以回收的地铁系统。可见，地铁的投资的产生也是间接地取决于汽车保有量。因此，衡量道路交通系统投资的基本指标应是车均道路投资。本文后面的分析将证明，不同的道路交通系统，车均道路投资额的差别将达到1～5倍。为了解决道路投资可支付性问题，建立道路投资和回收的良性循环，应该把车均投资额作为道路交通系统规划的一个重要目标。

（10）交通安全

有人统计，在发达国家道路交通安全造成的损失高达GDP的2%，我国属于交通事故率较高的国家，在道路交通系统规划设计中，必须满足大幅度降低交通事故率的要求。

（11）公交出行分担率

公交出行分担率对于城市交通能耗、环保和道路交通负担等具有根本性的影响，在小汽车完全普及之后，不可能提供成倍的停车位满足小汽车门到门的交通，公交系统必将承担工作出行的运载功能。

（12）社会公平

以人为本是科学发展观的核心，道路交通系统必须为后富起来的人们购买和使用小汽车创造条件；必须为国家全面实现小康以后，老百姓购买和使用轿车创造条件；必须为弱势群体的出行创造保持人格尊严的出行条件。不能像有的城市，道路越修走路越难。城市被快速路人为分隔，绕行距离越来越长，迫使行人不得不跨越栏杆或以逃亡的速度横穿马路。

（13）交通供给密度

交通供给密度[车·公里/(平方公里·小时)]＝汽车密度(辆/平方公里)×日平均距离÷9

目前，大城市中心区交通需求密度高达50000车·公里/(平方公里·小时)或更高，按现行交通工程学理论和现行城市交通模式，交通供给密度只能达到6000～10000车·公里/(平方公里·小时)，按照本文提出的城市交通新理论和新方法，交通供给密度可以达到50000车·公里/(平方公里·小时)。

2.18.2.3　关于道路交通系统规划指标中存在的相悖现象

半个多世纪以来，城市道路交通始终无法摆脱困境。早在1933年的《雅典宪章》和1977年的《马丘比丘宪章》中都原则地、但很明确的提出了对道路交通系统规划目标的要求，为什么至今道路交通系统仍无法满足上述13项目标呢？如果现在这个问题还得不到准确的答案，我们就没有理由指望今后的道路交通规划能够全面实现这13项规划目标。事实上，每个城市都经历过若干次道路交通系统的全面规划，在每次规划完成之初都是满怀信心的……。几十年过去了，反复不断的挫折已经使很多人认为城市道路拥堵和低密度的扩散以及由此引起的各项问题，都属于不治之症。当然，还有很多人士坚信总会找到彻底解决问题的办法，全永燊、刘小明先生在《路在何方》一书的序言中很客观地写道："……不可否认，我们对交通的属性特征及其自身发展的内在规律还缺乏足够的准确的认识。因此，我们解决交通问题的思路和具体方法就难免带有一定的盲目性，事倍功半(甚至事与愿违)也就是自然的结果了"。

以下试图对上面提出的问题作比较准确的回答：

(1) 道路交通系统越治越堵的根源之一是，按照现行的城市交通模式各个规划目标之间存在着相悖的关系，这些目标不可能同时得到满足。

1) 在道路交通系统规划指标中，畅达指标和人均占地指标存在着相悖的关系。随着汽车保有量的增加，逐渐出现了交通拥挤现象，为了解决交通拥挤，将导致多修道路和城市的低密度扩散。低密度扩散的结果，增加了日平均出行距离，从而增加了道路的交通负荷。从发达国家各大城市的经验来看，这种扩散趋势将最终稳定在人均330平方米左右，比给定的目标人均67平方米高了很多。如果维持人口密度15000人/平方公里，则交通拥堵更加无法解决。可见，追求交通畅达，人口密度的指标无法保证；若保证人口密度，则交通拥挤现象无法得到改善。犹如"鱼和熊掌不能兼得"，这两个规划目标是相悖的。

2) 在道路交通系统规划指标中，汽车拥有率600辆/千人、公交分担率和车均道路投资等规划指标，在一定条件下是相悖的。

随着汽车拥有率的不断提高，交通拥堵现象日趋严重。拥堵的结果使公共汽车平均行驶的速度大幅度降低，从一些大城市的情况来看，公共汽车的平均行驶由15公里/小时降至7公里/小时以下，不但不能实现快速公交，公交运行速度反而更低。只要小汽车拥堵，公共汽车也同样拥堵。如果不能解决小汽车交通拥堵的问题，其结果必然是汽车拥有率越高，公共汽车出行分担率越低。为了摆脱这种局面：一方面，城市不得不大量修建地铁；另一方面，不得不降低人口密度，增加市政道路。从而导致道路投资迅速增加，控制车均道路投资额的规划目标，将一再被突破，并超过道路投资的支付能力。如果要保证在城市繁华地区公交系统的畅通，则势必要限制小汽车在繁华地区的行驶，抑制汽车拥有率的正常提高，人们不能充分享受汽车文明带来的舒适和便捷。

(2) 半个世纪以来，城市交通拥堵问题长期得不到解决的深层次原因是：交通供给密度与交通需求密度相悖。

进入汽车时代以后，城市交通需求的密度增加至 50000 车·公里/(平方公里·小时)或更高，而城市交通供给密度只能达到 10000 车·公里/(平方公里·小时)。

以 100 平方公里土地面积的城市为例，当交通需求密度增加至 50000 车·公里/(平方公里·小时)，城市交通需求的总量为 100 平方公里×50000 车·公里/(平方公里·小时)＝500 万车·公里/小时。由于交通供给密度只能达到 10000 车·公里/(平方公里·小时)，为了保证城市交通供给的总量达到 500 万车·公里/小时，则城市土地的面积必须增加到 500 平方公里。城市土地面积增加的结果，又增加了汽车的出行距离，从而导致交通总需求量的进一步增加……。严重的问题是：城市交通供给总量与城市交通需求总量之间即使取得了平衡，也无助于解决市区内交通供给密度与交通需求密度的严重失衡问题，不能解决日趋严重的交通拥堵问题。

在城市中心区交通供给密度既不可能提高，而交通需求的密度也不可能降低，供给密度与需求密度的反差根本无法得到解决。但这是一个必须解决的问题，需要在道路交通规划目标中，特别增加一项，交通供给密度应该达到 50000 车·公里/(平方公里·小时)。

(3) 关于克服道路交通各项规划目标之间相悖的说明

前面谈到：一方面各项目标之间的相悖问题，是几十年来城市道路交通拥堵等问题长期得不到解决的根源；另一方面，这些规划目标又必须全部得到满足，才能达到可持续发展的要求。出路在哪里？按照本文的观点，上述相悖问题存在的根源在于现行的交通工程学理论存在着重大缺陷。按照本文所提出的理论和方法，上述相悖问题应能全部得到克服，道路交通系统的各项规划目标可以同时得到满足，城市道路交通的可持发展是完全能够实现的。

2.18.2.4 道路交通系统规划13项基本目标的定量要求

(1) 交通畅达

交通畅达的要求为市区平均车速不低于60公里/小时。城市堵车造成的经济损失降低至目前的1%以下。

(2) 饱和水平汽车拥有率

汽车拥有率应以饱和水平(600辆/千人)为规划目标。

(3) 汽车密度、或城市人口密度、或人均占地城市人口密度15000人/平方公里左右(即人均占地67平方米)。对于小城市密度应偏高，大城市密度可适当偏低。

(4) 对汽车工业的拉动力

全国汽车保有量最终达到6亿辆以上，在全国所有城市都能自由购买和使用小汽车。

(5) 宽裕的停车系统

城市停车位总数≥110%城市汽车保有量。

(6) 便捷宜人的步行系统

在10分钟步行的范围内，可以解决日常生活全部需要，可以解决小学生就学的要求；在5分钟步行的范围内，可以乘坐公交车辆；每100米左右设置供行人休息的可遮阳避雨的坐位。

(7) 能源消耗

每辆车能量消耗降低至目前消耗水平的1/4。

(8) 环保

每辆车尾汽污染和噪声污染降低至目前污染程度的1/4。

(9) 交通设施投资

车均道路交通投资降低至目前的1/4。不需要建设地铁工程。

(10) 交通安全

平均每10万辆车交通安全造成的经济损失降低至目前的1/3以下。

(11) 公交出行分担率

公交系统出行分担率达50%左右。

(12) 社会公平

对购买和使用小汽车，不进行任何限制，也不加收任何费用。

(13) 交通供给密度

交通供给密度不低于交通需求密度，达到 50000 车·公里/(平方公里·小时)。

2.18.2.5 道路交通系统规划目标体系，如下图所示。

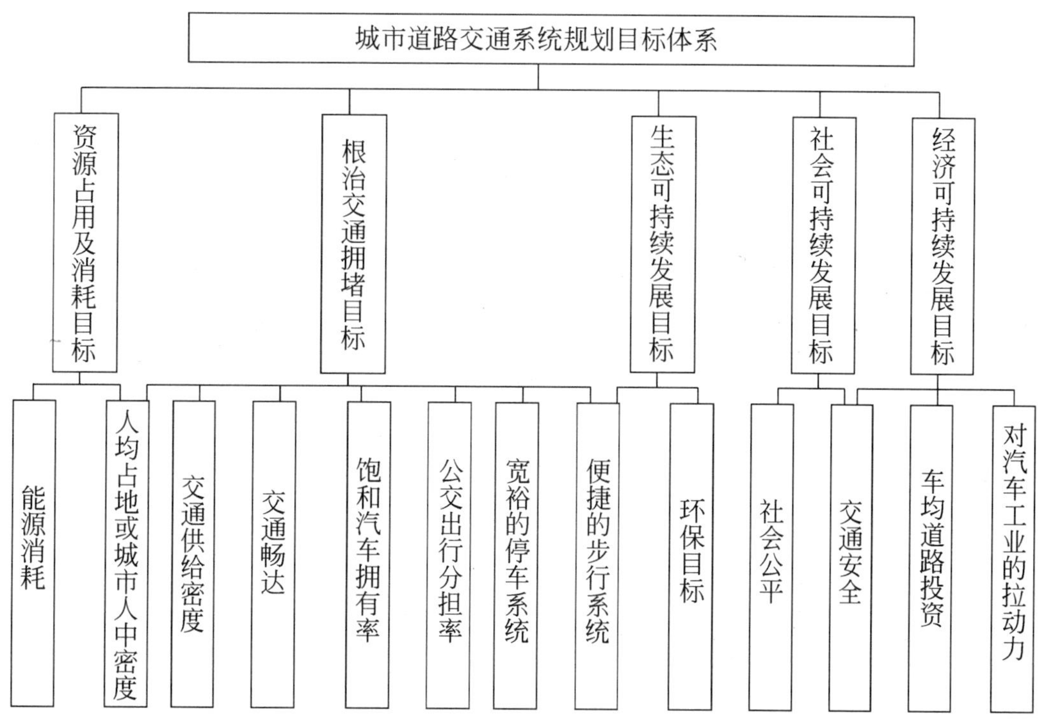

2.18.3 彻底打破“拥堵—治理—再拥堵”的怪圈

世界上几乎所有的大城市的交通治理都无法摆脱“拥堵—治理—再拥堵”的怪圈，已经挣扎了几十年了。这个怪圈可以用方框图表示如下。

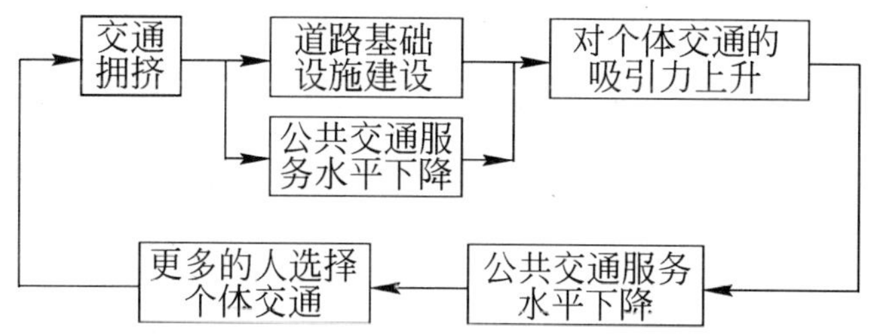

治理以后为什么会再拥堵呢？其实道理很简单，就是车辆大幅度增加了，这样就可以得出一个结论：如果交通治理是按照车辆增加的极限为目

标，治理之后，就不可能出现再拥堵的现象了。本文认为，只要坚定不移地以前述的13个规划目标为交通建设或交通治理的目标，只要采用本文所提出来的城市交通新理论和新方法，全面实现这13个规划目标的要求，这个“拥堵—治理—再拥堵”的怪圈就一定会彻底被打破，城市交通升华到完全畅达的新境界。

2.18.4　城市道路交通系统规划是否符合可持续发展要求的简单判断方法

2.18.4.1　可持续发展一票否决论

城市道路交通系统的规划是否满足可持续发展的要求，可以用以下三个必要条件来判断，只要有一个条件得不到满足，这个规划就不能满足可持续发展的要求，就应该被否决。这三个必要条件是：

(1) 汽车拥有率达到600辆/千人的饱和水平，城市不出现交通拥堵现象。

(2) 城市空间密度满足紧凑型城市的要求，人口密度为15000人/平方公里或人均占地67平方米。这个条件对我国具有十分迫切的现实意义。据国土资源部的数据，仅2003年我国耕地就锐减3608万亩，几乎相当于全国耕地的2%。可见，在我国城市化的高速发展中，汽车保有量高速增长，如不严格控制城市人口密度和人均占地水平，将造成灾难性的后果。

(3) 行车、停车和步行系统同步建设，全部车辆都有合适的停车位，并且有宜人的步行系统。

2.18.4.2　可持续发展充分条件论

城市道路交通系统的规划只要同时满足以下六个条件，就一定是满足可持续发展的要求，这六个条件构成城市道路交通系统可持续发展的充分条件。这六个条件是：

(1)～(3)，与上述必要条件(1)～(3)相同。

(4) 每辆汽车的道路平均投资只相当于目前的1/4左右。

(5) 每辆汽车的平均能耗只相当于目前的1/4左右，并且有利于电动汽车等绿色交通工具逐步取代燃油汽车。

(6) 符合城市环保要求。

2.19　实现城市交通规划目标的途径

本章将就各项基本目标，给出推算基本设计参数和确定结构设计要点的具体方法。

(1) 交通畅达目标的实现方法

假定条件：

城市人口密度 15000 人/平方公里

城市饱和汽车拥有率 600 辆/千人

每车日均出行距离 35～60 公里/日(城市面积较小时，取出行距下限，对于特大城市取上限)

车道面积率(车道面积占道路全部面积的百分比)70%

车流密度 31 辆/公里(相当于道路服务水平略低于二级)

高峰小时交通流量比 11%(倒数取整数 9)

求：道路面积率。

解：从假定条件可得：

交通需求密度[车·公里/(平方公里·小时)]

=人口密度×饱和汽车拥有率×日均出行距离×11%

=35000～60000 车·公里/(平方公里·小时)

交通供给密度[车·公里/(平方公里·小时)]

=(1 平方公里×道路面积率×车道面积率/车道宽度/平方公里)×车流密度×车速

=道路面积率×347200 车·公里/(平方公里·小时)

取：交通需求密度=交通供给密度，由上式可得：

交通需求密度=道路面积率×347200 车·公里/(平方公里·小时)

道路面积率=交通需求密度/347200 车·公里/(平方公里·小时)

=(35000～60000)÷347200

= 10.1%～17.3%

答案：在假定条件下，取道路面积率 10.1%～17.3%即能满足交通畅达的要求。

设计裕量的验算：

将假定条件中部分参数的数据适当调高，车道面积率从 70%提高到 80%，车速由 60 公里/小时提高到 70 公里/小时，道路面积率为 22%，计算可得：

交通供给密度＝101844车·公里/(平方公里·小时)

交通供给密度/交通需求密度＝1.7～2.9倍

可见，交通供给密度为交通需求密度的1.7～2.9倍，可以实现交通畅达，不产生堵车现象。

结论：

1）按假定条件选定设计参数，道路面积率按20％选择。

2）优选交通疏散性良好、可靠性高的方格式路网。

在结构上确保实现车速为60～70公里/小时，其办法是：

1）将机动车道和人行道分设在各自一层，实现彻底的人车分流。

机动车道设在地面一层，将人行道设在地面上一层(架空一层的高度)或部分设在地下。

2）机动车道每个交叉点设简易式立交。这种简易式立交结构形式上与分离式立交相同，但是可以利用相邻的道路通过连续的右转弯实现匝道的功能。这种简易式立交是一种不需要专用匝道的、不多占用土地的互通式立交。由于彻底的人车分流，在机动车道上根本不会有人和自行车的出现，所以不需要设置专用匝道，就能实现互通式立交的功能。

3）按照“1)、2)”中所述的方法，整个市区的路网全部实现连续流交通，相当于路网中所有的道路都是快速路。

本办法结构安排有很大优点：其一是机动车道设在地面，不必架设高架路，所以道路投资相对最低；其二是简易式立交与传统的互通式立交效果基本相同，但不需要设置专门的匝道，每个立交桥可以节约2万～10万平方米的土地，而且投资与普通的分离式立交桥相同，节约了巨额的投资。

(2）饱和汽车拥有率600辆/千人

按照2.18中的方法本项规划目标的实现问题已经得到解决。

(3）汽车密度、或城市人口密度、或人均占地

按照2.18中的方法本项规划目标的实现问题已经得到解决。

(4）对汽车工业发展的拉动力

按照2.18中的方法，本项规划目标的实现条件已经得到解决。由于假定每车日均出行距离为35～60公里/日，已经涵盖了全国所有大中小城市，汽车可以全面进入所有的城市，并均达到600辆/千人汽车拥有率的水平，可以

确保形成 100 万～150 万亿元购买力总额的汽车内需市场的发展空间。

(5) 宽裕的停车系统

根据 15000 人/平方公里的人口密度和 9000 辆/平方公里的汽车密度，需要停车位密度大于或等于 9900 位/平方公里。

结构措施是建筑物首层全部架空用于停车(架空层顶部设置人行道和空中花园)。在架空层停放全部车辆的 75%，在地下人防工程中停放其余的 25%。

每平方公里内地面停车位总面积

＝9900 车位/平方公里×75%×30 平方米/车位

＝222750 平方米/平方公里

建筑物架空层覆盖率取 30%，架空层总面积为 300000 平方米，停车位总面积占架空层面积的 74%。

结论：在架空层停车可以保证车位充足，而且地面架空停车的投资和运营费用均低于在地下建停车场；由于地下人防工程是必须要建的，利用人防地下室停车是一种节约。地下停车位占面积 90000 平方米，完全可以放在地下人防层，停车问题全部可以得到解决。

(6) 便捷宜人的步行系统

实现方法如下：

1) 按照人均占地 67 平方米建设紧凑型的城市，与现行交通模式下的城市相比，出行距离可以缩短一倍以上，这是建设便捷的步行系统的一个重要条件。

2) 将步行系统设在地面以上单独一层，与机动车彻底分离，走路不需要担心交通安全，也不必因红绿灯而停顿等待。人行道可以按花园式的道路进行设计，每隔一定距离可以设置路边小亭或健身设施或儿童游乐设施，可以实现步行环境宽松而舒适。

3) 将城市中生活组团面积设计为 2.1 公里×2.1 公里左右，每个组团大约有居民 6 万～7 万人。在同样大的面积内，与美国新城市主义的设计相比，居民数量大约增加到 5 倍。生活组团中居民的规模能够达到足够大的规模，组团内有条件建设功能齐全的文化、体育、商业、娱乐、饮食、学校、医院等各项生活配套设施，可以有比较多的就业岗位。这样才能有足够的吸引力把小区居民日常生活的出行封闭在组团以内。在组团内主要依靠步行解决交通问题，不仅减少了组团内交通的尾气和噪声污染，而且可以减轻市区机动车道路的负担。

路口间的距离设计为700米左右，在两个路口之间可以设计一条支路，使路口的距离缩短为350米左右，确保在500米步行范围内即可到达公交车站。

（7）能源消耗

由于出行距离与现行城市交通模式相比，可以缩短一倍。出行距离缩短以后，步行交通分担率会有明显提高。此外，由于取消了红绿灯和消除了堵车现象，从而消除了频繁启动，汽车可以按经济时速行驶。初步估计，车均能耗将降低至目前消耗水平的1/3左右。如下文所述，公交出行的分担率约为50%，因此，车均能耗将进一步降低至1/4左右。

（8）环保指标

1）如前文所述，随着车均能耗降低至1/4左右，尾气污染自然相应降低。

2）将机动车道安排在地面，建筑物首层架空停车，人行道架空并与机动车道完全分离，尾气、噪声等污染对居民的影响将得到明显的改善。

3）由于出行距离缩短、机动车为连续流交通等因素，城市道路将更适于电动汽车等绿色交通工具的使用，还由于步行和公交出行分担率的提高，城市将最终建成基本没有污染的绿色交通系统。

（9）车均道路投资

1）采用上文所述的城市道路交通模式，在道路面积率一定的情况下，车均道路面积只有现行城市交通模式的1/4。在所述道路交通模式下，车均道路投资与车均道路面积大致成正比。因此，车均道路投资将降低至1/4左右。

2）由于不需要建设地铁，将进一步降低车均道路投资。

按照发达国家大城市的数据来估算，大约每5万居民平均要建1公里的地铁，按每公里地铁投资7亿元人民币，平均每个居民需地铁投资为1.4万元，按汽车拥有率600辆/千人计算，相当于每辆汽车因地铁而增加的外部道路投资为2.33万元，大约为车均道路投资的1/4左右，这是由于无需修建地铁而使车均道路投资节约的部分。

3）由于城市面积减少至传统交通模式的 1/4，这相当于城市直径减少一半，公交车的运行距离减少一半，其结果是公交车的车辆可以减少一半；由于公交车的运行速度将提高到现行交通模式的 2.5 倍，大约又可使公交车数量减少一半。综合以上两个因素，公交车数量大约只相当于现行模式下的 1/4，将使交通投资节约很多。

4）如下文所述，估计由于交通安全造成的车均损失将降低至现行水平的 1/3 左右。

5）由于交通模式的改变，估计车均交通管理费将降低至目前的 1/5 左右。

结论：由于多方面的节约，车均道路投资降低至 1/4 的目标，将完全能够实现。

（10）交通安全

我国目前交通事故居世界首位，2003 年交通死亡人数 10.4 万人，占世界交通死亡人数的 20％。而我国汽车保有量只占世界汽车保有量的 1/35，可见交通事故率很高。

从交通事故的构成来看，受害者 3/4 是行人、乘车人和骑自行车的人，交叉路口又是交通事故的高发地点。因此，有理由相信在实行人（含自行车）、车彻底分离之后，在城市内取消红绿灯以后，交通事故必将大幅度降低，事故率应能降低至目前水平的 1/3 以下。

（11）公交出行分担率

1）纵观几十年来各大城市公交出行分担率的差别和变化，可以将提高公交出行分担率的条件概括如下：

公交车密度高，等待时间短；速度快，节约时间；可达性好，而且乘车前后步行便捷舒适；乘坐舒适，不过分拥挤；车站条件好，等车和上下车都能遮阳避雨；体面而经济、防盗且安全等。

2）为了满足以上条件，在规划设计中采用以下办法：

a. 沿着城市的纵轴线设置公建带。将市一级的功能全部排列在公建带上，还将第二产业、第三产业和部分第一产业设置在公建带上，以使较多的工作岗位分布在纵向公建带两侧，在公建带的中央轴线设置纵向的快速公交走廊。在公交车道中没有红绿灯，为连续流交通，实现真正的快速公交。由

于公建带贯通全市，这相当于把市一级的中心和各个分中心建设在一条线上，因此，没有必要再建若干个分中心，这样布局的好处在于克服了将市一级的功能，集中在一个中心区域上所造成交通量高度集中的弊端；也避免在一个市一级的中心组团之外，势必要同时建若干个分中心而造成的公交线路分散、运量不集中，从而导致某些线路公交车密度低、等待时间长的问题。

纵向公交走廊应该这样进行布局：在每个行驶方向上设慢车(站站都停)和快车(每四站停一次)，快车应按每一站都有车停靠的要求分别设四路车，使每一站都有快车停靠。快车和慢车应在同一个站台的左右两侧分别停靠，这样既可方便快慢车之间的换乘，又可避免出现车辆排队等着进站的局面。快车和慢车都应像轨道车辆一样，按照时刻表准时停靠和开出，要采取进出站检票制度，避免在车上买票和检票，此外，要设置和火车站一样的候车棚，以方便等待和上下车。

b. 将城市的纵向和横向的尺度设置为1.5∶1左右。这样做的好处，一是可以充分发挥纵向交通走廊的功能，二是有助于道路交通量的均匀分布。

c. 在城市与公交走廊垂直的方向要设置若干条公交线路，每条线路与纵向公交走廊交汇处应有四站距离与公交走廊重合，以便于乘客直接换乘公交走廊上的快车。

d. 从交通投资节约的资金中划分一部分补贴公交系统，充分降低公交的票价。

e. 在公交走廊各车站附近设置适当数量的停车位和自行车棚，方便换乘公交的居民使用。

(12) 社会公平

上述的各项目标实现以后，城市中对购买和使用小汽车将没有必要进行任何限制，后富起来的居民可以平等地购买和使用小汽车；此外，对于残疾、步行和骑自行车的弱势群体都能提供便捷舒适的出行条件。

(13) 交通供给密度

这个问题在上述2.18中已经得到解决，可以保证交通供给密度满足交通需求密度的要求。

2.20　城市交通前景的预测

2.20.1　城市交通发展预测结果在城市规划中的地位

(1) 对城市交通发展的预测是城市规划成败的关键

城市交通与城市空间设计是城市设计的重要组成部分。关于城市设计的步骤问题，很多学者概括为4个步骤，即：1分析；2综合；3评价；4施实。

本书认为，这四个步骤并不足以保障城市交通与城市空间设计的成功。而决定城市交通与城市空间成败的关键是预测的准确性问题。因为只有准确的预测，才能够为设计提出边界条件来，而这些边界条件是否正确，将决定整个设计的成败。边界条件如果不准确，上述四个步骤的工作不仅是无益的，而且是有害的。因为它将造成政府的错误决策，从而导致十分严重的后果！

在城市交通设计中，小汽车将要普及到什么程度，是限制小汽车发展，还是放手让小汽车交通自由发展？是全部解决停车问题，还是限定停车位的数量达到抑制小汽车数量增加的目的？按照很多国家对小汽车交通采取不同政策的结果来看，无论采取了什么政策，小汽车的飞速发展都是挡不住的。

如果在预测上承认这个结果，就是当人们足够富裕以后，小汽车的数量一定会增加到600辆/千人，那么显然这就应该成为城市交通系统设计的一个重要边界条件。如果预测的结果认为城市交通能源消耗和尾气排放的容量有一个限制性的数字存在，那么交通系统的设计、交通方式的选择就要满足这个能源指标和尾气排放指标；再比如城市的空间设计，如果要求交通容量指标、交通能耗指标、尾气排放指标，要求城市的人口密度达到15000人/平方公里等，那么城市的交通设计与城市的空间设计就应该以这些要求为边界条件。

小汽车的迅速发展造成了国外的很多城市迅速郊区化，像美国的有几个城市，人均占地面积达到了500平方米，最高到700平方米。

我国是人多地少的国家，平均每人的耕地面积只有800多平方米。所以我们在进行城市交通和城市空间设计时，人均占地70～100平方米左右，这就应该是城市设计的刚性条件。

在进行城市交通设计和城市空间设计的时候，必须首先对城市交通和城市空间结构发展作出科学的、准确的、符合中国国情的预测，并在这预测结果中，提炼出设计的边界条件，有了这些边界条件，城市设计工作成功才具备了前提条件。

(2) 一个可怕又可信的预言：世界上城市继续沿用发达国家城市交通的思路和方法，生态灾难的到来将不可避免

凡是关注小汽车发展的人们都会感觉到，2003年对我们中国人来说，是一个城市交通发展的分水岭。在这以前，很多人为了圆汽车梦，在经济能力许可的情况下，都纷纷加入了私家汽车驾驶者的行列，享受着汽车文明给人们带来的惬意、方便和快乐。

可是在2003年，由于我国对汽车的发展后果认识不足，面对着飞速发展的私人小汽车，城市交通一下子出现了人们意想不到的严重拥堵。如果我们注意当年的报纸就会发现：在2003年8月12号，全国所有的报纸都发了新华社的通稿，标题是："是车堵路，还是路堵车?"一文，对于大城市的交通状况作了很生动的报道。之后，著名的财经杂志《财经》发表了一篇文章，标题是"堵在北京"。《南方周末》发表了"车陷紫禁城"，标题很有冲击力。从那时见诸城市报端的，城市交通拥堵和交通问题的文章接连不断。

实际上，从世界范围来看，这个分水岭不是2003年。从1995年开始，就有很多人开始担心，照现在的交通模式走下去，全世界的城市将面临着无法再继续发展的局面："公元1995年，象征着一个时代的分水岭，从那时起，对死亡和衰败的担忧和焦虑已经取代了对新生和美好的憧憬"。(摘自《紧缩城市》一书)

在国际上，已经有人发出这样的呼吁："对于不可持续发展的声音应该从城市中响起，城市这里产生着严重的环境破坏，也只有在这里，许多问题才能够得到有效的完善和解决"。更有人提出了振聋发聩的呼吁(迈克·詹伯斯《紧缩城市》)："我们很快会面临着生态系统的崩溃，我们必须竭力发展出另一种城市模式"。有的学者提出："适宜的城市政策及管理环境的形态将是解决问题的关键。由于汽车问题造成的能源消耗，再加上人口众多，城市一定是实现最前沿目标的重要阵地"。

在国际上，城市规划学者、社会学家、经济学家、发达国家的政府都普

遍关注城市的可持续发展问题。因为全世界约一半的人口，即大约30亿人口在城市中居住，而在发达国家，大约有70%的人口住在城市中。因此，城市形态和密度、城市能否可持续发展，涉及到几乎是全人类的未来。在这场争论中，规划界近年来进行了较为激烈的辩论，在辩论中得出的结论是，紧凑型城市可能是最可能持续发展的城市形态。

本书的观点认为：紧凑型城市的实现关键在于城市交通能否解决。否则，对于是否要发展紧凑型城市的争论，将会永远没有答案。实际上，紧凑型城市的优势在于全方位地节约资源的消耗，包括能源消耗所带来的环境污染问题。如果对于紧凑型城市交通的问题得不到解决，能源消耗的节约及能源污染带来的环境改善，都无从谈起。因此也可以说，从20世纪末开始，是对城市可持续发展问题研究的一个分水岭。人们已经把城市的可持续发展当作一个十分紧迫、十分严重的问题来研究。

究竟能否在紧凑型城市中实现畅通的、完全节能的城市空间？表面看来，这只仅仅是规划当中的一个技术型问题，但它实际上牵涉到现有城市的浓缩和可持续发展，因此也就牵涉到整个社会的经济、生态、能源、交通能否可持续发展。

欧洲有关专家认为："一个不可持续发展的城市具有以下特征：人口减少，环境恶化，低效的能源系统，就业率下降，服务业及服务设施外迁，社会人口的不均衡状态"。(《紧缩城市》一书第245页)

关于城市的可持续发展问题，英国人麦克·桑克斯等专家所发表的长达60万字的论文集《紧缩城市——一种可持续发展的城市形态》，该书对所发表的30多篇论文进行总结时，写下了这样沉重的结束语(摘录如下)：

"假如拥有全世界不到1/3人口的发达国家，最终仍无法解决城市可持续发展的问题，那么传递给发展中国家的不低于2/3城市人口的信息就是：生态灾难的到来将不可避免，对终极的可持续的城市形态的探索，现在也许需要重新的定向。我们所要寻找是千姿百态的可持续发展的城市形态，以适应多样化的模式和城市环境。在一段极短的时间以内，我们就已经取得了丰硕的成果，寻找可持续方案的里程也将蓄势待发，不过伴随着新千年的到来，寻找可持续发展城市形态的道路仍将是漫长和曲折的"。

我们之所以认为这个结束语是沉重的，因为书中讲到的那个向发展中国家占全世界2/3人口传达的信息就是："城市生态的灾难的到来是不可避免的"。因为，在发达国家，都没有解决城市的可持续发展问题，可见解决城市可持续发展问题的严重性和迫切性。其严重性在于不知道解决问题的出路在哪里，在于至今全世界所有国家都没有找到可持续发展的城市模式，这正是本书积极努力，试图解决的难题。

(3) 对于交通的终级需求进行预测，才能使预测有足够的前瞻性

有没有什么办法，可以解决由于交通规划预测不准，给城市发展带来被动局面的问题呢？多年以来，国内外几乎所有的城市，交通规划的准确性问题都没有得到解决。表现为不断地修路、不断地拥堵，路修到哪里，就堵到哪里！修路永远赶不上汽车的飞快增长，这就引起了我们思考：难道交通发展就永远预测不准确吗？如果是这样，有没有可以彻底解决这个问题的方法呢？从哲学上讲，任何事物发生与发展都会出现转变时期，那么城市交通的发展，什么时候达到这个转换时期呢？这个转换时期就是指汽车的增长达到了饱和，交通的需求达到了极限。

在数学上往往求"解"比较困难，但"解"的"区间"就比较容易求出，这个"区间"的上限就是"解"的最大值。城市交通也一样，要求某一年的交通量，很难求准，但要预测交通需求的终极目标，即最大值，就容易搞准。

经过多年研究我们悟出来一个道理，解决城市交通预测不准带来的长期困惑，有一个聪明有效的办法：这就是找出两个极端数据，然后进行比较。这两个极端数据：一个是交通需求的终极水平，也就是说交通需求最大会到什么程度？找出这个极限数据来，另外一方再找出交通供给的极限，也就是在什么情况下交通供给值最大，这个最大值是什么？

如果我们把交通需求的最大值找到，然后再把交通供给的最大值找到，然后再将两者进行对比。这时有两种情况：一个是交通供给的极限小于交通需求的极限，如果这两个极限我们确实找到了，计算也是准确可靠的，结论就明确：没有别的办法，只能是严格控制交通需求。很简单，不控制交通需求，就永远不能解决交通需求大于交通供给造成的城市交通拥堵。如果结论真是这样，那就只能千方百计的控制交通需求。

两个极限数据的比较也可能出现另外一种结果，就是交通供给的极限大

于交通需求的极限。如果是出现这种结果，那么我们只要在道路设施和城市空间布局上，实现这个最大交通供给，那岂不是一劳永逸了！放手让交通需求增加，也跳不出“如来佛的手心”。正是按照这个思想，我们计算了城市的最大交通需求量，我们计算的不是整个城市的，而是每平方公里城市土地面积上的，也就是单位土地面积上发生的交通需求的最大的数据。在有关章节，我们已经计算出来了这个数据，就是机动车的交通需求极限为 5 万车·公里/(平方公里·小时)。我们对城市中每平方公里土地面积上的道路，可以提供的最大交通供给，进行了这样的计算：在道路面积率为 20%～25%的城市，可以实现每平方公里道路的极限供给能力为 8 万车·公里/(平方公里·小时)。

这个结果的出现，真可以说是上帝的眷顾。这个结果表明，城市的交通拥堵不是不能够得到解决，而是可以永远的彻底地得到解决。交通需求与交通供给之间的关系，可以形象的比喻为，我们盖了 3 米高的房子，人的高度只有 2 米高，永远不会顶到房顶上。那么剩下的问题就是这种解决供给和需求之间的矛盾的方法是不是经济的、合理的、可行的！

本书的有关章节已经得出了结论，这样做的结果是经济的，其经济性表现为：车均道路投资只是现行模式的车均道路投资的 1/4；城市人均占地面积也是传统模式下的 1/4；平均每辆车的平均能源消耗也是现有模式的 1/4；当然这需要很多的计算来说明，在这里就不重复了。

有一个数据可以给我们一个明确的、感性的理解，就是按照供给极限数据，每平方公里允许汽车保有量为 1 万辆，每平方公里地面上，路网中可以同时容纳 2400 辆汽车进行行驶，而且这时所有汽车的平均行驶速度可以不低于 40 公里/小时，也可以高达 60 公里/小时。而目前所有大城市在内，闹市区每平方公里土地面积的道路的上，同时行驶的车辆约为 1000 辆，平均行驶的速度大约为 10 公里/小时。

2.20.2　小汽车发展的应用前景

(1) 小汽车交通发展前景取决于四个问题能否解决

小汽车的使用带来了四个问题：一个是城市交通拥堵，一个是城市停车困难，再就是能源问题和污染问题。抛开这四个问题不说，没有人会反对小汽车的使用。实际上，任何交通工具都比不上小汽车，小汽车不仅满足了可达性的要求，可以从这个门到那个门，同时，在舒适性方面、在私密性方面、在个性的显示方面，是其他任何交通工具无可比拟的。在某种情况下，小汽车又是不可代替的，比如：接送病人、接送小孩、大批货物的采购、和家人出去兜风等。

最近20年以来，大规模反对小汽车的呼声开始出现，有的时候还比较强烈。但是有的人士对待小汽车的交通是一种矛盾的心态，有一位主管城市交通规划的人士打趣的说，到了工作岗位，看到了交通困难，就主张限制小汽车，我回到家里，作为一个普通的市民，我就很想拥有自己的小汽车。

现在的问题是，小汽车发展所带来的四个问题，能不能得到满意的解决呢？如果能够解决，可能没有人反对小汽车应该大力的发展的观点。

下面我们就分析一下小汽车所带来的四个问题如何得到解决。

（2）能源问题和环保问题

能源问题和环保问题会制约汽车交通的发展吗？从目前汽车交通存在问题的发展分析和汽车发展前景来看，我们得出的结论是十分明确的，能源和环保问题不会制约汽车行业的发展。

首先说能源问题。中国2003年全国汽车所消耗的原油大约是6600多万吨，大致是每辆汽车每年消耗原油3吨左右。熟悉汽车技术的人都清楚，如果城市内消除交通拥堵，同样的距离，汽油消耗将减少一半左右。

后面的表中说明，在很多汽车的性能上已经标明在城市内的行驶和在城市外的行驶消耗差不多相差一倍，这还是指在城市内正常行驶。如果城市内出现了严重的堵车，只怕在城市内行驶比在城市外行驶消耗的原油多一倍以上，这是第一。第二，汽车的原油消耗主要是汽车的动力和阻力的平衡所决定的。汽车的行驶阻力是由四部分组成的，这就是：空气阻力、车轮滚动阻力、加速阻力、爬坡阻力。其中，汽车行驶的空气阻力在水平道路行驶时占总阻力值的一半以上，大约60%左右。熟悉空气动力学的人都知道，空气阻力和运动速度的平方成正比，也就是如果汽车行驶由80公里/小时降低到40公里/小时时(实际上40公里/小时也是道路通行能力最高的速度)，理论上空气阻力值会减少到1/2的平方，即原来的1/4左右。阻力当中的其他三项，滚动阻力、爬坡阻力、加速阻力都与汽车本身的重量有关系。在采用新技术、新材料、彻底变革汽车在城市内的行驶方式之后，汽车的重量应该能够减少一半左右，从目前小汽车的重量从1吨到2吨之间降低到1吨到半吨之间，在降低了汽车的规定行驶速度和采用新材料之后，汽车的重量可以降低一半。

综上所述，在城市内完全消除交通拥堵，汽车的设计时速可以考虑为40公里/小时。城市内行驶完全畅通，汽车的正常行驶速度规定在40公里/小时的情况下，与80公里/小时相比，汽车将节油30%左右。见下图。

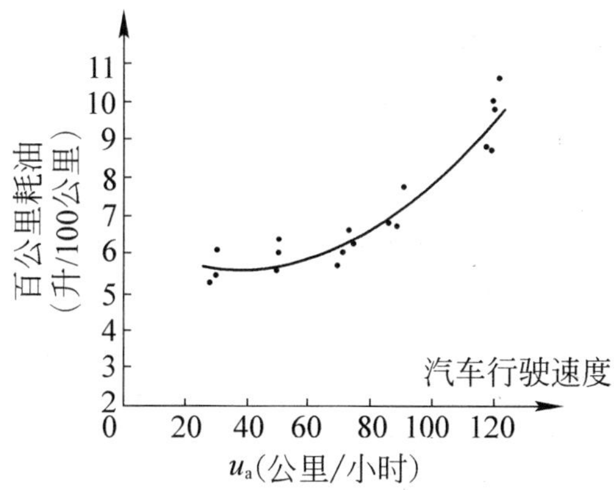

汽车行驶速度与百公里耗油量的关系

空间的紧凑决定城市空间的尺度，从城市比较适当的人口密度每平方公里15000人来看，与目前城市“摊大饼”形成的每平方公里3000人相比，将会缩小至45%。因此，无论是私家车还是公交车，出行距离也相应的会缩短至45%。仅此一项就能够节能一半以上，降至原来的45%。

在城市空间中，如果将人从地平面完全分离出去，地平面彻底消除了人与车的冲突，地平面就很简单的实现十字立交。这样汽车之间的冲突也就消除了，汽车运行速度就可以从目前的十几公里提高到40公里以上。汽车在行驶当中也不会经常的减速、加速、停驶、启动。汽车的运行模式就会从所谓的市内模式转换成城郊模式。汽车能源消耗就可以减少到一半左右，下降至原来的54%(见下表)。

车　　型	平均油耗(升/100公里)
富康1.6iAL	90公里/小时　6.5； 120公里/小时　8；市区：10
富康RX	90公里/小时　6.0；市区：8.5
CITROËN XANTIA	90公里/小时　6.1；市区：10.9 90公里/小时　6.2；市区：12.1

续表

车型		平均油耗(升/100公里)
高尔夫 Golf		市区：12.8，郊外：6.7
红旗 CA7200		90公里/小时 8.1； 120公里/小时 9.9；市区：13
帕萨特 Passat		市区：13.6，郊外：7.0 市区：16.2，郊外：7.8
别克 Buick GL，GLX，新世纪		90公里/小时 6.9 城郊：11.2
大众汽车	新甲壳虫 New Beetl	市区：13.3，郊外：7.21
	波罗 Polo	市区：9.4，郊外：5.2
	路波 Lupo	市区：9.3，郊外：5.1
	夏朗 Sharan	市区：15.3，郊外：9.0 市区：18.0，郊外：10.1

$$\text{行驶方式节能比}=\frac{\text{郊区耗油合计}}{\text{市区耗油合计}}$$

$$=\frac{6.7+7.0+7.8+7.21+5.2+5.1+9.0+10.1}{12.8+13.6+16.2+13.3+9.4+9.3+15.3+18.0}$$

$$=0.54=54\%$$

在这种连续运行无需停顿的汽车行驶中，可以有理由将汽车的平均速度、设定速度选择在40公里左右，这样又能够造成能耗的大幅度下降至原来的70%左右。

另外，实施JD模式，将使小汽车出行分担率下降至原来的50%左右。

上述的四个因素，即：汽车运行距离的缩短(油耗降低至45%)、汽车运行循环的改善(油耗降低至54%)、汽车运行速度的调整(油耗降低至70%)、小汽车出行率的降低(降低50%)。合在一起，将使汽车节能有意想不到的效果。即：

$$45\%\times54\%\times70\%\times50\%\approx9\%$$

保守计算，至少有可能将汽车能量消耗降低至目前的1/8～1/6。这里还没有考量消除拥堵现象所带来的能源节约，这就是城市空间决定论的表现之一。

这是什么概念呢？这就是目前汽车保有量增加8倍以后，那么它的能量消耗与目前相当。北京目前汽车的保有量是240万辆，如果增加8倍，也就是1920万辆，当然北京汽车饱和水平最多不过800万辆。可见，汽油的消耗不会制约汽车在城市内的发展。

关于汽车的节油技术，几年以前，美国政府对汽车企业提出了要求，要在2004～2005年，使汽车百公里油耗降低3倍。美国的汽车公司已经实现了这个目标。日本丰田汽车公司已经制造了每百公里汽车油耗只有3.6升的汽车，并且已经达到了工业化生产的水平。可见，节油潜力是很大的。只要汽车行业能够迫切到把它当作今后的生存策略来对待，那么节油的汽车必将逐步取代目前正在行驶的汽车。

汽车在城市内规定速度为40公里/小时，在城市外可以通过后备发动机的方式来实现提高速度的要求。那么替代能源上市的门槛就大大地降低了，完全有理由期待清洁能源和电动汽车将可能在人们期望的时期内，替代目前造成环境污染的汽车。

下面摘录《世界商业评论》2004年10月18日有关文章的内容如下：

“开发新能源—世界范围内，混合动力驱动系统技术已经成熟，日本的汽车公司领先进入商业化生产，丰田和本田公司都有新型混合动力轿车投放市场；燃料电池技术发展迅速，特别是氢燃料电池技术已有所突破，许多概念车陆续出现；发动机的控制技术日益先进和复杂。节能和环保—在节约燃料方面，经济型轿车将达到百公里油耗3升，2005年德国已经开始研究生产百公里油耗1升的轿车，这将大大提高汽车燃料的经济性。预计未来10年中，在技术上取得突破的主要是在现代小型直喷柴油机方面”。

综上所述，可以预期，汽车时代的城市将是一个清洁的城市，将是一个畅通的城市，将是一个不断完善发展的城市，将是一个人们自由拥有和小汽车畅通的城市。

(3) 交通拥堵和停车难问题

本书下篇中将深入讨论，采用JD模式可以从根本上彻底解决交通拥堵和停车问题。

(4) 关于电动汽车或替代能源汽车的问题

建议国家主管部门与国内的主要汽车企业签署有关协议，在时间上做出安排，使电动汽车和清洁能源汽车早日在城市中推广使用。据了解，美国

1992 年 10 月国会通过了能源法案，该法案授权能源部，就美国的汽车公司与能源部就美国的电动汽车的市场应用问题签署过协议。因为电动汽车尽管在发电的时候要消耗煤炭和石油，但是使用汽车的城市空气的质量却能够有显著的改善。至于酒精天燃气或氢气等替代燃料，本身对城市的空气质量就会有明显的改善。

美国国会还亲自制定了汽车尾气排放标准，而不是把这个工作交给环境保护局去做，美国所有的新车都要购买排放控制设备，就是因为从清洁空气法案制定时（1970 年）就有了要求，要求严格控制移动污染源汽车尾气的排放。

（5）无论如何，能源与环保问题不会成为制约小汽车交通发展的瓶颈

美国于 1993 年在联邦政府的支持下，成立了一个组织，其名称为“新一代汽车时代伙伴关系”，简称 PNGV。该组织要求美国三大汽车公司在 2004 年要提供新一代汽车的生产型样车，就是这个样车是可以大量投入生产的，这个样车它的燃油经济性指标要求提高 3 倍，由每百公里消耗 8.84 升汽油降低至每百公里消耗 3 升汽油。目前这个生产型样车已经制出。

世界上商品化最成功的混合动力型轿车是丰田公司的五座轿车，已经在 1997 年投产，并自已开始销售。这种汽车每百公里耗油只有 3.6 升，而且是在城市内部行驶的情况下实现了这么低的油耗。

为了便于读者对汽车能源节约的前景有进一步的了解，下面摘录《汽车理论》一书中的内容如下：

近年来，防止地球变暖、节约燃油、严格控制排气污染，已成为国际社会极为关心的热点议题。有资料表明，探明的石油储藏，按现在的开采速度，只够世界使用 50～60 年；而有的环境学者则认为，当务之急不是别的而是减少 CO_2 的排放量，防止地球变暖。尽管这两种观点的侧重点不一样，但都提出了进一步改善汽车燃料化学能利用率，即提高汽车效率的要求。汽车的效率高，则油耗低、CO_2 排放量小。因此，当前汽车技术发展动向常概括为“高效率、低排放、性能优、价格低”。其中的性能是指除去燃油经济性以外的其他各种性能。

为此，各国汽车公司纷纷开展了高效率节能汽车的研究与开发工作。美国于 1993 年，在联邦政府的支持下，成立了“新一代汽车伙伴关系”（Partnership for A New Generation of Vehicles，简称 PNGV）。PNGV 是由政府有关机构、国家实验室、大学、汽车协会、三大汽车公司及有关配套厂商参加，联合开发研制美国新一代汽车的合作组织。PNGV 汽车计划的目标是要求三大公司在 2004 年提供新一代汽车的生产型样车（Production Prototype）。样本的基本要求是当今典型轿车（指 1994 年型 Chrysler Concord、Ford Taurus、Chevrolet Lumina 三种轿车）的价格与各方面性能的基础上，将其按 EPA 循环工况测得的燃油经济性指标提高 3 倍，即由 26.6 英里/加仑（相当于 8.84 升/100 公里）提高到 80 英里/加仑（相当于 3 升/100 公里）。生产型样车是指其加工方法、应用材料、部件都符合大量生产要求的样车。

这三种基准轿车的特性参数大体上为：整备质量 1500 公里，车宽1.85 米，发动机排量 3 升，最大功率 110 千瓦。它们都是两排 6 座中、高级轿车。显然，研制的新一代轿车若不跳出传统汽车所采用的材料、工艺与汽车结构的框架，要达到 PNGV 汽车计划提出的 80 英里/加仑指标是不可能的。

为达到 PNGV 提出的目标，在技术策略上目前工程技术界较为一致的看法是：采用复合动力的电力驱动装置、制动能耗回收利用装置和大幅度降低汽车整备质量、滚动阻力系数、空气阻力系数及附属设备能耗等。

复合动力的电力驱动装置是指热力发动机或动力发电机组与典型电动汽车的电力驱动装置（包含蓄电池与电动机等）组合在一起共同工作的驱动装置。

复合动力电力驱动装置效率高的原因在于：

1）传统汽车为了满足急加速、很高车速行驶与快速上坡对驱动功率的要求，装备的发动机的功率均相当大。例如，金牛座（Taurus）轿车在水平良好路面上以 100 公里/小时或 120 公里/小时等速行驶时，要求发动机提供的功率大致只要 20 千瓦或 36 千瓦，但其发动机的最大功率达 114 千瓦，这样大的功率储备主要是用于大加速度、更高的车速、坡道等行驶状况。因此，在一般情况下，发动机节气门开启度小，负荷率低，相应的燃油消耗率高。但是复合动力汽车的动力装置中，其储能部件（如蓄电池）在汽车的一般行驶中常能吸收、储存电能，而在需要大功率时提供电能，使电动机与发动机共同驱动汽车。因此，汽车只需装备较小的发动机，且发动机可以常在高负荷、高效率下运转，燃油消耗率低。

2）传统汽车发动机的设计要考虑多方面的要求，复合动力系统中的发动机不要求过高的升功率和很好的动态特性（指节气门急剧开大时立即提供大转矩的性能），可以按最高热效率的原则设计。与传统汽车发动机相比，其燃油经济性有进一步的提高。

3）复合动力系统可以在汽车停车等候或低速滑行等情况下关机，节省燃油。

4）复合动力系统电力驱动部分中的电动机能变作发电机工作。当汽车要急减速时，可利用此发电机制动汽车而将汽车的动能转换成电能存入蓄电池，所以复合动力系统可以具有“减速滑行、制动能量回收系统”的功能，从而进一步提高汽车燃油经济性。

通用公司一份报告表明，在典型美国轿车上装有复合动力系统（含制动能量回收装置），在频繁起步、停车的市区行驶时，其燃油经济性几乎可以提高1倍。

1999年，在北京召开的第16届国际电动车会议暨展览会（英文缩写为EVS-16）上，通用公司展出了两辆复合动力轿车（采用的发动机一为涡轮增压汽油机，一为直喷柴油机），福特公司展出了采用热效率为40%柴油机的P2000复合动力车，丰田公司展出了已投入市场的Prius复合动力车。

提高燃油经济性的另一条途径是大幅度减小汽车行驶阻力，即减小汽车整备质量、滚动阻力系数与空气阻力系数。采用新材料、新工艺、新结构等方法，整备质量能减轻30%～50%。EVS-16上的P2000大量使用铝、镁、钛及塑料复合物，与传统汽车相比其质量减少了40%。使用弹滞损失小的橡胶、减薄胎体、提高充气压力，可以减小 f 值。EVS-16上的GM EVI电动车轮胎的 f 值已低到0.0048。进一步改进车身形状，可降低CD值。EVS-16上GM EVI的CD为0.19。

汽车空调等附件消耗的能量，在采用隔热材料、隔热玻璃及其他技术措施后，有可能由1千瓦降低到600瓦。Prius车上就采用节能空调与绝热玻璃、绝热顶板等节能措施。

世界上商品化最成功的复合动力汽车是丰田公司的5座轿车Prius。它于1997年投产，到1999年10月已销售3万余辆，价格为215万日元，2000年将转向美国、加拿大市场。该车的发动机是一个基于Atkinson循环、高膨胀比的高效汽油机，最高转速只有 4000 转/分钟，泵气损失，摩擦损失均较低。该车具有制动能量回收系统。Prius 轿车与传统车辆相比，其效率提高了 100%，其中 80%效率的提高来自发动机工作效率的提高，20%效率的提高来自制动能量回收系统。Prius 轿车的排放也得到了极大的改善，CO_2 的排放量只有传统发动机的 50%，CO、HC 和 NO_x 只有传统发动机的 10%。Prius 轿车整备质量为 1240 公斤，按日本 10.15 城市循环油耗为 3.6 升/100 公里。

欧洲亦在开发高效节能轿车，大众公司则更着重于提高现有柴油机、汽油机热效率的技术路线。1999 年投放市场的小型轿车 LUPO，装有 1.2 升泵喷嘴 TDI 柴油机，按 MVEG 多工况试验循环的油耗为 2.99 升/100 公里。

当前工程技术界认为，从长远来看，复合动力装置并不是理想的技术方案，采用燃料电池(Fuel Cell)电动车才是高效节能汽车的发展方向。燃料电池是一种将燃料的化学能用电化学方式直接转换成电能的电化学发电器。它的效率为内燃机的 2～3 倍，无污染、无噪声，排出的不是温室气体 CO_2，而只是水。现存的问题是价格昂贵，体积、质量较大。EVS-16 的总结中声称，燃料电池的研究开发在继续升温，奔驰公司与福特公司分别投入 4 亿美元给 BALLARD 公司研制应用于电动车的质子交换膜燃料电池，现已有样车在试验运行。日产的燃料电池车已进行了 3 年多试验。加拿大、法国在ESV-16上均展出了燃料电池样品。

(6) 拥有私人小汽车的初期，人们偏向于过度使用

在前几年就已经买了小汽车的人和现在已经住在远郊区的人们，每天开着小汽车远途行驶。有人已经产生了厌倦，并产生了搬回城内的念头。为什么呢？因为半生以来的汽车梦，这个梦境就是驾车在路上兜风，想体验那种“酷”的感觉，所以在人们一旦富裕起来，买了小汽车以后，便把郊区生活、开车在路上风驰电掣般地狂奔当作一种极大的快乐，当作一种至高无上的享受！这是人们在拥有小汽车的初期，偏向于追求的郊区生活。

人们拥有了小汽车一段时间以后，就会出现反方向的交通选择，希望能够就近上下班，只有在休闲的时候才自己开车出游。在西方国家，特别是在美国，人们这种偏向郊区居住倾向的产生是和小汽车进入家庭同步的。而且很多人至今还主张那种在城区上班，居住在乡间小“木屋”的生活。

但是更多的人，对郊区化完全依靠私人小汽车的生活方式产生了质疑，

比较理性的人们发现，这种方式对社会所带来的能源消耗和环境污染问题，最终将导致整个社会生态系统的不可持续发展。首先在环保主义者队伍，其次逐渐蔓延到城市规划工作者，开始主张改变这种分散化、郊区化的生活方式，这个发展方式说明，人们在拥有小汽车以后，对小汽车出行的态度是由初期的过度使用，回归到理性使用，再回归为：以步行、公共汽车、自行驾车几种出行方式的合理组合为出行的基本选择。

（7）我国小汽车市场的培育十分令人担忧

在2002年、2003年，我国大城市掀起了小汽车购买的热潮，这种热潮给小汽车的销售展现了一片美好的前景，因此，吸引了很多投资转向汽车行业，但是很快这种购买汽车的热情降低了，人们接受的一个解释是，汽车在不断地降价，人们持币待购，等待价格降到谷底。但是我们接触一些购买汽车的人，由于持续降价，他们头脑变得很冷静了，认为：现在买了小汽车，也很难开出去，开出去也很难享受到驾车的乐趣，因为道路拥堵严重，同时与2002年、2003相比，停车位的寻找已经明显困难了。

最近建设部公布的数据显示，全国停车位大约缺少400万个，实际不止如此。另外，随着城市的“摊大饼”，城市出现了穷人郊区化，所谓的买车一族很多是这些穷人当中先富起来的一部分人。这种“摊大饼”的现象造成了驾车距离较长，再加上油料消耗较多，经济成本较高。汽车的使用能否真正带来享受，对一些刚刚富裕起来的人来说，这成了决定他们是否买车的一个因素。

概括起来说，耗油多、行车难、停车难，在城市中已经突显出来，而且有日益加剧之势。确实令人担心的是，这种局面一旦严重发展下去，国内的汽车市场什么时候才能旺起来呢？有人说，汽车主要靠中小城市，事实是这样吗？我们知道，在私家车购买的高潮时期，北京每天增加约1000辆汽车，深圳每天增加量也有500～600辆。小汽车主要还是在大城市，小城市小汽车的应用主要还是到大城市去办事的，大城市的小汽车发展主要取决于行车难、停车难的解决情况。当然，如果城市中不存在交通拥堵的困难，那么人们圆汽车梦的想法就会比较强烈，人们就会更能享受到小汽车文明带给他的“酷”的感觉。这对于小汽车的潜在客户，也是一个很大的刺激！如果买了车的人都不断抱怨交通拥堵和停车困难，那么对处于边缘状态的可买可不买的人，造成的影响又是什么呢？

总之，城市是小汽车的主要市场，城市中的汽车容量决定着将来国内汽车市场的容量，而城市汽车容量的不断扩大，决不是维持现状可以解决的，是要从现在开始，尽早开始，在城市交通和城市空间的改革上，为机动车创造广阔使用的空间，这个空间应能确保机动车发展至饱和水平。

(8) 小结

从本节的讨论，总的可以得出这样的结论，就是小汽车发展带来的拥堵问题、停车问题、能源问题、污染问题等，在今后的发展中都可以得到有效解决。

这个发展包括两个方面：一个是城市交通采用新的交通模式，完全取消红绿灯；一个技术要向节能的方向不断地改进。

最后的结论是，小汽车的发展具有广阔的前景，在城市内不应该拒绝小汽车，而应该为小汽车的自由使用创造条件。这里必须说明，小汽车的自由使用不会影响"公交优先"政策的落实，反而有助于"公交优先"政策的落实。小汽车的自由使用必将推动畅通城市的早日出现，这在客观上为公交优先的全面落实创造了条件。

从上面的分析中可以看出，决定小汽车发展前景的因素，一个是汽车本身，一个是城市道路交通系统。汽车本身应该说是比较容易解决的，它只涉及到产品技术问题；而城市道路交通系统，则是一个必须尽早决策、尽早开始实施的问题。如果错过了历史机遇，像美国那样，再想进行改造就非常困难了。

根据国家收入水平，对全球机动交通工具的增长的预测 1995～2050 年

年份(年)	低收入和中等收入的国家		高收入的国家		机动车总数
	(百万辆)	(%)	(百万辆)	(%)	(百万辆)
1995	164	25	487	75	651
2000	209	27	565	73	774
2010	340	31	759	69	1099
2020	555	35	1020	65	1575
2030	905	40	1370	60	2275
2040	1470	44	1840	56	3310
2050	2400	48	2475	52	4975

资料来源：美国汽车制造联盟，1996 年。

2.20.3　现行城市交通模式下，城市前景的预测

这个预测比较容易做，也可以做得比较准确，为什么呢？因为现行的城市交通模式，就是国外大城市已经采用了几十年的城市交通模式，他们城市的今天就是我们城市交通的明天。

他们今天的交通模式怎么样呢？像纽约、东京、巴黎、伦敦，这样的国际性大都市，他们自己国家的政府也罢、交通专家也罢、城市居民也罢，对他们现在的交通局面，只能说是勉强可以接受，都不满意。像日本这样的国家，其交通专家认为，东京的交通已经到了无药可救的局面。我们有理由认为，实行现行的交通模式，其前景最好也不过达到东京现行的状况。

一是城市大规模扩散、占有大量的耕地。像北京这样，六环圈起来的面积已经达到3000平方公里左右。如果六环以内的人口是1000万，那么每平方公里人口也不过3300人左右，人均占地面积差不多300平方米。在这种情况下，人们出行的距离越来越长，出行的居住点也越来越分散，这样就造成了对私人交通工具的依赖程度越来越高，使乘公交出行面临着越来越大的困难。政府要推行“公交优先”，就要付出极大的代价。

像东京那样，日常出行大部分靠公汽、地铁等公共交通，但是东京的居民对这种交通方式并不满意。有人说，东京坐地铁最大的“好处”就是上车不用扶，因为有人把你挤住了，不会摔倒。日本有的人戏称地铁在高峰期是“通勤地狱”，在高峰期东京不少地铁站需要雇人把乘客推到车上去。东京小汽车的发展，已经得到了适当的抑制，但是它是以堵制堵，交通拥堵无法得到解决，制约着人们购买小汽车。再就是人们停车问题无法得到解决，抑制着小汽车的发展。因为小汽车行驶，到了目的地以后，没有停车位或停车十分困难。在寸土寸金的东京，目前已经达到了城市人均占地面积185平方米。

我国大城市采用现行交通模式的应用前景可以这样来概括：低密度、远距离、私人交通工具依赖程度大、“公交优先”要花费很大的代价。交通可以对付，市民并不满意。城市的中转效率，不管是市民也罢、物流也罢，效率很低，市民对汽车文明的享受是有限的，出行环境是不好的。城市严重的交通拥堵始终没能得到解决。据报载，伦敦曾出现堵车长达50多公里的记录；巴黎特达达祖路段，一次严重的交通拥堵竟然延续长达4个星期，交通拥堵的噩梦将永远挥之难去。汽车造成的环境污染将长期存在，很难得到克

服。交通安全和行人的安全将长期得不到解决。

2.20.4 JD模式城市交通前景的预测

为了准确的预测，我们首先分析JD模式城市造成的空间优势。在JD模式下，人的活动空间被放到了地面停车库屋顶所形成的架空平台上，在这个人的活动平面上，根本没有汽车的出现，人和车进行了全面的、彻底的分离。

人的活动平面可以设置为带有遮阳避雨棚的、带有侧面座椅的、花园式的、长廊式的人行道。因此，有可能实现国际上所倡导的，每天步行半小时的健康的出行方式。因此，在距离较近的情况下，人们会优先选择步行。

JD模式所形成的城市空间第二个优势是人口的密度较高，可以在步行所及的半径700米范围内，形成一个人口20000人的社区。而在传统模式下，社区人口的密度要低得多。由于社区人口足够多，在这个步行范围内，可以做到比较齐全的生活配套，像幼儿园、学校、运动场、各种商店、医院、文化设施、公园、体育场等。在这个社区内，由于完全没有汽车的干扰，人们形成一种自由自在、无拘无束的开敞式的生活空间。人们的聚会，包括跳舞、唱歌、唱戏、下棋等，都不必乘车到远处的公园。像目前一些大城市为了老人的活动免票制度，老人可以坐车到远处的公园里休闲，在JD模式中，这些都是不需要的。

首先，由于JD模式在城市交通中创造了两个优势：步行所占的出行比重将有很大的提高，我们有理由预计，步行出行占整个出行量的20%左右。如果再把骑自行车以及其他的非机动车的交通工具算在内，步行加非机动车所占的比例不低于30%。

其次，JD模式的优势之一就是为步行创造了安全舒适的步行环境。如果公交车比较方便，人们会愿意步行去乘坐公交车，因为步行系统一直到车站完全可以做到挡风避雨。不需要从机动车道穿行，也不需要红绿灯。此外，由于人们上下班的工作地点不可能具备大量停放小汽车的条件，所以，人们的基本出行(估计占整个出行的60%左右)，应该主要依靠公共交通。由于道路上完全不存在堵车，城市又是紧凑型城市，公交车的出行距离会比现行模式少一半以上。公交车可以准时快捷，人们坐在家里就可以计算出行和到达的时间，乘坐公共车的出行比例自然会得到保证。

第三，公交出行被人们广泛的接受以后，小汽车的出行只在必要的时候才会被人们所采用。什么时候是必要呢？大概有这么几种情况：第一是大宗购物。第二是举家出游。第三是老人、小孩、病人、还有行动不便的人士出行。第四是兜风享受。我们认为，如果我们步行和乘坐公交是便捷、舒适和愉快的，而且时间上还是可以预计的，除了上述的情况，人们不会选择私人驾车出行。

因此，在私人出行比例上，小汽车尽管可以自由购买和自由使用，而它的出行比例估计在20%左右。这就是我们在JD模式下，对城市交通前景的预测。

2.20.5 交通需求的双塔模型

交通需求可以划分为个人需求与社会需求两类。个人需求是对个人交通方式选择上的一个分类，社会需求是对社会交通结构上的一个分类。

(1) 个人需求的构成

首先说个人出行方式的选择，个人的交通方式是根据出行需求来进行选择的，可以把个人出行方式需求模型画成一个金字塔形，我们称之为塔式模型。这个模型从上到下分类。

个人出行的第一类就是特殊情况下的出行，这类个人出行一般靠专车、私家车或者是出租汽车。这些出行大致包括八种情况：

1) 居住分散的人，特别的住别墅的人，这些人在居住点附近很难找到公共汽车。进出一定要依靠私家车出行，实际上分散的居住点乘坐公交是很困难的。

2) 需要私车出行的病人。

3) 残疾人出行。

4) 孕妇出行。

5) 大宗购物出行。

6) 恶劣天气出行，包括下大雪、刮大风、下大雨。

7) 外出兜风、驾车休息和享受。

8) 外出旅游或接待客人。

以上这些情况，个人倾向于选择私家车出行。

第二类出行为日常出行，日常出行为每天都要选择的出行。比如说就近购物、上学放学、儿童入托、就近用餐、外出锻炼、日常娱乐活动、逛公园、休息等。这第二类的出行大约是三种出行方式都有：步行占60%，公交车占30%，私车占10%。这样划分，是假设在社区里面已经有很齐全的配套，并且假设人车全面分离，步行环境很好，人们愿意选择步行。

第三类个人出行是指偶尔的、较远距离的外出。这种外出可以假设乘交占50%，个人驾车占50%。

第四类的个人出行就是上下班为主的个人出行，可以假设70%依靠公交车、15%依靠步行、15%依靠私家车。

(2) 社会交通需求的构成

社会交通需求的构成也可以划分为一个金字塔的模型。这个模型从下到上分为三个部分，最底下的一部分为公交出行，中间的一部分为步行(含自行车出行)，顶上的一部分为私家车。这三部分的构成比例，随着汽车的大量增加，可以最终稳定在步行占10%、公交占50%、私家车占40%。采用JD模式，这种比例可以最终稳定在：步行和骑自行车占25%、公交车占60%、私家车占15%。

后汽车时代的城市交通是什么样的?

我们在设想，在成熟的汽车时代，也就是所谓的后汽车时代，会是什么样子? 要首先看一下汽车在人们生活中的地位的变化。

当汽车刚刚进入家庭时，很多家庭是在圆自己的汽车梦，在这个时期，汽车对于人来讲，它不仅仅是一种生理上的需要，而且是人的一种尊严上的需要，是一种自我实现的需要。我们经常会看到有些很名贵的跑车，像保时捷，在闹市区里穿行，平均速度充其量也只有十几公里，要是从上一个红绿灯到下一个红绿灯有一段距离，它就要冲刺一下。开车的人是为了“酷”，而不是为了交通的需要。

可以回顾当中国人追求彩色电视机的时代，每个家庭难得有一台彩色电视机，彩色电视机成了家庭生活档次的一种标志，很多人以有彩电而自豪。再往前说是，当人们的三大件还是手表、自行车、缝纫机的时期，人们会为带上一款进口的手表感觉很有光彩。就手表来说，现在可以说进入了后手表时代，现在的手表已经成了人们生活中最普通不过的日用品。

汽车在人们消费中的地位，最后也会发展成仅是代步工具而已。再不会是因为得到了辆好车，要得到朋友的确认，作为一种炫耀的资本。当汽车交通已经充分的发展以后，每个家庭都有两辆汽车的时候，汽车在人们消费中的地位一定会从精神上的价值下降至物理学上的价值，就是作为代步工具。美国的社会应该说已经进入了后汽车社会。已经有相当多的美国人在寻求一种日常出行靠步行的邻里型的社区环境。

其中最有代表性的就是美国的新城市主义，美国的新城市主义已经先后开过几次年会，他们所追求的主张就是要建立一个紧凑型的、步行交通适宜的或是自行车交通的邻里型的社区。从新城市主义的不断发展来看，在后汽车时代，只要步行系统做得非常方便、宽松，步行环境非常吸引人，只要公共交通极为方便快捷，那么人们就不会再偏爱私人驾车出行。

可以预期，在后汽车时代，步行和公交出行必将成为主要的出行方式，但是对每个人，私家车也是必不可少的。要适应后汽车时代的交通，那么城市的交通系统，要有完善的宜人的步行系统。其次，道路系统要为人们自由选择出行方式创造畅通的条件，就是私人驾车也罢、乘公交也罢，道路都是完全畅通的。

概括起来说就是，后汽车时代人们日常生活邻里范围内，是通过步行交通和自行车交通为主，在上下班的基本出行中，以公交车为主，在必须要私人驾车出行的时候，选择私人驾车。所谓的必须私人驾车就是指老年人、小孩子、病人、孕妇的出行，或者是外出旅游、或者是大宗购物、或者是送子女上学，以及特殊情况下的一些交际活动等。当然也有的人出于私密性和安全性上的考虑，住高档豪宅或郊区别墅中的人会选择私人驾车。我们相信这可能就是后汽车时代城市交通的一种趋势。

美国的“新城市主义者”，他们倡导的理念，提供了后汽车时代人类居住和城市交通的一种需求。有人批评美国新城市主义，说他们倡导的实际上是旧城市主义，因为他们试图恢复前汽车时代那种乡间村镇式的生活。

我们分析了“新城市主义”提出的若干理想、城镇模式以后，得出的结论是这样：新城市主义倡导的生活方式反映了后汽车时代人们对出行方式向自然的回归，具有普遍推广的价值。我们从“新城市主义”模范的邻里型社区当中可以看出，在新城市主义倡导的社区里，城市的人均占有耕地面积达280 平方米以上。在这种社区之间，仍然要靠大量的汽车交通，这种邻里社区的广泛分布，降低了城市的聚集效益。但是他所倡导的建立宜人的步行空间，尽量减少对私家车的依赖，这是符合城市可持续发展方向的。

本书提出的JD模式，能够实现“新城市主义”者提出的建立宜人的步行系统，减少对私家车的依赖，但同时又能够构建紧凑型城市这一个可持续发展的城市形态。

因此，我们可以这样来作结论，后汽车时代，城市交通将是在紧凑型的城市中形成多元化的交通局面，其中步行或自行车要占到30%左右，公共汽车交通可能要占到50%～60%，私人汽车交通是自由的、不受限制的，但他的比例应该只占到10%～20%。

2.20.6　交通规划的本质是对预测结果的应对

交通规划，也是一种科学预测，因此，预测是否准确，就是规划的灵魂。

以交通规划为例，如果施实几年之后，发现交通需求迅速增加，交通供给满足不了交通需求的发展，那么，这种规划的预测就是不准确的，因为交通系统一旦施实很难进行改造。一个预测不准确的规划，它的错误就会给城市交通的持续发展带来很大的困难，甚至于造成积重难返的局面。

就目前来看，几乎国内外所有的大城市，交通规划预测的准确性问题，都没有得到真正的解决。如果少数城市预测不准，可能是水平问题，而全部预测不准，那就只能是方法有问题了！这就不能不引起我们的深思，这是为什么？我们要思考的深层次的问题是怎样才能做到交通规划的预测达到准确的程度。

城市交通规划预测的不准确性，主要表现在交通供给能力，满足不了交通需求发展的需要。造成这种需求与供给反差的根源是对需求的发展变化，预测的不准确；另一方面是对提高交通供给的能力缺少办法。因此，当前主流的观点认为交通拥堵是不可能得到解决的。正是在这样一种没有信心的观点的主导下，交通规划就形成了若明若暗、雾里看花的局面，正如北京市交通发展研究中心全永燊主任所指出的：我们的思路和方法带有盲目性，可能事倍功半，甚至事与愿违。

可怕的是，有些人把交通规划预测不准，看成是自然而然的结果。其后果，可能造成十分巨大的投资浪费，造成城市交通走入难以改变的困局。

要使交通规划真正具有预见性，能够预测准确，那么首先就要对交通需求的结构及交通需求规模上的发展，进行准确的分析计算。

但是，对于城市交通如何发展，目前存在着完全不同的两种意见。一种是要以“堵”治“堵”，认为交通拥堵恰恰会抑制小汽车的发展，从而达到适当限制小汽车发展而推行“公交优先”的政策；另一种意见认为：小汽车的增长是限制不住的，今后的交通结构应该是在“公交优先”的前提下，允许小汽车自由发展，为小汽车的通畅创造条件。同时，要真正实现人车分离，建立有利于非机动化的健康交通局面。由于这两种不同认识的存在，因此，对交通需求的预测，将产生完全不同的结果。而城市规划只能够以交通需求的预测为依据，由于对交通需求的预测存在两种截然不同的意见，所以，交通规划的前景可能带来两种完全不同的结果。

但是，城市交通不允许拿规划的不确定性，拿预测的不准确性去冒险。因此，交通规划预测的准确性问题，最后归结为：对交通结构及交通需求发展的规律性认识。

本书在适当的章节将集中讨论交通需求的未来结构及其发展，试图在这方面得出一个符合今后几十年城市交通发展规律的科学答案。从而为交通规划预测的准确性奠定科学的基础。

对于交通规划的风险分析及前瞻性分析，就成为交通规划能否预测准确的一个重要步骤。众所周知，任何规划的内涵都将涉及到社会上大量的资金和广大人民群众的生活。因此，规划是否准确，是一个十分严肃的问题，交通规划正确与否，其后果的严重性已经在全世界范围内得到了证实。

无数的事实告诉我们，城市交通规划稍有偏差，都会给我们这个星球上的城市带来难以想像的困难后果。我们在制定交通规划的时候，应该是如履薄冰、如临深渊。在前瞻性和风险分析方面，力求做到思维严谨，计算准确，能够为城市交通系统，提供一个在几十年后回过头来看时，都能对这个规划系统做出肯定的评价。

2.20.7 日均出行距离研究

日均出行距离是决定城市交通量的基本参数。例如：设日均出行距离为10公里/人，城市规模为100万人，则城市交通总量为每日1000万公里；如果日均出行距离为50公里/人，则交通总量为5000万公里；机动车的日均出行距离对城市是否产生交通拥堵是决定性的，设机动车日均出行距离为50公里/车，人口密度为15000人/平方公里，汽车拥有率为600辆/千人，则每平方公里面积上每日发生的机动车交通量为450000公里，每小时发生的机动车交通量为450000×高峰小时流量比11％＝49500公里，如果日均出行距离减少一半，则交通总量减少一半，道路的交通需求减少一半。所以，对日均出行距离的研究和发展趋势的预测，对城市交通问题的解决有重要意义。

根据不完全调查，特大城市的市民日常出行由三部分构成：一是工作出行，即上下班，每日往返一次，工作单位的距离平均在300万人口的范围内，工作出行的距离≈(300万人÷人口密度)$^{1/2}$；二是生活出行，包括日常购物、吃饭、上学、文体娱乐活动等，平均出行距离(约为10万人占地的半径)≈(10万人÷人口密度)$^{1/2}$，每日往返两次，距离超过500米时，需要乘车或驾车出行；三是偶尔出行，包括出游、大宗购物、就医、观看演出、社交活动、参加会议等，平均每三天往返一次，平均出行距离(约为500万人占地的半径)≈(500万人÷人口密度)$^{1/2}$。

根据以上数据，当人口密度为3000人/平方公里时，机动车的日均出行距离≈日常出行6公里＋工作出行32公里＋(偶尔出行41公里÷3)≈51公里。

根据以上数据，当人口密度为15000人/平方公里时，机动车的日均出行距离≈日常出行2.6公里＋工作出行14公里＋(偶尔出行18.3公里÷3)≈22.7公里。

日均机动车出行距离是人口密度的函数，以上计算是按照现行城市模式和JD模式两种情况：现行城市模式中，机动车日均出行距离51公里，与国内外特大城市的统计数据基本符合；JD模式城市中，机动车日均出行距离22.7公里，仅为51公里的45％。这表明，JD模式城市机动车交通需求仅为现行城市模式的45％，交通畅达，道路的服务水平应为二级或二级以上的良好水平。

采用JD模式人口的最高密度可为3万人/平方公里，机动车日均出行距离可缩短为15公里以下，城市交通结构将更趋节能和环保。

2.21　城市交通政策的选择

2.21.1　交通政策的生命力在于客观性与科学性

关于政府交通政策的选择。政府交通政策的选择是自由的吗？交通政策的选择是政府的权力，但政府交通政策的选择必须符合交通发展的客观规律。

例如，“公交优先”的政策几乎是目前全世界所有国家政府推行的政策，但是这种政策的推行还需相当配套的政策才能行得通。2004 年 11 月份，新华社记者发过一份通讯，“公交优先”在上海遭遇了尴尬，其内容摘录如下：

新华网上海 12 月 7 日电(记者俞丽虹、黄庭钧)，上海“公交优先”的城市交通发展战略，正在交通日益拥堵的现实中遭遇尴尬。如今，公交“优”而不“先”，甚至难“优”难“先”的现状让不少市民望而生畏。

上海目前已经形成高架、地面和地下三层立体交通网络。在上海，市民赖以出行的公共交通工具主要有轨道交通、公共汽车和出租车。但是，近年来，本来相辅相成的公共交通体系，却因交通日益拥堵而成恶性循环之势：由于地面和高架道路拥堵，地上公共交通效率很低，出行的人们于是蜂拥般转乘轨道交通，这又造成轨道交通高峰时段拥挤不堪，超载严重，出行环境相当恶劣。

2005 年 1 月 20 日 CCTV2 播放了巴西城市严重堵车的情况。快速公交 BRT 首创于巴西，我国不少城市寄希望于采用 BRT 来解决交通拥堵问题。但是，令人清醒的是，BRT 却解决不了巴西本国各大城市的堵车问题。巴西的城市圣保罗，由于堵车严重，驾车出行一次要两小时以上，该城市已允许直升飞机作为市内交通工具，并为此设立了市内直升飞机交通管制塔。这生动地说明：快速公交在城市严重堵车的情况下，不但不能解决交通拥堵，本身也无法实现。快速公交是治堵的结果，而不是治堵的措施。

为什么“公交优先”在上海会遭遇尴尬呢？这是因为“公交优先”政策的实施要有两个条件：

一是人们愿意去坐公交车。人们是否愿意去坐公交车，取决于坐公交车乘车前后走路是否方便和通达，取决于中间换车是否便捷和舒适。目前，大城市，随着交通系统的改造，步行系统已经被破坏得支离破碎，人们走路经常需要停顿和绕行，而且步行系统很差，还要呼吸着浓浓的汽车尾气。在恶劣天气刮风下雨的时候，步行去乘公交车又是一件很困难的事情，越是天气不好，乘车停候的时间越长，上下车很难处理雨伞和躲避别人的雨伞。因此，有没有个宽松便捷的步行系统，是推行“公交优先”的第一个条件。

"公交优先"的第二个条件是道路必须畅通。因为道路一旦发生拥堵，被堵的不只是小汽车，公交车也难以通行。有人说可以为公交车开辟专用的道路，实际上，在整个城市拥挤不堪的情况下，"公交优先"是不可能真正实现的。设想，一个城市拥堵到连消防车都难以通过的情况下，公交车何以能够得以优先？因此，推行"公交优先"必须以完善的公交系统和畅通的道路为前提条件。因此，政府推行"公交优先"，必须同时在城市规划系统中推行完善步行系统的政策，从而在城市交通上彻底解决城市拥堵的问题。

2.21.2　"公交优先"的政策机制要转化为市场机制才能落到实处

政策机制要转化为市场机制。国家对一些有关政策的制定，比如"公交优先"、引导和限制小汽车交通、鼓励行人和自行车等，这些规定都要通过规划部门、交通管理部门的转化。不同的交通方式，在市场当中对乘客的吸引力也不同，使政府所鼓励的交通方式在市场当中更具竞争力，通过提高市场当中的竞争力，来达到交通方式的分配问题，这就是市场导向，也就是把政府机制转化为市场机制。因此，研究各种不同交通方式的竞争力以及对各种交通方式的吸引力就成为创造市场化机制的一个必要条件。

人们出行对交通方式的选择，其本质是一种市场行为。各国政府长期以来的交通政策，没有取得预期的结果，也就是因为长期以来，政策机制没有转化为市场机制。这其中的中间环节首先是规划部门，包括城市的交通规划、城市的道路规划等，特别是城市空间结构形态；其次就是要通过交通管理部门、市场物价管理部门等，用市场机制引导不同方式结构的合理化，这恐怕是政府交通政策能否落到实处的一个关键。

2.21.3　正向治标与反向治标的区别

现行城市交通问题，不断采取措施来改善城市的交通。但是现行采取的措施当中，有些是治标的，有些是治本的。

如何判断这个措施是治标的还是治本的呢？从理论上讲，治本是指铲除产生问题的根源。治标措施是否可取，要看这个治标的措施最终能不能达到积累治本的效果。具体来说就是要看采取的这个措施是不是符合城市交通与城市空间相互决定论的要求，通过这个措施，能使城市交通逐步接近城市空间的合理模式。如果这些措施并不能够使城市交通逐步接近城市空间的合理模式，那么这个措施只能是治标措施。

一种治标措施的采用，对将来的治本起到的作用，可以分为三类：一是有帮助；二是没有帮助但也没有害处；三是暂时有好处，但为今后治本增加了困难。

根据治标措施对最终实现城市交通治本的效果是有利有害，还是无利无害，可以将治标措施分为正向、逆向和中性三类。所谓正向的治标措施，含有治本的成分较大，随着这些治标措施的不断采用和积累，城市将逐步迈向合理的城市交通模式和合理的城市空间结构模式。逆向的治标措施是指这些措施只发挥暂时的作用，一旦机动车增加到一定的水平，这些措施不但不能继续发挥作用，而且还会给进一步采取措施增加困难。

从城市空间与城市交通相互决定论的角度来看，凡是采取的措施能够使城市的空间逐步走向合理化的，就一定是正向的治标措施，正向的治标措施可以看作治本措施的一个部分。如果所采取的措施会给将来城市的空间结构增加困难的，这种治标措施应该看作是逆向的治标措施。

从城市的交通改造实践来看，中国香港的中环采取了人车分流的架空步行系统。虽然在这个架空下的机动车道并没有实现取消红绿灯的连续流交通，但是这种架空，是符合实现人车全面分离，城市空间走向合理化的，这种治标措施就是正向的治标措施。

而有的城市采取了大量的高架路，当城市交通增长到一定数量的时候，高架路一旦出现了严重的拥堵，再进一步治理将日益困难，因为城市合理的空间模式与高架路是不相容的，应该是在地面上解决城市交通。地面上的汽车容量，理论上是无限的，而高架路上汽车交通的容量是很有限的，达到和超过这个容量，高架路上的交通系统就无法再继续改善。有资料介绍，国外有的城市在拆部分高架路、拆大立交桥。这也就是说，当初采用高架路和大立交桥是逆向的治标措施。

2.21.4 城市交通政策的社会内涵

选择城市交通模式，制定城市交通政策，所关注的焦点应该是社会的公正性问题。目前很多城市限制交通的政策有失公平。例如限制低排量小汽车的行驶，那么一部分后富起来的人，被剥夺了享受汽车文明的权力。例如，进行汽车车牌的拍卖，使一些刚刚有能力购买汽车的人开始抱怨，刚刚买得起汽车，还要我们花几万块钱买车牌。有的地区准备在拥堵地区收取进城费，这实际上也是把驾车进繁华市区的权力交给富人。还有人主张，在繁华地区的停车位要收取较高的停车费，实际上这也是把权力给了金钱。再有人主张限制单号双号上路，有一个经济条件较好的人听后说："如果实行了这个政策，我就买两辆汽车，轮流上路"。目前来看，似乎这些政策都不会造成社会问题，但是如果普遍实行这种有失社会公正、有失社会公平的政策，过份强调金钱在交通这种公共资源享受上的差别，将会引起社会上相当一部分人的不服气，这对社会稳定是没有好处的。

所以一个城市交通模式的选择，要尽量照顾到所有的人都能够平稳地享用公用事业。城市交通问题和购买其他商品不一样，如果人们不能公平享受，将会影响人们对社会公平性的评价，这对社会的稳定发展是不利的。

一个交通决策，还往往涉及到几个行业的兴旺或衰败。例如，城市如果能为小汽车创造广阔的市场，那么汽车行业就会是第一个受益者。交通能够使城市变成节约土地的紧凑型城市，国土资源部门就是首先直接受益者。当然，一个道路交通系统，还涉及到很多设计单位、工程施工单位的即得利益的调整。也包括国家财政税收政策的收入支付问题，像地铁等一些公交设施，没有政府巨额的财政支持，是很难维持在淡季的正常运行的。

可见一个交通系统决策所带来的社会内涵是十分丰富的。不仅涉及到经济，而且还涉及到人的安全感、人的舒适感，以及交通事故率的高低、交通拥堵的损失，以及人流和物流周转效率的高低等，也包括环保问题、城市空间的人性化问题，因此交通规划决策的社会内涵是涉及到所有的方方面面的。

2.21.5　关于城市交通中"以人为本"的问题

最近10年来，社会上明确地提出城市交通要贯彻"以人为本"的原则。毫无疑问，这是符合科学发展观的。但是，"以人为本"是一个很宽泛的概念。从根本上来讲，能够保持城市的可持续发展，本身就是"以人为本"的精神。城市交通中，全面满足城市居民的要求，形成"人性化"的生活空间，这应该是"以人为本"的主要内涵。从这个意义上来讲，城市交通"以人为本"需要满足以下几方面的要求：

（1）城市交通满足可持续发展的要求；

（2）城市交通有利于形成人性化的城市生活空间；

(3) 城市交通能够满足人们快捷地达到出行目的;

(4) 在出行过程当中，是安全的;

(5) 能够满足人在出行方面的各种不同的需要。

城市交通的可持续发展面临五大问题：一个是城市不断地占用耕地的问题，已经严重威胁到国家耕地保护。我们初略估算，按照目前的城市交通模式发展下去，城市“摊大饼”的问题，会普遍出现。在汽车完全进入家庭以后，全国将有 3 亿人口的耕地被城市占用，这显然有悖于可持续发展的原则，也有悖于“以人为本”的原则。

其次，为城市塑造人性化的生活空间。目前城市严重拥堵，居民出行非常烦恼，既造成了大量出行时间的损失，又造成了大量城市运转效率的低下，还造成了城市环境的污染，如噪声污染、尾气污染。这就使得城市中人们居住和活动的条件不断恶化，凡是有条件的人都急于搬到郊区去居住，可见城市的空间已经背离了“人性化”的要求。因此，不能满足“以人为本”的要求。

第三，城市交通满足出行快捷交通的要求。很显然，目前城市交通在快捷性方面越来越差，从政府到社会，几乎所有的人对此都深为不满。

第四，城市交通的安全问题。目前城市交通的安全性是比较差的。一是行人在路上普遍缺乏安全感，汽车驾驶过程中也是提心吊胆，每天担心出安全事故。以 2003 年为例，我国出交通事故居世界的首位，一年死掉了 10 万多人，受伤的估计在 50 万人以上。平均每天死亡 300 人左右，差不多相当于每天掉下来一架波音 747，实在是一件十分严重的事情。不改变机动道路上的人车混杂局面，还谈得上“以人为本”吗?

第五，要满足人们各种各样的交通出行需要。这恰恰是目前城市交通中一个很突出的问题。当前社会上流行的“以人为本”的解释就把本来很宽泛的概念限制得很狭窄。把“以人为本”在交通中的定义解释成交通的目的是把人运到目的地，而不是把车运到目的地。这样一种狭隘的解释，造成了把人运到了目的地，交通就算完成了任务。

实际上，这种“以人为本”的理解，只是物理层面上的理解，所谓物理层面的理解，就是只考虑人的身体在交通空间上的移动。其实人对交通的需求是多方面的，在“以人为本”的理念中，用人的身体代替了人的全部，在逻辑上犯了“偷换概念”的错误，违背了任何一个字典中对“人”的解释。当然，把人运过去，总比过不去强，从解决交通难的效果看，把人的躯体运过去，是在以人为本方面的一个进步。但是，人在交通中有形形色色的需求，即很多个性化的需求，包括精神上和心理上的需求，只有完全满足这些需求，才是完全的“以人为本”。

比如外出看病，人们就希望从家里一直开到医院。比如送子女上幼儿园，特别是在风雨天气里，人们也希望从家里一直送到幼儿园。对于老人和残障人士的交通，更是希望解决门到门的交通。也有人喜欢乘坐公共交通工具，以节约时间，减少停车的困难、减少交通开支。有人喜欢坐火车浏览街景，有人喜欢坐地铁能够不受天气的影响，但也有人外出兜风是为了享受，希望私人驾车。也有的是以车会友，当然也有一部分人私人驾车是为了彰显个人的身份。总之，人对交通的需求，除了物理层面的需求之外，还有人本身的精神需求、心理需求。这些需求都是人的需求，都应该受到尊重。

不同出行目的下，有不同的交通需求。比如到大型超市大宗购物，就希望开自己的车，把一周所需的日用品全部买回来。这个时候，人们显然更希望自己驾车出行。在恶劣的天气下，人们出行又有自己特殊的选择，在大雪的天气中，人们显然不希望自己驾车出行，希望能通过公交。如果在步行的环境完全能够遮风挡雨的话，人们自然希望优先选择步行。如果大雪天气，在步行和自行车道上都有遮风挡雨的措施，人们选择骑自行车比汽车出行既准时又安全。

因此，满足人们交通多样化的要求，解决由城市交通所派生的城市可持续发展问题、交通问题、土地节约问题、城市人性化空间问题，都是属于“以人为本”这个概念内涵的一部分。我们只有全面地理解“以人为本”的概念，才能使科学发展观在城市交通的领域中落到实处。因此，“以人为本”概念的理解，直接涉及到城市交通模式的选择，涉及到国家城市交通政策的选择，这直接关系到千家万户百姓的日常生活。如果在这个问题上出现了偏差，将会导致城市交通背离科学发展观，背离“以人为本”的发展方向。

2.21.6　要改变“车天下”的局面

城市进入汽车社会以后的一个“有背于人性”的怪现象——城市成了汽车的天下，包括北京与上海，甚至胡同与里弄都变成了汽车的通道，人们只能在汽车的夹缝中生存。

在汽车中绕来绕去穿行马路，在行进中躲躲闪闪，很不安全。在深圳很多道路上经常碰到打工仔与打工妹手拉着手从高速行驶的公路上飞奔过去。正是在这些街道上，恶性事故时有发生。交通管理人员将这种情况归结于这些人交通观念差。实际上，任何人在这种步行系统中都有产生横跨马路的欲望。因为根本没有合理的道路可以走到马路对面去。这种现象一天不消除，城市交通不和谐的局面就一天得不到停止。城市"以人为本"的交通就打了很大的折扣。

本书的观点认为，在城市中恢复人们自由行走和在户外自由漫步的环境，比推行"公交优先"更加重要。这不是说推行"公交优先"不重要，而是说如果不能够使城市的交通，恢复到前汽车时代或汽车时代以前的步行环境，那么"公交优先"也就不可能得到落实，城市也就不可能变成一个真正适宜人居的城市。

从城市发展的历史来看，如果说有真正良好的步行环境，本来很多的交通量是不需要靠机动车的。

2.21.7　小汽车交通需求管理市场化的一个方法

本书认为，交通需求管理应该从城市交通所能满足的约束条件出发来进行规划。例如，如果城市能够为机动车修筑完全畅通的条件，那么机动车的直接通行限制是不必要的。如果城市能够为人们提供有吸引力的步行系统，即花园式的、宜人的、可遮风挡雨的、长廊式的步行系统，则人们自然会提高步行在出行方式当中的选择比例，同时，也比较乐于步行去乘坐公交车。这时人们的交通选择取决于哪一个更方便、哪一个更经济。至于城市交通的限制条件主要是能源和环保，能源和环保是一致的，只要节能，就必然环保。

因此，本书建议采取一种交通里程附加费的管理方式。由于近年来电子技术的发展，已经在可以不停车的情况下获取汽车行驶的有关数据。我们可以设想，如果城市能源消耗允许1辆汽车1年只消耗半吨汽油，并且假定，半吨汽油可以跑3万公里(在充分节能的情况下)，那么我们就可以规定，每辆汽车累计行驶距离超过3万公里以上，即要收取高额的附加费。这种附加费通过现代信息技术很容易统计、监督和管理。至于汽车什么时间开出来，什么时间停在家里，以及有特殊的情况下无需支付高额的超里程附加费，那么就是城市居民自己选择的自由了。这样做就把交通需求管理市场化了，也达到了交通管理的目的，既限制了能源消耗，又控制了城市环境污染。

2.21.8　决定出行方式选择的11个因素

人们选择出行方式，是由哪一种出行方式更具有吸引力来决定的。我们在考虑城市交通一体化，为人们设计出行模式的时候，必须要把这种系统设计中不同交通方式吸引力分配得很科学。

出行方式或者说交通工具选择方式是由以下述11个因素来决定的：

（1）时间。就是快捷性问题。这恐怕是人们出行的第一选择。其中包括时间的长短和时间是否能准确地估计，即快捷性和准确性，也就是在家里就可以准确地估计什么时间出发，什么时间到达。

（2）可达性。最好的可达性就是门到门的交通，包括不同交通方式的换乘中，步行条件是否良好。如果下了公共汽车，还要穿过一个立交桥，那将会是一个非常苦恼的问题。一个立交桥，可能要绕行10分钟。

（3）安全性。从新闻报道中经常可以发现，有些城市的中巴上，时有发生抢劫案。也有人因为个人职业关系，乘坐公交，不如坐在自己的私家车里安全。所以安全因素，也是决定吸引力的一个重要因素。

（4）防盗问题。这与安全问题有些类似，有些交通工具行驶的时候容易被盗。这种情况下，人们坐公交车是心惊胆战的。

（5）舒适程度。舒适程度对于不同的人，要求是不一样的。比如病人、小孩、孕妇、抱着孩子的妇女，最怕挤车。如果像北京人所描述的那样，上了汽车，就被挤成了相片，那么人们就不敢乘坐公交。舒适程度包括多方面，包括有没有空调，有没有座位，这对于上年岁的人来讲，是很重要的事情。

（6）兼顾性问题。有的人出行可能要结伴出行，有的人出行可能要在出行过程中谈工作，也有的人出行可能希望得到一种休息，希望坐在车上能够睡觉，或者去观景，有的人出行本身就是一种接待行为，一种礼貌行为。出行当中的兼顾性问题包括出行当中工作、出行当中聚会、出行当中休息，进行礼貌性接待等。兼顾性有些情况下也决定了不同出行方式的吸引力。在中国香港坐地铁，如果地铁很宽松，人不会很狼狈，那么人们的接待，在某种情况下也可以坐地铁。

（7）经济性问题。换句话说，怎么走更合算，可能一家人都出去，自己开车，成本更低。多人出行，打个出租车，集体出行打车比坐地铁更便宜。

（8）轻松程度，或者叫轻松性。有的人，本来可以开车去的，但考虑到开车比较辛苦，也很麻烦，如果没有其他因素的影响，那么他可能考虑坐公共汽车算了。

（9）私密性要求。有的人出行是有一些私密性的事情。

（10）停车位的问题。这个停车位的问题，可以利用它的吸引力，来影响交通需求。要是一个人外出办事，考虑到达目的地找不到停车位，他就只能选择公交。所以，停车位问题也是决定吸引力的一个方面。相反，如果停车很方便，也可以吸引人去。去某些酒楼就餐，这些酒楼或超市有很大的停车场，在这种情况下，人们可能会选择驾车出行。

（11）特殊需要问题。针对某种特别的需求，某种交通方式就会有他特别的吸引力。这些特殊需要包括很多方面，比方说彰显身份体面的需要，大宗购物，送小孩去托儿所、送孕妇、送老人、送残疾人，或者是结伴而行，或许是举家出游，或是运送一些特殊的物品等。或者是夜间出行，或者是雨雪天气出行等，这些特殊的需要往往会决定人们或者步行、或者公交、或者地铁、或者私家车等出行方式的选择。因此，特殊需要也是决定吸引力的一个形成因素。

要使城市尽量减少机动车的使用量，落实“公交优先”，尽量增加步行和骑自行车出行所占的比重，那么在城市道路系统的功能上，在城市的空间结构上，要增加步行和骑自行车出行的吸引力，要增加公交和地铁出行的吸引力。在公交出行系统中，那些降低吸引力的部分应该重点努力克服。通过增加公交和步行吸引力的方式，来减少频繁使用机动车的出行比例，来改善城市的环境，降低城市的能耗。这应该是城市交通和城市空间设计所追求的一个基本的目标。

2.21.9　公汽优于轻轨？

美国规划学家约翰．M. 利维的一个观点很值得关注。他认为公共交通的未来可能更多地依赖于公交车而不是轻轨，公交车的成本普遍更低，线路也灵活，可以经常改变、可以经常调整以适应居住社区和商业整改的需要。他列举了1981年以来美国有8个城市建设了轻轨。他说，这些轻轨线路都通过巨额的补贴进行运营。轻轨的建设成本是非常高的，以撒克拉门托市的数据18英里长的轻轨线路，每英里的轻轨成本是960万美元，这还是联邦所有修筑的轻轨中造价最低的。

2.21.10　“公交优先”的深层次因果链

我们对国内外很多城市实施“公交优先”政策的考察，经过深入分析以后，可以看到一个因果关系。即：“公交优先”的现实有赖于步行享有优先权。

交通政策要给步行及骑自行车出行者享有优先权，这个政策要在城市空间道路设计上得以保证，没有这个优先权的保证，“公交优先”并不能真正实现。因为人们乘坐公交时，实现不了门到门的交通。在坐公交车的前后及换乘期间，都要通过步行或自行车，也就是步行是最基本的出行方式，这个最基本的出行方式得不到优先的情况下，“公交优先”缺乏前提条件。

“公交优先”的第二个前提条件就是道路要通畅。道路的通畅就意味着对小汽车的出行创造宽松的条件。现实的逻辑就是这样的有趣：交通拥堵想到了“公交优先”，为了实现“公交优先”又必须先解决交通拥堵；为了节约能源需要限制小汽车的使用，又想到了“公交优先”。但现实是，必须对小汽车的优先创造条件，道路才能畅通，“公交优先”才能全面实现，使人们减少对小汽车的依赖，转而去乘坐公交和步行。

认识这个因果链对我们进行城市交通系统的规划与改造，对落实“公交优先”，可能会有一个更为科学的政策。

我们相信，一旦到了道路完全畅通以后，小汽车的使用不但不会提高，反而会有降低，这可能就是交通上的一个辨证法吧。

2.21.11　“公交优先”是治堵的结果，而不是治堵的措施

这种观点大概很少有人会同意，强化公交系统确实能够减少一部分私人驾车出行的比例，在一定时期也能够抑制人们购买私家车的欲望，对于缓解城市交通拥堵起到了明显的作用。

但是，很多城市发展的数据都表明，大力强化投资公共交通的结果，并没有提高公共交通乘坐的比例，公共交通乘坐的比例反而有逐渐降低的趋势，这在全世界很多城市都能找到数据的支持。

以北京为例，北京是多年以来，一直致力于强化公共交通的投资，发展

公共交通。但是目前北京市的小汽车交通，已经由1980年的5%上升至2003年的26%。北京的轨道交通出行率，目前不到出行总量的5%。多年来，城市一直努力提高城市公交系统的出行分担率，除了那些地铁系统非常发达的城市，例如东京，它的地铁作为公交的一个工具，其通行能力不受交通拥堵的影响，所以东京地铁的出行分担率一直比较高，但是地面上的公交车是和小汽车争路的。在交通严重拥堵的局面下，不要说公交车，就是消防车的通过都比较困难。在交通高峰时段，汽车塞满了所有的道路，这时很难设想能够开辟出遍布全市的公交车道。多年的努力都没有达到预期的目的，人们逐渐慢慢地意识到，地面上公交畅行的条件是地面上要排除交通拥堵。

公交出行分担率很高的第二个条件是居住要很集中，如果居住很分散，人们出行就很难去选择乘坐公交车。

第三个条件是城市在"排堵保畅"的条件下，彻底改善步行系统，消除步行难的问题才能实现。因此，彻底治堵是最终保证公交乘坐率提高，保证"公交优先"的深层次的条件。实施"公交优先"是治堵的结果，而不是治堵的措施。

2.21.12 关于"公交优先"的分类问题

我们仔细研究会发现，"公交优先"分两类：

一类是无奈型公交优先。是人们乘坐其他的交通工具没有办法准时到达目的地，或者是私人驾车根本没有停车位以供使用。人们没有别的选择，只有选择坐公交车辆。一位交通工程专家说，日本东京的交通不是通过公交解决了吗？但是作者反问他，你乘坐地铁觉得很舒服吗？他说不舒服，不过有一个优点就是上车不扶着也不会摔倒，因为周围人把你挤得紧紧的！实际上日本人自己对拥挤也是很抱怨的，在日本有的地铁站，在高峰期需要有人帮助推乘客上车，所以有的日本人称日本地铁为通行地狱。为什么在日本东京实现了公交车为主呢？那是因为市民无奈！没有其他通行方式可供选择。这一种"公交优先"我们可以称之为被动无奈型的"公交优先"。

另一类是愉悦型公交优先。我们主张的"公交优先"，是在几种交通工具都可以选择的情况下，由于公交车所表现出来的独特优势，市民愿意去乘坐公交车。这一种"公交优先"我们可以称之为愉悦型的"公交优先"。

从"以人为本"的角度上考虑，如果要使大城市对居民有很高的引力，在大城市当中，能够全面改善人们的居住条件和出行条件，那么愉悦型的“公交优先”应该是我们努力的目标。

人们在不同出行需要时，不同的出行方式对人的吸引力是不同的。追求愉悦型的“公交优先”和被动无奈型的“公交优先”，城市的交通局面将有根本性的差别，因为被动无奈型的“公交优先”，是以城市交通拥堵为前提的，人们被堵的没有办法，其他的交通工具都不可能采用，不得不采用这种交通模式。

2.21.13　消除五个不和谐，是改革城市交通的根本目标

汽车进入家庭以后，正面的问题是人们享受了汽车文明。但是，负面的东西却是十分严重的，已经使城市变得越来越不适应人类居住。凡是比较富裕的、有条件的居民都想搬到城外，享受郊区生活的舒服和自在，但是郊区生活并不能够满足现代居民生活的全部要求。人们要求舒适和方便，郊区有一定的舒适性，但是方便性问题是不能够得到解决的，何况住在郊区也要到城里来进行各项活动，仍然要在不适应人居住的城里来进行生活和生产活动。

我们说城市交通的不和谐是全方位的，是指哪些呢？概括起来有五个方面：

第一个是公交系统不和谐。几十年前，人们可以自由自在地乘坐公交，能够准时到达想要到达的地方，乘公交车前后的步行还是比较安全、比较轻松的，这种局面目前已经不存在了。现在坐公交变成一件十分烦人的事情，不但乘车走路不方便，换乘时走路也不方便、不安全，就是坐在车上也不知什么时候会遭遇堵车。所以公交系统不和谐这是有目共睹的。

第二个不和谐就是私家车或者说小汽车的行驶不和谐。这方面已经众所周知了，就是交通拥堵问题。

第三个不和谐就是走路问题。人们只要将几十年前城市走路的环境和现在走路的环境加以对比就会发现，由于汽车大量进入城市，城市不断地改造道路系统，已经严重破坏了完善的步行系统。有的地方只因为隔着一条快速路，就像隔了一条鸿沟，近在咫尺，却要走很长的时间，很难绕行到达目的地。步行的环境变得很不安全，空气也变得让人很不舒服，步行系统已经被汽车进入城市造成的道路改造，冲击得七零八落、时断时续。这种步行系统的不和谐，使得很多人，本来可以走路去做的事情，现在也都采取了驾车或者乘车的方式出行。

第四个不和谐就是自行车系统。这本来是一种健康的交通方式，但现在骑自行车和以前相比，困难多了。最近以来，有的城市骑自行车的比例有所提高，不是因为骑自行车舒服，而是因为乘坐公交或者私人驾车无法准时上下班。人们被逼无奈，只好在困难当中选择比较准时的出行方式，选择了骑自行车。实际上，骑自行车出行，其舒适及便捷程度已经完全不能和几十年前相比。有人说，天天在路上吃尾气，恐怕得少活 10 年。

第五个不和谐就是停车系统。停车难已经越来越使有车一族经常处于尴尬的局面。

我们的目的，是使城市恢复汽车进入城市以前那种既宜人、既舒适、又方便的生活空间。我们在本书的后面，会专门谈到城市交通全方位的不和谐是可以一揽子得到解决的。要专门分析造成这种全面不和谐的根本原因是城市空间结构的不合理，城市交通系统的不合理。而城市空间结构合理化，是解决城市交通合理化的前提条件。

在通过对城市空间结构设计的合理化之后，城市交通系统中的五个不和谐将同时得到全面地解决，城市将变得方便、快捷、舒适、宜人，城市变成了一个完全宜人的生活空间。

2.21.14 以限制小汽车为前提的规划存在着远期隐患

通过限制小汽车的发展，来抑制城市交通拥堵的认识根源是：城市不可能解决小汽车发展带来的交通拥堵、能源消耗、环境污染的问题。

但是若干年后，这个理由可能变得不复存在。很多专家估计，至多再有十几年的时间，城市的小汽车可能全部会变为电动的或清洁燃料的，或者大幅度节能的。到那时，能源和污染可能不会成为制约小汽车发展的关键因素。除了交通拥堵以外，大概就不再存在限制小汽车发展的理由。到那时怎么办？如果私家小汽车在能源和环保已经不成问题的情况下，全面普及之后，到那个时候再解决交通拥堵可能已经完全丧失了历史的机遇。

也就是说以能源和环保为理由，容忍小汽车发展带来交通拥堵这样一种城市模式的发展，那么将来能源和环保不成问题的情况下，城市就可能长期陷入交通拥堵无法解决的危险。

从技术发展规律看，节能和环保汽车必然代替高耗能、高污染的汽车。2004 年日本丰田新的节能车型 PRIUS 已经行销于世，该车百公里耗油小于 3

升，在市区内用蓄电池驱动，没有污染。在郊区用内燃机驱动，爬坡时两种动力合用。据世界商业评论报道：

开发新能源—世界范围内，混合动力驱动系统技术已经成熟，日本的汽车公司领先进入商业化生产，丰田和本田公司都有新型混合动力轿车投放市场；燃料电池技术发展迅速，特别是氢燃料电池技术已有所突破，许多概念车陆续出现；发动机的控制技术日益先进和复杂。

节能和环保—在节约燃料方面，经济型轿车将达到百公里油耗 3 升，2005 年德国已开始研究百公里油耗 1 升的轿车，这将大大提高汽车燃料的经济性。预计未来 10 年中，在技术上取得突破的主要是在现代小型直喷柴油机方面。

2.21.15　少建停车位能阻止小汽车的增长吗？

少建停车位能阻止购买小汽车的主意在北京找不到根据，在国外也是这样。

“由交通研究实验室为交通部(英国)所做的一项研究报告提出一项浑然不同的观点，他们声称停车困难并不会阻止人们购买汽车”。(见《紧缩城市》)

私人小汽车，实际上是满足人出行的最高需求。我们“以人为本”在交通上的最高目标应该是反映出交通出行的个性化需求，比如我们在大街上经常会看到有的人用自行车推着一个病人，边上一个人扶着他到医院去；我们也见到在北京的大街上，有的有用个平板三轮，两三个人扶着一个临产的孕妇去医院；我们也曾经见到过有的老人半夜发病，家人跑到街上去，拦截过往的车辆，好不容易才拦到一辆车。人的一生，大约有 1/3 的时间，或者略低于 1/3 的时间是很难靠公共交通工具出行的。处于老迈时期，处于耄耋(maodie)之年，处于婴幼儿时期，或者是有残障，或者是染上疾病。总之，人的一生总会有一个困难的遭遇，是无法用公共交通工具来解决的。

另一方面，人的一生有一些享受上的要求，是公共交通无法满足的。这些享受也是提高生活质量的一部分，这些享受也不是那些人所专有。经济条件不富裕的人，也可以在某些时候，享受一下私家车的快乐，也可以举家乘坐自己的车子出游。处于浪漫时期的年轻人，也可以带着自己的朋友去旅行，当然也有一些人，作为个人成就的体现，买辆好车到马路上去兜风。

我们没有理由把这些多样化的需求看作与“以人为本”的原则相背离。而恰恰相反，如果城市交通能够做到全面满足人的多样化的需求，那岂不是达到了最高的境界。何况多样化的交通需求需要多样化的交通工具，由此产生的巨大消费，也是拉动经济的一个巨大动力。我们很难设想，近代经济，包括发达国家和发展中国家，也包括我们中国，我们的经济发展，如果没有汽车工业，这个发展将会是个什么样子？其实发展汽车工业本身，也是人在发展经济上的一种需求。

发展汽车工业本身也是“以人为本”的。所以说，正确地认识“以人为本”的原则在交通上的体现，应该从根本上考虑如何有利于人而不是有害于人，是方便于人而不是限制于人，是最大限度地满足人的需要，而不是只满足最起码的要求——别管用什么办法，反正把你运到目的地就是了。

2.21.16　我们要创新——伦敦交通困局的启示

英国是对城市交通十分关注的国家，从《紧缩城市》这本书所介绍的情况：英国从 20 世纪 70 年代，就投入很大的力量来研究城市交通的改善问题，也提出了各种理论和思路，但现实情况怎么样呢？

在《一体化交通》一书第 245 页对此作了形象的描述：“尽管伦敦已经采用了各种高度发达的系统，但交通问题依然是伦敦面临的最大问题。并且 21 世纪，在中央商务区(CBD)伦敦，城市交通的平均时速下降到 16 公里/小时以下。城市交通平均速度的下降，影响了公共汽车的速度和可靠性。外围区的交通拥堵造成了交通需求的不断增加，轨道交通的运输服务面临着空前的危机。地铁越来越拥挤，可靠性越来越差。这些交通危机，危胁着伦敦交通的繁荣和市民的生活质量。伦敦交通也是英国所关心的问题，伦敦是英国经济的发动机，是英国通向世界的门户。作为全球性的城市，伦敦正在参与全球竞争，因此，需要一个一流的城市交通系统”。

伦敦的现实说明，它的交通困境是由于城市规划所走的道路不对、方向不对。本来英国人按照欧共体的文件，已经将紧凑型城市作为一个基本的目标，但是苦于找不到实现紧凑型城市的方法，找不到英国一些学者所倡导的，要实现步行、自行车、公交、小汽车全面和谐的城市一体化交通模式。伦敦几十年来，大力地研究改善城市交通模式的同时，城市却一步一步地走入更严重的困境，处于“无可奈何花落去”的状态。

我们城市改革和发展的思路对吗？对我们中国来说尤其重要，因为我们很多人不了解国外城市交通并没有取得成功的现实，反而把国外的模式作为我们学习的榜样。伦敦交通处于这样严重的困境，英国不少专家告诫发展中国家，不要重蹈他们城市模式的覆辙。但是我们深圳，却花了世界银行的100万美元贷款，请英国的阿特金斯公司花了5年的时间，为深圳作了一个综合交通规划方案。而且据报纸介绍，还取得了参加研讨会人士的一致赞同。设想，英国人连他们自己首都的城市交通都拿不出办法来，让英国人来搞我们城市的交通规划，其前景能不令人担忧吗?

2.21.17　城市交通永远跳不出怪圈吗?

有人把城市交通几十年来的循环概括为一个怪圈，即交通拥堵、交通治理、交通再拥堵。有人惊呼汽车增长太快，道路交通永远赶不上。

以北京为例，最近10年来，交通投资达1200亿人民币，从二环路开始，已经修到了六环路。上海为了解决城市交通问题，下了很大的决心，在南京路上架起了高架桥，花了很大的投资，架起来基本是内环的高架路，现在正在准备中环，也就是二环。

广州市近10年来，下了很大的力气，所修的高架路恐怕在国内外大城市中都是十分罕见的。像广州这样修了大量的高架路，确实交通得到了非常显著的缓解。但是，不断地修路造成的交通缓解只是暂时的。从北京、上海、广州的地图可以看出，修筑城市道路不能说决心不大，不能说投资少，也不能说城市道路网、城市道路的总量赶不上汽车增长的速度，结果仍是道路的通行能力赶不上汽车的增长速度。

为什么会出现这种局面呢? 这是因为很多人只看到了修路赶不上汽车的飞速增长，却没有看到道路利用率极低。据初步估算，道路通行能力的利用率只有15%左右，在这样低的道路利用率的情况下，修再多的路也不能解决交通的拥堵问题。

不幸的是，最近30年以来，在世界范围内流行的观点，就是靠修路不可能解决城市交通。具有代表性的是美国专家斯岱尔说：“如果说半个多世纪以来，城市交通还有什么经验可以总结的话，就是一点，靠修路不能解决城市交通拥堵问题”。正是这样一个并不正确的观点束缚了人们的头脑，人们对于修了大量的路、作了巨额的投资，却仍然继续存在的交通拥堵已经见怪不怪，把它看作一种正常的现象。

本书计算将要说明的问题是，交通拥堵这种问题产生的根源在于，道路的利用率极低。下面作一个简单的计算：

每条车道的通行能力在目前城市的道路模式下，一般是 450 辆/小时。如果汽车的交通采用连续流交通，汽车的行驶不受红绿灯造成停顿的影响，每条车道的正常通行能力应该是 1800 辆/小时。从单一车道来看，目前城市繁华市区的道路机动车通行能力只发挥了 1/4，即(450 辆/小时)/(1800 辆/小时)＝1/4＝25％。

那么道路面积中有多少用来修了车道行呢？一般不会超过 60％，大概在 50％左右。我们保守一点按 60％计算，那就是道路面积中，用于车辆通行的占 60％，由此可以得出：

目前城市道路通行能力的利用率

＝60％(车道占道路面积的百分比)×25％(每条车道通行能力的利用率)

＝15％

上式表明，由于车道的利用率很低，所以造成了每平方公里土地面积上的道路网，基本的通行能力很低，大约 6000～10000 车·公里/(平方公里·小时)。但是城市可产生的交通量最高在达 50000 车·公里/(平方公里·小时)，交通需求是交通供给的 5～8 倍。供给远远小于需求，拥堵是必然的。

在每平方公里土地面积上，交通供给量与交通需求量的巨大反差，我们把它称为交通需求与交通供给密度的不匹配。

造成这种不匹配的原因，就是城市道路的通行能力利用率只有 15％，城市交通拥堵的根本原因就是交通供给与交通需求的不匹配。只要这个密度不匹配，在城市的外围不论修多少道路，都不能解决城市交通的拥堵问题。如果不解决这个密度不匹配的问题，那么市中心的交通拥堵问题永无解决之日，这正是所谓靠修路永远不能解决交通拥堵的原因。

如果有办法将道路通行利用率从 15％提高到 90％甚至 100％，那么道路上的通行能力就能够大于道路上的交通需求，城市将永远畅通。

从以上分析可以看出，所谓跳不出“拥堵、治理、再拥堵”的怪圈，其根本原因在于现行城市交通模式的弊端。如果按照本书所提出的 JD 模式，这个怪圈就根本不存在。两种模式为城市提供了完全不同的空间结构，传统模式为城市提供的空间尺度大但容量小，例如像广州这样的城市，尽管修了这么多的高架路，当城市交通达到 200 辆/千人时，交通必然严重拥堵，并且到了很难再改进的局面。两种模式为城市创造的交通空间有巨大的差别。

我们可以得出这样的结论，这个交通拥堵的怪圈，它是现行城市交通模式的产物，不改变现行的城市交通模式，怪圈就永远无法摆脱。如果采取了 JD 模式，那么这个怪圈就根本不存在了。

2.21.18　交通拥堵是造成城市诸多问题的根源

美国规划界元老级的专家约翰.M. 利维这样写道：“美国私人小汽车的普遍拥有，对居住模式和城市规划产生了影响。实际上，如果有人为美国 20 世纪城市规划找到一个核心题目的话，那汽车就是关键词”。作为规划专家，他告诫我们：“21 世纪的中国，将经历 20 世纪美国所经历的，由于私人交通的增长带来的现在仍能看到的一切。”他说：“我希望美国的经验，即包括成功的经验，也包括失败的教训，都会对中国有所帮助”。他说：“如果能从这个方面审视一下美国的经验，将是有用的”。

半个多世纪以来，分析大城市在空间结构上发生的巨大变化，大城市出现的各种背离人性化需求的诸多问题，我们可以得到这样的结论：汽车交通的大规模发展是造成这些问题的最深层的原因。

从某种意义上来讲，我们几乎可以做这样的结论：是汽车交通造成了大城市目前的形态及所存在的诸多问题。极而言之，可以说是汽车交通决定论。解铃还须系铃人，要解决城市空间形态及城市日常运转方面的诸多问题，必须全面解决汽车进入城市以后，城市在交通方面存在的各种问题。不是只抓一个“公交优先”，就能够得到解决的。

2.21.19　城市规划工作程序决定规划最优化的实现

城市规划要做足集思广益的工作。

首先，城市是所有城市人的“家”，每个人对这个“家”的问题都有一生的感受，都有改善这个“家”的很丰富的想像。这个客观现实就决定了城市中每一个人都是规划的主角之一。我们有些搞城市交通规划的人，本身没有驾驶汽车的实践经验，而的士司机对交通的体会自然会很深切。很多非交通专业的人士，从其本身专业的视角“跳出交通看交通”，往往会产生意想不到的创新思维。城市规划史上最重要的人物霍华德，原来只是法庭的速记员。成为美国城市交通规划学元老级的约翰.M. 利维，在 1969 年进入规划界时，并没有进行专门的规划培训，他自己说：“但我具有经济学和新闻学的专业背景”。他还说：“最好和最有成效的规划师是那些具有良好边缘科学知识的人，他们不仅能掌握规划的技巧，而且熟悉规划问题与围绕着这些问题的社会主导力量间的相互关系”。

当然，学科交叉产生创新，这是一个普遍规律。本书作者研究交通之前也只有机械专业、轻工专业、建筑专业和经济专业的工作背景，并没有交通和城市规划的专业背景。做为城市这个“家”中的一员，我不想让子孙后代还生活在这个人居和交通都日益恶化的“家”中。所以在三十多年中，在交通和城市规划中花的心思，超过了先后从事过的4个专业，尽管在那4个专业中都拿过国家和省市级的奖项。

城市规划的这种公众切身性和透明性，要求做足集思广益的工作。全社会出主意，规划专家完成规划设计，这恐怕是科学的规划程序。而目前的听取意见往往是在走过场，没有体现出全城人民是主角，专业人士只是集大成者的科学原则。

边界条件选准与否决定规划的成败。

城市交通规划成败首先取决于这个规划所依据的边界条件是否充分、是否客观、是否符合未来城市交通发展的实际情况。

我们很多城市规划都是以当前情况的直接推论作为基础，而没有以未来城市最终的交通需求为依据。因此，一旦出现预测不准，往往是预测小于发展速度，这就注定了今后城市交通将出现十分被动的局面。待到规划的期终总结时，惊呼机动车增长速度太快，好像责任就都已经说清楚了。这种情况再不改变怎么能行呢？这是关系到整个国家城市交通发展的重大问题，不能带有一点主观性。

例如，作为上海交通发展的一个蓝本，《上海交通白皮书》。其中预计到2020年，全市机动车总量将增加到200～250万辆，并据此推测，到2020年全市居民的日均出行总量将由2000年的3500万次增加到4800万次，机动车日出行量由2000年310万车次增加到700万车次。我们不禁担心，如果到2020年，机动车增加的数字不是这个数字。或者是2020年之后，汽车仍维持高速增长的局面，并增长到上海市人口的60%，怎么办？按白皮书的预测，到2020年，上海市常住人口将为1600万人，上海人均GDP大致能够接近上海的汽车保有量的饱和水平。在人均GDP达到1.7万美元以前，机动车增长的速度不会放缓。我们担心的是，到2020年以后，如果上海市机动车的增长并不趋于缓和，并最终增长到700万辆左右，上海的交通怎么办？如果我们根据2020年白皮书的估计，按200～250万辆来规划城市的交通，那么城市的交通系统一旦建成，将是很难更改的。城市交通系统的刚性特点是人们普遍所认同的。

再比如，北京在长期交通规划的构想中，也没有明确提出来规划所依据的边界条件是什么？我们认为，在大城市的交通规划中，一定要回答这个问题，就是如何满足城市交通发展的边界条件。

我们认为这些刚性约束条件中，至少：机动车的饱和拥有量是一项；人均城市占地面积是一项；建设人车全面分离的步行系统是一项；再有就是在交通完全畅通的基础上，实现真正的"公交为主"，公交的乘坐率达到60%左右；同时，要在全市彻底解决停车难的问题等。

我们担心的是，目前，国内大城市的交通规划，并没有以城市交通的终极水平，或者是城市交通可以预见的最高水平来作为规划的出发点，作为规划的边界条件。在城市规划方面，应该把城市交通需求与城市交通供给之间的关系，看作是市场上的交通供给与交通需求的关系。在市场中，是以需求为导向的，在交通规划上，需求预测不准是不能允许的，因为交通不像一般的商品，可以追加供给量，道路交通能力的追加往往是做不到的。

我们知道电视机行业，在对电视机市场做出推测的时候，是按照最终每户2～3台电视机作为未来市场推测依据的。这个边界条件比较客观，基本上满足了市场上终级需求的水平。

为什么在城市交通规划当中，就不能够以未来市场的最大需求作为依据呢？能否以市场的最大需求作为依据，恐怕是城市交通规划能否成功的一个重要条件。

另外，在城市交通规划中，本书作者非常赞同《大都市一体化交通》中："大都市交通主导论"的观点。要依据本书所提出的城市交通与城市空间相互决定论的思路，有助于做好城市交通规划。

发达国家机动车增长趋势(引自《大都市一体化交通》)，见图1。

从图中可以清楚地得出结论，我们城市对于机动车数量的预期，不应该以现有机动车的基数为依据，而应该以与今后GDP相对应的汽车饱和拥有率为依据，见图2。

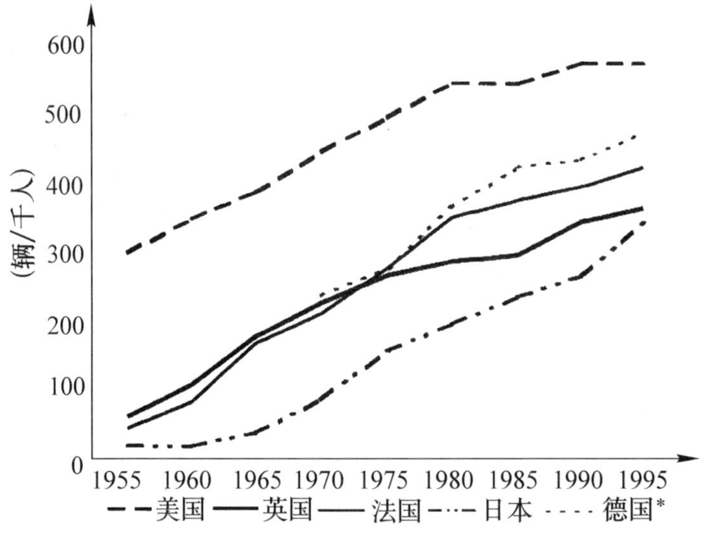

图 1　发达国家机动车增长趋势
（资料来源：International Road Federation Statistics）
*1990 年以前为联邦德国，1990 年以后为德国

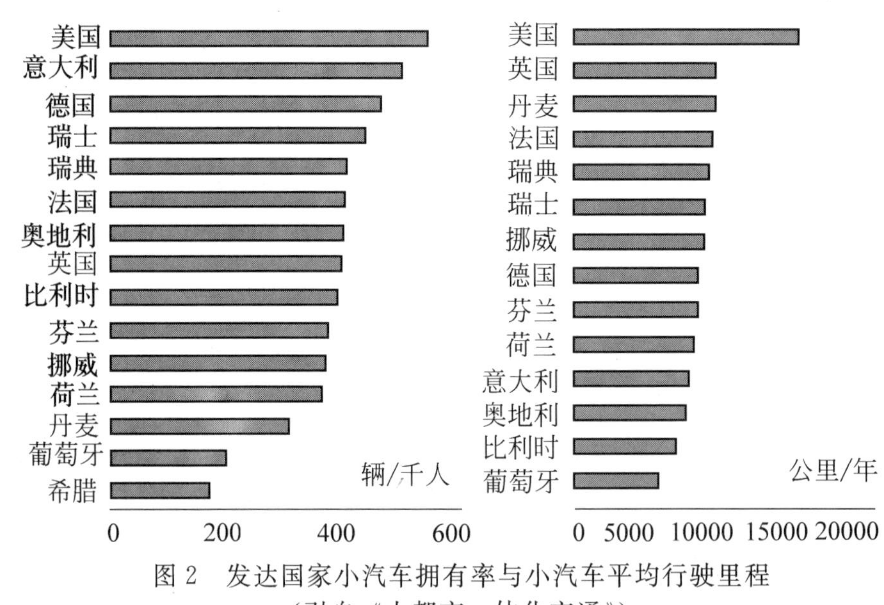

图 2　发达国家小汽车拥有率与小汽车平均行驶里程
（引自《大都市一体化交通》）

2.21.20　汽车保有量密度是城市占地扩展的决定性因素

世界各国城市发展的历史证明，机动车拥有率的提高与城市土地的拓展是同步的。这个机动车的增长与城市用地的拓展同步表明：汽车时代城市人均占地面积，取决于汽车的数量而不是人的数量。这就是汽车时代城市的一个新特点。汽车越多，城市越散。美国 1970～1990 年汽车增加了 70%，而

汽车行驶总里程增长了90%。

粗略地统计表明，每辆汽车将会使城市占地面积增加600平方米左右。

上海在20世纪80年代，城市面积在140平方公里的区域。仅仅过了十几年，到1998年，城市的建成面积已达400多平方公里。城市人口密度也下降了50%以上，这个城市土地的拓展及人口密度的下降，其动因就是机动车的增长。在这个时期，上海机动车的总量增长了7倍以上。

2.21.21　警惕城市衰败现象的发生

城市的可持续发展带存在着一个远期的问题，近期人们关注的是能源。但远期还有一个问题，就是如何避免城市会衰败，发达国家一方面在讨论如何建立紧凑型城市，另一方面特别是美国，也在和城市中心的衰败作斗争。如果在紧凑型城市当中不能解决那些会使城市空心化的因素，那么城市发展到远期，将会面临如何克服城市衰败的问题。关于这一点，《紧缩城市》一书第150页作了这样描述："我们城市，特别是市中心，常常传播着一些危险和不安所交织在一起的信息。气氛日渐衰败，往往促使那些厌倦城市的人逐渐搬到郊区去生活。"美国很多大城市，中产阶级纷纷逃离了城市。在城市中，常常居住的是一些十分贫穷没有能力搬到郊区居住的穷人，和一些极为富裕介入城市经济中心的少数富人。这种城市空心化的现象，促使了城市聚集功能的衰败，如果城市中人居条件恶化的问题得不到彻底解决，恐怕这是城市发展中将来可能面临的问题。

下篇　可持续发展的城市模式

现行城市模式已经到了非变革不可的时候了，正如一位英国专家所警示的："正是目前的城市是不可持续发展的元凶"，"必须竭力发展出另一种城市模式"。

变革城市模式的目标，已经提出了十多年，但是至今一筹莫展，仅仅是十大城市病(详见本书1.6.1)之一的交通拥堵，似乎无法找到根治的办法。十大城市病的彻底消除，涉及到20项城市发展目标(详见本书3.3.2)的全面实现。只有以这20项目标为依据进行多目标最优化决策，才能找到可持续发展的最优城市模式。

本书下篇详细介绍作者所提出的城市模式多目标最优化决策的理论和方法；介绍了可持续发展城市最优模式——节地城市发展模式(JD模式)；介绍了JD模式中十项发明专利的内容。JD模式城市可实现节地、节油、节资70%的目标，在人口密度15000～30000人/平方公里时，城市绿化率超过50%，人均绿地面积20～40平方米，并开创性地在城市中形成步行、自行车、机动车等三套遍布全市的、四通八达、相互没有平面交叉的、全天候的人性化道路系统。JD模式不但根治十大城市病，而且保住了我国18亿亩耕地不受侵占，是实现城市和农业双重可持续发展的重大自主创新。

3.1　城市模式决定城市前途

3.1.1　什么是城市模式？

城市模式是一个非常宽泛的概念，人们在描述城市状态和城市存在问题及其解决方法的时候，经常使用城市模式这个概念，但是迄今为止，我们还没有见到对城市模式的明确定义。首先，关于模式的概念也很难找到明确的定义，我们所见到的模式的定义有以下几种表述：

“模式一词指涉范围甚广，它标志了物件之间隐藏的规律关系，而这些物件并不必然是图像、图案，也可以是数字、抽象的关系，甚至思维的方式，模式强调的是形式的规律，而非实质上的规律。”

“模式是前人积累的经验的抽象和升华。简单地说，就是从不断重复出现的事件中发现和抽象出的规律，是解决问题经验的总结。只要是一再重复出现的事件，就可能存在某种模式”。

我们很难给城市模式下一个准确的定义，但是为了讨论的方便，我们还是给出了下面这个有待进一步研究的定义。

城市模式的定义：城市这个复杂系统的系统存在形式和系统发展变化的形式，以及各个子系统的存在形式和各个子系统相互联系及发展变化的形式；城市模式包括城市形态、城市空间结构形式、城市交通系统构成方式、城市道路系统结构方式、城市功能布局方式、城市户外活动空间构成方式，以及城市生态系统构成方式等。

3.1.2　就可持续发展而言现行城市模式是失败的

城市模式发展的历史表明，在汽车社会之前城市经历了漫长的马车时代。马车时代城市系统有三个特点：一是城市交通为慢行系统，步行和马车的行驶速度相差不大，两种出行方式混杂在一起，城市道路是典型的“一块板”结构，没有行人边道和车辆行驶道之分；二是城市人口密度较高，城市经济模式较小，人流和物流的数量较低，城市中居住与就业交错布置，日常出行距离较短，不存在交通拥堵，也不需要大量的停车空间；三是城市的开敞空间几乎全部是户外活动场所，户外场所的安全性很高，邻里之间来往密切。

城市进入汽车时代的进程起初是比较缓慢的，随着汽车交通的发展，城市的道路逐步得到改造。由于人们对汽车交通的特点是逐步认识的，所以对城市道路的改造采取了渐进的方式，后来终于发展这种渐进式的改造无法从根本上适应汽车交通的特点，正是在这种背景下产生了《雅典宪章》。1933年的《雅典宪章》中的如下表述反映了这个认识过程：

“1. 关于交通与街道问题的概述

今日城市中和郊外的街道系统多为旧时代的遗产，都是为徒步与行驶马车而设计的；现在虽然不断的加以修改，但仍不能适合现代交通工具(如汽车、电车等)和交通量的需要。

城市中街道宽度不够，引起交通拥挤。

现在的街道之狭窄，交叉路口过多，使得今日新的交通工具(汽车、电车等)不能发挥它们的效能。

交通拥挤为造成千万次车祸的主要原因，对于每个市民的危险性与日俱增。

今日的各条街道多未能按着不同的功能加以区分，故不能有效地解决现代的交通问题。这个问题不能就现有的街道加以修改(如加宽街道、限制交通或其他办法)来解决，惟有实施新的城市计划才能解决。

有一种学院派的城市计划由“姿态伟大”的概念出发，对于房屋、大道、广场的配置，主要的目的只在获得庞大纪念性排场的效果，时常使得交通情况更为复杂。

铁路线往往成为城市发展的阻碍，它们围绕某些地区，使得这些地区与城市别的部分隔开了，虽然它们之间本来是应该有便捷与直接的交通联系的。

2. 解决种种最重要的交通问题需要下面几个改革

摩托化运输的普遍应用，产生了我们从未体验过的速度，它激动了整个城市的结构，并且大大地影响了在城市中的一切生活状态，因此我们实在需要一个新的街道系统，以适应现代交通工具的需要。

同时，为准备这新的街道系统，需要一种正确的调查与统计资料，以定街道合理的宽度。

各种街道应根据不同的功能分成交通要道、住宅区街道、商业区街道、工业区街道等。

街道上的行车速率，须根据其街道的特殊功用，以及该街道上行驶车辆的种类而决定。所以这些行车速率亦为道路分类的因素，以决定为快行车辆行驶之用或为慢行车辆行驶之用，同时将这种交通大道与支路加以区别。

各种建筑物，尤其是住宅建筑应以绿色带与行车干路隔离。

将这种种困难解决之后，新的街道网将产生特别的简化作用。因为借有效的交通组织将城市中各种功能不同的地区作适当的配合以后，交通即可大大减少，并集中在几条主要的干路上”。

《雅典宪章》的这种表述说明了一个道理，这就是汽车出现以后城市模式不适应了，也说明现行城市道路模式是马车时代的产物。《雅典宪章》实际上提出了变革城市模式的目标。只可惜在《雅典宪章》以后的半个多世纪，由于以下两个原因，人们放弃了进行城市模式变革的努力：一是在20世纪中，进入汽车时代的发达国家优先占有世界资源，使得发达国家的城市在透支人类资源的条件下可以维持其城市的运作，发达国家对城市模式变革的迫切性是可以妥协的；二是《雅典宪章》以后的几十年中，在理论上和技术上没能实现城市模式变革方面的突破，没有找到《雅典宪章》中所要求的“新的街道系统”。

正是在上述背景下，1977年的《马丘比丘宪章》中，对城市模式的变革作了悲观的结论：

“《雅典宪章》很显然把交通看成为城市的基本功能之一，而且含蓄地认为交通首先决定于作为个人运输工具的汽车。44年来的经验证明，道路分类、增加车行道和设计各种交叉口方案等方面，根本不存在最理想的解决方法。所以将来城区交通的政策，显然应当是使私人汽车从属于公共运输系统的发展。

城市规划师与政策制定人，必须把城市看作为在连续发展与变化的过程中的一个结构体系，它的最后形式是很难事先看到或确定下来的。运输系统是联系市内外空间的一系列的相互连接的网络。其设计应当允许随着城市的增长、变化及形式作经常的试验”。

《马丘比丘宪章》的上述观点中，有两个结论为后来的城市发展所否定：一个错误结论是“44年来的经验证明，道路分类、增加车行道和设计各种交叉口方案等方面，根本不存在最理想的解决方法”；第二个错误结论是：“运输系统是联系市内外空间的一系列的相互连接的网络。其设计应当允许随着城市的增长、变化及形式作经常的试验”。因为按照第一个结论，人们应该放弃寻找与汽车时代相适应的城市模式；按照第二个结论，可以不要求城市规划真正适应汽车社会发展的需要，而把城市规划和建设看作是随着城市增长变化的一个“试错”过程。正是这两个结论造成了在此后的二三十年里，发达国家城市继续徘徊于城市模式与汽车社会尖锐矛盾的困境之中。到20世纪90年代以后，对于发达国家城市不可持续发展的问题，在认识上终于有了新的突破：美国出现了“新城市主义”和“精明增长城市”的潮流；欧洲形成了“紧缩城市才是可持续发展城市的远景目标”的共识；英国有的专家更尖锐地指出：“正是目前的城市是不可持续发展的元凶”；2000年，100多个国家代表参加的关于城市未来的国际会议发表的《柏林宣言》指出：“全世界的城市，没有一个做到真正可持续发展”。

对于城市发展百年的认识史，深刻地表明：城市模式决定城市前途，决定城市能否实现可持续发展。

内容决定形式，反过来形式也决定内容。城市是人类活动的主要载体，人类在城市中的自然生活、社会活动和经济活动构成城市的“内容”，城市模式构成城市的“形式”。内容决定形式，汽车时代城市活动的内涵决定了城市必须具备汽车时代的城市模式；“形式”也制约或促进城市“内容”的状态和运动。所以，城市模式只有适应汽车时代城市中各项活动的规律和特点，才能保证城市各项活动的正常进行。从这个意义上来说，城市发展中汽车社会的特点决定城市模式，城市模式也决定汽车社会城市发展的前途。

3.2　城市状态判别公式和判别参数

（1）城市中是否存在堵车现象的判别公式

交通供给密度＞交通需求密度

判别参数：交通供给密度存在着一个临界值，只要大于这个临界值，城市将不再发生堵车。

交通供给密度临界值

＝汽车容量密度×日均出行距离×11％

＝9000辆/平方公里×50公里/日×11％日/小时

＝50000车·公里/(小时·平方公里)

（2）城市中是否存在着停车难现象的判别公式

停车位密度＝110％×汽车保有量密度

（3）城市是否存大“摊大饼”现象的判别公式

汽车容量密度≥人口密度×汽车饱和拥有率

当人口密度为15000人/平方公里时：

汽车容量密度≥15000人/平方公里×600辆/千人＝9000辆/平方公里

3.3　城市模式多目标最优化决策的必要性

3.3.1　城市模式单目标决策后患无穷

《孙子兵法》始计篇指出：“不谋万世者，不足以谋一时”，“不谋全局者，不足以谋一域”。按照这个古训的要求，作任何决策都应该从长远出发，从全局出发，否则必不成功。

有人说，现在解决城市交通的办法是“就交通论交通”，没有考虑城市的全局和长远。这种说法并不十分准确，因为现在解决城市交通的办法还没有达到“就交通论交通”的广度，只能说是“就汽车交通论汽车交通”，如果考虑到城市停车难的问题长期得不到解决，就只能说是“就堵车论堵车”了，城市交通治理中实际上是忙于应付交通拥堵，集中解决如何把人运过去，送到目的地。这种以单一的机动车畅达为目标的交通治理，并不符合上述古训的要求，也不符合当代复杂系统多目标最优化决策的要求。社会上常说交通治理是“头痛医头，脚痛医脚”，就是对这种单一目标决策的形象比喻。

作者在此特别说明，无意批评现行的作法，因为深知在理论上还处于探索阶段的城市交通治理，之所以采用现行的治理方法，是不得已而为之。作者虽然从1974年起就致力于研究城市交通问题，也只是到了最近几年才摆脱了“就交通论交通”的局限，才完成了城市模式问题的多目标最优先决策的筛选过程。

业内所熟知的当斯定律告诉我们，任何一项新的道路工程完成之后，都可能诱发新的交通量，产生新的交通拥堵。当斯定律充分说明了只是在消除交通拥堵方面，多目标决策也是难以实现的。但是，只有坚持多目标最优化决策，城市才有出路。多年来国内外城市交通治理中的深刻教训表明，在城市模式方面的单目标决策带来的后果是十分严重的。不仅城市交通拥堵几乎成为不治之症，而且城市中普遍存在的停车难和步行环境日益恶化的问题，各国政府所倡导的公交优先，其前景也不容乐观。大城市居住环境日益恶化，环境污染日益严重，交通投资难以承受，以及出行难、交通事故频发、治安管理难度越来越大等问题，普遍困扰了人们日常生活。只有彻底改变在城市模式变革方面的单目标决策方法，才能找到城市可持续发展的出路。

3.3.2　城市模式多目标决策中的目标选择

一个完整的决策过程由三个部分组成：一是作为决策起点的约束条件；二是决策所采用的方法；三是决策要实现的目标。我们在城市模式的多目标决策中，按照本书中篇的“刚性约束定律”确定约束条件，而约束要实现的目标是按照城市交通、城市资源节约、城市空间产出率、城市宜居需要四个方面，共确定如下 20 项目标：

（1）城市交通方面的五个目标

1）步行，步行是人类出行最基本的方式，也是最健康的出行方式。城市交通系统首先要满足步行的各种需要：绝对安全，在步行道上没有汽车和自行车的出现，与自行车道和机动车道没有平面交叉；便捷，没有多余的绕行和行进中的停顿等待；舒适，可以遮阳避雨，不受坏天气的影响；环境优美，没有噪声，路边设置供休闲用的座椅和建筑小品。

2）自行车，自行车出行是健康的绿色交通方式。城市交通系统应该对自行车出行具有强大的吸引力，自行车道应满足出行人的各种需要：为自行车专用道，没有行人，也没有汽车，与人行道和机动车道没有平面交叉；为全天候的道路，遮阳避雨，不受坏天气的影响；便捷，没有多余的绕行和中途的停顿等待；存取方便，在所有必需的地方设立自行存取的车库。

3）公交出行，公交出行是节能和节约道路投资的出行方式。城市交通系统应使公交出行成为最有吸引力的中远距离出行方式，为此，需满足下列需要：快捷，公交车行驶全程为快速路，除站台停靠外，中途无需停顿等待；等车时间短，一般等待时间不超过 3 分钟，平均等待时间不超过 2 分钟；全面零换乘，中途换乘时全部在原站换乘，不需要走行较远的距离；全天候换乘，上下车和换乘时均在遮阳避雨的环境中进行，不受环天气的影响；乘坐舒适，不拥挤，有座位，上下车方便。

4）没有交通拥堵，充分发挥汽车快速连续行驶的优点。城市交通系统应满足汽车交通的各种需要：满足汽车拥有率600辆/千人的交通需求，在高峰时段不产生交通拥堵；在出现交通事故时不产生交通拥堵；全天候交通，在恶劣天气下不产生交通拥堵。

5）不出现停车困难，存取方便是汽车交通"以人为本"的重要保证。城市交通系统应满足汽车停放的各种需要：在汽车拥有率为600辆/千人时，有足够的停车位，停车位的数量应为汽车保有量的120%；主要采用地面停车，只有少量的汽车停在地下车库或高层车库；就近停车，在所有的住宅和工作场所周边建立停车库；公共场所有足够的公用停车位，并实行预约停车制度。

（2）资源节约方面的五个目标

1）土地，土地是城市的载体。就我国国情而言，城市应做到人口密度为15000人/平方公里或人均占地67平方米左右。

2）汽车燃油，应逐步减少消耗或进行替代。就我国国情而言，无论汽车增加到什么程度，年汽车燃油消耗都应在1亿吨以内，并应在20年左右完成全部替代，城市交通系统应为汽车能源节约和替代创造必要的条件：城市紧凑，出行距离大幅度缩短；道路保证汽车采用最节能的运行方式，中途不停顿、不频繁的刹车和启动；为步行、自行车和公交出行创造优越的条件，最大限度地减少对小汽车的依赖；行车和停车避免日晒，以减少空调的能耗。

3）节约交通投资和市政建设投资，使有限的财政收入用于推动国家的发展。城市模式应满足节约投资的各项需求：城市力求紧凑，以减少城市的总面积，以便从根本上减少交通和市政建设投资；机动车交通应依靠地面道路，少建或不建高架路、大立交和地下交通工程；实现紧凑畅通的交通，使人均城市交通投资降低为现行大城市的1/4左右。

4）节约出行费用，减少市民交通开支的负担。城市交通系统为此应满足以下需求：城市紧凑、畅通，出行距离比现行城市缩短一半以上；与现行城市模式相比，城市公共交通投资节约3/4左右，以减少公交成本，降低票价；就近配套文教和生活设施，并提高居住与就业的就近平衡比例，增加步行和自行车出行的分担率。

5）节约出行时间，保障城市居民的休息权。城市交通因为节约出行时间创造如下条件：彻底消除交通拥堵；实现公交车的全面快速和零换乘；彻底解决停车难；就近配套文教和生活设施，并提高居住与就业的就近平衡比例，减少中远距离出行的比例。

(3) 城市空间产出率方面的五个目标

1) 绿地率，城市绿地是城市生态循环的基本条件。城市模式必须为城市绿地创造下列条件：净绿地面积率(扣除绿地中的走道、广场、停车位等占用非绿化面积)不小于50%；人均净绿地面积不小于20平方米；每个街区均有不小于30%街区面积的绿地；绿化面积中位于地面上的绿化部分不小于城区面积的35%，以保证雨水对地下水的补充。

2) 无汽车户外活动空间面积率，无汽车户外活动空间是实现居住环境宽松的基本条件。城市模式必须为人性化的户外活动空间创造如下条件：无汽车户外活动空间面积率不小于城市面积的60%；户外活动空间应相互贯通，不被机动车道路分隔成分散的小块；每个街区内无汽车户外活动空间面积率不小于街区面积的50%，并可以封闭隔离，只供本街区范围内居民享用，杜绝外来闲杂人员进入；户外活动空间不允许骑自行车。

3) 经济运行的高效率，高效率是发挥城市聚集效应的基本保证。城市模式应为高效率创造如下条件：半小时经济圈的面积不小于300平方公里；半小时经济圈的覆盖人口不小于4500万人；汽车平均车速为60～70公里/小时；城市内任何两点之间均可实现汽车连续行驶的快速运输；彻底消除乘车难和出行难；实现整个城市的交通畅达，使城市地价与房价分布比较均衡，城市的配套和就业可就近实现平衡。

4) 空间的汽车容量高，单位土地面积上所能容纳的汽车保有量是汽车时代城市空间产出率的重要指标。城市模式应为提高空间的汽车容量创造下述条件：将现行的城市中每平方公里土地面积上汽车容量(汽车容量密度)2000辆左右，提高至10000辆；实现汽车容量密度在城市中的均衡分布，以保证道路交通量的均衡分布。

5) 城市空间的扩展性，城市规模必然不断扩大，并可能连接成城市带，或形成“普世城”。城市模式应为城市规模的发展创造如下条件：城市中任何地段都具备今后在该处形成中心的支撑条件，以适应在发展中城市中心位置的变化和调整；城市的道路网应是均质的道路网，不应以环形路和放射路锁定中心的位置，路网应能适应城市泛中心化的要求，路网范围的不断扩大和发展，并不改变均质路网的结构特点。

（4）城市宜居程度方面的五个目标

1）空气清新，优质的空气是健康的基本条件之一。城市应为空气清新创造如下条件：汽车尾气污染不超过控制标准，并逐年有所降低，直至基本消除；城市空间通风良好，可以利用自然风更新城市空气，并降低热岛效应；汽车尾气和其他污染气体应直接排放至较高的空间，减少对地面户外活动空间人群的污染；将人行道、自行车道、户外活动空间等与机动车道在空间上隔离，避免机动车排放的高浓度尾气被人吸入。

2）城市宁静，减少噪声污染，使喧嚣的城市恢复自然的宁静，是城市宜居的基本条件之一。城市应为环境宁静创造如下条件：将机动车交通的噪声进行全面隔离，在被隔离的空间中，没有行人和自行车，没有街边商店等居民进出的场所；被隔离的高噪声空间的通风口应采取隔声措施或直接通向建筑物的楼顶，其采光口应采取隔声措施；城市中中央空调的室外冷却塔等产生噪声的设备均应采取对户外活动空间的隔声措施。

3）交通安全，逐步减少交通事故，是城市生活和谐的重要条件之一。城市应为交通安全创造如下条件：实现人与机动车的全面彻底分离，完全杜绝机动车撞伤行人的交通事故；实现机动车与自行车行驶全面分离，并没有平面交叉，完全杜绝机动车撞自行车的交通事故；实现步行道与自行车道完全分离，并没有平面交叉，完全杜绝自行车撞伤行人和儿童的交通事故；实现城市的紧凑而畅通，并在此基础上严格限制汽车的行驶速度不得超过70公里/小时，以减少机动车的恶性交通事故；取消灯控的平面交叉路口，完全消除机动车行驶中的冲突点，基本杜绝交叉路口处的交通事故；实现全天候的交通，避免雨天、雪天可能发生的交通事故。

4）治安状况好，良好的治安状况是大城市宜居的重要保障。城市应为良好的治安管理创造如下硬件方面的条件：城市紧凑而畅通，没有治安管理的死角；城市紧凑，与现行城市相比，治安管理半径缩短一半以上，提高了治安管理的反应速度；在整个城区维持较高的、比较均衡的人口密度，与现行的城市相比，在总警力不变的情况下，实现每平方公里的警力密度提高数倍；实行机动车、非机动车、行人等三者的分离，杜绝驾车抢劫和绑架等治安事故；在人车全面分离的基础上，将每个街区中人的活动空间进行大院式的隔离管理，杜绝闲杂人员进入，一方面提高街区的安全程度，另一方面减少了城市公共治安的管理面积，强化了公共区域的治安管理。

5）提高抗灾能力，城市抗灾能力是大城市生活安定的重要条件。城市应为提高抗灾能力提高创造如下条件：将人行道和消防道等紧急救援车道设置在地面停车库的屋顶平台上，在城市遭受洪灾时人行道和紧急救援车道不受影响，使城市的抗洪灾能力有重大改善；将建筑物的地面层的商店、住宅及其他公共设施放在二层或二层以上，遭受洪灾时可基本不受影响；每个街区都有大面积的地面绿地花园，便于发生灾害时居民逃逸和躲避；住宅平均高度控制在10层左右，有利于抗灾和疏散；机动车道路网任何时候都不发生交通拥堵，为灾难处理和疏散创造良好的交通条件。

3.4　城市模式多目标最优化决策的方法

3.4.1　多目标决策方法的正确思路

多目标决策往往是一个很难完成的任务，其最优化决策就更加困难。因此，多目标最优化决策只能提供一种解决问题的思路，使决策过程能够沿着正确的方向推进。多目标决策的思路可以有和下述公式来表达。

设要寻找的城市模式为Y，如前述4组共20个目标为X_1、X_2、X_3…、X_{20}，则：

$$Y=F(X_1、X_2、X_3\cdots、X_{20})$$

约束条件为X_1、X_2、X_3…、X_{20}的取值范围

以上的数学表达式只有在能够寻找到函数的具体表达之后，才有可能用数学方法完成多目标决策，而在城市模式的范围，这实际上是不可能做到的。所以只能采用比对筛选的方法，即事先设计或罗列出已有的各种可能的城市空间结构元素、建筑结构元素、道路等交通设施结构元素；然后与前述的20个目标逐一进行比对，并逐一与本书上篇和中篇中所讨论的城市形态和城市交通的各项内在规律相比对，逐步筛选出可用的结构元素；然后再将这些结构元素进行各种可能的组合，再将各种可能的组合与前述的20个目标逐一进行比对，并逐一与本书上篇和中篇中所讨论的城市形态和城市交通的各

项内在规律相比对，逐步筛选出可用的结构组合；再将这些结构组成相互间进行比较，筛选出最满意的结构组合，这种结构组合应该是在前述 20 个目标中取得均衡效果的一种组合；再将这个结构组合反复进行否定和完善，并以前述 20 个目标进行检验，最终确定出最优化的技术方案，这就是我们要寻找的最优化的城市模式，这种城市模式是能够兼顾前述 20 个目标的一种城市模式。

上述的多目标决策方法，说起来并不复杂，而操作起来是一个繁琐而漫长的过程，中间会经历很多失败，也经常会有走投无路的感觉。本书作者为此耗费了二三十年的时间，中间也曾多次怀疑能否找到满意的城市模式。所幸的是，逐步发现了汽车时代城市模式成败的关键，在于解决好汽车的快速连续行驶的特性与现行城市模式的尖锐矛盾，这是解决城市模式问题的主要矛盾。根据这种认识，循着前述多目标决策过程，最终找到了满意的城市模式——JD 模式。

3.4.2　JD 模式的结构元素基本上是成熟可靠的

多年的研究发现，除了公交车零换乘站点结构和步行与自行车道相分离的结构元素之外，几乎所有的其他结构元素在世界的各个城市中都广泛采用。只是，由于没有进行适当的取舍和科学地组合，才没有形成可持续发展的城市模式。

概括起来，世界各地城市为解决汽车出现以后城市所遇到的交通等问题，采用过 30 多种结构元素和对策：

（1）城市规划及城市布局

1）穷人或富人居住郊区化

目前的大城市，在城市面积扩展的过程中，出现了两种现象：一种是老城区改造中，由于市区内地价和房价很高，所以拆迁户中的穷人不能搬回原住地，而是普遍到郊区去买房，出现了穷人居住郊区化的现象；二是由于城区内宜居程度的日益降低，富起来的人追求郊区高档住宅或别墅，出现了富人居住郊区化的现象。这两种现象的出现，是城市规划对老城区存在问题的应对策略。

2）卫星城不具备适度规模

为了分散老城区的交通压力，或避免老城区功能的过分集中，有不少城市在建或已经建设了卫星城。据了解，除计划经济体制时期之外，世界各地城市建设的卫星城都不能达到预期目的。究其原因是，卫星城不具备适度的规模，卫星城本身配套级别不够，对卫星城居民的吸引的内聚力小于老城区对卫星城居民的吸引力，往往使卫星城成了“卧城”，不仅没有发挥分散老城区职能和交通压力的作用，反而为“摊成更大的饼”埋下了隐患。

3）保留人车混杂

国内外的所有大城市，在进行城市模式变革和城市交通改造的决策中，忽略了“人车混杂”是各种城市病的主要根源之一，都没有触动这个空间混杂的问题，没有把空间结构有序化作为改造的核心目标。因此，城市问题越改越多，步入了不可持续发展的困境。

4）以小城镇为目标(新城市主义)

以20世纪初的小城镇生活为目标的新城市主义，其目的是要解决汽车时代城市出现的问题，而其手段只治标不治本。

5）用规划限定城市规模

我国很多城市，在城市规划中都规定了城市的规模，以北京为例，20年前以户口为手段，严格控制城市规模在1000万人口之内。但是随着社会的发展和进步，城市规模大多超过了当初规划中的控制指标。很多城市对此所做出的反应是，调整城市规模控制指标，指望在今后仍然可以用规划控制城市规模。这种不切实际的政策，给城市发展造成了很大的后遗症，因为一旦确定了控制规模的指标，规划中的各个子系统，包括城市交通系统，都是按照这个控制指标设计的。今后新的控制指标再被突破，各个子系统往往不能适应城市规模的再扩大，造成的损失往往是很大的。

6）建设带状城市

一个时期，对带状城市的交通有误解，认为带状城市交通有很大优势，因为沿着长轴方向可以建设快速路，使城市贯通而畅达。但是随着汽车数量的增长，带状城市出现了交通拥堵，暴露出了带状城市交通供给与交通需求的先天性问题。这就是，城市的长轴方向交通量很大，而长轴方向的断面宽度小，所能建设的道路有限，交通供给能力与交通需求反差很大，解决交通拥堵的难度比团块状城市大得多。

7）在规划目标中只“治堵”不“治慢”

几乎所有的城市都把治理交通拥堵作为重要课题，由于难度较大，往往把目标设置为“缓解交通拥堵”，在指导思想上只治堵不治慢。“缓解”的结果是永远维持着汽车低速行驶的状态。理论分析表明，城市中的平均车速的高低，存在着一个临界数值，这个临界数值就是 50 公里/小时左右。如果平均车速低于这个临界数值，就像人的心率低于每分钟 50 次一样，身体将会出现病态，心率如果降低 1 倍，一定会出现灾难性的后果。同样，城市车速的大幅度降低带来的后果也是灾难性的。“慢”是祸根，不仅要“治堵”，还要“治慢”。平均车速从 70 公里/小时降至 20 公里/小时，城市生活将“从天上掉到地上”，人流和物流周转效率将降低 4 倍以上，土地、燃油、投资等资源消耗和环境污染也将增加 4 倍以上。

8）按年限进行规划，而不按汽车饱和拥有率做规划

城市规划分为短期、中期和长期或远期，对时间的长短只做了量的规定，其他数据指标要根据时间做预测。以交通规划为例，如果是 10 年的规划，就根据对 10 年以后的人口规模、汽车数量的预测作为交通畅达的目标。一旦汽车增长速度超过了预测数值，就把交通拥堵的原因归罪于汽车增长太快。正是这种规划方法，造成了几乎所有的大城市修路赶不上汽车的增长。科学的作法是，以汽车的饱和拥有率这个发展上的状态指标作为规划的条件，而不应只是用年限的长短，作为规划的条件。

9）没有把最佳人口密度做为城市规划指标，不搞紧凑型城市

在城市规划中，人口密度的指标有很大的弹性，特别是没有将汽车拥有率 600 辆/千人作为人口密度指标的约束条件，往往是在规划的初期能够实现较高的人口密度，而随着汽车数量的增加，城市被迫走上了蔓延的道路，人口密度不能得到严格控制；此外，在确定人口密度指标时，没有按照我国土地资源的国情，以 15000 人/平方公里作为最佳人口密度。

10）户外空间被道路分割，居民自由进入的空间日益减少

目前的大城市，居民的自由活动空间被限定在若干个小地块上，这些小地块被快速路、高架路和大型立交桥所分割，城市开敞空间虽然很大，但是户外自由活动空间却非常有限。

11）道路面积、停车占地、街区中心绿地，没有达到 20：40：40 的最佳比例

深入计算表明，为使城市空间中各种使用功能达到均衡，城市中道路面

积、地面停车库的面积、街区中心绿地的面积所占的比例应维持在 20∶40∶40 左右。按照这个比例，在停车库的屋顶上布置人行道、平台花园和建筑物，实现人车的全面分离，可以保证城市的绿化率在 50%以上。

（2）路网布局

1）建环形路或环放式路网

几乎所有的大城市都沿用了莫斯科、巴黎等城市的环形道路和放射性道路。道路的格局锁定了中心的位置，无法适应城市中心的发展变化；由于前述的原因，道路无法适应新形成的商业办公区域的要求，就出现了将商业和办公区域高度集中的 CBD 规划模式，背离了功能混合的规划思路，加剧了局部区域就业与居住的不平衡。

2）依靠单向路解决堵车

作为现有道路通行能力的改良，单行道路有明显的作用，特别是单行道路所形成的交叉路口的通行能力提高 30%左右，但是单行道路增加了车辆绕行距离，特别是当汽车拥有率达到较高水平时，同样会出现交通的严重拥堵。单向路方式治理交通拥堵的效果只是短期的，并不能适应长远的发展。

3）步行权服从车行权

在严重的交通拥堵面前，人们不得不为提高机动车的通行能力而牺牲步行系统的必要条件，步行权服从车行权。采取这种对策并不能解决机动车通行能力不足的问题，因为步行条件恶化的结果是提高了对小汽车的依赖程度，反而增加了机动车道路的交通负担。

4）路口距离过小或过大，没有达到最佳化

城市道路网中，存在着路口间距不合理，机动车交叉段长度过短而造成交通拥堵和交通事故的现象。

5）干路没有按可靠性的要求安排双向 10 车道

城市主干道和次干道中，多处不能安排双向 10 车道，在发生交通拥堵时，临近的车道不足以补偿通行能力，容易产生交通拥堵。

6）推行四级道路网

普遍采用快速路、主干路、次干路、支路的四级道路网，认为只要实现四级道路网的级配比例合理，就能消除交通拥堵。这个观点从来就没有被实践证实过，是一个认识上的误区。

(3) 交通方式

1) 主要靠地铁

认为大城市应形成以地铁为主的公交系统，追求东京模式，并不了解形成东京的地铁和城铁的规模，至少需要二三十年，而且东京的交通拥堵已被日本专家认为是不治之症，东京地铁之拥挤，被日本人称之为通勤地狱。

2) 在交通拥堵的情况下推行多模式转换

为了摆脱交通拥堵，流行了一种城市交通多模式转换的思路，效果并不理想，倡导多模式转换的法国专家——巴黎及巴黎大区交通运输投资联合会主席让·阿鲁士清醒的指出："无论如何，从我们已知的基本事实来考虑，多模式转换仅能为我们关心的问题提出一部分答案。我们想要知道的是：怎样才能在可持续发展的框架下组成一个更有效和宜人的城市"?

3) 采用直升机

据报道，圣保罗由于交通拥堵，已经允许少量直升飞机用于城市交通，并建立空中交通管制塔；美国已有发明家设计并制造出了带有折叠翅膀的汽车，为的是在交通阻塞时展开翅膀飞过去。显然，这些办法无助于解决城市的交通拥堵。

4) 限制小汽车购买

采用车牌拍卖等办法限制小汽车的购买，以缓解城市的交通拥堵，这只是权宜之计。

5) 限制小汽车使用

用单双号通行和限制某类汽车在部分路段行驶，以限制小汽车的使用。这种办法被少数市民认为是政府无能的表现，是对通行权的一种侵犯，有失社会公平。

6) 小汽车主要在城外使用

有一种观点认为，小汽车在城市外围使用，进入市区应换乘公交车。这种作法无法普遍推广，特别是城外道路的通行能力小于市区道路的通行能力，不可能满足大量汽车通行的要求。城际交通应基本上依靠公共交通。

7) 在交通拥堵的情况下推行公交优先或BRT

BRT只能在很少量的道路上推行，目前北京市5000多公里的公交线路中，能设置公交专用线的只有100多公里，能设置BRT的就更少了。发源巴西的 BRT 并不能解决其大城市的堵车，BRT 对全面落实“公交优先”的作用是有限的，只有彻底消除交通拥堵，实现城市路网的全面快速化，使城市中所有的公交车都能够连续快速的行驶，才是根本性的出路。

(4) 路网结构及交通设施

1）修建高架路

在老城区的改造中，局部修建高架路可能是必要的，但是将高架路作为解决城市交通的基本手段，是认识上的一个误区。国外有些大城市已发现高架路不能适应远期发展，正在部分拆除。

2）地面机动车道路

地面机动车道路具有经济、通行能力大、路网调整的余地大等优势，从理论上说，只靠地面机动车道路就可以解决机动车行驶的全部问题。目前认识上的误区是，在地面机动车道路上保留着“人车混杂”，不符合汽车时代城市交通的规律。

3）十字形立交桥(分离式立交桥)

这是最简单、最经济、最实用的立交桥，其突出优点是不多占用土地。正是这个优点决定了其在城市中可以用于任何平面交叉路口，符合普遍推广的要求。如果城市实现人车的全面彻底分离，在机动车道路上完全没有行人和自行车出现，就可以通过街区内道路的绕行完成匝道功能，使十字形立交桥发挥互通式立交桥的作用。如果采用下穿式的十字形立交桥，不但对城市景观不会产生负面影响，而且投资较为节约，惟一的缺点是在暴雨或洪灾时交通中断。如果在下穿式十字立交桥上方设置防雨棚，或人行道层，这个缺点可以克服。可以将公交车站设在立交桥上下层道路交叉点附近，并可在立交桥的上下层道路之间设楼梯，连通上下层道路上的公交车站，实现公交车的零换乘。

4）互通式大型立交桥

占地多、造价贵，建设周期长，是这种立交桥的缺点。一般占地在 3～9 万平方米，如果在城市中使用，它的缺点是对步行交通和自行车交通破坏较大。此种立交桥主要适合于城际交通的高速公路，如在城市中使用，将影响建设紧凑型城市、影响建设宜人的步行系统和自行车交通系统、影响交通噪声的隔离和全天候交通道路系统的形成。从城市可持续发展的要求考虑，在城市中不宜采用此类立交桥。

5）地下交通工程

对于汽车交通，不适于采用地下交通工程。首先，地下公路不可能提供足够的交通供给密度，不能满足交通供给密度大于交通需求密度的道路畅通条件；此外，地下交通工程造价高、安全性差，每平方米道路有效面积的造价约为地面道路的30倍，使道路建设在经济上不具备可持续性。

6）地下人行道

这是不受欢迎的人行道，如建设地下商业通道，则造价高、运行费用高，特别是不符合可持续发展城市空间结构的总体发展趋势——机动车放在地面，人的活动放在地面停车库的屋顶上。所以，就城市可持续发展而言，地下人行道不具备推广的价值。

7）高架人行道

世界上有个别城市采用了高架人行道，也有个别城市在CBD等局部地块上设置了人行道和架空平台。但是没有认识到只有在整个城市实行人车全面分离，将混杂的城市空间改变为有序化的空间，所以只停留在局部和个别地块上，只解决局部或个别路段的人车分离，与整个城市实现人车分离有质的区别。以德方斯为例，几十万平方米的人行平台已经建成了30多年，而巴黎的交通拥堵却日益严重，并没有把德方斯所实施的架空平台作为解决巴黎全市人车分离的手段，所以局部实施人车分离，与在整个城市实现人车分离在认识上有质的区别。JD模式中，人车分离之所以符合可持续发展的要求：一是因为是在全市范围内实现人车分离，是将人车分离作为空间结构有序化的结构方式；二是因为将人分离出去的地面道路建成全面快速路网。这犹如在哥伦布之前，已有无数的船只向西航行，但是只有哥伦布知道向西航行绕地球一周后可以回到原处；两者皆为西行，但有本质的区别。

8）架设单轨列车

欧洲的个别城市有高架单轨列车，轨道架设在城市中蜿蜒的河道上方，虽然也起城市交通的作用，但主要是旅游景点。有一种观点认为，应在城市中广泛架设高架单轨列车，也有的专利提出在城市各个高楼之间连接钢缆，形成高架的公交网络，以避免与地面道路冲突。这种构思虽然巧妙，但不具备可行性，与可持续发展的空间结构模式相矛盾，只能使交通越搞越复杂，不具备推广价值。

9）地面停车库

这是最经济、最方便的停车方式，特别是地面停车库的屋顶形成大面积的架空平台，可以利用架空平台实现城市人车的全面分离，这对于城市可持续发展的作用是带有根本性的。此外，地面车库停车位的造价比地下停车库节约30%左右，地面停车库屋顶架空平台也无需额外投资，对于政府和发展商来说都可以节约投资。

10）地下停车库

地下停车库作为地面停车库的补充，有长远的存在价值，因为高层建筑物必须有一定的埋深，建地下车库可以满足这个要求。

11）多层停车库

多层停车库只适于某些公共场所使用，不具备广泛推广价值。

12）少建停车位，采用以静制动解决交通拥堵

对于交通拥堵有两种消极的治理策略：一是认为，堵到一定程度人们就自动减少对机动车的使用，拥堵不会继续严重下去；二是少建停车位，其中少建私家停车位可以减少购买汽车的数量，少建公共停车位可以驶停车出行者无处停车，从而减少开车出行。显然这两种消极的策略是违背人性化的要求，是没有办法的办法，是不可取的，也是违反客观规律而行不通的。

13）非均质路网，不能适应泛中心化的要求

除了前面列举的环形路和放射路网之外，非均质路网到处可见，一般是在规划中，对于交通需求较小的地区，往往道路的设计通行能力也较低，一旦该地区功能增加或变化，交通需求变大，道路的交通供应能力无法适应。因此，非均质路网不能适应城市的发展变化，不能适应在城市中任何地段都有形成中心的可能性，即不能适应城市泛中心化的要求。非均质路网不符合城市可持续发展的要求，不宜采用。

14）增加道路总量，但不能实现交通需求密度与供给密度的匹配

鉴于交通拥堵，很多城市在蔓延的过程中不断增加道路的长度，或是按照多中心、分散组团的城市布局，大量规划了城市外围的道路工程。有些城市在豪情满怀的修建城市外围多条交通干线的同时，对市区中交通拥堵却无能为力。在保持人车混杂局面不变的同时，城市进行外延式的扩张几乎成了通病。只有挖掘城市道路通行能力的潜力，将四级道路网中道路通行能力的

利用率从15%提高至90%左右，将外延扩张的发展模式，改变为内涵挖潜的发展模式，实现城区内交通供给密度大于交通需求密度，才能建成紧凑而畅通的城市，符合可持续发展的要求。

3.5 JD模式城市结构总说明

3.5.1 JD模式结构特点

机动车道全部在地面，其面积约占城市面积的25%；停车库全部建在地面，其面积约占城市面积的35%；街区中心绿地在地面，其面积约占城市面积的40%。人行道、建筑物和平台花园均布置在停车库的屋顶。

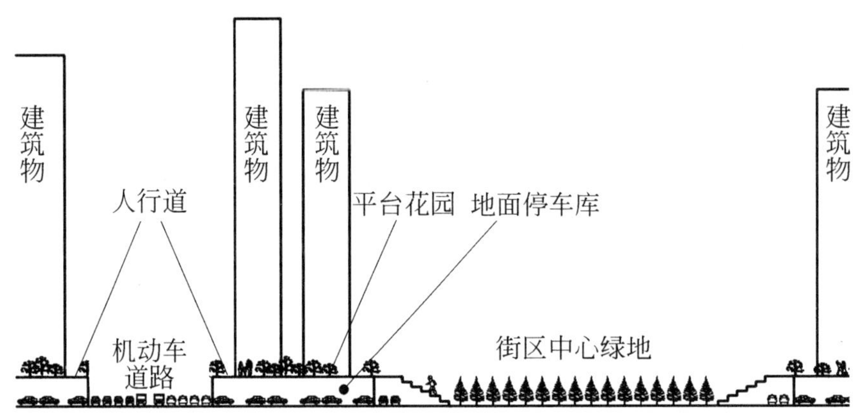

JD模式基本结构城市街区断面图

（参见书末彩图3）

3.5.2 JD模式城市的四个空间

JD模式城市为棋盘式布局，一个方格为一个街区，每个街区约为700米×700米。JD模式将城市划分为行车、停车、步行和户外绿地4个独立空间，这就是城市四空间论。

JD模式路网模型照片（见书末彩图4）

JD模式路网模型照片（见书末彩图5）

■ 第一个独立空间是地面机动车道路。

全部为快速路，取消红绿灯，道路通行能力提高5倍。机动车道上没有人和非机动车，所以不必修建大型立交桥，只需采用简单的“十字形”跨线桥和下穿桥。

路网全部快速化是大城市的惟一选择。城市路网全部快速化，平均车速提高 3 倍以上交通拥堵所导致的大城市病全面消除，将实现资源节约 4 倍、环境改善 4 倍、效率提高 4 倍，城市犹如“换了人间”。大城市不完成路网全部快速化的变革，将永远处于诸多城市病的折磨之中。例如北京，快速路只占路网的 5%，交通拥堵怎么可能得到解决呢?

JD 模式机动车道路及公交车站台位置断面图(见书末彩图 6)

■ 第二个独立空间是地面停车库。

地面停车库比地下停车库有三大优点：①停车位造价节约 30%，每个车位节约 2 万元左右；②停车库屋顶所形成的平台，无需额外投资；③停取方便，运行费用低。

JD 模式地面停车库参考照片(见书末彩图 7)

地下停车库与地面停车库的比较图(见书末彩图 8)

■ 第三个独立空间是停车库屋顶所形成的平台，上面是人行道、平台花园和建筑物。

书末彩图 4 中，白色线条为屋顶平台上的人行道和非机动车道，各平台间用通道相连，形成便捷的步行系统。

步行环境宜人，确保步行优先。JD 模式实现了人车的彻底分离，而不是现行主张的人车分流，不仅杜绝了“车撞人”的交通事故，而且建成了完全不受汽车干扰的、遍布全市的、花园式的步行系统。步行成了出行方式的首选，真正体现了以人为本。

地面停车库屋顶的商业街参考照片(见书末彩图 9)

■ 第四个独立空间是每个街区中心的地面花园，约占城区面积的 40%。

平台花园和街区中心绿地参考照片(见书末彩图 10)

街区绿地开阔，环境回归自然。无汽车户外活动空间约占城市面积的 75%，人均户外绿地 30 多平方米，城市变得清新、宽松、安全、宜人，居住环境将有根本性的改善。

3.5.3 JD 模式的完整结构

上述 JD 模式结构为基本结构方式，下述发明专利之七“一种空间有序化的节地节能畅通宁静生态城市系统”中，详细介绍了 JD 模式的完整结构。

该完整结构与基本结构区别如下：

1）实现人、机、非道路三分离，在完整结构中，同时存在着步行道路系统、机动车道路系统、非机车道路系统等三套道路系统；三套道路系统相互间没有平面交叉，在空间上完全分离；三套道路系统均为遍布全市的、四通八达的、全天候的道路系统。

2）机动车道路上方设置盖板，与地面停车库屋顶平台相连，使户外活动空间面积大幅度增加，所增加的面积为城市总面积的20％～25％，连同地面中心绿地在内，户外无汽车干扰的户外活动空间总面积约占城市总面积的80％～85％；机动车交通噪声全面得到隔离，在户外活动空间中，既听不到汽车噪声，也看不到汽车出现。

3）人口密度可以提高至3万人/平方公里。在这个人口密度下仍能保证户外人均绿地23平方米，实现了城市高度紧凑与户外空间宽松舒适，做到了两全其美；城市人均占地仅为33平方米，进一步节约了土地和城市建设投资。

4）实现公交系统全面快速零换乘。

3.6　JD模式发明专利之一

一种全立体化城市道路系统及采用该系统的交通方法

说明书摘要

本发明涉及一种全立体化城市道路系统及采用该系统的交通方法，其中所述道路系统基本为棋盘式的两层道路网，包括机动车道和人行道，一层为地面机动车道，机动车道的上方适当的高度上对应或两侧设置一层人行道，两侧设置的人行道之间设置横向通道，或将支路的部分路口上的人行道设置为环形通道或架空广场，在两个快速路的交叉路口之间设置掉头道或在分离式立交桥下设置掉头道；在每两条平行的快速路之间设置一条用于作为快速路的匝道和通向支路的通道。该系统将人、车完全分离，大量节约了道路占地面积，实现了快速路交叉路口的全部立交化，在整个城市中形成纵横交错的快速路交通系统，并彻底解决了渠化问题。

技术领域

本发明涉及一种城市道路系统及采用该系统的交通方法，特别是一种节约土地的全立体化城市道路系统及采用该系统的交通方法。属于城市道路建筑领域。

背景技术

随着人们生活水平的日益提高，汽车已经成为越来越重要的交通工具，然而日益增长的汽车数量给城市交通带来了严重的堵塞问题。目前的交通系统主要由快速路、主干路、支干路、支路(小区路)构成，为了缓解交通堵塞，主要是通过设立互通式立交桥、增加环形快速路、增设匝道，这些方式会大量占用土地，对于一些大城市其交通道路的土地占用面积已经接近国家的规定，随着汽车家庭化的发展，仅仅在现有的交通模式上所作的改进无法满足汽车数量日益增长所带来的严重的交通问题。

专利号93119501.2，公开了一种城市立体交通系统，该发明阐明了一种现代化城市道路系统：所有道路形成网格状系统，最好是正交，也可是非正交，将市区分成许多块，或许多小区、厂区，所有形成网格的道路全部是单行道，同顺向单行道设计的基本原则是正行道间是一条反行道，交替安排，交叉向单行道相互间的设计原则是某一方向的单行道由单层立交桥全部架起，形成高一层的立交系统，或跨越部分架起，形成波浪起伏状，所有道路全部封闭，人行道、人力车、自行车、畜力车可在单行道侧另开通行道(并可同高架道并行，以跨越地面一层单行道，也可下挖一层)，可在高架单行道下或小区道路上通行，铁道或有轨电车原则上与地面一层的同方向的单行道同向，并紧靠在一起(留出安全部隔，或以小区和人行道分开)，相互交叉的单行道间，以半弧形立交引桥相连，用于车辆转向，汇流及分流，单行道上一般设三个行车道，一个是左转行车道，中间一个超车道，一个是右转行车道，城市立体交通系统的道路上，一般不设信号，且全时间畅通，公交车停车站设在封闭围栏侧，围栏开人行口，以供上下车，公交车停在车站前增加的停车道上。

该技术方案能够节约大量用于立交桥、信号系统及占地面积等的资金，它主要是由单行原理，和单行环绕跨越、转向原理设计而成，其存在的问题是到达指定目标多需要绕行，浪费时间和能源，出行极不方便，且难以区分道路、占地多。

专利号98107272.0一种畅通式路口交通设施，围绕岗区设一隔离带，隔离带沿不同道路方向均开有机动车进口、出口，隔离带以内为机动车直行或左转弯时绕行道。隔离带以外为右转弯时的机动车道、人行道。自行车、人直行或左转弯时通过地道桥上层或下层绕行道绕行。本发明简易经济，减少了机动车、自行车过路口时的相互交叉。

专利号97115611.5公开了一种缓解交通阻塞的方法，以路口的中心为圆心形成内圆盘和外圆，平时车辆可绕内圆盘行驶，当饱和分界线内的车辆呈饱和状时，线外的车辆则绕外圆行驶，使车辆按圆周的形式来改变行驶方向，减少了交通阻塞，加快了交通流量。

专利号98117567.8公开了一种用于城市或集中居住区或高速公路的建筑与交通系统设计方案，该种建筑与交通系统是将建筑物的顶部连接在一起并构成公路，并在建筑物地下构建地下公路和地铁将其连接在一起，上述两类公路可同时与地面公路网或地铁网相通。这样就将建筑物与公路结合成为一体。另外，还可以在建筑物的顶部侧面设置了高架列车通道。该发明与现有建筑格局相比具有可充分地利用地上和地下的空间，节省土地资源，其缺点是：造价高、可操作性差、无法调和城市景观的需要。

发明内容

本发明的目的在于提供一种全立体化城市道路系统，该系统采用较少的占地面积，使机动车与人及非机动车完全分离，提高道路的利用率，彻底解决城市道路堵车、停车难和交通区划问题。

本发明的另一目的在于提供采用上述系统的交通方法，该方法在城市道路交通中取消交通指挥灯，使城市现有交通道路分类中的快速路和主干路全部改变为快速路，能够实现车辆的快速、高效运行。

为了实现上述目的，本发明采用的技术方案为：一种全立体化城市道路系统，基本为棋盘式的道路网，包括机动车道和非机动车道，其特征在于所述交通系统为两层结构，一层为地面机动车道，另一层为机动车道两侧上层的人行道(非机动车道)，两侧的人行道(非机动车道)之间设置横向通道，或将支路的部分路口上的人行道设置为环形通道或架空广场。

其中机动车道包括快速路和支干道，快速路在交叉路口设分离式立交，快速路的立交桥用支干路完成匝道的功能。

快速路上可在两个交叉口之间设置掉头道。也可以在分离式立交桥下设置掉头道。

在每两条平行的快速路之间设置一条支干道，用于作为快速路的匝道和通向支路(小区路)的通道。

道路两旁的建筑物一层为架空层，建筑物架空层可用于停车、绿化以及与行车有关的设施建设，也可用于在紧急情况下车辆绕行。

城市建筑物的一层也可以全部为架空层，用于停车、绿化以及改善城市通风，缓解城市的热岛现象。

在城市的边界处和市内的部分地段会出现丁字路口，可在丁字路口附近设有掉头路，用以解决左转弯的问题；或者，也可设专用匝道解决左转弯的问题；或者，在快速路的丁字路口交替设立左转弯的分离式立交；或者，将丁字路口设在支干路上，避免快速路上出现丁字路口，该支干路单行，以完成快速路匝道的功能。

本发明还涉及采用上述立体化城市道路系统的交通方法，其中机动车道包括快速路和支干道，快速路在交叉路口设分离式立交桥，快速路为直行或沿行驶方向向通行一侧转弯，用支干路完成匝道的功能。这样在快速路道口不设信号灯，人车分离，通行速度大大提高。这样虽然在某些路段需要绕行，但由于整体道路的畅通，将大大缩短行车时间。

上述快速路为直行或沿行驶方向向通行一侧转弯，是指对于对于规定为左侧通行的国家或地区，沿行驶方向只能够左转弯；而规定为右侧通行的国家或地区，沿行驶方向只能够右转弯。

支干路与支干路的交叉口可以只允许右转弯或按常规方式管理。

由于采用上述技术方案，将主干道全部改为快速路，增加快速路的密度，且取消传统的匝道，用支干路完成匝道的功能，同时取消向道路通行一侧的对侧转弯，在快速路上不再出现互通式立交桥。这样设计的结果，将人、车完全分离，一方面大量节约了道路占地面积，另一方面又实现了快速路交叉路口的全部立交化，在整个城市中形成纵横交错的快速路交通系统，并彻底解决了渠化问题。

下面结合附图和具体实施方式详细描述本发明。

附图说明

图1：本发明城市道路系统机动车道的平面示意图

图 2：本发明城市道路系统机动车和人行道(非机动车道)的示意图

图 3：本发明城市道路系统人行道(非机动车道)的平面示意图

图 4：本发明城市道路系统机动车道上掉头道的平面示意图

图 5：本发明城市道路系统机动车道中边界处和市内的部分地段的丁字路口的平面示意图

图 6：快速路的丁字路口交替设立左转弯的分离式立交桥示意图

具体实施方式

参见图 1、图 2，本发明的全立体化城市道路系统，所述道路系统基本为棋盘式的两层道路网，包括机动车道 1 和人行道 2，人行道兼具非机动车道的作用，所述交通系统为上、下两层结构，第一层的机动车道 1 设置在城市的地面上，机动车道的上方适当的高度上对应设置一层人行道 2，人行道层与机动车道层完全对应，或仅仅在机动车道 1 的两侧的上部分别设置适当宽度的人行道层 3、4，还可以在同一城市的交通系统中同时分别设置两种结构。当在机动车道 1 的两侧的上部分别设置人行道层 3、4 时，两侧的人行道 3、4 之间设置横向通道 5(如图 3)。人行道层 3 或 4 的至少一侧设置有护栏 14。在支路的部分路口上的人行道设置环形通道或架空广场。

机动车道 1 包括快速路 6 和支干道 7，一条支干道 7 设置在每两条快速路 6 之间，用于作为快速路 6 的匝道和通向支路(小区路，图中未示)的通道。

在快速路 6 与快速路 6 的交叉路口 8 处设分离式立交桥 9，机动车道 1 用支干路 7 完成立交桥匝道的功能。支干路 7 与快速路 6 间距优选为 $L/2$，以减少占地。支干路兼做快速路的匝道。

参见图 4，快速路上可在两个或两个以上交叉路口之间设置至少一个掉头道 10。掉头道 10 的数量也可以根据交叉路口之间的道路长度以及实际需要设置多个，以减少绕行距离。另外在交叉路口 8 处设置的分离式立交桥 9 处，也可以在立交桥 9 的下面设置掉头道(图中未示)。

道路两旁的建筑物一层为架空层 11，在地面和一层楼板 12 之间形成架空层 11，建筑物架空层 11 可用于停车、绿化以及与行车有关的设施建设，也可用于在紧急情况下车辆绕行。当人行道层 3 或 4 临近建筑物时，人行道层 3 或 4 直接与架空层 11 上部的楼板 12 相连，即方便了行人出行，又节约了一侧的护栏。

城市的建筑物的一层也可以全部为架空层，用于停车、绿化以及改善城市通风，缓解城市的热岛现象。

在城市的边界处和市内的部分地段，如轨道、河流等处会出现丁字路口，在丁字路口附近设有掉头道91（图5），用以解决左转弯的问题；或者，也可设专用匝道解决左转弯的问题；或者，在快速路的丁字路口交替设立左转弯的分离式立交桥15（参见图6）；或者，将丁字路口设在支干路上，避免快速路上出现丁字路口，该支干路单行，以完成快速路匝道的功能（参见图1上部）。

上述立体化城市道路系统的交通方法为：参见图1、4，如果机动车从A点出发欲到达B点，由于所有的快速路6不设置左转弯，机动车可以在快速路6的交叉路口81，也就是E点右转，经快速路6的EL线，在交叉路口16（L处）右转至支干道7，至快速路6与支干道7的交叉路口17（N处），在交叉路口17右转弯，沿快速路6直行至快速路6的交叉路口83（O）再右转弯，最后直行到达B点，整个路线表示为A—C—D—E—L—M—N—O—P—B。采用这种路线，支干道7上的L—M—N起匝道的作用。或者按照A—C—D—M—N—O—B的路线到达B点，其他可行的路线包括但不限于A—C—D—E—F—K—L—E—P—B，A—C—D—E—F—G—H—I—J—Q—B等。这时，支干道7上的相应部分起匝道的作用。按照图4所示，机动车也可以利用快速路6的F—G之间设置的掉头道10掉头，行驶到E和P处分别右转弯，再直行至B点。在快速路上无需设置交通调度灯，车辆的行驶速度大大提高。

如果机动车从A点出发欲到达B点对面的Z点，择除上述行驶路线外，只需在图4所示的X处设置的掉头道10掉头，或在Y处立交桥9下设置的掉头道掉头，再直行到达Z点。其他城市道路之间的任何两点，都可以参照上述方法行驶。

对于左侧通行的国家，只需要将右转弯改为全部左转弯即可。

采用上述交通系统，在城市组团式规划的前提下，同时解决了堵车、停车难和交通的渠化问题，能够缩短出行时间，交通质量可以做到不受城市规模膨胀的影响。采用立体化而非立交化设计的结果，节约了道路占地。初步估计，采用本专利的系统及方法，在现有道路占地面积的前提下，可以使城市的汽车容量增加3～4倍，到达同样距离的出行时间缩短1倍，城市每辆汽车容量的道路投资减少1倍，交通管理运行费用降低到常规的1/3。

本发明的系统及方法，可以用于新城市的建设，也可以用作老城市道路改造的目标模式。在老城市改造中，可以毗邻老区按照本专利建设新区，并逐步减少老城区的交通量，再依据建筑物的更新速度，对老区道路进行逐步改造。

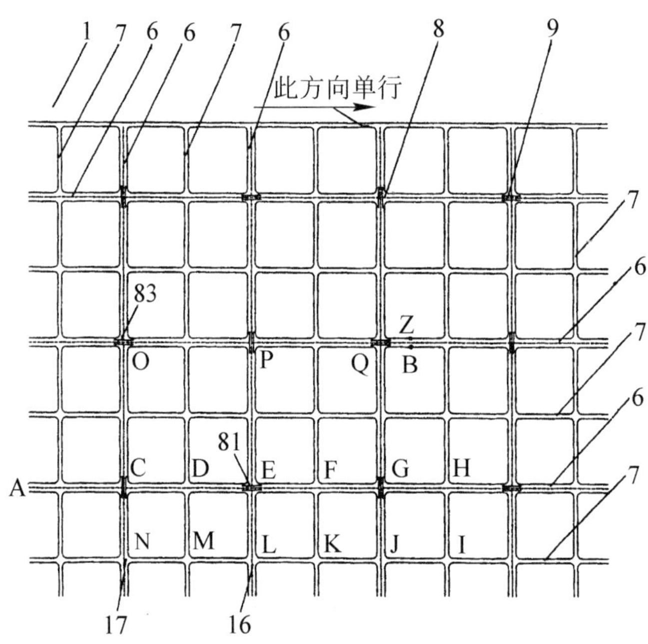

图1

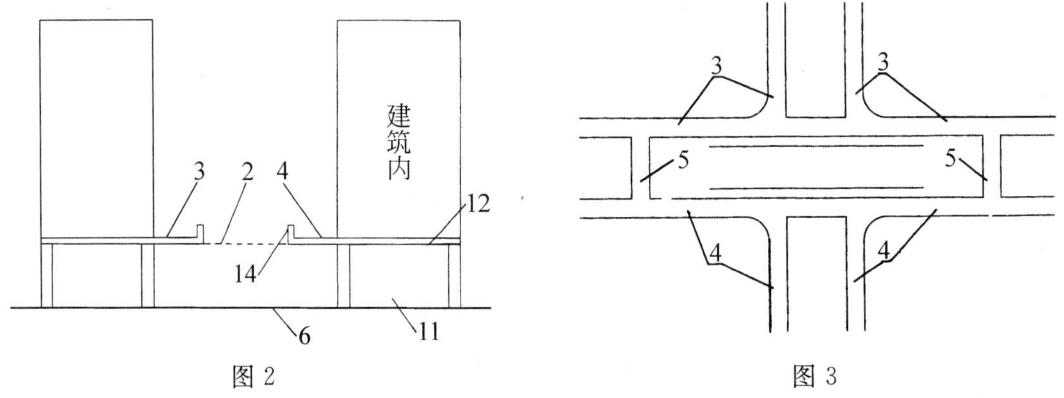

图2

图3

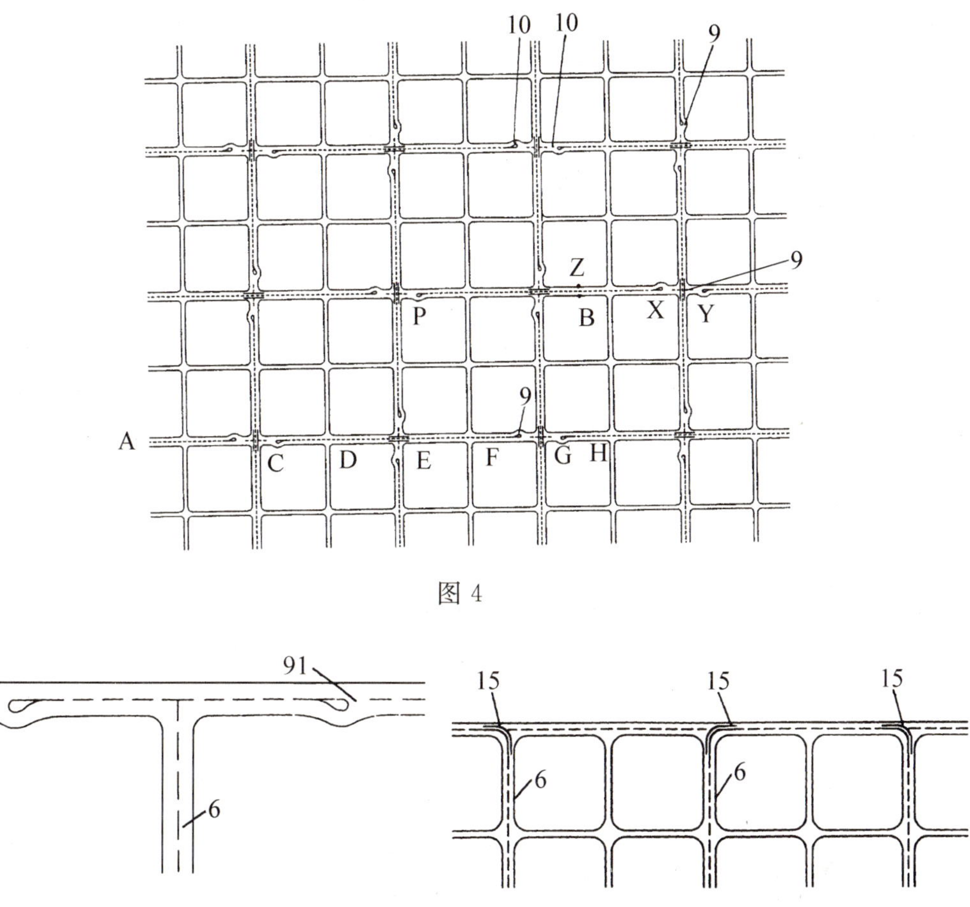

图 4

图 5

图 6

3.7　JD 模式发明专利之二

全立体化城市道路系统及采用该系统的交通方法

说明书摘要

本发明涉及全立体化城市道路系统及采用该系统的交通方法，该道路系统包括机动车道和非机动车道，所述交通系统为分层结构，一层为地面机动车道，在地面机动车道的地下层设置人行道或非机动车道；其中，人行道与地面机动车道对应设置；或人行道与地面机动车道不对应设置，或设置在与地面机动车道并不对应的人行道层的其他地方。也可以进一步在地面机动车道的上方设置人行道或非机动车道。该系统将人、车完全分离，大量节约了道路占地面积，实现了机动车道交叉路口的全部立交化或为无冲突点交通，在整个城市中形成纵横交错的无冲突点交通系统。

技术领域

本发明涉及城市道路系统及采用该系统的交通方法，特别是一种节约土地的全立体化城市道路系统及采用该系统的交通方法。属于城市道路建筑领域。

背景技术

随着人们生活水平的日益提高，汽车已经成为越来越重要的交通工具，然而日益增长的汽车数量给城市交通带来了严重的堵塞问题。目前的交通系统主要由快速路、主干路、支干路、支路(小区路)构成，为了缓解交通堵塞，主要是通过设立互通式立交桥、增加环形快速路、增设匝道，这些方式会大量占用土地，对于一些大城市其交通道路的土地占用面积已经接近国家的规定，随着汽车家庭化的发展，仅仅在现有的交通模式上所作的改进无法满足汽车数量日益增长所带来的严重的交通问题。

专利号93119501.2，公开了一种城市立体交通系统，该发明阐明了一种现代化城市道路系统：所有道路形成网格状系统，最好是正交，也可是非正交，将市区分成许多块，或许多小区、厂区，所有形成网格的道路全部是单行道，同顺向单行道设计的基本原则是正行道间是一条反行道，交替安排，交叉向单行道相互间的设计原则是某一方向的单行道由单层立交桥全部架起，形成高一层的立交系统，或跨越部分架起，形成波浪起伏状，所有道路全部封闭，人行道、人力车、自行车、畜力车可在单行道侧另开通行道(并可同高架道并行，以跨越地面一层单行道，也可下挖一层)，可在高架单行道下或小区道路上通行，铁道或有轨电车原则上与地面一层的同方向的单行道同向，并紧靠在一起(留出安全部隔，或以小区和人行道分开)，相互交叉的单行道间，以半弧形立交引桥相连，用于车辆转向，汇流及分流，单行道上一般设三个行车道，一个是左转行车道，中间一个超车道，一个是右转行车道，城市立体交通系统的道路上，一般不设信号，且全时间畅通，公交车停车站设在封闭围栏侧，围栏开人行口，以供上下车，公交车停在车站前增加的停车道上。

该技术方案能够节约大量用于立交桥、信号系统及占地面积等的资金，它主要是由单行原理和单行环绕跨越、转向原理设计而成，其存在的问题是到达指定目标多需要绕行，浪费时间和能源，出行极不方便，且难以区分道路、占地多。

专利号98107272.0一种畅通式路口交通设施，围绕岗区设一隔离带，隔离带沿不同道路方向均开有机动车进口、出口，隔离带以内为机动车直行或左转弯时绕行道。隔离带以外为右转弯时的机动车道、人行道。自行车、人直行或左转弯时通过地道桥上层或下层绕行道绕行。本发明简易经济，减少了机动车、自行车过路口时的相互交叉。

专利号97115611.5公开了一种缓解交通阻塞的方法，以路口的中心为圆心形成内圆盘和外圆，平时车辆可绕内圆盘行驶，当饱和分界线内的车辆呈饱和状时，线外的车辆则绕外圆行驶，使车辆按圆周的形式来改变行驶方向，减少了交通阻塞，加快了交通流量。

专利号98117567.8公开了一种用于城市或集中居住区或高速公路的建筑与交通系统设计方案，该种建筑与交通系统是将建筑物的顶部连接在一起并构成公路，并在建筑物地下构建地下公路和地铁将其连接在一起，上述两类公路可同时与地面公路网或地铁网相通。这样就将建筑物与公路结合成为一体。另外，还可以在建筑物的顶部侧面设置了高架列车通道。该发明与现有建筑格局相比具有可充分地利用地上和地下的空间，节省土地资源，其缺点是：造价高、可操作性差、无法调和城市景观的需要。

发明内容

本发明的目的在于提供一种全立体化城市道路系统，该系统采用较少的占地面积，使机动车与人及非机动车完全分离，提高道路的利用率，彻底解决城市道路堵车、停车难和交通区划问题。

本发明的另一目的在于提供采用上述系统的交通方法，该方法在城市道路交通中取消交通指挥灯，使城市现有交通道路分类中的快速路和主干路全部改变为快速路，能够实现车辆的快速、高效运行。

为了实现上述目的，本发明采用的技术方案为：

全立体化城市道路系统，该道路系统包括机动车道和非机动车道，所述交通系统为分层结构，一层为地面机动车道，在地面机动车道的地下层设置人行道或非机动车道；其中，人行道与地面机动车道对应设置；或人行道与地面机动车道不对应设置，或设置在与地面机动车道并不对应的人行道层的其他地方。

进一步，上述交通系统也可以在地面机动车道的上方设置人行道或非机动车道；其中，人行道与地面机动车道对应设置，且在两侧设置的人行道或非机动车道之间设置横向通道；或人行道与地面机动车道不对应设置，或设置在与地面机动车道并不对应的人行道层的其他地方。

此处说明的是：人行道可以供徒步行走，也可以是非机动车道。或者，在人行道中划分为徒步行走的道路和非机动车道。

机动车道包括快速路和支干路，在快速路的交叉路口设分离式立交桥，立交桥用支干路完成匝道的功能。

或将支路的部分路口上方的人行道设置为环形通道或架空广场。或者在支干路相交处设置环形路，所述的环形路在右侧通行时，可以是逆时针方向单行。

此外，也可以将所述的地面机动车道全部设置为快速路，在快速路的交叉路口设分离式立交桥。

在两个快速路的交叉路口之间设置至少一个掉头道或在分离式立交桥下设置掉头道；优选在快速路的两个交叉口之间设置一个掉头道。

可在每两条平行的快速路之间设置用于作为快速路的匝道和通向小区路的通道。

道路两旁的建筑物一层为用于停车、绿化以及与行车有关的设施建设，也可用于在紧急情况下车辆绕行的架空层；设置在机动车道上部的人行道层直接与其相邻的架空层上部的楼板相连或不相连。

在城市的边界处和市内的部分地段的丁字路口附近设有掉头路；或者，设解决左转弯问题的专用匝道；或者，在快速路的丁字路口交替设立左转弯的分离式立交桥；或者，将丁字路口设在单行的支干路上。

此外，上述地面机动车道可以部分设置为高架路或地下通道；人行道可部分设在地面层与机动车道无冲突的地方。

本发明还涉及采用上述立体化城市道路系统的交通方法，其中机动车道包括快速路和支干路，快速路在交叉路口设分离式立交桥，快速路为直行和沿行驶方向向通行一侧转弯行驶，用支干路完成匝道的功能；或者，支干路为只允许直行或沿行驶方向向通行一侧转弯行驶。这样在快速路道口不设信号灯，人车分离，通行速度大大提高。这样虽然在某些路段需要绕行，但由于整体道路的畅通，将大大缩短行车时间。

上述快速路为直行或沿行驶方向向通行一侧转弯，是指对于对于规定为左侧通行的国家或地区，沿行驶方向只能够左转弯；而规定为右侧通行的国家或地区，沿行驶方向只能够右转弯。

支干路与支干路的交叉口可以只允许右转弯或按常规方式管理。

由于采用上述技术方案，将主干道全部改为快速路，增加快速路的密度，且取消传统的匝道，用支干路完成匝道的功能，同时取消向道路通行一侧的对侧转弯，在快速路上不再出现互通式立交桥。这样设计的结果，将人、车完全分离，一方面大量节约了道路占地面积，另一方面又实现了机动车道交叉路口的全部立交化或为无冲突点交通，在整个城市中形成纵横交错的无冲突点交通系统。

下面结合附图和具体实施方式详细描述本发明。

附图说明

图 1：本发明城市道路系统机动车道的平面示意图

图 2：本发明城市道路系统机动车和人行道(非机动车道)的示意图

图 3：本发明城市道路系统人行道(非机动车道)的平面示意图

图 4：本发明城市道路系统机动车道上掉头道的平面示意图

图 5：本发明城市道路系统机动车道中边界处和市内的部分地段的丁字路口的平面示意图

图 6：快速路的丁字路口交替设立左转弯的分离式立交桥示意图

图 7：本发明城市道路系统机动车道的一实施例平面示意图

图 8：本发明城市道路系统机动车道的另一实施例的平面示意图

具体实施方式

本发明的全立体化城市道路系统，该道路系统包括机动车道 1 和非机动车道 2，所述交通系统为分层结构，一层为地面机动车道 1，在地面机动车道 1 的地下层设置人行道或非机动车道；其中，人行道与地面机动车道对应设置；或人行道与地面机动车道不对应设置，或设置在与地面机动车道并不对应的人行道层的其他地方(图中未示)。

此外，也可以在地面机动车道的上方设置人行道 1 或非机动车道 2；参见图1、图2，本发明的全立体化城市道路系统，人行道兼具非机动车道的作用，所述交通系统第一层的机动车道1设置在城市的地面上，机动车道的上方适当的高度上对应设置一层人行道2，人行道层与机动车道层完全对应，或仅仅在机动车道1的两侧的上部分别设置适当宽度的人行道层3、4，还可以在同一城市的交通系统中同时分别设置两种结构。

当在机动车道1的两侧的上部分别设置第一人行道层3、第二人行道层4时，两侧的人行道3、4之间设置横向通道5(如图3)。人行道层3或4的至少一侧设置有护栏14。在支路的部分路口上的人行道设置环形通道或架空广场。

或者，当第一人行道3、第二人行道4与地面机动车道1不对应设置时，可以将人行道2设置在与地面车道不对应的人行道层的其他地方(图示结构省略)。

机动车道1包括快速路6和支干路7，一条支干路7设置在每两条快速路6之间，用于作为快速路6的匝道和通向支路(小区路，图中未示)的通道。

在快速路6与快速路6的交叉路口8处设分离式立交桥9，机动车道1用支干路7完成立交桥匝道的功能。支干路7与快速路6间距优选为$L/2$，以减少占地。支干路兼做快速路的匝道。

参见图4，快速路6上可在两个或两个以上交叉路口之间设置至少一个掉头道10。掉头道10的数量也可以根据交叉路口之间的道路长度以及实际需要设置多个，以减少绕行距离。另外在交叉路口8处设置的分离式立交桥9处，也可以在立交桥9的下面设置掉头道(图中未示)。

道路6或7两旁的建筑物19的一层为架空层11，在地面和一层楼板12之间形成架空层11，建筑物架空层11可用于停车、绿化以及与行车有关的设施建设，也可用于在紧急情况下车辆绕行。当人行道层3或4临近建筑物时，人行道层3或4直接与架空层11上部的楼板12相连，即方便了行人出行，又节约了一侧的护栏。

城市的建筑物的一层也可以全部为架空层，用于停车、绿化以及改善城市通风，缓解城市的热岛现象。

在城市的边界处和市内的部分地段，如轨道、河流等处会出现丁字路口，在丁字路口附近设有掉头道99(图5)，用以解决左转弯的问题；或者，也可设专用匝道解决左转弯的问题；或者，在快速路的丁字路口交替设立左转弯的分离式立交桥15(参见图6)；或者，将丁字路口设在支干路上，避免快速路上出现丁字路口，该支干路单行，以完成快速路匝道的功能(参见图1上部)。

参见图7，也可以将地面机动车道1全部设为快速路6，在快速路6与快速路6的交叉路口8处设分离式立交桥9。

一般的情况下，所述的支干路7纵横方向为正交(参见图1)，或者，在其相交处增加一环行路71(参见图8)，所述的环行路71在右侧通行时，可以为逆时针方向单行。

上述立体化城市道路系统的交通方法为：参见图1、图4，如果机动车从A点出发欲到达B点，由于所有的快速路6不设置左转弯，机动车可以在快速路6的交叉路口81，也就是E点右转，经快速路6的EL线，在交叉路口16(L处)右转至支干路7，至快速路6与支干路7的交叉路口17(N处)，在交叉路口17右转弯，沿快速路6直行至快速路6的交叉路口83(O)再右转弯，最后直行到达B点，整个路线表示为A—C—D—E—L—M—N—O—P—B。采用这种路线，支干路7上的L—M—N起匝道的作用。或者按照A—C—D—M—N—O—B的路线到达B点，其他可行的路线包括但不限于A—C—D—E—F—K—L—E—P—B，A—C—D—E—F—G—H—I—J—Q—B等。这时，支干路7上的相应部分起匝道的作用。按照图4所示，机动车也可以利用快速路6的F—G之间设置的掉头道10掉头，行驶到E和P处分别右转弯，再直行至B点。在快速路上无须设置交通调度灯，车辆的行驶速度大大提高。

如果机动车从A点出发欲到达B点对面的Z点，择除上述行驶路线外，只须在图4所示的X处设置的掉头道10掉头，或在Y处立交桥9下设置的掉头道掉头，再直行到达Z点。其他城市道路之间的任何两点，都可以参照上述方法行驶。

对于左侧通行的国家，只需要将右转弯改为全部左转弯即可。

采用上述交通系统，在城市组团式规划的前提下，同时解决了堵车、停车难和交通的渠化问题，能够缩短出行时间，交通质量可以做到不受城市规模膨胀的影响。

初步估计，采用本发明的系统及方法，在现有道路占地面积的前提下，可以使城市的汽车容量增加 3～4 倍，到达同样距离的出行时间缩短 1 倍，城市每辆汽车容量的道路投资减少 1 倍，交通管理运行费用降低到常规的 1/3。

本发明的系统及方法，可以用于新城市的建设，也可以用作老城市道路改造的目标模式。在老城市改造中，可以毗邻老区按照本专利建设新区，并逐步减少老城区的交通量，再依据建筑物的更新速度，对老区道路进行逐步改造。

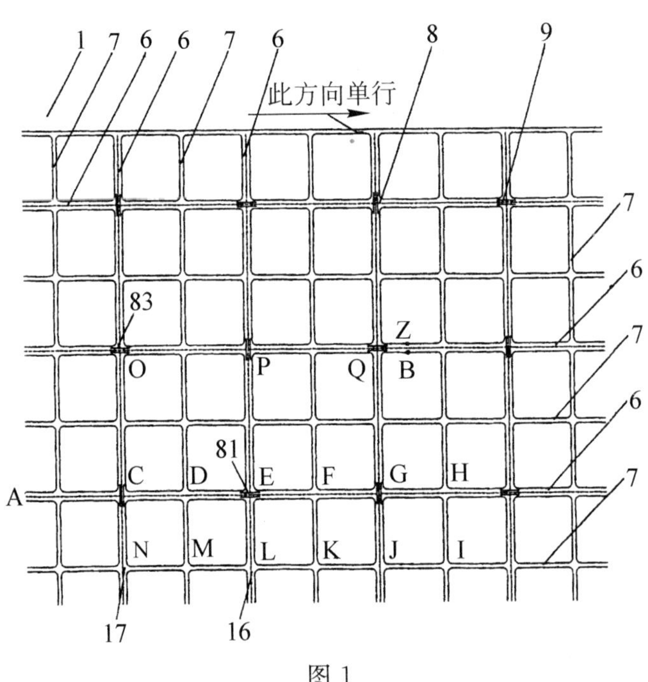

图 1

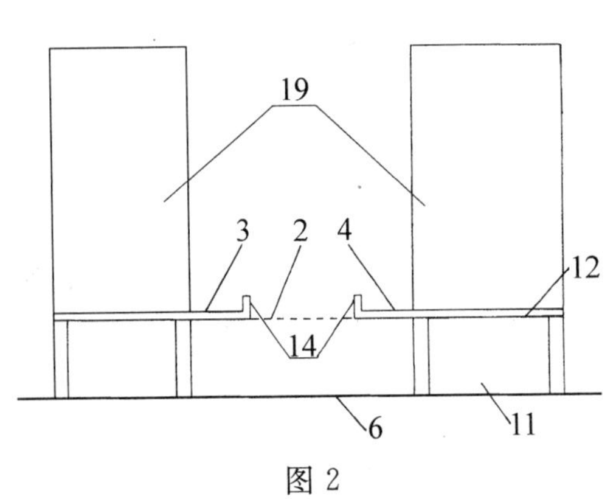

图 2

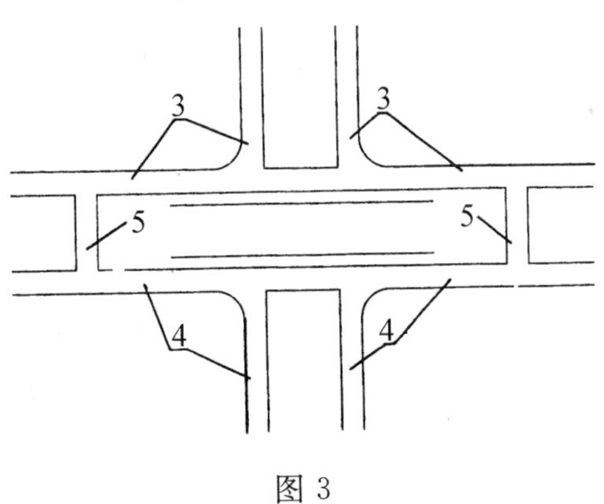

图 3

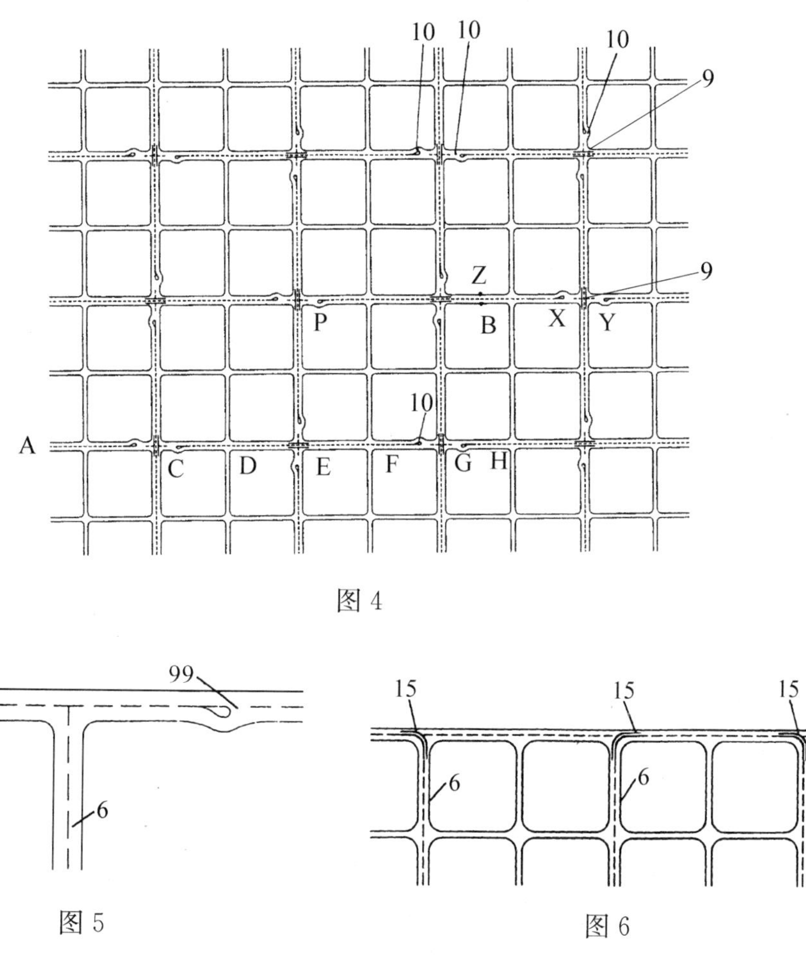

图 4

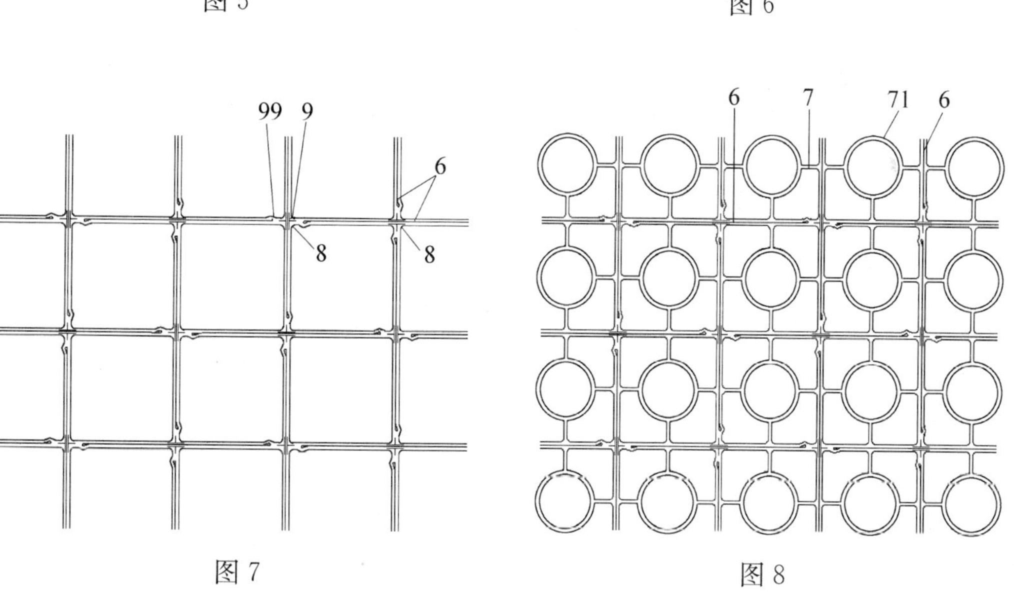

图 5

图 6

图 7

图 8

3.8 JD模式发明专利之三

全围合封闭但机动车可自由穿行的城市街区结构

说明书摘要

本发明涉及城市中每一个街区范围的空间结构，其特征在于街区内机动车道路全部放在地面上，人的活动空间全部放在地面停车库屋顶所形成的架空平台上和与架空平台相连通的地面公共绿地花园上，用围栏将一个街区内人的活动空间围合封闭成一个整体，围栏上设置进出口，街区内的公共花园绿地也设置在这个被围合的空间之内，街区内的机动车道路系统和街区内的人员活动空间相互隔离，人的活动空间进行封闭性围合并不影响机动车在街区内的机动车道路上自由穿行。这种街区空间结构既创造了良好的治安环境，又保证了城市交通微循环道路的畅通。

技术领域

本发明涉及一种城市空间结构，特别是城市中每一个街区的空间结构，一种整个街区可以用围栏围成一个与城市道路隔离的区域、而机动车又可在街区内小路穿行的街区空间结构，属城市空间结构规划领域。

背景技术

城市治安局面每况愈下，已经成为现代大城市病中的一个痼疾。按照已有技术，城市中居民小区和某些安全性要求较高的单位，往往采取用围栏围合的方式，以保持本小区或本单位与外界空间的相对隔离。被围合的区域较小时，即一个街区内可以划分成几个各自围合的小地块(即小区)时，车辆仍可在街区内小路穿行，不影响机动车道路系统的“微循环”。但是，采用这种小地块围合方式的街区，由于各个小区的地块很小，小区内配套欠缺，居民进出小区频繁，小区很难禁止闲杂人员进入，造成小区治安管理难度很大。而且闲杂人员可以在街区内小路自由穿行，容易引发治安事件，特别是街区内的公共花园绿地，由于闲杂人员的进入，本街区内的居民缺乏安全感，很少到花园绿地中去散步和休憩，特别是每到夜晚，这种公共花园绿地往往成为藏垢纳污、治安事件多发的区域。

现有城市中，出于安全的需要，往往整个街区被围合，形成所谓的“大院”，这种围合方式虽然有效的防范了治安事件，但是城市交通的微循环道路交通系统被破坏了，加重了城市的交通拥堵，使得彻底排除交通拥堵几乎无法实现。

街区内地块围合区域的大小，无法同时兼顾小区治安与城市交通两个方面的要求，这是已有技术中无法解决的一个矛盾。

（引用已有专利技术，从略）

发明内容

本发明的目的在于提供一种城市中街区的空间结构，按照这种城市街区的空间结构，可以用围栏将一个街区围合成一个整体，这就可以杜绝闲杂人员进入这个街区，街区内的公共花园绿地也被封闭在这个被围合的街区之内，社会闲杂人员同样不能进入这个公共花园绿地。按照这种街区的空间结构，街区内居民的日常安全有了较好的保障，街区中人员可以安全地在公共花园绿地中散步和休憩。由于每一个街区的治安得到了根本改善，也将使整个城市的治安得到根本改善。按照这种街区结构，消除了闲杂人员在城市中苟安的空间，也使犯罪份子难有藏身之地，对强化城市治安管理将有明显的效果。

本发明的目的还在于提供一种机动车可以自由穿行的街区内的道路系统，街区内的道路系统和街区的人员活动空间相互隔离，人的活动空间进行围合和隔离不影响机动车的自由穿行。在街区内的机动车道路系统中，完全没有人员穿行和活动，机动车道路可以不设红绿灯和斑马线，机动车可以快速的连续行驶，从根本上保证了城市道路系统中微循环的畅通。

本发明的具体内容

街区内机动车道路全部放在地面上，而人的活动空间全部放在架空平台上。

街区内机动车道路系统，可以根据机动车在街区内绕行和方便进出停车库的需要，灵活进行安排。图 2 所示为这种安排的一种。

街区内供人活动的架空平台，是由地面停车库的屋顶所构成的（无需额外增加投资）。架空平台上的面积有三个用途：房屋占用面积、人行道和架空花园，其特征在于架空平台分布在街区的四周，架空平台的外侧，沿着街区的边沿进行围合，只留几个出入口；在街区内部的地面上建设公共绿地花园，这个公共绿地花园四周用围栏封闭，只有本街区内的人员可以从架空平台上通过专用通道、连廊等出入这个公共花园绿地。沿街区四周在架空平台上设置人行道和非机动车道，在各个架空平台之间设置连接通道，街区的围栏设在四周人行道的内侧。地面停车库四周设封闭性围栏，围栏上设进出口。

这种空间结构方式可以实现整个街区的封闭管理，在整个城市中，可以实现除城市道路以外的区域全部实行封闭管理，为强化治安管理提供了良好的硬件条件。

本专利文件中所述之街区，指城市道路所围合的每一个地块，一个地块称为一个街区。所述之城市道路是指由现行的快速路、主干路、次干路和支路等四级道路所组成的道路网。

围合性街区结构方案实施例

图1：街区空间结构示意图

图中将机动车道路系统及人员活动系统这两个空间同时画出。

图2：街区内道路和停车库平面示意图

图3：街区内人员活动空间围合方式示意图

图中：1. 街区内机动车道路；2. 地面停车库；3. 人员层的街区外围围栏；4. 围栏上的人员进出口；5. 架空平台；6. 架空平台上街区外周的人行道(含非机动车)；7. 环形通道；8. 各架空平台之间的连廊通道；9. 街区内公共绿地花园；10. 花园周边的围栏；11. 架空平台至花园的通道；12. 街区内建筑物；13. 街区周边的城市道路；14. 地面停车库的围栏。

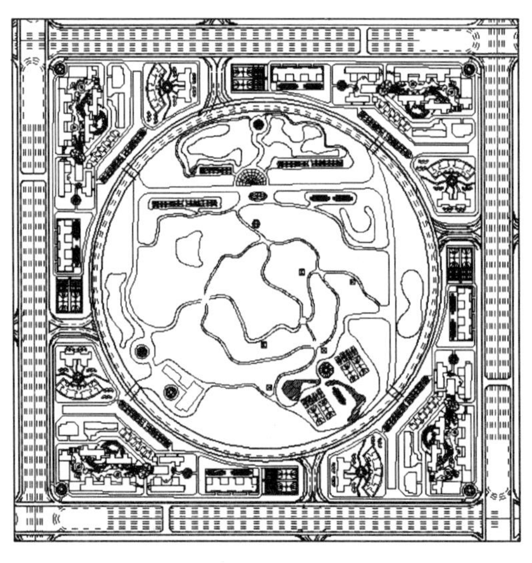

图1

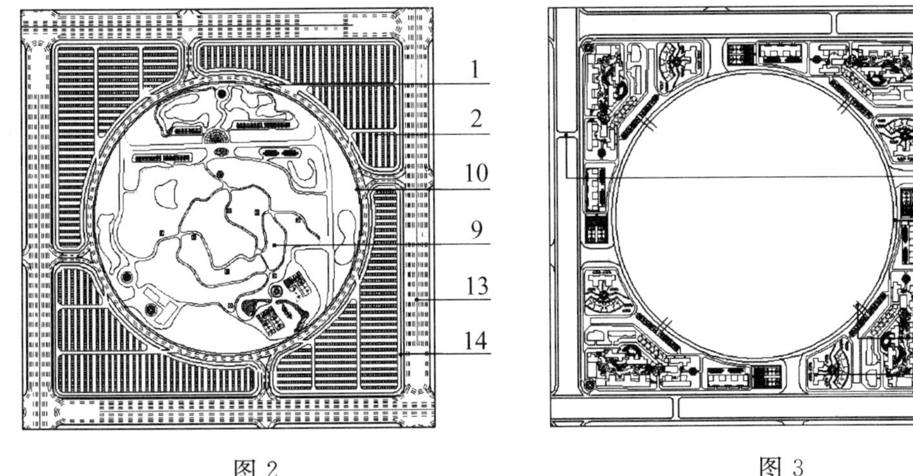

图 2　　　　图 3

3.9　JD 模式发明专利之四

一种取消信号灯的城市道路网结构单元

说明书摘要

本发明涉及一种城市道路网的结构单元，其特征在于用各个路网单元组合构成取消信号灯的城市道路网，每个路网单元的形式可以是口字形或日字形或目字形或田字形或双目字形或囲字形。每个路网单元中只需 4 个顶角上的路口为立体交叉路口，其余交叉路口可以为无冲突点平面交叉路口（田字形路网单元只需 1/4 的路口为立交路口，囲字形路网单元只需 1/9 的路口为立交路口），就可以全部取消信号灯，机动车无需在路口停顿。全部由这种路网单元所组成的城市道路网是机动车连续行驶的快速路网，道路通行能力可以提高数倍，城市堵车问题可以彻底解决，这对现有城市道路交通改造具有重要意义。

技术领域

本发明涉及一种城市道路网，特别是城市机动车道路网的方格式路网结构。

背景技术

按照已有技术，城市道路网由四级道路组成，这四级道路是快速路、主干路、次干路、支路。机动车道路中，交叉路口绝大部分为有冲突点交叉路口，这种交叉路口普遍用信号灯进行管理。在这种路网中机动车在交叉路口受信号灯指挥而需经常停顿，致使道路通行能力大为降低。

按照已有技术，城市中提高道路通行能力的办法通常是修建大型立交桥、修建高架路、增加快速路。但是，在现有城市道路改造中，上述这些办法往往受到土地、空间和投资的局限，不可能大量采用。即使采用了，也往往会诱发新的交通量，造成新的交通拥堵，路越修越多，车越来越堵，无法跳出“拥堵—治理—再拥堵”的怪圈。

已有很多专利(如下述)提出了解决现有城市交通拥堵的各种方案，但普遍存在实施困难或实施后并不能从根本上全面解决城市路网的要害问题。这些要害问题是：一、城市路网的间断流交通方式特性与汽车高速连续运行特性的矛盾；二、机动车高速运行的空间与人的安全运行空间混杂在一起；三、既放手发展汽车交通，又彻底消除交通拥堵，两者不能兼顾。

(已有专利引用，从略)

发明内容

本发明的目的在于提高现有城市道路的通行能力，彻底消除城市的交通拥堵。采用本发明，可以取消机动车道路的信号灯，使机动车连续不停顿的行驶，达到缩短出行时间、节约交通能耗、减少尾气污染的目的。

本发明的目的还在于为新城市或城市新区的建设，提供城市道路网规划的路网单元结构，采用这种单元结构，可以使机动车通行能力大幅度提高，可以满足机动车拥有率达到饱和水平时的通行能力需要，城市将永远告别交通拥堵。

采用本发明，可以使城市单位土地面积上汽车保有量的极限提高数倍，从而避免了随着汽车数量增加而发生的城市低密度扩张，避免发生城市占用大量土地的“摊大饼”现象。

采用本发明，由于汽车连续行驶，可节约汽车燃油将近一半，由于避免城市“摊大饼”，缩短了出行距离，又可以节约汽车燃油一半以上，综合起来可以使汽车燃油消耗降低为原来的1/4左右；由于汽车连续行驶和出行距离缩短，可以使出行时间缩短为原来的1/4左右。

本发明的具体内容

城市道路的方格式路网由个路网单元组合而成，路网单元的形式为口字形的路网单元(见图 1)或日字形的路网单元(见图 2)或目字形的路网单元(见图 3)或田字形的路网单元(见图 4)；或双目字形的路网单元(见图 5)或囲字形的路网单元(见图 6)。

在每个路网单元四个顶角的交叉路口采用立体交叉路口，其他路口可采用平面的无冲突点交叉路口或立体交叉路口(见图 9 和图 10)或其他形式的无冲突点交叉路口。这种路网单元中，没有机动车行驶的冲突点，机动车可以连续行驶，所有交叉路口可以取消信号灯，实现了机动车的快速行驶。

在路网单元中，立体交叉路口可以优选分离式立交桥。

城市道路网可以由本发明的路网单元进行组合而成，在组合中，依据交通量的大小选择路网单元的结构形式，可以根据需要选择哪些地方采用口字形路网单元，哪些地方选择其他形式的路网单元。机动车道路上可设人行过街天桥或过街地道。

本专利文件中所述之冲突点，是指来自不同方向的机动车行驶路线以较大角度相交叉点。

城市道路网的路网单元组合方式举例见图 7 和图 8

图 1：口字形路网单元示意图，其中右图为图形符号

图 2：日字形路网单元示意图，其中右图为图形符号

图 3：目字形路网单元示意图，其中右图为图形符号

图 4：田字形路网单元示意图，其中右图为图形符号

图 5：双目字形路网单元示意图，其中右图为图形符号

图 6：囲字形路网单元示意图，其中右图为图形符号

图 7：路网单元组合实施例示意图，所使用的路网单元为目字形、双目字形和囲字形路网单元，图中路网单元用图形符号表示

图 8：路网单元组合实施例示意图，所使用的路网单元为口字形、日字形和田字形路网单元，图中路网单元用图形符号表示

图 9：只允许右转弯的平面无冲突点交叉路口示意图

图 10：只允许右转弯和一条路上直行的无冲突点交叉路口示意图

图中 A 为立体交叉路口，没有标明 A 的路口为立体交叉路口或无冲突点平面交叉路口，无冲突点平面交叉路口形式可以选择图 9 或图 10 中示意的路口形式，或其他无冲突点平面交叉路口形式。

图中的虚线和箭头为右侧通行时行驶路线的示例。

在田字形路网单元中，可以只有1/4的路口为立体交叉路口；在围字形路网单元中可以只有1/9的路口为立体交叉路口。所以采用这种路网单元结构改造现有城市道路网，可以做到投资少见效快实施容易，可以在较短的时间内取消城市道路上的信号灯，实现机动车的快速运行，彻底排除城市的交通拥堵。

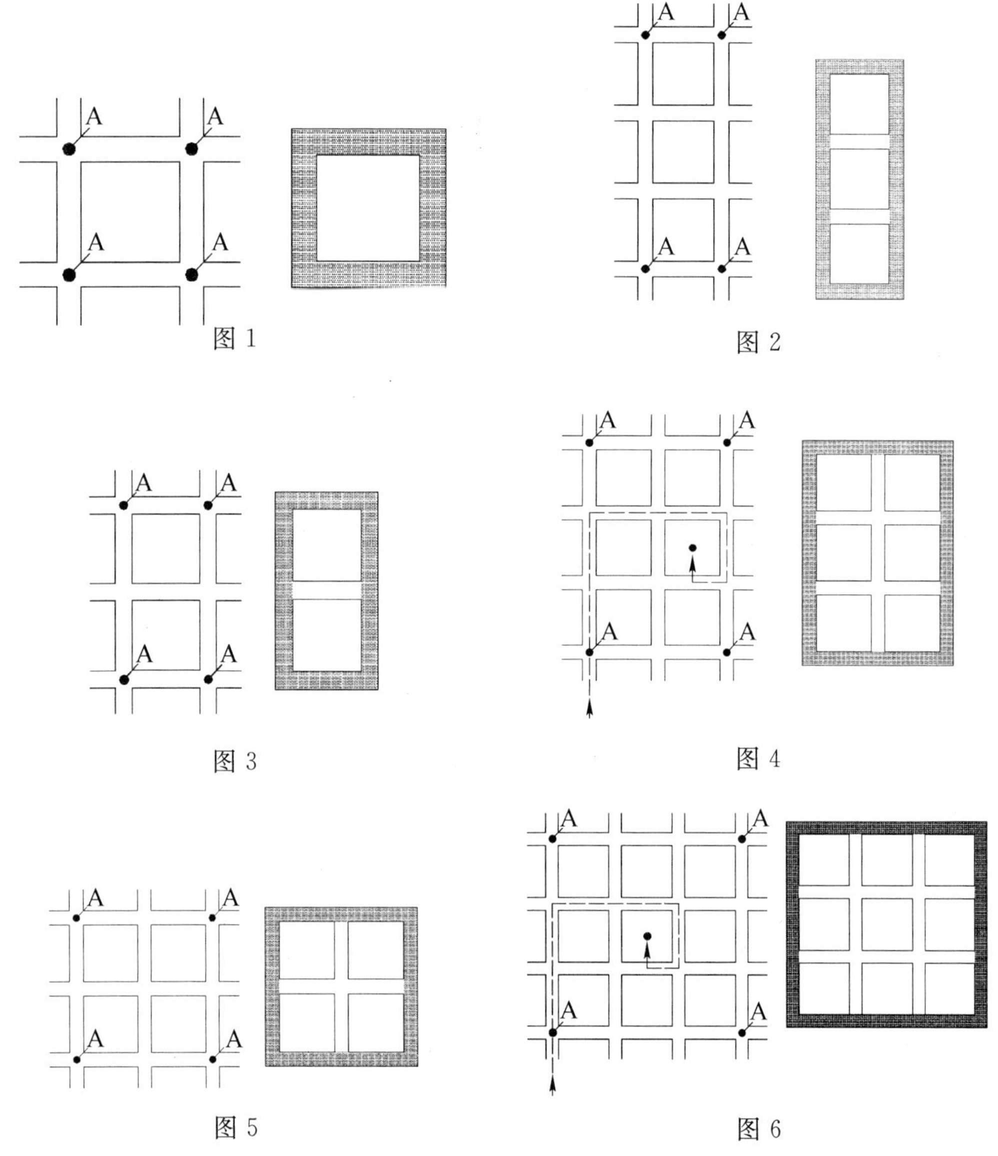

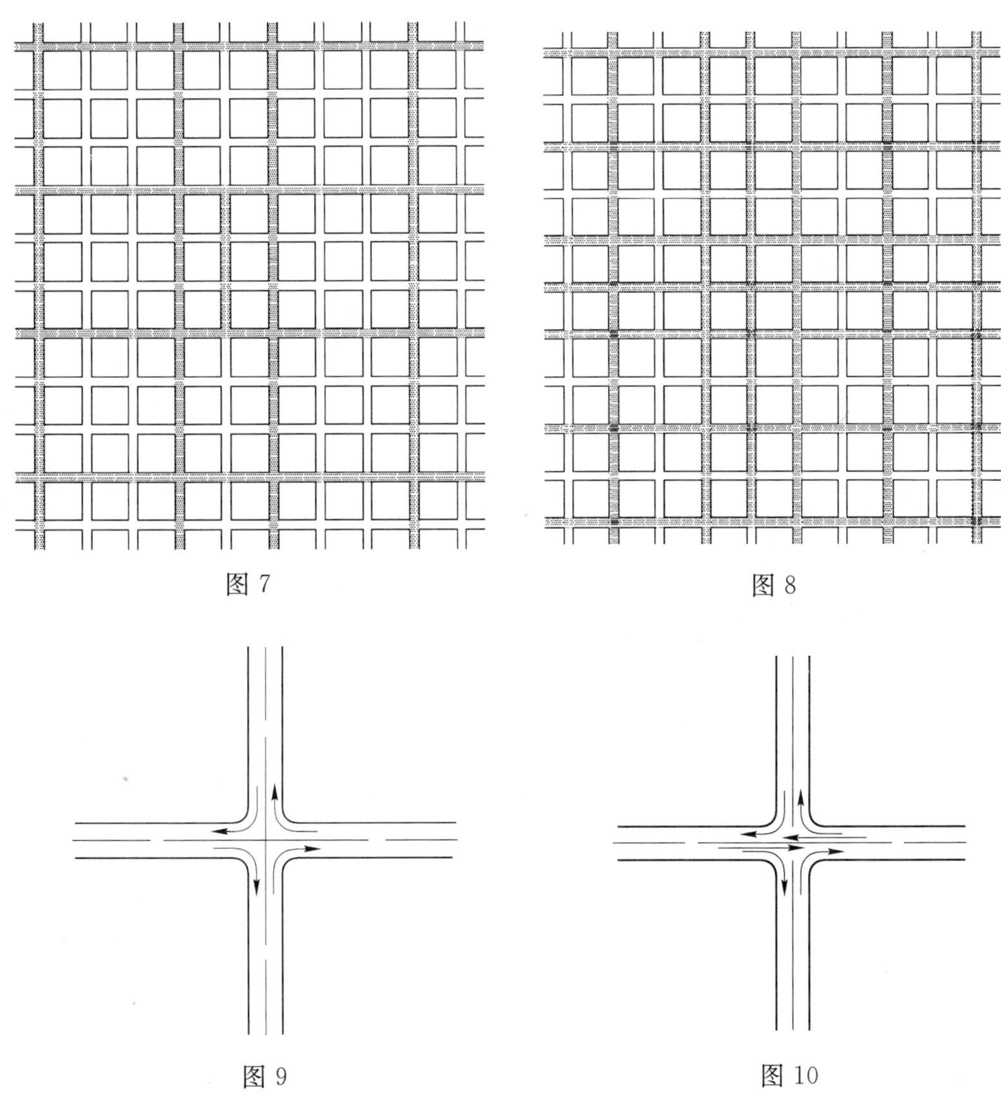

图 7　　图 8

图 9　　图 10

3.10　JD 模式发明专利之五

一种无冲突点城市机动车道路系统

说明书摘要

本发明涉及一种对现有城市道路整体性、根本性改造的方案，是一种整合技术，以地面道路为基础，逐步将机动车道路交叉路口全部改为无冲突点交叉路口(优选分离式立交)，将传统的由快速路、主干路、次干路和支路等四级道路组成的城市道路网改造为全部是快速路的道路网。本发明是一种交通特性全新的路网——全部是连续流（不停顿地连续行驶）的路网，可以根除四级道路网必然堵车的先天性缺陷，使单位土地面积上道路的交通供给量和整个路网通行能力都提高约4倍，彻底解决了城市交通拥堵及油耗大、污染严重和“摊大饼”滥占耕地等问题。

技术领域

本发明涉及一种城市道路交通系统，特别是涉及一种对城市机动车道路系统的改进。

背景技术

半个多世纪以来，世界上所有的中等以上城市，其城市道路均为由四级道路组成的道路网。这四级道路是：快速路、主干路、次干路和支路。中国《城市道路交通规划设计规范》中规定：城市道路应分为快速路、主干路、次干路和支路四类。

半个多世纪的城市交通发展史证明，这种将城市道路分为四级的方法必然出现严重的交通拥堵，使城市的道路交通系统的改造无法跳出“拥堵—治理—再拥堵”的怪圈。在城市道路分为四级的方法中，当城市汽车数量较多时，就出现了严重的交通拥堵，表现为快速路通行能力不足，必然导致修建或增加快速路，以提高快速路的比例。快速路建成后，很多车辆为了节约时间，会绕行到快速路上行驶，这不但诱发了很多新的交通量，而且会出现快速路进出口的拥堵现象，“上不去”、“下不来”，表现为快速路以外的其他道路通行能力不足，这就导致提高其他道路的比例。其他道路通行能力增加后，“上不去”、“下不来”的问题解决了，涌入快速路的车辆进一步增多，使得快速路也变成了慢速路，这又将导致增建快速路，又要提高快速路的比例……。这样循环下去，路越修越多，车越来越堵，而且城市面积越来越大，必然出现所谓的“摊大饼”现象。不仅大量的土地被城市占用，而且土地供应不足，严重制约城市的发展，这已经构成了对国家可持续发展的严峻挑战。可见，城市道路分为四级的方法，将使城市道路系统的治理进入一个“死循环”，不仅城市交通拥堵永远无法解决，而且难以具备实现“公交优先”所必需的道路畅通条件。

由于现行的由四级道路组成的道路网，在每平方公里土地上形成的交通供给量，即交通供给密度很低，远远满足不了繁华市区每平方公里土地上发生的交通需求，即交通供给密度远远低于交通需求密度。因此，在四级道路所构成的路网中，繁华市区的交通拥堵是根本不可能解决的。几乎所有的大城市都在承受着繁华市区交通拥堵的痛苦，都在采取某种限制汽车在繁华市区通行的政策，这种政策是一种无奈的选择，给城市生活造成了很大不便，也引起了社会上的不满，而且对于放手发展汽车工业产生消极影响。

现有城市道路交通系统由四级道路组成的方法，普遍导致了在大城市中，修建大型立交桥和高架路，甚至于是地下交通工程。这不仅造成了巨额的、难以支付的交通投资需求，而且城市道路交通系统日益复杂，交通局面日益拥堵，城市空间日益被分割，城市人居条件不断恶化，形成积重难返的局面。这是造成城市不可持续发展的重要根源之一。

已有技术和已有专利中，对城市机动车道路交通系统存在的问题，有过各种各样的方案，但是由于都没能改变路网的四级结构，不能从整体上、从根本上消除由四级道路(快速路、主干路、次干路、支路)组成的道路网所具有的先天性缺陷，所以都不能真正有效地解决城市交通拥堵问题、城市大量占用土地的问题、机动车油耗很大和尾气严重污染等问题。

申请(专利)号为03223555.0的名称为一种车辆通流的交叉路口的专利文件，公开了一种车辆通流的交叉路口的设计方案，是利用掉头通道和换线距离，可达到所有支道出主干道的车辆只能右转弯，从支道开出到对面支道或是左转弯的车辆，顺车流向驶出对侧主车道。但是，在这一设计方案中，在支道右出顺车流方向的前方要设置带“乙”型防护栏的掉头通道，行驶线路复杂，交织点多而密集，只适用于车流量很小的路段。

申请(专利)号为88101742.6的名称为十字路口的新构造及其用途的专利文件，公开了一种十字路口的新构造，其特征是在十字路口的干道上设置一个与干道平等并平分干道成为来往车辆分道线的安全岛，借双环状回转道与干道之连接，使各支道与干道的行车毫无交叉干扰。但是这种构造占地面积大，机动车道复杂，还要建安全岛，成本高。

申请(专利)号为93119501.2的名称为城市立体交通系统的专利文件，公开了一种城市交通的立体建设系统工程，阐明了一种现代化城市道路系统，但该技术不能够有效使用，而且道路形成波浪起伏难以实施解决现代化城市对交通的要求。

申请(专利)号为98117567.8的名称为建筑与交通系统的专利文件，公开了一种用于城市或集中居住区或高速公路的建筑与交通系统设计方案，该种建筑与交通系统是将建筑物的顶部连接在一起，上述两类公路可同时与地面公路网或地铁网相通。将建筑物与公路结合成为一体，还可以在建筑物的顶部侧面设置了高架列车通道。该发明与现有建筑格局相比具有可充分地利用地上和地直的空间，但是造价高、可操作性差。

发明内容

本发明的目的是，通过对现有城市道路交通系统的根本性改造，彻底排除城市的交通拥堵，消除交通拥堵造成的经济损失，提高机动车的行驶速度，减少机动车的出行时间。根据现有汽车的行驶特性，汽车在不停顿行驶状态下，其百公里耗油只相当于目前城市市区行驶的50%～60%。采用本发明，汽车能够不停顿地行驶，所以能够大幅度减少机动车的汽油消耗，并减少机动车的尾气污染。

本发明的目的还在于能够大量节约城市土地，这是因为现有城市每平方公里土地上允许的汽车保有量很低，所以，随着汽车数量的增加，城市占地范围必然迅速扩张，占用了大量的土地。本发明可以使每平方公里土地上的汽车保有量提高约4倍，这就避免了随着汽车数量的增加，由于每平方公里土地上汽车保有量很低，而必然出现的城市“摊大饼”现象，从而达到大量节约城市占用土地的目的。

本发明可以将现有城市道路交通系统改造为机动车连续行驶的道路交通系统，可以取消交叉路口的红绿灯，汽车到交叉路口无需停顿和等待，在交通高峰时段，汽车的平均行驶速度提高至4倍左右，从10～20公里/小时，提高到60公里/小时左右。

本发明解决其技术问题所采用的技术方案是一种整合性技术，采用本发明的技术方案，可以城市中现有地面道路为主体、为基础，通过逐步地对交叉路口进行改造，使城市部分市区道路网中的所有交叉路口全部实现无冲突点交通，将现有的城市道路网改造为与汽车交通完全适应的城市道路网。这个改进方法的特征在于，将部分市区范围内的机动车道路中除每个街区范围内小路和个别路段以外的机动车道路交叉路口全部设立无冲突点交叉路口，无冲突点交叉路口为立体交叉路口或其中部分为非立体交叉的其他形式的路口，以逐步将由快速路、主干路、次干路和支路等四级道路所组成的部分市区的城市道路网改造为除每个街区范围内小路和个别路段以外的城市机动车道路全部为快速路的城市道路网。

本发明的机动车道路系统，是对城市道路的整体性的、根本性的改造。随着交叉路口改造数量增加至全部路口，这就完成了一个由量变到质变的过程，一个交通特性全新的路网出现了——原来以间断交通流(行驶中需不断停顿)交通方式为主的路网，变化为全部是连续流(行驶中无需停顿)交通方式的路网。交通方式出现了质的飞跃，与汽车的行驶特性相互协调，充分发挥了汽车运输快速的优势。

本发明的机动车道路系统，是对现有城市道路的交叉路口有选择性地逐个进行改造，每个改造工程只局限于一个路口的范围，因此，对城市的日常交通影响较小，与修建高架路、大立交以及地下工程相比，对城市日常交通的影响要小得多。

本发明的城市机动车道路系统的改进方法可以用于城市的部分市区，可以用于发生交通拥堵的局部道路网或发生交通拥堵的地段或地区，可以用于城市市区中发生交通拥堵的所有地段或地区，可以用于城市市区中的市中心或副中心，也可以用于城市市区中全部城市建成区。

本发明可以用于较大面积的部分市区的道路改造，这个部分市区的面积不小于10平方公里。

本发明对城市道路交通系统的改进，如果需要，也可以用于街区范围内小路的交叉路口改造。

本发明中对交叉路口的改造可以改造为立体交叉路口或在交通量较小的部分路口改造为无冲突点的非立体交叉路口。在交叉路口的改造中，也可以全部改造为立体交叉路口。需要改造为立体交叉路口的，可以优选设分离式立交桥。

本发明中机动车道可以设人行过街天桥或过街地道，以避免行人穿行机动车道。

本发明中每个街区内小路交叉路口的形式可以为常规形式或是优选(参见图5)：只能沿一个方向直行和各个行驶方向在右侧通行时只能右转弯，在左侧通行时只能左转弯；或是不能直行(参见图6)，右侧通行时只能右转弯，左侧通行时只能左转弯。

本发明具有突出的优点和效果，现有城市道路系统的改造采用本发明的机动车道路系统，道路通行能力可以提高至4倍左右。这是因为，每条车道的通行能力能够从每小时450辆(路口需停顿时)提高到1800辆(无路口停顿时)。如果把交通拥堵造成的延误考虑在内，现行城市道路通行能力会更低些。

采用本发明的机动车道路系统，能使城市单位土地面积上交通供应量大于交通需求量，即交通供应密度大于交通需求密度，这就可以从根本上消除繁华市区的交通拥堵，无需采取汽车的限行措施。

采用本发明的机动车道路系统，将使城市平均车速提高4倍左右。汽车跑同样的距离，所花的时间只是原来的1/4，这就极大地提高了城市的运作效率。

采用本发明的机动车道路系统，可以使每平方公里土地面积上的汽车保有量提高4倍左右，所以可以建成紧凑型城市。这种紧凑型城市与现行城市的“摊大饼”相比，前者城市占地面积只是后者的1/4，城市的直径减少一半。如果综合考虑，平均车速提高至4倍左右，城市直径减少一半，那么，城市人流、物流的周转效率将有极大的提高。因此，以半小时行驶距离所划定的城市最佳规模，将从目前的200万人提高至2000万人以上，这对城市经济的发展十分重要。

采用本发明的机动车道路系统，如上述汽车的出行距离减少到原来的1/4，并且可以连续行驶。这两个因素综合起来，汽车的平均油耗，将降低至原来的1/8～1/6，这对国家的能源政策是十分有利的。

从以上分析不难看出，采用本发明的机动车道路系统，在城市中还可以自然形成“公交优先”，而且可以大量节约公交系统的投资。

采用本发明的机动车道路系统一个突出效果是“拨乱反正”，可以把城市道路交通改造从一个走不通的错误方向上拉回来。这种错误方向是，只注重若干条道路建设的大工程而忽视提高单位土地面积上交通供给能力、忽视提高整个路网中每一条道路的通行能力。同时，本发明的思路，能够纠正一个为很多人所接受的错误结论——“靠修路解决交通拥堵是不可能的”。老城市的改造中不需要再建设高架路、大立交等造价高、占地多、通行能力有限的交通设施，避免了建造这些将来可能要拆除的交通设施。

采用本发明的机动车道路系统，只用较少的投资改造交叉路口，便可以挖掘出相当于原有道路通行能力4倍左右的潜力，因此，可以使道路投资大幅度降低，是一种投资少、易实施、回报高的技术方案。

本专利文件中所述的市区、城市市区、市中心、副中心、城市建成区是指《中国城市规划基本术语标准》(GB/T 50280—1998)中所称的市区、城市市区、市中心、副中心、城市建成区。

本专利文件中所述的城市道路是指，由现行的快速路、主干路、次干路和支路等四级道路所组成的道路网，以及这四级道路经改造后所形成的城市道路网。

本专利文件中所述的街区是指，城市道路所围合的每一个地块。

本专利文件中所述的冲突点是指，来自不同方向车辆行驶路线以较大角度相互交叉的地点，即交叉点，称为冲突点。

附图说明

图1：片状(或称团块状)城市无冲突点机动车道路系统实施例示意图

本图为片状(或称团块状)城市无冲突点机动车道路系统的实施例示意图。

图2：带状(水平方向为长轴方向)城市无冲突点机动车道路系统的实施例示意图。

本图为带状(水平方向为长轴方向)城市无冲突点机动车道路系统的实施例示意图。

图3：带状(水平方向为长轴方向)城市无冲突点机动车道路系统的实施例示意图。

本图为带状(水平方向为长轴方向)城市无冲突点机动车道路系统的实施例示意图。

图4：带状(水平方向为长轴方向)城市无冲突点机动车道路系统的实施例示意图。

本图为带状(水平方向为长轴方向)城市无冲突点机动车道路系统的实施例示意图。

图5：无冲突点平面交叉路口

本图为无冲突点平面交叉路口的一种形式。主要适用于相互交叉道路中一条道路上直行交通可以禁行的路口，或者用于每个街区范围内小路的交叉路口。

本图中箭头表示允许行驶方向。

图 6：无冲突点平面交叉路口

本图为无冲突点平面交叉路口的一种形式。主要适用于直行方向交通可以禁行的路口，或者用于每个街区范围内小路的交叉路口。

本图中箭头表示允许行驶方向。

图中：1. 纵向快速路；2. 横向快速路；3. 无冲突点平面交叉路口；4. 横向分离式立交桥；5. 纵向分离式立交桥；6. 横向路。

具体实施方式

下面通过实施例，对本发明作进一步的阐述：

【实施例 1】　如图 1 所示，为一适用于片状(或称团块状)城市的无冲突点机动车道路系统的实施例(图中每个街区范围内的小路略)。图中的城市道路的交叉口全部设立立体交叉路口，以满足在纵横方向都有较大的交通量需求。在这个路网中，如果有某个或某些路口交通量较小时，可以用无冲突点平面交叉路口。在这个路网外围道路的路口，如果交通量较小，也可以用平面交叉路口。

在该实施例中，整个路网为棋盘式道路网，横向道路和纵向道路均为快速路，形成全部由快速路组成的城市机动车道路系统。各交叉路口之间沿纵横道路方向的距离可以优选为 700 米左右，快速路为双向六车道以上。各交叉路口均采用分离式立交桥(分离式立交桥可采用上跨式或下穿式或两者结合，本实施例为上跨式)。在横向道路 2 和纵向道路 1 的所有交叉点均设分离式立交桥 4、5，立交桥 4 为横向道路在桥面上通过，纵向道路 1 上的车辆在立交桥 4 桥下的地面道路上水平行驶通过；立交桥 5 为纵向道路在桥面上通过，横向道路 2 上的车辆在立交桥 5 桥下的地面道路上水平行驶通过。

在路网的所有交叉路口均可以不设红绿灯，车辆可连续不停顿地行驶，从而形成了整个路网的快速化。

对于交叉路口的转弯行驶道路，右转弯行驶时则设右转弯道路，左转弯的车辆也要首先向右侧行驶，然后再通过连续右转弯实现左转弯。

如图 1 所示，设某机动车需从起点 A 到达终点 F，则有两种行驶道路可选择。第一种选择是，从 A 点出发，直行到 B 点后右转弯通过街区小路 C，再右转弯后到达 D，沿纵向路直行到 E 再右转弯后到达 F 点。第 2 个选择是，从 A 点出发，沿快速路右转弯依次通过 G→H→I，再直行到 J，再右转弯依次通过 K→E，到达终点 F。

行人穿过道路时，需通过人行天桥或地下过街通道。人行天桥和地下过街通道在示意图中略。

【实施例 2】 如图 2 所示，为一适用于带状城市的无冲突点城市机动车道路系统的实施例(图中每个街区范围内的小路略)。图中水平方向为带状城市的延长方向，也称纵向，图中垂直方向称横向。本实施例与实施例一的结构基本相同，不同的是，假设纵向的交通量远远大于横向的交通量，所以在路网改造中每一条纵向道路 1 都改为可以直行的快速路；横向的交通量较小，所以横向道路 2 可每隔一条设可直行的快速路，其间间隔的横向道路 6 则不能够沿横向连续直行，可在横向道路 6 与纵向道路 1 的平面交叉路口 3 沿纵向方向设路障或禁行标志，使车辆沿横向不能通行，只能右转弯或沿纵向直行。在交通量较少时，沿横向道路 6 需直行跨过路口时，可在驶至纵向道路交叉口时先右转弯，行驶至隔栏开口处掉头，再右转弯。

无冲突点平面交叉路口 3 的平面示意图也如图 5 所示，纵向道路允许直行，但对横向道路则禁止通行，在横向道路和纵向道路的交叉点设有交通屏障，以实现该交叉路口为无冲突点交叉路口。

【实施例 3】 如图 3 所示，为一适用于带状城市的无冲突点城市机动车道路系统的实施例(图中每个街区范围内的小路略)。图中水平方向为带状城市的延长方向，也称纵向，图中垂直方向称横向。本实施例与实施例二基本相同，不同的是：横向道路通过立交桥时，在实施例二中是横向道路 2 在桥面上通过立交桥，而在实施例三中是纵向道路 1 在桥面上通过立交桥，横向道路 2 在立交桥下水平通过立交桥。

【实施例 4】 如图 4 所示，为一适用于带状城市的无冲突点城市机动车道路系统的实施例(图中每个街区范围内的小路略)。图中水平方向为带状城市的延长方向，也称纵向，图中垂直方向称横向。本实施例与实施例二、实施例三均为带状城市，但本实施例中的带状城市纵向的交通量与横向的交通量都较大，因此，本实施例采用的方案与实施例一的方案相似，不再详述。

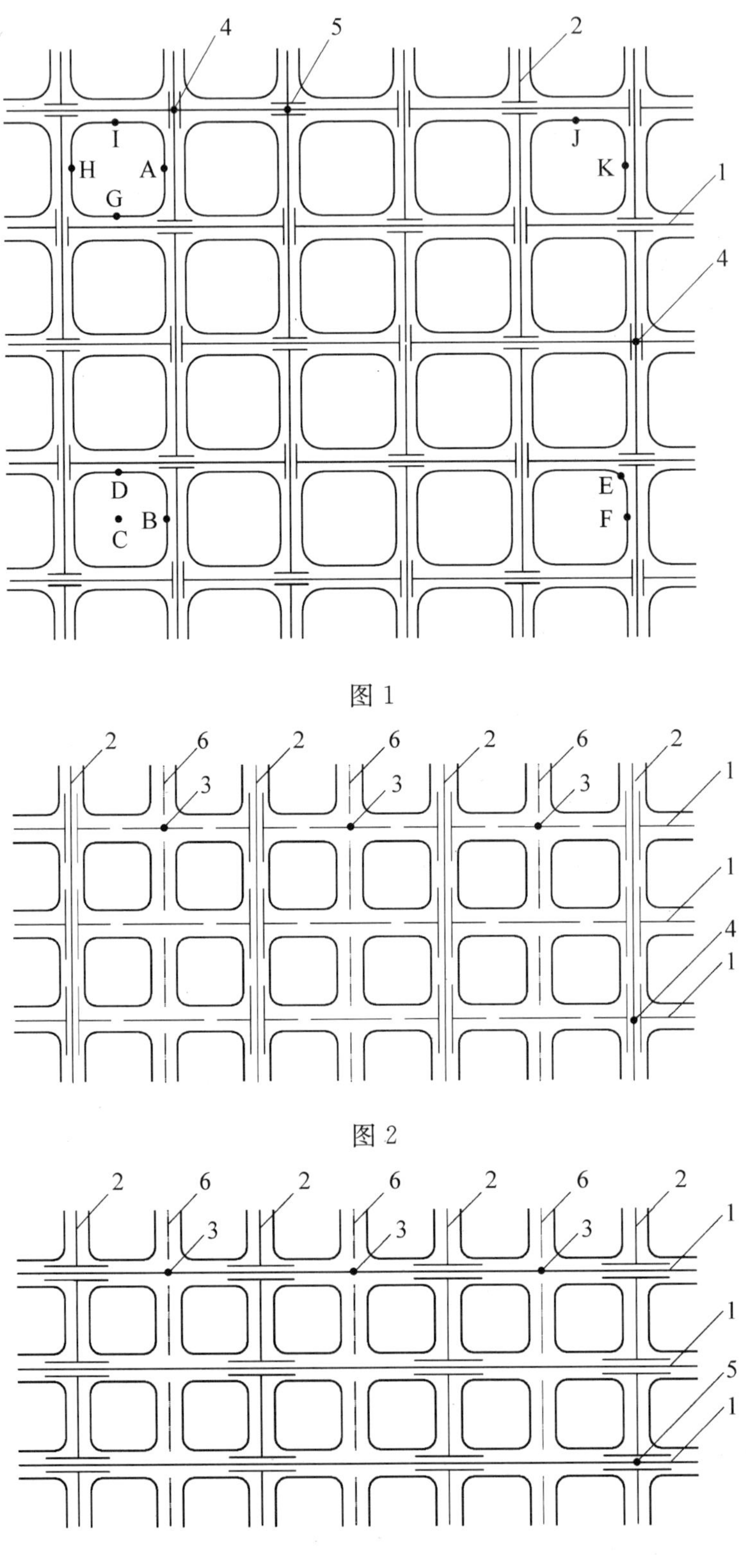

图 1

图 2

图 3

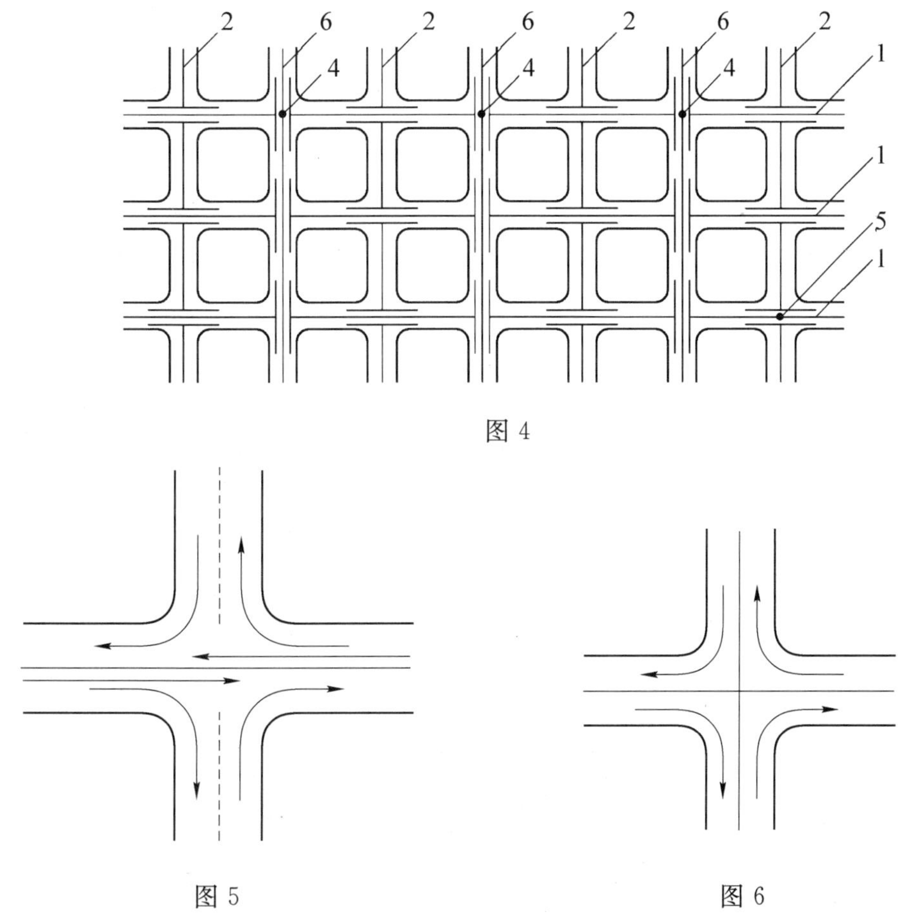

图 4

图 5　　图 6

3.11　JD 模式发明专利之六

一种公交车零换乘站点结构及零换乘快速公交系统

说明书摘要

本发明公开了一种公交车零换乘站点结构及零换乘快速公交系统。所述公交车的站台设置在两条道路的交叉路口处，交叉路口处设置为立体交叉的上、下两层道路，上、下两层道路的公交站台之间设置人行楼梯或自动扶梯；乘客换乘时只需通过人行楼梯或自动扶梯即可，不需要长距离走路；在公交系统中广泛采用所述的零换乘站点结构，可以基本实现公交系统的全面零换乘；在公交系统的换乘站点采用所述的零换乘站点结构，公交线路交叉点为立体交叉路口，公交车行驶中，只需在站点停靠，与现行城市中公交车的行驶相比，省去了在信号灯路口的停顿等待，节约了时间，实现了公交系统的快速运行。

技术领域

本发明涉及一种城市公共交通系统，特别是一种公交车零换乘站点结构及零换乘快速公交系统。

背景技术

城市公共交通是日常出行的主要交通方式。为了降低对小汽车交通的依赖程度、最大限度地节约交通能源，城市中实行公交优先的政策。目前，城市公交系统普遍存在以下问题：换乘距离较远或远近不一，以及需要多次换乘；换乘时步行环境较差、费时较多；道路交通拥堵，公交车行驶缓慢。此外，上述问题造成公交车道运行周转次数很低，公交车辆总数不断增加，从而使得公交投资迅速加大，最终导致公交票价的提高。目前城市公交系统乘坐费时、费钱、拥挤等因素，造成公交乘坐率较低、公交优先难以真正落实，从而提高了对小汽车的依赖程度，这又导致了城市交通的进一步拥堵，使公交运行状况更加困难，形成了一种恶性循环。

申请号为200410087846.X、200410017253.6的中国专利申请分别公开了一种全新的城市公共交通的车站设施和技术，是由乘客换乘台和车辆调车台以及中央监视控制台组成。乘客在车站大厅内的乘客换乘台上，上下车进行换乘；车辆在车辆调车台上通过调车台的升降和回转进行调车；中央监视控制台对客运车站的运行实行全面管理。该发明可以为乘客建立较为舒适和快捷的乘车环境，车站内车辆拥堵的问题可以得到解决，车站区域内的空间可以得到充分利用。以城市公共交通车站乘客换乘和车辆调车设施技术为基础，可以建成交通与商业、娱乐、文化一体的公共交通车站综合楼，成为市民的重要活动场所。该技术方案车站占地面积较大，对于长途客运站或公交车总站具有一定的参考价值，但却不适合城市中的公交车站台，也不能实现普遍的公交车零换乘。

发明内容

本发明的目的在于提供一种在两条公交线路之间实行公交车零换乘的站点结构及零换乘的快速公交系统。实现公交车零换乘，以减少换乘时走行的距离，从而节约出行时间，改善出行质量，提高出行的安全性。实现零换乘的快速公交系统，可在整个公交系统中基本实现全面零换乘，达到大量节约乘车时间的目的。

为了实现本发明的目的，采用的技术方案为：公交车的站台设置在两条道路的交叉路口处，所述交叉路口处设置为立体交叉的上、下两层道路，上、下两层道路的公交车站台之间设置供乘客通过的人行楼梯或自动扶梯，构成一种公交车零换乘站点结构。

为了实现本发明的目的，采用的技术方案为：在公交系统中的公交线路交叉点设置上述的公交车零换乘站点结构，构成一种零换乘快速公交系统。公交系统中采用了所述的公交车零换乘站点结构，公交线路交叉点为立体交叉，可实现公交系统的快速运行。

零换乘的定义：在两条公交线路之间换乘时，走行距离很短，或两条公交线路的站点处于同一地理位置(一般也采用同一个站名)，在这两条公交线路的车站之间的换乘称为零换乘。

本发明的优点是：在设置上述零换乘站点结构的站点，乘客在换乘时不需要长距离的走路，只需通过人行楼梯或自动扶梯上行或下行，即可实现换乘；在公交系统中广泛采用所述的零换乘站点结构，可以基本实现公交系统的全面零换乘；在公交系统的换乘站点采用上述的零换乘站点结构，公交线路交叉点为立体交叉路口，公交车行驶中，只需在站点停靠，与现行城市中公交车的行驶相比，省去了在信号灯路口的停顿等待，节约了时间，实现了公交系统的快速运行。

下面结合附图和具体实施方式详细描述本发明。

附图说明

图 1：立体交叉路口两层道路设置公交车站台实施例示意图

图 2：公交车零换乘站点结构实施例示意图

图 3：上跨式立交桥设置公交车站台实施例示意图

图 4：下穿式立交桥设置公交车站台实施例示意图

图 5：一次换乘即可到达目的地的公交系统实施例示意图

具体实施方式

图中：1. 上层道路；2. 下层道路；3. 上层道路公交车站台；4. 下层道路公交车站台；5. 上层道路公交车；6. 下层道路公交车；7. 人行楼梯或自

动扶梯；8. 机动车道路。

在图 1 所示的实施例中，交叉路口为立体交叉的上、下两层道路，上层道路 1 设置上层道路公交车站台 3，下层道路 2 设置下层道路公交车站台 4，上、下两层公交车站台均设置在道路的中央。

在图 2 所示的实施例中，交叉路口为立体交叉的上、下两层道路，上层道路 1 设置上层道路公交车站台 3，下层道路 2 设置下层道路公交车站台 4；上、下两层公交车站台均设置在道路的中央；上层道路公交车站台 3 与下层道路公交车站台 4 之间，设置人行楼梯或自动扶梯 7；乘客在上层道路公交车 5 与下层道路公交车 6 之间换乘时，通过人行楼梯或自动扶梯 7。

在图 3 所示的实施例中，上跨式分离式立交桥的上层道路 1 设置上层道路公交车站台 3，下层道路 2 设置下层道路公交车站台 4。

在图 4 所示的实施例中，下穿式分离式立交桥的上层道路 1 设置上层道路公交车站台 3，下层道路 2 设置下层道路公交车站台 4。

在图 5 所示的实施例中，机动车道路 8 组成方格式路网，在每个交叉路口均设置上述的零换乘站点结构，公交车沿每条机动车道路 8 直线行驶；在这样的道路系统中，从城市的一点到另一点之间的公共交通最多只换乘 1 次；如图示，从 A 点到 C 点只需在 B 点换乘，从 A 点到 D 点则无需换乘。

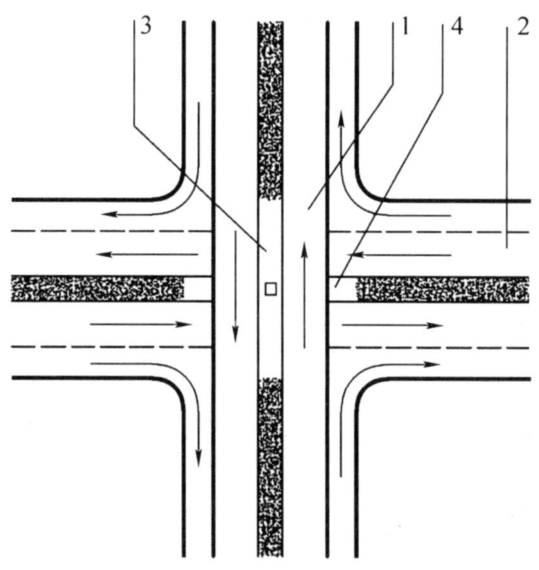

图 1

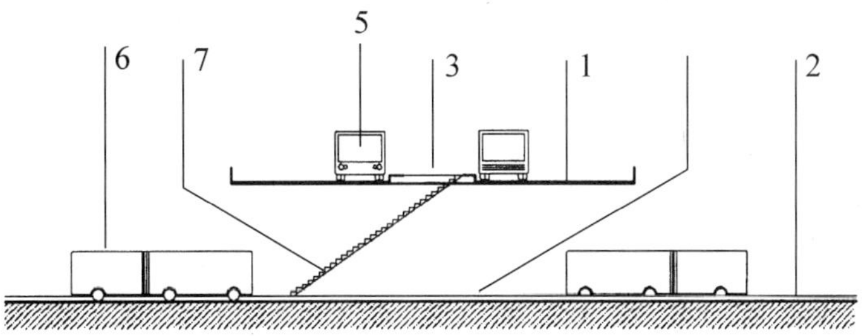

图 2

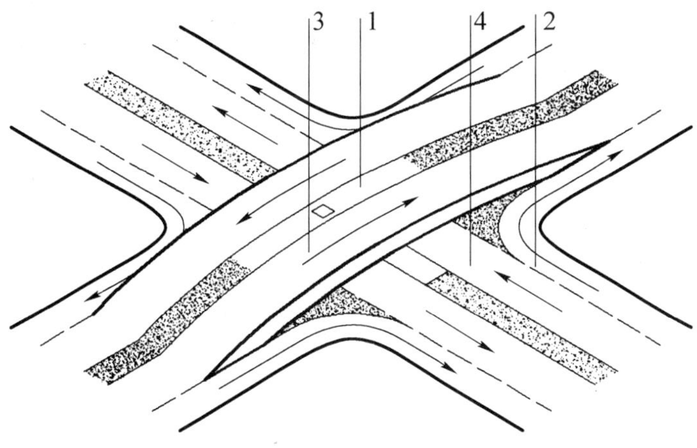

图 3

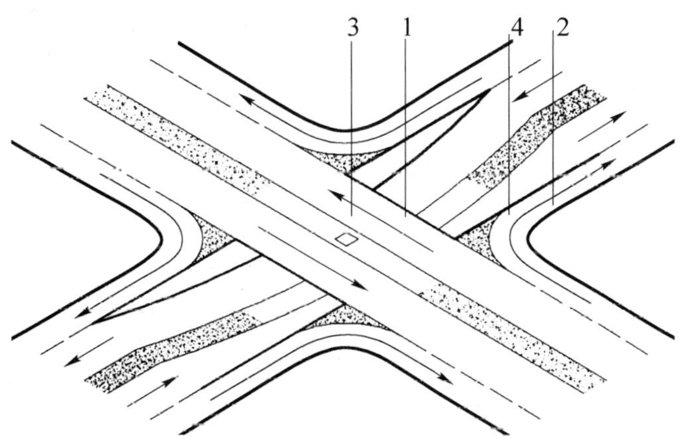

图 4

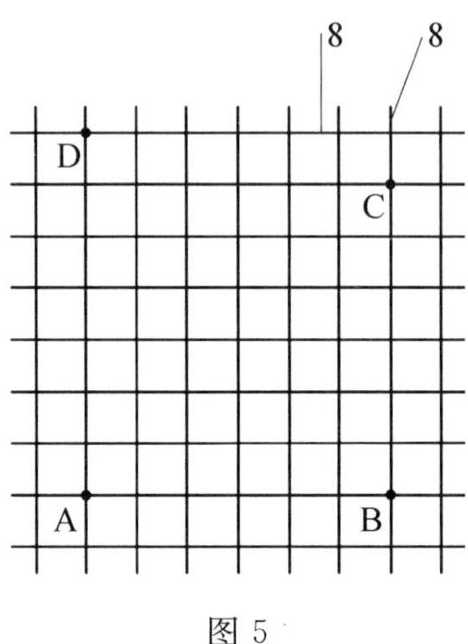

图5

3.12 JD模式发明专利之七

一种空间有序化的节地节能畅通宁静生态城市系统

说明书摘要

本发明提供一种空间有序化的节地节能畅通宁静生态城市系统。在城区的三维空间中，划分出行车、停车、步行、户外活动四个互不干扰的独立空间，实现空间结构有序化，停车宽松方便，绿地率超过60%；机动车道路为快速路网，彻底消除交通拥堵、建成机动车、步行、非机动车三个互不干扰的全天候道路系统，实现人与汽车、人与非机动车的双重人车分离；沿机动车道路上方设置隔声棚，全面隔离机动车噪声；采用设在立交桥上、下层之间的零换乘站点结构，建成整个城区的公交车零换乘系统；可成倍地节约土地、交通燃油、交通投资和出行时间，并杜绝车撞人的交通事故，建成畅通宁静生态的可持续发展城市。

技术领域

本发明涉及一种新规划的城市系统，特别是一种空间结构有序化的节地节能畅通宁静生态城市系统。

背景技术

汽车时代的城市，存在着诸多城市病。现行城市承袭了马车时代的城市空间结构，与汽车交通完全不和谐。交通拥堵、交通噪声、户外活动空间人车混杂、城市生态环境日益恶化，以及由交通拥堵所造成的城市低密度扩散

"摊大饼"滥占耕地等诸多城市病，长期得不到解决。早在1933年的《雅典宪章》中就提出了寻找新的街道系统，以解决汽车出现以后城市道路系统不能适应的问题。1977年的《马丘比丘宪章》中又提出了要解决城市大量占用土地资源制约城市发展的问题。但是半个多世纪过去了，这些问题都没有找到解决办法。如今，发达国家中人口占全球1/3的城市，消耗了全球2/3的能源，城市可持续发展问题日益突出。目前，对于城市交通拥堵严重、交通能耗与污染日益增加、城市滥占耕地的趋势无法得到遏制等问题，仍在探索之中，尚未找到出路。公开号为CN1447004A的中国专利申请公开了一种绿色生态综合构造，未能将城市建筑物与交通路网统筹规划，很难实现绿化与户外活动空间的一致与双重功能的统一。公开号为CN1552997A的中国专利申请公开了一种十字立体交通设施，该发明未能兼顾步行道路的改善，仍不能解决现有城市系统道路通行能力较低、车流量大时的拥堵问题。

发明内容

本发明的目的是提供一种空间有序化的节地节能畅通宁静生态城市系统，建立一种汽车时代人车和谐共存的、满足下列多目标最优化决策要求的城市系统：解决在汽车达到600辆/千人饱和拥有率时，不产生交通拥堵、停车困难和城市低密度扩散的"摊大饼"现象的问题；使汽车交通噪声得到全面隔离，城市保持宁静环境；不存在步行、非机动车、机动车等三种交通方式的相互干扰，并杜绝汽车撞人的交通事故；城市交通不受风、雨、雪的影响，形成全天候的交通；城市公交全部为快速公交并实现全天候零换乘；城市抗灾、特别是抗风灾、水灾能力有重大改善；为强化城市治安管理创造良好条件；城市绿地率不低于60%，户外活动空间是完全没有汽车出现的、遍布整个城区的、花园式的人性化空间；实现资源的极大节约，城市占用土地、汽车燃油、交通投资、出行时间和出行费用等均节约75%左右。

为了实现本发明的目的，这种空间有序化的节地节能畅通宁静生态城市系统，其特征在于：在实施所述城市系统的地域范围以内的地面以上三维空间中划分出机动车道路、停车库、慢行道路和无机动车户外活动空间四个分别只承担机动车行驶、机动车停放、人和非机动车通行、无机动车户外活动等单一功能的独立空间，所述机动车道路不允许人和非机动车通行或穿行，所述停车库为在机动车道路旁建设的地面停车库或设在建筑物中的地面停车库，所述慢行道路设置在机动车道路上方和地面停车库屋顶上，慢行道路可设置为单层或双层，双层慢行道路中的一层可设置为人行道，另一层可设置为非机动车道，实行人、非机动车、机动车三者的通行在空间上的分离。

上述机动车道路为地面机动车道路。

上述机动车道路的路网为快速路网，该快速路网中机动车均可全程快速连续行驶到达每一个街区。

上述实施所述城市系统的地域范围可以是几个街区，也可以是面积不小于3平方公里的地域。

上述机动车道路上方沿机动车道路设置隔声棚或盖板，构成一种噪声全隔离的全天候机动车道路系统。

上述机动车道路交叉路口处设置立交桥，在立交桥上方设置隔声棚或盖板。

上述的立交桥为下穿式的分离式立交桥。

上述机动车道路旁没有建筑物的情况下，沿机动车道路旁设置隔声板或隔声墙。

上述的隔声棚或盖板上布置慢行道路。

上述双层慢行道路中的上层道路的上方设置棚盖，将双层道路的上层和下层均设置为全天候慢行道路。

上述立交桥的下层和上层的机动车道路上设立公交车站点，并在立交桥的下层与上层的机动车道路之间设置人行楼梯或自动扶梯，在立交桥的上层机动车道路与设在该机动车道路上方的全天候慢行道路之间设置人行楼梯或自动扶梯，构成全天候的公交车零换乘站点结构。

上述的城市系统中将除地面机动车道路、地面停车库、地面建筑和其他地面设施所占用的面积之外的地面，设置为绿地花园，并在地面停车库屋顶上、在盖板上布置平台花园，构成大面积连片绿化的一种生态城市系统。

上述的城市系统中绿地花园的周边设置隔离物，将绿地花园与机动车道路及地面停车库进行隔离，并设置通道将绿地花园与慢行道路、平台花园相互连通，构成大面积的无机动车户外活动场所。

本发明文件中名词和术语的定义

实施所述城市系统的地域范围：指规划中所划定的实施本发明的地域，地域的范围可以是几个街区，也可以扩大至整个城区，这个地域范围内包括城市道路及城市道路中设置立交桥的交叉路口。

城市道路的定义：指除街区内道路以外的城市中的机动车道路，即供城市中街区之间通行的机动车道路。在已有技术中，城市道路分为四级(快速路、主干路、次干路、支路)，城市道路的路网是四级道路所组成的路网，路网中的大部分道路不是快速路，大部分路段上的交通流是间断性的。本发明中城市道路不分为四级，城市道路网为快速路网，任何两个街区之间的交通都可以是在交叉路口无需停顿的连续流交通。

慢行道路的定义：人和非机动车通行的道路。

街区的定义：城市道路围合的单元地块。在方格式路网中，每一个方格为一个街区。

分离式立交桥的定义：相互交叉的两条道路之间不设专用匝道相互连通的简单立交桥。

下穿式的分离式立交桥的定义：上层的机动车道路沿原来路面的高度不变，而下层的机动车道路通过坡道从上层机动车道路下面穿过的分离式立交桥。

非机动车的定义：非机动车是指自行车、电动自行车或其他低速轻便的交通工具。

零换乘的定义：在两条公交线路之间换乘时，走行距离很短，或两条公交线路的站点处于同一地理位置(一般也采用同一个站名)，在这两条公交线路的车站之间的换乘称为零距离换乘，简称零换乘。

机动车道路快速路网的定义：机动车均可在机动车道路网中任何两个街区之间实现全程快速连续行驶的路网称为机动车道路快速路网。机动车道路快速路网可以是交叉路口全部设立交桥的路网，也可以是只在经选择的部分交叉路口设立交桥的路网。

全天候交通的定义：是指不受日晒和风、雨、雪影响的交通。

隔声棚和盖板的定义：隔声棚是指沿机动车道路设置在机动车道路上方的由轻质、隔声材料构成的棚盖；盖板是指用于替代隔声棚的钢或混凝土结构的棚盖，其承重能力较强，上面可以布置平台花园等设施。

地面停车库的定义：是指机动车停在地面上的停车库，通常为一层，为多层时其底层在地面上。

本发明的有益效果：实施本发明，由于将行车、停车、步行和户外活动分别放在各自独立的空间中，所以完全排除了相互之间的干扰，这将为彻底解决诸多城市病创造最基本的条件，与现有城市系统相比，有如下优点：

实施本发明，地面机动车道路上完全没有人和非机动车，可以很容易地将机动车道路设置为快速路网，使机动车道路的每条车道的通行能力从600辆/小时提高至1800辆/小时，提高至3倍；同时，由于地面道路全部留给机动车行驶，道路红线范围内不需要设置人行道和非机动车道，所以机动车的车道数量约可增加至1.7倍；综合这两个因素，道路通行能力提高1.7×3≈5倍。计算表明，提高后的通行能力远远大于高峰时段的交通需求，交通拥堵将彻底消除。由于道路通行能力提高5倍，所以由道路通行能力所决定的城市每平方公里土地上汽车容量极限，可从约2000辆提高至约10000辆。当城市汽车拥有率达600辆/千人的饱和水平时，城市仍可保持紧凑，不会发生低密度扩散，城市占用的土地只为现行城市系统的1/4左右。

实施本发明，步行道路中完全没有机动车出现，步行环境得到彻底改善，不需要等待信号灯，不需要绕行，也不必担心被汽车撞伤，可以彻底杜绝车撞人的交通事故。同时，由于慢行道路本身是一个独立的空间，可以很方便地设置为双层道路，将人的通行和非机动车的通行进行分离，使步行更安全，使非机动车行驶更方便。

实施本发明，地面机动车道路上完全没有人和非机动车，只需拿出地面面积的1/3左右用于停车，即可以满足城市每平方公里土地上汽车保有量10000辆的停车需要，城市停车难问题将彻底得到解决。

实施本发明，由于彻底消除交通拥堵，城市的公交车全部成为快速公交；实施本发明中的公交零换乘站点结构，城市的公交车可实现全面零换乘，公交优先自然得以实现。

实施本发明，机动车道路是一个没有人和非机动车的独立空间，机动车道路旁的建筑物主要是地面停车库，所以能够采用设置隔声棚或盖板的办法将机动车行驶的噪声全面进行隔离，使城市的开敞空间恢复汽车出现前的宁静。

实施本发明，城市的机动车、非机动车和步行等，均为全天候的交通系统，烈日、暴风雨和大雪都不会对交通产生影响。

实施本发明，慢行道路设置在地面停车库屋顶的高度上，所以在出现水灾时，城市交通联络仍可借助于慢行道路和屋顶平台进行，居民的安全问题也不会受到水灾影响，城市抗灾能力有重大改善。

实施本发明，与“摊大饼”的现行城市系统相比，城市占地面积只为原来的1/4，可使每平方公里土地上的警力提高至4倍，同时治安管理半径缩小一半，城市治安管理的强度可以得到很大提高。此外，人车的全面分离，也有利于减少治安事件。

实施本发明，机动车道路上方设置的盖板与地面停车库屋顶可以连在一起，形成大面积的无机动车户外活动空间，也可以进行大面积的绿化，与地面绿地花园算在一起，城市的绿地率可以达到60%以上，无机动车户外活动空间可以遍布整个城区，城市的生态环境得到根本性改善。

本发明的城市系统，可以用于部分街区、部分城区或全部城区，可以用于城市新区的建设，也可以用于城市老城区的改造。特别是对于老城区的改造，有重大的现实意义：一是可以避免城市规划中采用只能治标不能治本的措施，避免花巨额投资建设将来可能要拆除的如某些高架路等交通设施；二是可以避免城市在不合理的道路布局下继续建设、形成积重难返的局面；三是可以避免城市按现行系统继续“摊大饼”、陷入严重不可持续发展的局面。本发明的城市系统，为老城市改造提供了科学的目标模式，可以避免城市改造和发展上的盲目性，使城市建设步入良性循环。

采用本发明的城市系统，在经济上是完全可行的：由于城市占地面积减少为采用现行城市系统时城市占地面积的1/4左右，所以道路与市政建设投资大体上将以同一比例降低；由于城市紧凑和畅通，以及步行和公交将成为日常出行的主要方式，所以城市汽车燃油消耗将降低为原来的1/4左右；可少建或不建地铁，节约大量投资和日常费用补贴，城市公交投资将降低为原来的1/4左右；由于采用地面停车库，与地下停车库相比，每个停车位造价节约1/3，而且，供人行和平台花园使用的地面停车库的屋顶，也无需额外投资；在城市紧凑化的情况下，本发明中机动车道路上的隔声棚或盖板以及双层慢行道路所需的投资，大约只相当于以上诸项节约总和的1/4左右。

本发明中采用的建筑结构和道路结构的元素都是最经济、最可靠的，这些结构元素是：地面机动车道路、分离式立交桥、地面停车库、屋顶平台、盖板上布置的人行道与地面花园。采用本发明的城市系统，不但经济可行，而且成熟可靠。

实施本发明的地域范围可以是几个街区，也可以是面积不小于3平方公里的较大范围，本发明的突出特点是适于在整个城区范围内采用，在部分街区或在整个城区形成空间有序化的节地节能畅通宁静生态城市系统。

附图说明

图1：节地节能畅通宁静生态城市系统街区断面示意图

图2：机动车道路快速路网实施例示意图

图3：机动车道路快速路网实施例示意图

图4：机动车道路快速路网单元结构实施例示意图

图5：机动车道路快速路网单元结构实施例示意图

图6：一条道路上允许直行通过的平面交叉路口示意图

图7：一条道路上允许直行通过的平面交叉路口示意图

图8：只允许右(沿行驶侧)转弯的平面交叉路口示意图

图9：下穿式的分离式立交桥示意图

图10：人车双重分离道路系统实施例示意图

图中：1. 机动车道路；2. 停车库；3. 慢行道路；4. 平台花园；5. 绿地花园；6. 机动车道路上方的隔声棚；7. 城市道路；8. 街区内道路；9. 立交桥；10. 无街区内道路的街区；11. 下穿式的分离式立交桥的上层道路；12. 下穿式的分离式立交桥的下层道路；13. 棚盖；14. 双层慢行道路的上层道路；15. 双层慢行道路的下层道路；16. 上位公交车站台；17. 下位公交车站台；18. 下层的楼梯或自动扶梯；19. 上层的楼梯或自动扶梯；20. 盖板；21. 建筑物。

具体实施方式

实施例参见图1，在实施所述城市系统的地域范围以内的地面以上三维空间中划分出机动车道路1、停车库2、慢行道路3和无机动车户外活动空间四个分别只承担机动车行驶、机动车停放、人与非机动车通行、无机动车户外活动等单一功能的独立空间，所述停车库2为在机动车道路旁建设的地面停车库或设在建筑物中的地面停车库，所述慢行道路3设置在机动车道路上方和地面停车库屋顶上，实行人(含非机动车)与机动车的通行在空间上的全面分离，慢行道路可设置为单层或双层，双层慢行道路中的一层可设置为人行道，另一层可设置为非机动车道，实行人与非机动车的通行在空间上的分离。

在图 2 所示的实施例中，城市道路 7 为方格式路网，机动车可以直行通过立交桥 9，机动车可以不停顿地右(沿行驶侧)转弯，机动车左转弯时需先直行通过立交桥 9，再经过连续右转弯后直行通过立交桥 9。

在图 3 所示的实施例中，街区内道路 8 相交处设置为环行路，环形路围合的地面为绿地花园 5，图中的环形路为圆形，实施中也可以根据审美需要设计成其他形状。

在图 4 所示的实施例中，为“日”字形的城市道路路网结构单元，图中 A 为设立交桥的路口，图中 B 为不设立交桥的路口，在路口 B 处可采用图 6 所示的平面交叉路口，实现机动车不停顿地通过路口 B。由这种“日”字形路网结构单元所构成的城市机动车道路网，只需在 50%的路口设置立交桥(另外 50%的路口为平面交叉路口)，就能实现全面的快速交通，可以取消机动车道路的信号灯，实现机动车连续不停顿地行驶。

在图 5 所示的实施例中，为“田”字形的城市道路路网结构单元，图中 A 为设立交桥的路口，图中 B 为不设立交桥的路口，在路口 B 处可采用图 6 所示的平面交叉路口，实现机动车不停顿地通过路口 B；图中 C 为不设立交桥的路口，在路口 C 处可采用图 7 所示的平面交叉路口，实现机动车不停顿地通过路口 C；图中 D 为不设立交桥的路口，在路口 D 处可采用图 8 或图 6、图 7 所示的平面交叉路口，实现机动车不停顿地通过路口 D。由这种“田”字形路网结构单元所构成的城市机动车道路网，只需在 25%的路口设置立交桥(另外 75%的路口为平面交叉路口)，就能实现全面的快速交通，可以取消机动车道路的信号灯，实现机动车连续不停顿地行驶。

图 4 和图 5 实施例的机动车快速路网，其优点是只需在部分交叉路口设立交桥，其缺点是路网的机动车通行能力低于图 2 实施例的机动车快速路网，立交桥路口的数量占全部交叉路口数量的比例越高，路网的通行能力越大。

在图 10 所示的实施例中，机动车道路交叉路口采用下穿式的分离式立交桥，实现机动车不停顿地通过交叉路口的快速交通。

在图 10 所示的实施例中，在立交桥的上层机动车道路 11 中央设上位公交车站台16，在立交桥的下层机动车道路12中央设下位公交车站台17，在上位公交车站台16与下位公交车站台17之间设下层的楼梯或自动扶梯18，在上位公交车站台16与双层慢行道路的上、下层道路14、15之间设上层的楼梯或自动扶梯19，实现公交车零换乘系统。

在图10所示的实施例中，在慢行道路中，将双层慢行道路的上层道路14设置为步行道路，双层慢行道路的下层道路15设置为非机动车道路，实现人与非机动车的通行在空间上的分离。

在图10所示的实施例中，在机动车道路上方设置盖板20，实现机动车交通噪声的隔离，并实现机动车道路的全天候交通。

在图10所示的实施例中，在慢行道路的上层设置棚盖13，实现慢行道路中上层和下层道路均为全天候交通。

在图10所示的实施例中，在地面停车库屋顶上和机动车道路的盖板20上设置慢行道路3，使慢行道路进入每一个街区或其他城市设施，图中慢行道路3可为单层或双层结构。

在图10所示的实施例中，在地面停车库屋顶上和机动车道路上方的盖板20上布置平台花园4，平台花园4与图1中的绿地花园5，共同构成大面积的城市绿地和无机动车户外活动空间。

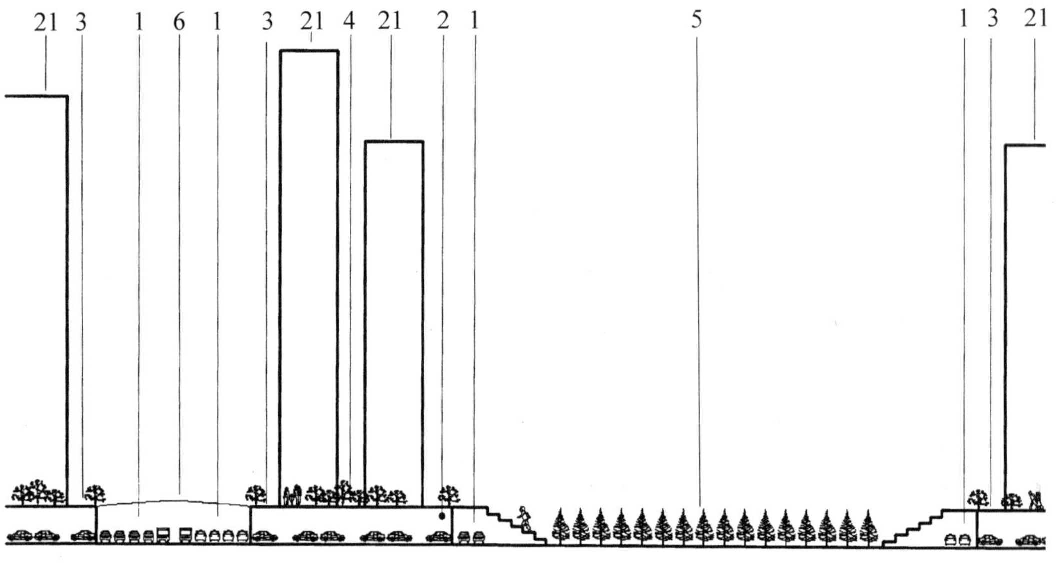

图1

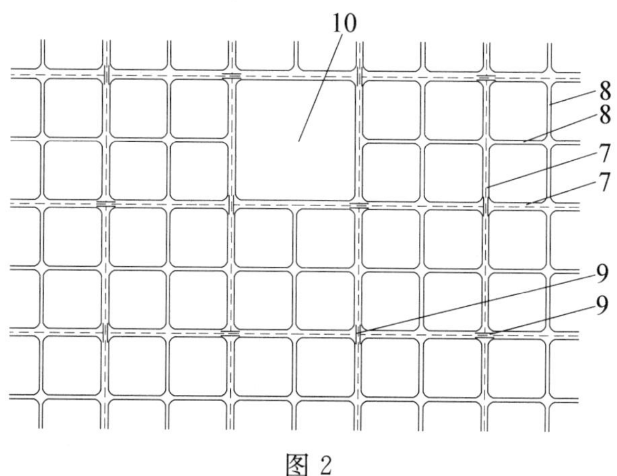

图 2

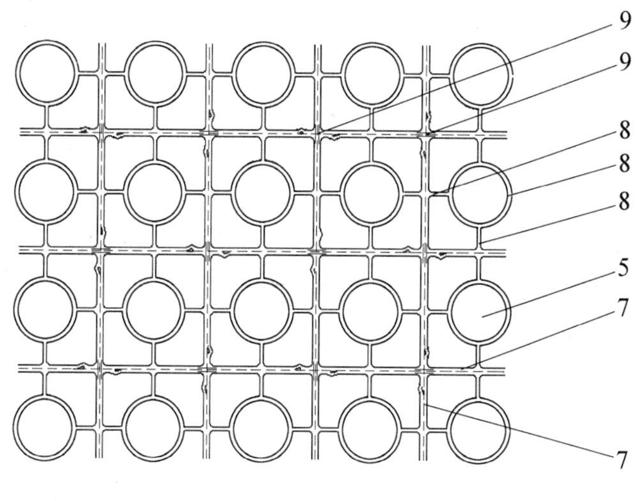

图 3

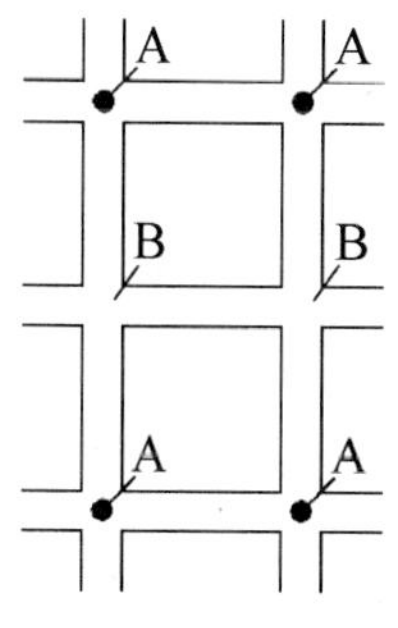

图 4

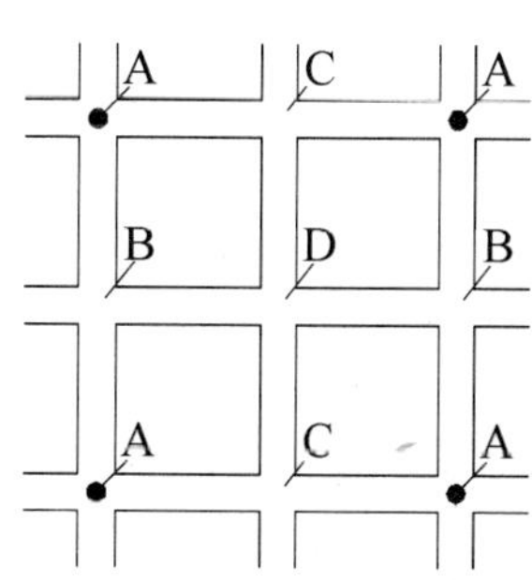

图 5

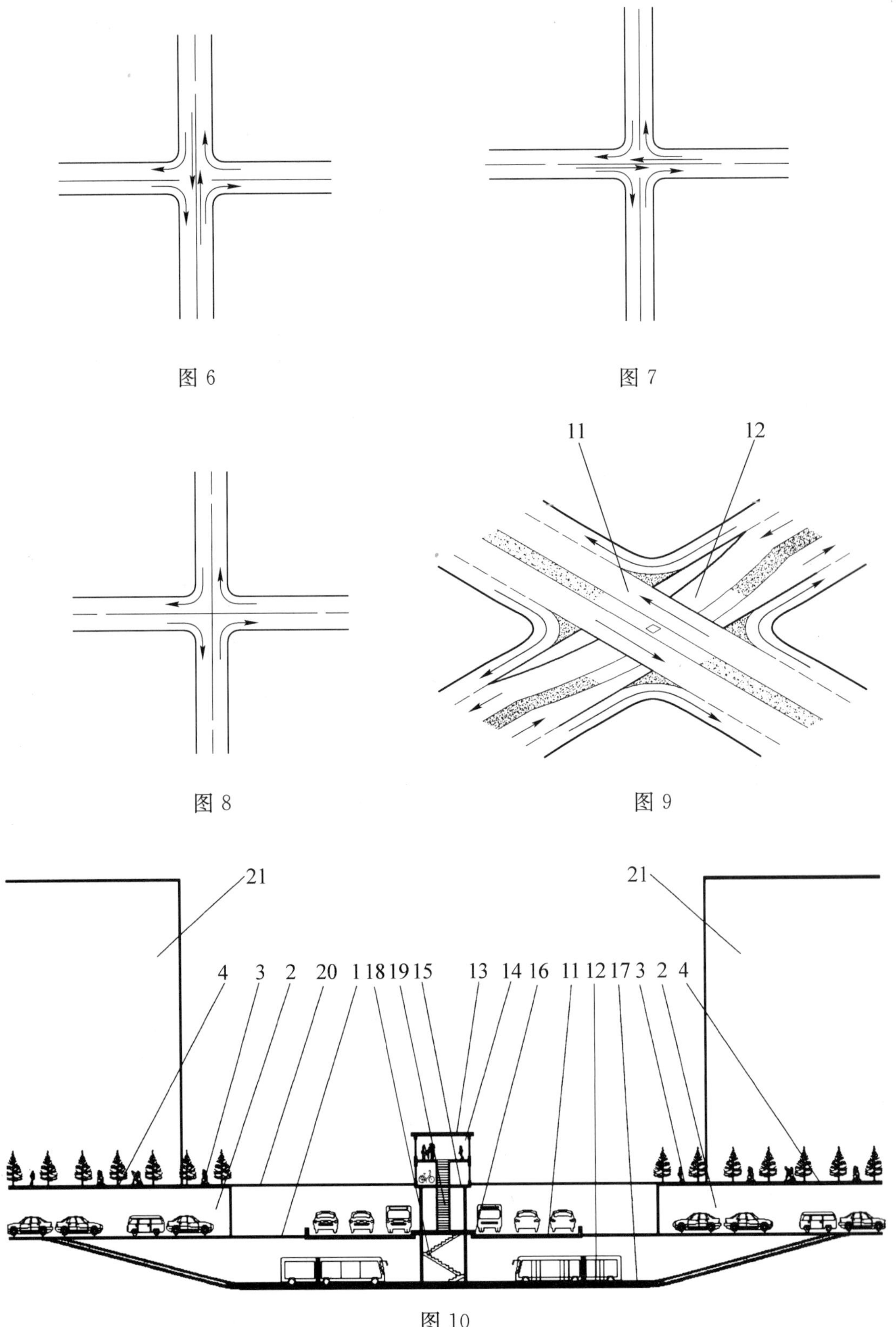

图 6

图 7

图 8

图 9

图 10

3.13　JD模式发明专利之八

人、非机动车、机动车三者分离的道路系统及其交通方法

说明书摘要

本发明提供一种人、非机动车、机动车三者分离的道路系统及交通方法。将慢行道路设置为双层道路结构，双层慢行道路与机动车道路完全分离，没有平面交叉。双层慢行道路的上层与下层均为全天候道路。双层慢行道路系统的交通方法，是将双层慢行道路中的一层设置为人行道，另一层设置为非机动车道。本发明可实现人与机动车、人与非机动车的通行在空间上的双重人车分离，彻底解决了目前城市中人车混杂的问题，大幅度提高机动车道路的通行能力，并能从根本上改善交通安全，使步行和非机动车成为日常出行的首选。

技术领域

本发明涉及一种城市道路系统及交通方法，特别是一种人、非机动车、机动车三者分离的道路系统及其交通方法。

背景技术

目前城市交通中，慢行道路分为人行道和非机动车道，人行道、非机动车道与机动车道均在一个平面上，三者相互交叉，相互干扰，既不安全又不快捷；人行道与非机动车道路基本上为露天结构，其交通受到日晒、风、雨、雪等影响，给出行造成很大不便。

公开号为CN1125282A的中国专利申请公开了一种市区交叉路口交通分流桥梁，其上层环岛虽能解决人车分流问题，但交叉口机动车仍为灯控路口，交通能力较低，人和非机动车需上下坡行进，人、非机动车、机动车三者均不方便。

公开号为CN1105084A的中国专利申请公开了一种双层无交叉立交桥，有地面、地上一层、地上两层，共三层，引桥较长，结构较复杂，造价较高昂，不适合大流量城市交通。

发明内容

本发明的目的是提供一种人、非机动车、机动车三者分离的道路系统及

其交通方法，解决人与非机动车的通行在空间上完全分离的问题，同时解决上述慢行道路系统与机动车道路也完全分离的问题；本发明还解决将城市慢行道路系统建成一种不受日晒和风、雨、雪影响的全天候慢行道路系统的问题。

为了实现本发明的目的，本发明的这种人、非机动车、机动车三者分离的道路系统，包括人行道、非机动车道和机动车道，其特征在于：人行道和非机动车道为双层慢行道路。

上述双层慢行道路的下层道路设置为全天候道路。

上述双层慢行道路的上层道路的上方设置棚盖，双层慢行道路的上层与下层均为全天候道路。

上述双层慢行道路与机动车道路完全分离，没有平面交叉。

这种人、非机动车、机动车三者分离的道路系统的交通方法，其特征在于：上述的双层慢行道路，其中一层设置为人行道，另一层设置为非机动车道，实行人与非机动车的通行在空间上的分离。

本发明文件中名词和术语的定义：

慢行道路的定义：人和非机动车通行的道路。

非机动车的定义：非机动车是指自行车、电动自行车或其他低速轻便的交通工具。

全天候道路的定义：是指交通不受日晒和风、雨、雪影响的道路。

在这种慢行道路系统中，步行是十分安全的，既不受机动车的威胁，也不受非机动车的影响。在这种慢行道路系统中，非机动车有自己的专用道路，其中没有行人的干扰，骑行快捷安全。

实施本发明，可实现人与机动车、人与非机动车的通行在空间上的双重人车分离，彻底解决了目前城市中人车混杂的问题，使步行和非机动车成为日常出行的首选，能够大幅度降低交通能耗、降低交通对环境的污染，实现以人为本的绿色交通；将慢行道路架空，其投资比机动车高架路和地下交通工程要省得多，同时，将人和非机动车从地面道路上分离出去，将大幅度提高地面道路上机动车的通行能力，将产生巨大社会经济效益；由于实现了人车的双重分离，杜绝机动车撞人和非机动车撞人的交通事故，能从根本上改善交通安全。建设双层慢行道路，表面上看要增加投资，而实际上由于改变了出行结构，大幅度降低了机动车的交通量，其结果是大量节约了机动车道路的巨额投资。

附图说明

图 1：是本发明实施例 1 的示意图

图 2：是本发明实施例 2 的示意图

图 3：是本发明实施例 3 的示意图

图中：1. 双层慢行道路中的上层道路；2. 双层慢行道路中的下层道路；3. 棚盖；4. 楼梯或自动扶梯；5. 地面公交车站台与慢行道路之间的楼梯或自动扶梯；6. 公交车站台；7. 横向通道；8. 横向通道与地面之间的楼梯或自动扶梯；9. 机动车道路。

具体实施方式

【实施例 1】　参见图 1，本发明将慢行道路设置为双层道路结构，双层慢行道路的下层道路 2 设置为全天候道路；在双层慢行道路的上层道路 1 的上方设置棚盖 3，双层慢行道路的上层与下层均为全天候道路。

参见图 1、图 3，双层慢行道路与机动车道路 9 完全分离，没有平面交叉。双层慢行道路系统的交通方法是，将双层慢行道路中的一层设置为人行道，另一层设置为非机动车道，实行人与非机动车的通行在空间上的分离。

在图 1 的实施例中，慢行道路为高架道路，以避免与机动车道路平面交叉；双层慢行道路的下层道路 2 设置为全天候非机动车道路；双层慢行道路的上层道路 1 的上方设置棚盖 3，将上层道路设置为全天候步行道路。

【实施例 2】　参见图 2，慢行道路的下层与上层之间设置楼梯或自动扶梯 4，同时在慢行道路与地面的公交车站台 6 之间设置地面公交车站台与慢行道路之间的楼梯或自动扶梯 5，以便于乘坐公交车。

【实施例 3】　参见图 3，由双层慢行道路中的上层道路 1 和双层慢行道路中的下层道路 2 组成双层慢行道路，双层慢行道路设置在机动车道路 9 的中央，并如图 1 所示架空，使慢行道路与机动车道路在空间上分离，慢行道路用同样高架的横向通道 7 与机动车道路旁的建筑物相通，横向通道与地面之间设置横向通道与地面之间的楼梯或自动扶梯 8 与地面相通。

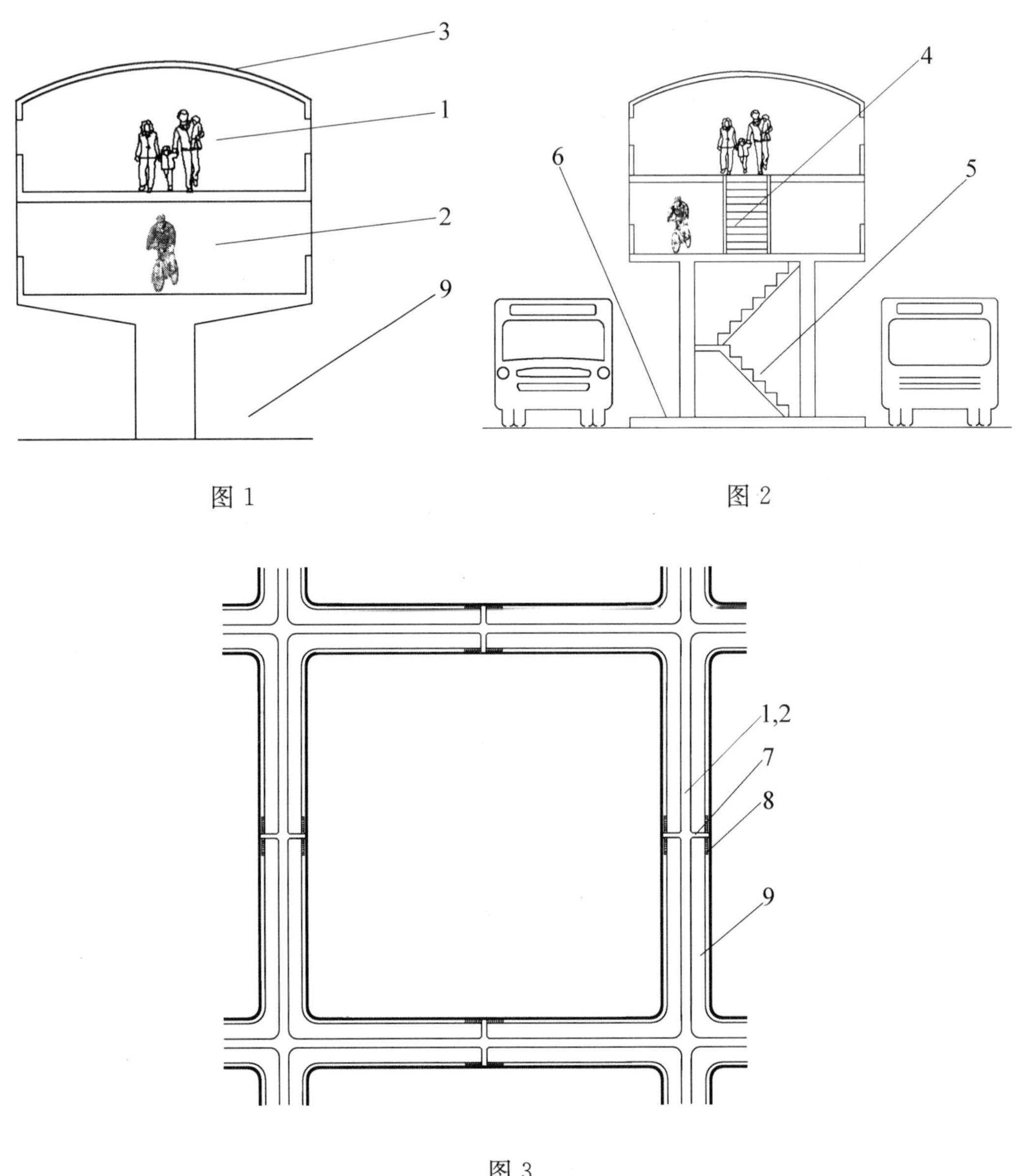

图 1

图 2

图 3

3.14 JD模式发明专利之九

一种噪声全隔离的机动车道路系统

说明书摘要

本发明提供一种噪声全隔离的机动车道路系统。在机动车道路的上方沿机动车道路设置隔声棚；在地面机动车道路旁建地面停车库，或在机动车道路旁建筑物的一层设置停车库；在隔声棚上或在停车库的屋顶上布置慢行道路；在地面机动车道路旁没有建筑物的情况下，沿机动车道路旁设置隔声板或隔声墙；在机动车道路的交叉路口设置立交桥，在该立交桥的上方设置隔声棚。由于将机动车道路交通的噪声进行全面隔离，使城市恢复了宁静；实现了人车的全面分离，能从根本上改善交通安全；在人的户外活动空间中看不到机动车高架路和机动车，城市恢复自然景观。

技术领域

本发明涉及一种机动车道路系统，特别是一种噪声全隔离的城市机动车道路系统，属于城市道路领域。

背景技术

目前城市交通噪声严重，已有技术只能在局部设置隔声板或隔声罩，所以城市交通噪声基本上处于无法隔离的局面。公开号为CN1116437A的中国专利申请公开了一种在公路或铁路之类交通道路上建造隧道形盖或隔离屏的方法。该发明只适用于一部分道路，并不适于全部道路。

发明内容

本发明的目的是提供一种噪声全隔离的机动车道路系统，解决将机动车道路交通的噪声全面隔离的技术问题，并同时使人的户外活动空间和城市的开敞空间均处于比较安静的环境中。

为了实现本发明的目的，这种噪声全隔离的机动车道路系统，其特征在于：在机动车道路的上方沿机动车道路设置隔声棚，在机动车道路旁建地面停车库，或在机动车道路旁建筑物中设置地面停车库。

在机动车道路旁没有建筑物的情况下，沿机动车道路旁设置隔声板或隔声墙。

在机动车道路的交叉路口设置立交桥，在该立交桥的上方设置隔声棚。

上述的立交桥为下穿式的分离式立交桥。

上述的隔声棚可替换为盖板。

本发明文件中名词和术语的定义：

慢行道路的定义：人和非机动车通行的道路。

下穿式的分离式立交桥的定义：上层的机动车道沿原来路面的高度不变，而下层的机动车道通过坡道从上层机动车道下面穿过的分离式立交桥。

隔声棚和盖板的定义：隔声棚是指沿机动车道设置在机动车道上方的由轻质、隔声材料构成的棚盖；盖板是指用于替代隔声棚的钢或混凝土结构的棚盖，其承重能力较强，上面可以布置平台花园等设施。

地面停车库的定义：是指机动车停在地面上的停车库，通常为一层，为多层时其底层在地面上。

实施本发明，可以将机动车道路交通的噪声进行全面隔离，使城市的开敞空间恢复宁静。由于实现了人车的全面分离，能从根本上改善交通安全，而且在人的户外活动空间中看不到机动车高架路和机动车，城市恢复自然景观。

附图说明

图 1：机动车道路上方设置隔声棚实施例

图 2：机动车道路上方设置盖板实施例

图 3：下穿式的分离式立交桥示意图

图 4：下穿式的分离式立交桥上方设置盖板实施例

图中：1. 隔声棚；2. 地面停车库；3. 盖板；4. 下穿式的分离式立交桥上方设置的盖板；5. 慢行道路；6. 机动车道路；7. 立交桥的上层道路；8. 立交桥的下层道路；9. 平台花园；10. 建筑物。

具体实施方式

下面结合附图和实施例详细描述本发明。

在图 1 的实施例中，沿机动车道路 6 在其上方设置隔声棚 1，机动车道路旁建地面停车库 2，机动车交通的噪声被全面隔离，城市的开敞空间基本上是安静的。在隔声棚上可以布置慢行道路。

在图 2 的实施例中，沿机动车道路 6 在其上方设置盖板 3，机动车道路旁建地面停车库 2，机动车交通的噪声被全面隔离，城市的开敞空间基本上是安静的。在盖板上可以布置慢行道路 5 和平台花园。

在图 4 的实施例中，采用下穿式的分离式立交桥(参见图 3)，该立交桥的上层道路 7 与地面机动车道路 6 在同一高度上，可将机动车道路 6 上方的隔声棚 1 或盖板 3 与下穿式的分离式立交桥上方设置的隔声棚或下穿式的分离式立交桥上方设置的盖板 4 连成一体，以便于在连成一体的隔声棚或盖板上布置慢行道路 5 或平台花园 9。

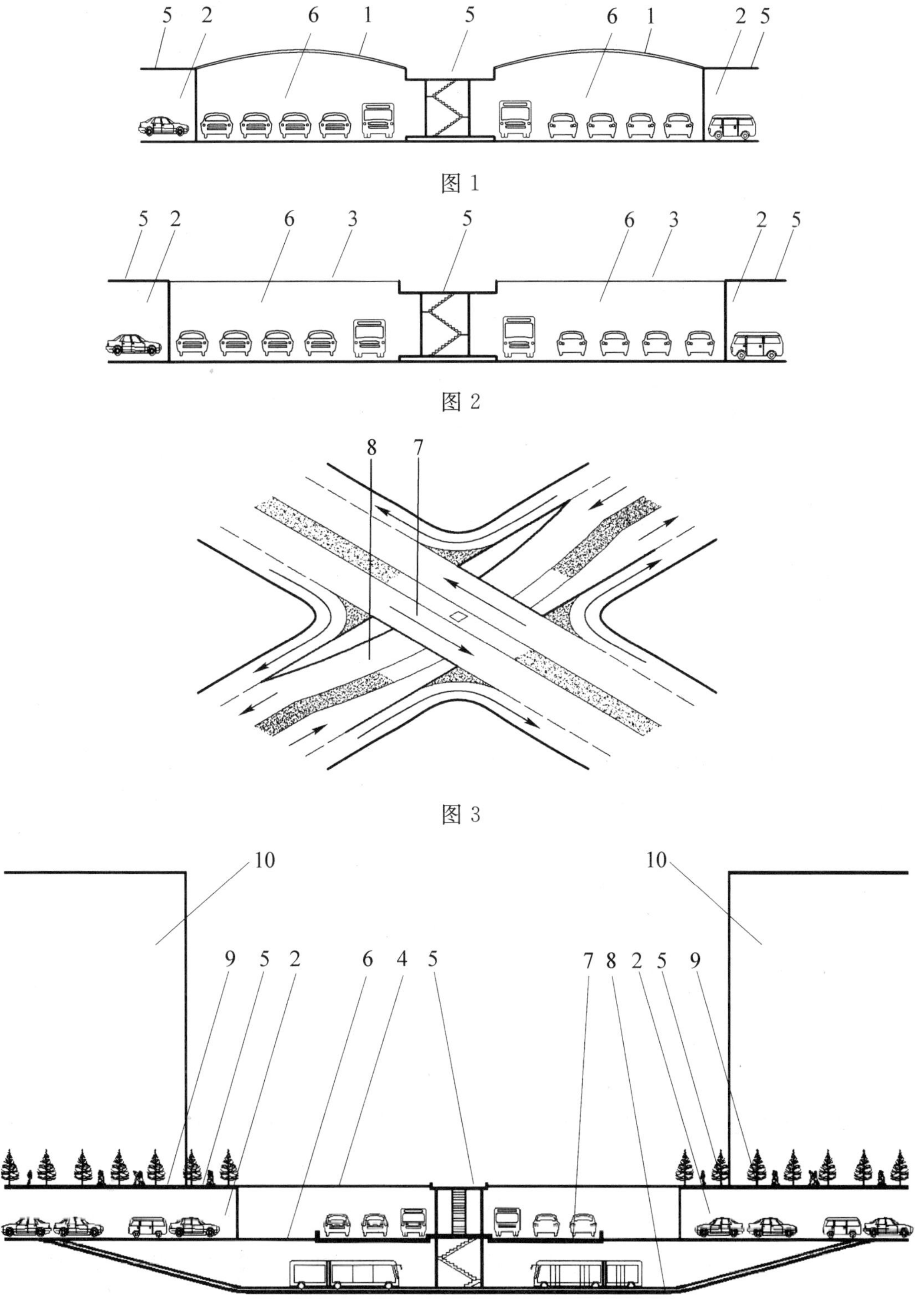

图 1

图 2

图 3

图 4

3.15　JD模式发明专利之十

一种人车全面分离的城市系统

说明书摘要

本发明提供一种人车全面分离的城市系统。在地面以上三维空间中划分出机动车道路、停车库、慢行道路和无机动车户外活动空间四个单一功能的独立空间。机动车道路网为快速路网，机动车均可全程连续行驶到达每一个街区；在地面机动车道路旁建设地面停车库；慢行道路设置在地面停车库屋顶上；在地面停车库的屋顶上布置平台花园；将除地面机动车道路、地面停车库、地面建筑和其他地面设施所占用的面积之外的地面，设置为绿地花园。本发明的突出特点既可以在几个街区范围内采用，也可以在整个城区范围内采用，实现人车全面分离。

技术领域

本发明涉及一种城市系统，特别是一种人车全面分离的城市系统。

背景技术

目前的城市存在人车混杂，已有技术所实行的人车分离是不全面的，人与非机动车仍需在机动车道中穿行，城市中车撞人的交通事故经常发生；由于人车混杂，机动车交通基本上是间断流交通，经常发生交通拥堵；按照已有技术，城市中长期存在停车难、步行难、无机动车户外活动空间分散且不足。公开号为CN1563580A的中国专利申请公开了一种W形城市道路，该发明投资巨大，且尚不能解决交通拥堵的问题。

发明内容

本发明的目的是提供一种人车全面分离的城市系统。在这个城市系统中，要解决四个技术问题：一是提高步行(含非机动车)系统的便捷性和安全性，杜绝车撞人的交通事故的问题；二是提高机动车道路的通行能力，在人车全面分离的基础上实现城市机动车道路的连续流交通，消除交通拥堵的问题；三是设立宽松方便的停车空间，彻底消除停车困难的问题；四是建立具备无机动车干扰的、大面积的、开敞的户外活动空间的新型城市系统问题。

为了实现本发明的目的，这种人车全面分离的城市系统，其特征在于：在实施所述城市系统的地域范围以内的地面以上三维空间中划分出机动车道路、停车库、慢行道路和无机动车户外活动空间四个分别只承担机动车行驶、机动车停放、人和非机动车通行、无机动车户外活动等单一功能的独立空间，所述机动车道路不允许人和非机动车通行或穿行，机动车道路网为快速路网，机动车均可全程连续行驶到达每一个街区，所述停车库为在机动车道路旁建设的地面停车库或设在建筑物中的地面停车库，所述慢行道路设置在地面停车库屋顶上。

实施所述城市系统的地域范围可以是几个街区，也可以是面积不小于10平方公里的地域。

所述机动车道路为地面机动车道路。

在地面停车库的屋顶上布置平台花园。

所述的城市系统中将除地面机动车道路、地面停车库、地面建筑和其他地面设施所占用的面积之外的地面，设置为绿地花园。

所述的绿地花园的周边设置隔离物，将绿地花园与机动车道路及地面停车库进行隔离，并设置通道将绿地花园与慢行道路、平台花园相互连通，构成大面积的无机动车户外活动场所。

本发明文件中名词和术语的定义：

实施所述城市系统的地域范围：指规划中所划定的实施本发明的地域，地域的范围可以是几个街区，也可以扩大至整个城区，这个地域范围内包括城市道路及城市道路中设置立交桥的交叉路口。

城市道路的定义：指除街区内道路以外的城市中的机动车道路，即供城市中街区之间通行的机动车道路。在已有技术中，城市道路分为四级(快速路、主干路、次干路、支路)，城市道路的路网是四级道路所组成的路网，路网中的大部分道路不是快速路，大部分路段上的交通流是间断性的。本发明中城市道路不分为四级，城市道路网为快速路网，任何两个街区之间的交通都可以是连续流交通。

慢行道路的定义：人和非机动车通行的道路。

街区的定义：城市道路围合的单元地块。在方格式路网中，每一个方格为一个街区。

地面停车库的定义：是指机动车停在地面上的停车库，通常为一层，为多层时其底层在地面上。

非机动车的定义：非机动车是指自行车、电动自行车或其他低速轻便的交通工具。

机动车道路快速路网的定义：机动车均可在机动车道路网中任何两个街区之间实现全程快速连续行驶的路网称为机动车道路快速路网。机动车道路快速路网可以是交叉路口全部设立交桥的路网，也可以是只在经选择的部分交叉路口设立交桥的路网。

实施本发明，由于将行车、停车、步行和户外活动分别放在各自独立的空间中，所以完全排除了相互之间的干扰，这将为彻底解决诸多城市病创造最基本的条件，与现有城市系统相比，有如下优点：

实施本发明，地面机动车道路上完全没有人和自行车，可以很容易地将机动车道路设置为快速路网，取消交通信号灯，使机动车道路的每条车道的通行能力从600辆/小时提高至1800辆/小时，提高至3倍；同时，由于地面道路全部留给机动车行驶，道路红线范围内不需要设置人行道和非机动车道，所以机动车的车道数量约可增加至1.7倍；综合这两个因素，道路通行能力提高1.7×3≈5倍。计算表明，提高后的通行能力远远大于高峰时段的交通需求，交通拥堵将彻底消除。由于道路通行能力提高5倍，所以由道路通行能力所决定的城市每平方公里土地上汽车保有量的极限，从约2000辆提高至约10000辆。当城市汽车拥有率达600辆/千人的饱和水平时，城市仍可保持紧凑，不会发生低密度扩散，城市占用的土地只为现行城市系统的1/4左右。

实施本发明，步行道路中完全没有机动车出现，步行环境得到彻底改善，不需要等待信号灯，不需要绕行，也不必担心被汽车撞伤，可以彻底杜绝车撞人的交通事故。

实施本发明，地面机动车道路上完全没有人和非机动车，只需拿出地面面积的1/3左右用于停车，即可以满足城市每平方公里土地上汽车保有量10000辆的停车需要，城市停车难问题将彻底得到解决。

本发明的城市系统，可以用于部分街区、部分城区或全部城区，可以用于城市新区的建设，也可以用于城市老城区的改造。特别是对于老城区的改造，有重大的现实意义：一是可以避免城市规划中采用只能治标不能治本的措施，避免花巨额投资建设将来可能要拆除的如某些高架路等交通设施；二是可以避免城市在不合理的道路布局下继续建设、形成积重难返的局面；三是可以避免城市按现行系统继续“摊大饼”、陷入严重不可持续发展的局面。本发明的城市系统，为老城市改造提供了科学的目标模式，可以避免城市改造和发展上的盲目性，使城市建设步入良性循环。

本发明中采用的建筑结构和道路结构的元素都是最经济、最可靠的，这些结构元素是：地面机动车道路、分离式立交桥、地面停车库、屋顶平台与地面花园。采用本发明的城市系统，不但经济可行，而且成熟可靠。

实施本发明的地域范围可以是几个街区，也可以是面积不小于10平方公里的较大范围，本发明的突出特点是既适用于几个街区的范围，也适合于在整个城区范围内采用，实现人车全面分离。

附图说明

图1：人车全面分离的城市系统街区断面示意图

图2：机动车道路快速路网实施例示意图

图3：机动车道路快速路网实施例示意图

图4：机动车道路快速路网单元结构实施例示意图

图5：机动车道路快速路网单元结构实施例示意图

图6：一条道路上允许直行通过的平面交叉路口示意图

图7：一条道路上允许直行通过的平面交叉路口示意图

图8：只允许右(沿行驶侧)转弯的平面交叉路口示意图

图中：1. 机动车道路；2. 停车库；3. 慢行道路；4. 平台花园；5. 绿地花园；6. 城市道路；7. 街区内道路；8. 无街区内道路的街区；9. 立交桥；10. 建筑物。

具体实施方式

下面结合附图和实施例详细描述本发明。

实施例参见图1，在实施所述城市系统的地域范围以内的地面以上三维空间中划分出机动车道路1、停车库2、慢行道路3和无机动车户外活动空间四个分别只承担机动车行驶、机动车停放、人和非机动车通行、无机动车户外活动等单一功能的独立空间，机动车道路1优选地面机动车道路，机动车道路不允许人和非机动车通行或穿行，机动车道路网为快速路网（参见图2～图8），机动车均可全程连续行驶到达每一个街区，停车库2为在机动车道路旁建设的地面停车库或设在建筑物10中的地面停车库，慢行道路3设置在地面停车库屋顶上。在地面停车库屋顶上布置平台花园4，平台花园4与绿地花园5，共同构成大面积的城市绿地和无机动车户外活动空间。

在图2所示的实施例中，城市道路6为方格式路网，其间有街区内道路7，可以有无街区内道路的街区8，机动车可以直行通过立交桥9，机动车可以不停顿地右（沿行驶侧）转弯，机动车左转弯时需先直行通过立交桥9，再经过连续右转弯后直行通过立交桥9。上述立交桥可为分离式立交桥。

在图3所示的实施例中，街区内道路7相交处设置为环行路，环形路围合的地面为绿地花园5，图中的环形路为圆形，实施中也可以根据审美需要设计成其他形状。

在图4所示的实施例中，为“日”字形的城市道路路网结构单元，图中A为设立交桥的路口，图中B为不设立交桥的路口，在路口B处可采用图6所示的平面交叉路口，实现机动车不停顿地通过路口B。由这种“日”字形路网结构单元所构成的城市机动车道路网，只需在50％的路口设置立交桥（另外50％的路口为平面交叉路口），就能实现全面的快速交通，可以取消机动车道路的信号灯，实现机动车连续不停顿地行驶。

在图5所示的实施例中，为“田”字形的城市道路路网结构单元，图中A为设立交桥的路口，图中B为不设立交桥的路口，在路口B处可采用图6所示的平面交叉路口，实现机动车不停顿地通过路口B；图中C为不设立交桥的路口，在路口C处可采用图7所示的平面交叉路口，实现机动车不停顿地通过路口C；图中D为不设立交桥的路口，在路口D处可采用图8或图6、图7所示的平面交叉路口，实现机动车不停顿地通过路口D。由这种“田”字形路网结构单元所构成的城市机动车道路网，只需在25％的路口设置立交桥（另外75％的路口为平面交叉路口），就能实现全面的快速交通，可以取消机动车道路的信号灯，实现机动车连续不停顿地行驶。

图4和图5实施例的机动车快速路网，其优点是只需在部分交叉路口设立交桥，其缺点是路网的机动车通行能力低于图2实施例的机动车快速路

网，立交桥路口的数量占全部交叉路口数量的比例越高，路网的通行能力越大。

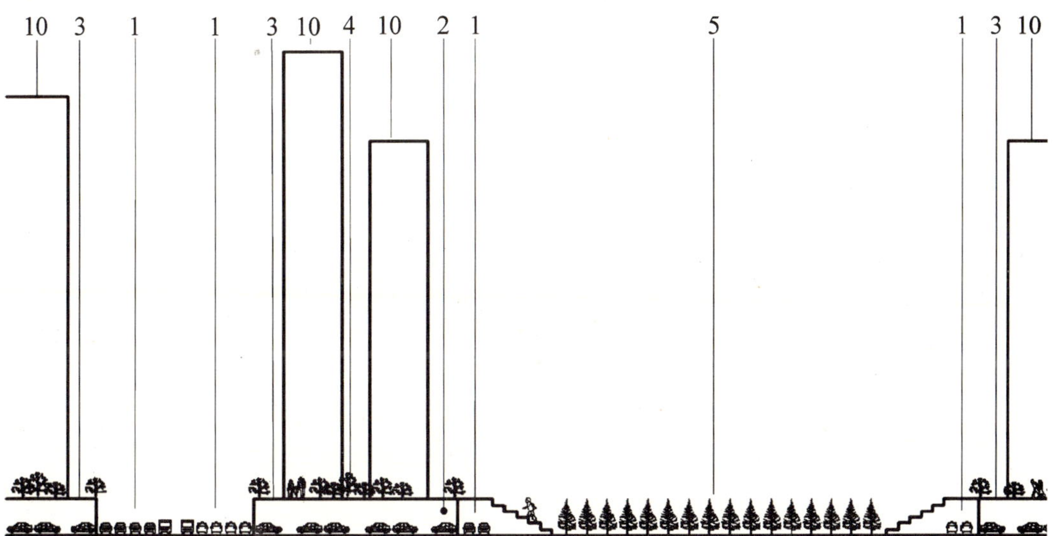

图 1

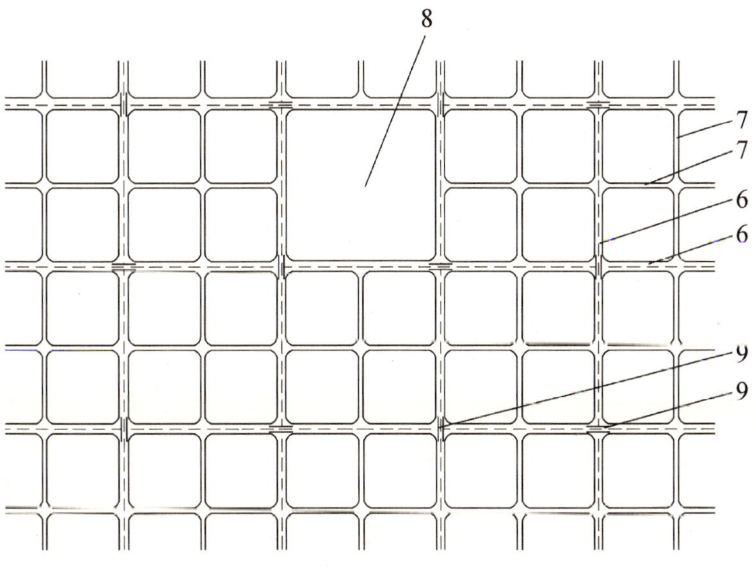

图 2

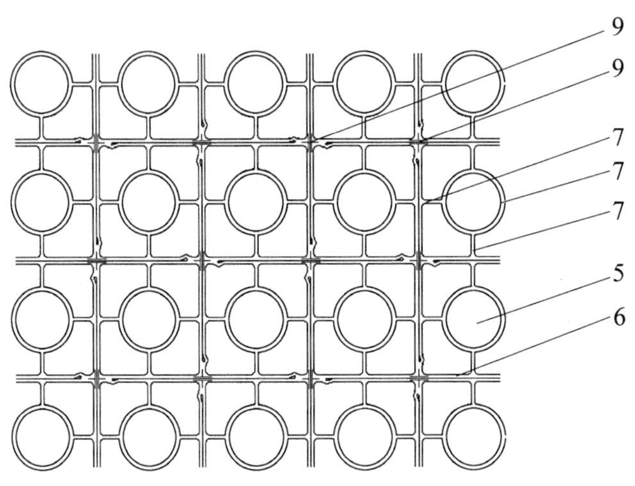

图 3

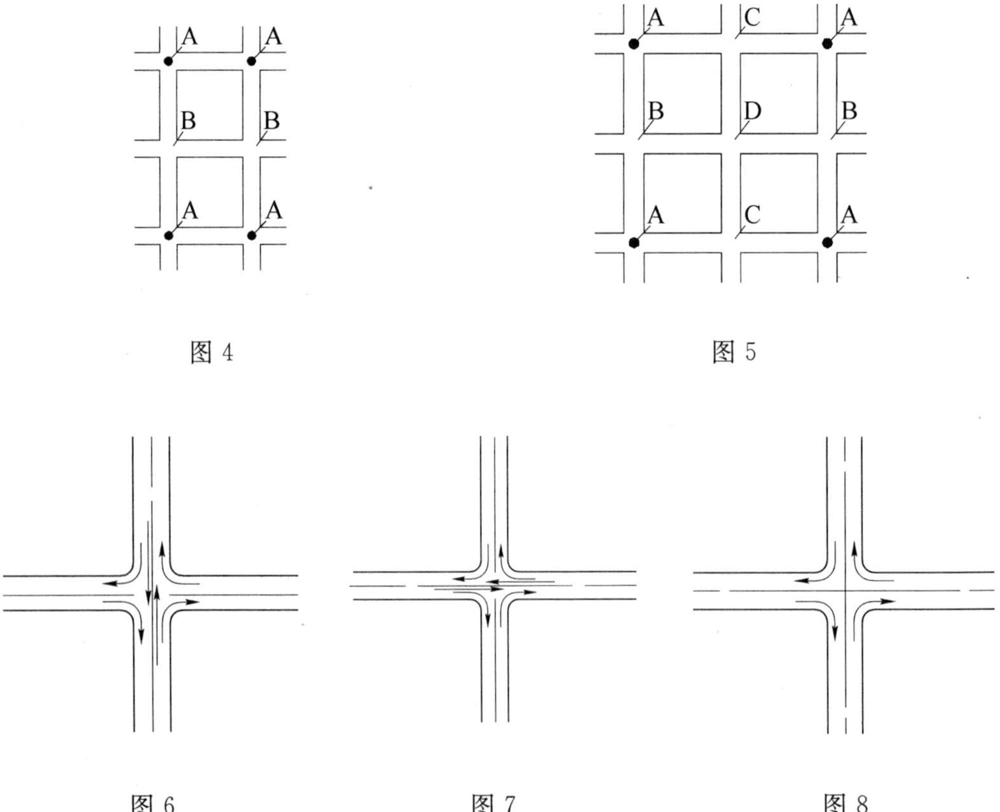

图 4

图 5

图 6

图 7

图 8

3.16　JD 模式中的商业模式

(1) JD 模式城市有四个影响商业模式的因素

1) 道路畅通，完全没有交通拥堵，商品调配的运输时间可以准确预计。

2) 城市紧凑，与现行城市相比商业网点之间的距离缩短一半。

3) 平均车速为现行城市的 3 倍，在网点间距离缩短一半的情况下，商品调配的运输时间只为现行城市的 1/6，商品的周转效率提高 6 倍。

4) 人口密度高，一个街区(700 米×700 米)内的人口约为 7350～14700 人左右，在步行 500 米的范围内人口约为 15000～30000 人，每个社区的购买力可支撑比较完整的商业配套。

(2) 商业模式的适应性调整

城市布局与城市交通是决定商业模式的重要因素，JD 模式的特点必将引起商业模式的重大变化，必将提供巨大的商机。可以预料的是，连锁式商业、电话购物与网上购物等商业模式，在 JD 模式的城市中，将有飞速的发展。

3.17　JD 模式中的地价与房价分布均衡

(从略，请阅读总论中第 70 问)

3.18　JD 模式的社会经济意义

(1) 国家三大节约、百姓九大实惠、发展八大好处

(从略，请阅读总论中第 73～75 问)

(2) JD 模式与现行城市模式对比图示

两种城市模式效果对比表

城市规模：市区人口1000万汽车保有量600万辆

现行城市模式 必然“摊大饼”的城市模式	畅通城市新模式 紧凑节能不堵车的城市模式
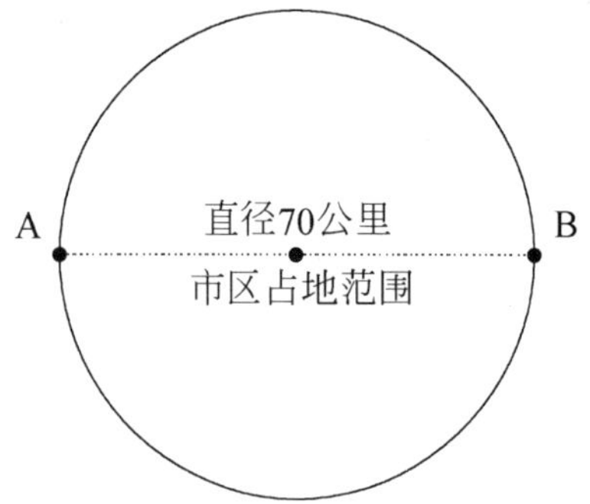	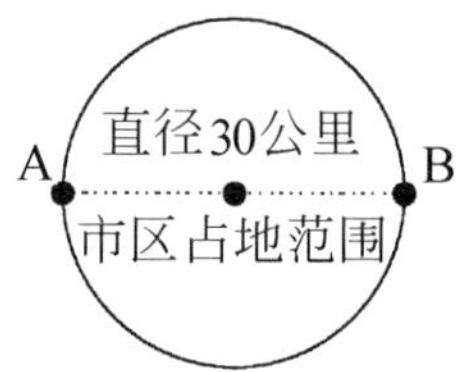
● 市区人口**1000万**	● 市区人口**1000万**
● 市区直径**70公里**	● 市区直径**30公里**
● 市区占地面积约**4000平方公里**	● 市区占地面积约**720平方公里**
● 人均建筑面积可达**100平方米**	● 人均建筑面积可达**100平方米**
● 市区内平均车速**20公里/小时**	● 市区内平均车速**60公里/小时**
● 从A点到B点车行时间约**3.5小时**	● 从A点到B点车行时间**0.5小时**
● 城市物流周转**慢且不准时**	● 城市物流周转**快捷准时**
● 市区道路投资约**7200亿元**	● 市区道路投资约**2000亿元**
● 市区内汽车保有量**600万辆**	● 市区内汽车保有量**600万辆**
● 停车库内车位数量**300万个**	● 停车库内车位数量**800万个**
● 交通**拥堵严重**	● **没有交通拥堵**
● **人车混杂、步行困难**	● 整个城市现**人车分离** 有遍布全市的步行系统
● 公交优先**很难实现**	● 全面**实现公交优先**
● 城市交通**能耗高**	● 城市交通**能耗低** 只相当于现行城市模式的1/6

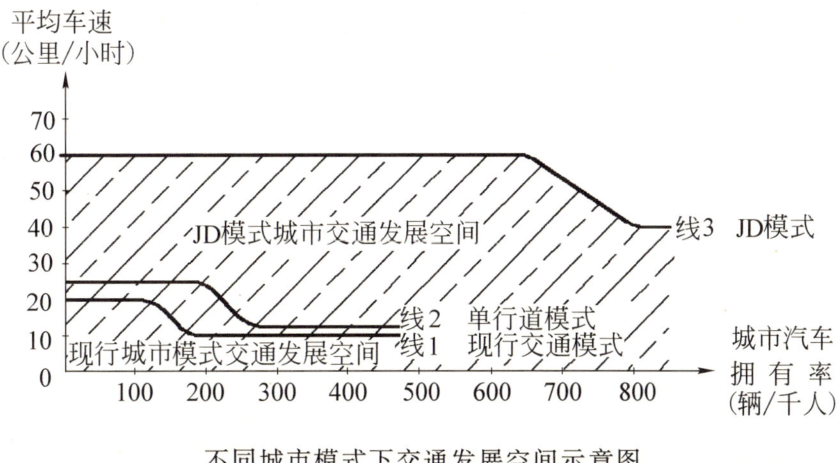

不同城市模式下交通发展空间示意图

3.19　JD模式在老城市改造和新城市建设中的应用

3.19.1　采用JD模式是老城市改造的惟一出路

(1) 老城市改造的三大难题

一是方向性问题，老城市的道路交通改造采取哪些措施才符合城市发展的方向，才可以避免将来走回头路，才能避免改造中的盲目性，这是老城市改造当中面临的根本性问题。

二是经济可行性问题，老城市改造往往需要政府拿钱解决拆迁安置问题，城市格局的调整也需要巨额的资金，因此，能否解决资金的支付和回收，是老城市改造所面临的实际问题。

三是及时性问题，老城市改造必须适应汽车数量高速增长，使道路的通行能力迅速超越机动车交通需求，持续性地实现道路畅通和公交快捷，而不能因交通改造而置当前的交通需要于不顾，甚至于影响当前城市交通的正常运行。

(2) 采用JD模式可以兼顾三大难题的解决

首先，方向性问题，采用JD模式可使城市改造一劳永逸形成可持续发展的城市。

其次，采用JD模式可保持每平方公里3万人的高密度，政府可以增加政府土地转让金收入，用于支付城市拆迁和改造所需要的费用(长沙三角洲的改造已经证明了这一点)。

第三，采用JD模式改造城市交通系统，一般不需要兴建地铁、高架路和大型立交桥，不仅可以节约巨额的交通投资，而且对城市的日常交通不会产生过大的干扰；在对城市道路的改造中，可以只对一少部分交叉路口进行改造，可以按照前述发明专利之四，只在1/6或1/4或1/2的交叉路口设简单的十字形立交桥，就可以取消红绿灯，实现机动车路网的全面快速化，消除交通拥堵，保证机动车畅通和公交快捷。

3.19.2 老城市改造可以采取三种方式进行

第一种方式：逐步治理老城区，可分三步走：①逐步实现全路网快速化；②建设人车分离的步行系统；③建设足够的停车位。

第二种方式：保护老城区的历史风貌，按JD模式建设紧凑型的新城区，老城区的社会经济功能逐步向新城区转移。

第三种方式：为以上两种方式的结合。

以北京为例，投资400亿元(用于修建3000公里架空人行道和800座跨线桥)，经3年左右时间的改造，可望基本解决交通拥堵和停车困难，建成遍布全市的步行系统，实现步行优先和公交优先。也可在北京东部划出20公里×20公里的地域，建设600万人口的紧凑畅通新城，老城区的行政职能逐步向新城转移，以适应京津城市带的发展趋势，并扭转北京继续“摊大饼”的局面。

3.19.3 新城市规划应一步到位分步实施

发展中的城市或城区应按JD模式的要求，规划一步到位，分步实施。

发展中的城市或城区汽车数量较少，尚未暴露出城市交通规划中的问题，要避免今后陷入交通拥堵的困局，应该按照JD模式城市四空间论的思路，以汽车饱和拥有率（600辆/千人）为规划的刚性约束条件，一步到位地完成长期交通规划。规划中的地面道路、十字立交、地面停车库，特别是停车库屋顶平台，近期无需全面建设，但要预留空间，今后根据发展的需要，有选择地逐步建设、分步到位。

附录

附录1　汽车城市主义

汽车城市主义是对汽车时代城市交通的理论和主张。汽车城市主义并不主张城市交通以小汽车为主，而是认为汽车时代城市交通的构成中公交出行占60%，步行占20%，小汽车占20%。在汽车时代的城市中，应该建立人车完全分离的、独立的机动车道路系统、独立的步行道路系统、独立的自行车道路系统和无汽车干扰的户外活动空间，这一点应该成为汽车时代城市的时代性特点。汽车时代的城市模式应采用节地城市发展模式(JD模式)。

1. 汽车城市主义是《雅典宪章》和《马丘比丘宪章》思路的延续

汽车交通给现代城市所带来的问题在1933年的《雅典宪章》中已有明确的描述——"现代城市的混乱是机械时代无计划和无秩序的发展所造成的"，不幸的是70多年过去了，仍然没有找到解决城市交通问题的理想方法。虽然进行了长期的、多方面的探索和试验，但是仍然没有掌握城市道路交通改造的主动权，城市交通改造的阶段性效果往往被高速增长的汽车所吞噬。从本质上说目前城市道路交通系统的改造并没有解决发展无序化的问题，问题的根源仍如《雅典宪章》所描述的——"今日城市中和郊外的街道系统多为旧时代的遗产，都是为徒步与行驶马车而设计的；现在虽然不断地加以修改，但仍不能适合现代交通工具(如汽车、电车等)和交通量的需要"。

问题的出路在哪里呢？在《雅典宪章》中也提出了明确的思路——"摩托化运输的普遍应用，产生了我们从未经验过的速度，它激动了整个城市的结构，并且大大影响了在城市中的一切生活状态，因此我们实在需要一个新的街道系统，以适应现代交通工具的需要"。

现代城市中的交通问题衍生出了城市土地的问题。城市土地问题和城市交通问题一样，都是城市可持续发展所面临的重大问题。在1977年的《马丘比丘宪章》中对此已有明确的描述——“自从1933年以来，尽管多方面的努力，城市土地有限仍然是实现规划好的城市建设的根本阻碍。所以，对这一问题今天仍迫切要求拟订有效的公平的立法，以便在不久的将来能够找到确有很大改进的解决城市土地的办法”。

从《雅典宪章》和《马丘比丘宪章》的思路中可以得出一个明确的结论——城市道路交通系统呼唤着一个划时代的转变。需要以这个划时代的转变为基础，确立城市空间结构的JD模式，这就是汽车时代城市主义（简称汽车城市主义）的基本理念。

几十年前的这两个宪章所提出的问题实质上是城市的可持续发展问题。如今，这个问题已经严重到了非解决不可的程度，因为目前城市的道路交通模式已经严重暴露出了发展不可持续的问题。

2. 汽车城市主义找到了“新的街道系统”和“解决城市土地的办法”

关于《雅典宪章》所期盼的“我们实在需要一个新的街道系统以适应现代交通工具的需要”，《马丘比丘宪章》所期盼的“能够找到确有很大改进的解决城市土地的办法”，在这里我们可以明确地宣布：在汽车城市主义的理论体系中同时解决了《雅典宪章》所期盼的新的街道系统和《马丘比丘宪章》中所期盼的解决城市土地的办法。

非机动化时代的交通为连续流，道路的本质功能即通行功能，得到了充分的发挥，畅达的城市交通保证了城市功能的正常运行。

城市的非机动化时代经历了两千多年，城市的机动化时代恐怕会经历更长的时间，非机动化时代与机动化时代的交汇期只有一百年左右。在这个交汇期，以前的城市交通有序状态被打破，进入了无序化的过渡状态，随着过渡状态的结束，城市交通将按照全新的规则进入新的有序状态。

目前，城市交通正处在机动化时代与非机动化时代的交汇时期，在这个交汇期的初期，汽车较少，交通基本上还是连续流，停顿的概率很少，但是当汽车拥有率超过一定的限度（在特大城市这个临界数字约为汽车拥有率100辆/千人）后，交通变成了典型的间断流，道路的通行功能将丧失70%以上，在发生交通拥堵时，道路的通行功能全部丧失。显然，只有使道路通行功能得到充分的发挥，汽车时代的交通问题才能真正得到解决。为此，必须创造在一种全新的道路交通模式，在这个新的道路交通模式下，无论是汽车还是步行，都应该是无需中途停顿的连续流交通，而且，这个新的交通模式必须保证，在汽车拥有率达到600辆/千人的饱和水平下，在城市有限的土地资源条件下，实现交通的畅达和宽裕的停车，保证一劳永逸地解决城市的交通问题。

城市交通应该尽快完成从交汇期向机动化时代的推进，完成这一个划时代的转变。汽车城市主义就是为了完成城市交通的划时代转变而提出的，其目的在于从根本上掌握城市道路交通发展的主动权，完成城市道路交通系统改造从“必然王国”向“自由王国”的飞跃。

3. 汽车城市主义的提出

（1）当今世界，汽车交通给城市带来了几乎是无法解决的诸多问题。针对汽车时代城市的可持续发展问题，我们提出一套确保以下六项目标实现的理论和具体方法，这就是汽车时代城市主义，简称汽车城市主义。

6项目标：

① 彻底解决城市交通拥堵、停车困难和步行系统不宜人的问题。

② 避免我国城市用地将蔓延至占全国耕地的25%左右，而控制在6%以下。

③ 使我国汽车饱和容量从6000万辆提高至6亿辆，确保汽车内需市场的发展空间，并满足人人都能享受购买和驾驶汽车的需要。

④ 使汽车能源消耗大幅度降低至目前每辆车消耗水平的25%～30%，并为向电动汽车的过渡创造条件。

⑤ 使平均每辆汽车的道路投资降低至1/4左右，并不再需要修建地铁。

⑥ 早日实现环保型绿色交通。

（2）城市潜伏着严重的空间结构危机

在发生严重的交通拥堵之前，城市的空间结构比较紧凑，市区人口密度大约在15000人/平方公里左右。这个时期，城市的空间结构比较紧凑，能够满足城市聚集功能的要求。空间结构和聚集功能两者是协调的。但是，随着小汽车的高速增长，严重的交通拥堵迫使城市的空间结构向低密度方向扩展，在市区周围形成了很大面积的都市圈，市区人口向外疏散。目前，一些国际知名的大城市基本上处于这种状况。

但是，城市的这种低密度扩张，并没有解决市区的交通拥堵，却带来了以下5个方面的严重问题：

① 城市面积增大数倍以后，城市的效率明显降低，个别城市出现了中心区功能衰退的所谓空心化现象。

② 城市占用了大量的耕地，郊区化无序蔓延的结果，严重损害了整个国家的生态环境、损害了农业的发展。

③ 随着汽车的高速增长，在城市低密度扩张的情况下，需要迅速建设庞大的道路网，这需要巨额的道路投资。这些投资的可支付性很差，而且无法得到起码的回报。

④ 城市低密度扩张的结果，导致汽车出行距离的成倍增加，造成了出行时间和能源消耗大幅增加。

⑤ 环境污染更加严重。

综上所述，城市原有的高密度空间结构不能适应汽车时代的要求，而现行的城市低密度扩张的空间结构，因为造成严重的后果，同样不能适应汽车时代的要求。城市空间结构的发展向何处去？这个问题至今在全世界各地都没有真正得到解决。目前，几乎世界所有大城市都在沿着低密度扩张的道路越走越远，我国也正在起步朝着这个方向走。城市空间结构沿着低密度扩张的方向发展下去，将导致不可持续发展的局面，这就是城市空间结构潜伏着的危机。

美国的新城市主义者看到了这个危机的存在，但是没能提出真正解决问题的办法。我们的研究表明，按照一种创新的理论——汽车城市交通工程学，可以彻底摆脱城市空间结构潜伏的危机。

(3) 汽车城市主义的4点主张

① 小汽车主要用于城市之中，而不是用于城市外围的交通。

② 汽车拥有率将不可抗拒地发展到600辆/千人左右，城市应为汽车的普及使用创造无限的发展空间，而不应限制小汽车的购买和使用。

③ 城市空间结构的发展目标，应该是人均占地67平方米左右(人口密度15000人/平方公里)的紧凑型城市。其空间结构应能保证在600辆/千人汽车拥有率的条件下，不发生交通拥堵，同时具备车位充足的停车系统和人车彻底分流的步行系统。

④ 建设交通低能耗的城市。

目前全球汽车保有量约 7 亿辆，大约再经过一代人，将会达到 15 亿辆。石油危机总有一天会严重爆发，这对国家来说是一个重大的战略问题。汽车城市主义的目标就是要建立低交通能耗的城市。

城市交通能耗可以按下式估算：

JD 模式城市交通能耗$=(r-1)\times 50\%+(r-1)\times 50\%\times 10\%$

现行城市模式交通能耗$=[(R-1)\times 80\%+(R-1)\times 20\%\times 10\%]\times 1.3$

式中：r——采用 JD 模式时，城市的半径；

R——采用现行城市模式时，城市的半径。

系数 1.3 为采用现行城市模式时，由于堵车、路口停顿和寻找停车位所增加交通量等汽车油耗增加的系数。

当城市规模为 150 万人、340 万人和 600 万人时，上式计算结果分别为 1∶4.39、1∶4.15 和 1∶4.08。可见，按汽车城市主义的新交通模式，城市交通能耗将降低为采用现行交通模式的 1/4。

（上述估算公式的详细说明见本文作者的另一专著《汽车城市交通工程学探讨》）

4. 汽车城市主义的宗旨

(1) 宗旨：充分发挥汽车文明的高效率和高舒适性，并充分克服汽车交通所产生的严重弊端，在城市汽车拥有率达到饱和水平(600 辆/千人)的条件下，实现步行优先、公交优先、小汽车自由使用的宜人城市。

所谓汽车城市是指进入汽车时代的城市。现有城市进入汽车时代的标志是汽车拥有率超过某一临界数值(特大城市临界数值约为 100 辆/千人)，城市发生了不可逆转的交通拥堵。城市进入汽车时代后，汽车数量处于高速增长期，持续增长到 600 辆/千人左右，汽车数量趋于饱和。在汽车数量高速增长期，现有交通模式下的城市将被迫进行低密度扩展和郊区化无序蔓延，一方面大量占用了宝贵耕地，另一方面，城市市区陷入长期交通拥堵的泥潭之中，并永远得不到解决。汽车城市主义所倡导的汽车城市，是建立在新的城市交通模式基础上的新型汽车城市，既不多占用土地，也不发生交通拥堵。

(2) 城市本性特征值：城市是人们聚集起来进行经济活动、政治活动、社会活动和日常生活的地域。城市的本性(即本质特征)，在于人群的聚集。

人群聚集的密度是经过长期的自然选择的，这个密度的数值大约在15000～30000人/平方公里左右。可以说，15000～30000人/平方公里是城市本性的特征值。正是这个特征值，才形成了聚集的足够密度和城市特有的优势。

半个世纪以来，汽车在城市中所造成的交通拥堵，导致了城市的低密度扩张和郊区化的无序蔓延，其结果将使城市人口密度降低至3000人/平方公里左右，严重背离了城市本性的特征值。这种背离城市本性的现代城市出现了严重的大城市病。近20年来，人们苦于找不到彻底解决大城市病的办法，美国的新城市主义就是在这个背景下应运而生的。

新城市主义的产生引起了世界各国的高度关注，在我国有的学者也提出了“新城市主义的中国之路”。但是，可以明确地说，新城市主义根本不能解决现代城市背离城市本性的现象，更不符合中国的国情。如前面所谈到的，只有在15000～30000人/平方公里的密度下，在600辆/千人汽车拥有率的前提下，彻底解决城市交通拥堵，才能满足城市本性特征值的要求，才能够使现代城市向城市本性回归。新城市主义所给出的交通导向开发模式(TOD)和传统邻里开发模式(TND)，其人口密度平均为3600人/平方公里左右，与城市本性特征值相去甚远。

在汽车城市主义宗旨中所谈到的“快乐的汽车城市”，是指在饱和(600辆/千人)汽车拥有率的条件下，城市中既有畅达的无拥堵的汽车交通，又有公园式的、人车彻底分离的、宜人的步行系统；既具备随心所欲的私人驾车出行的条件，又有快速便捷的公交系统；既满足汽车的顺利通行，又满足所有汽车的停车需要。总之，这是一个省地、省时、节省能源和符合环保要求的高效运转的城市，是具备宽松交通条件的宜人城市。在这个城市中，无论是步行，驾车出行还是乘坐公交，都将是快乐的，而不是令人烦恼的。汽车文明给人们带来的只是快乐，而没有烦恼，人们生活在快乐的汽车城市之中。

5. 汽车城市主义的基本观点

(1) 可持续发展一票否决论

城市道路交通系统的规划是否满足可持续发展的要求，可以用以下三个必要条件来判断，只要有一个条件得不到满足，这个规划就不能满足可持续发展的要求，就应该被否决。这三个必要条件是：

① 汽车拥有率达到 600 辆/千人的饱和水平，城市不出现交通拥堵现象。

② 城市空间密度满足紧凑型城市的要求，15000～30000 人/平方公里或 33～67 平方米/人占地。

③ 行车、停车和步行系统同步建设，全部车辆都有合适的停车位，并且有宜人的步行系统。

(2) 可持续发展充分条件论

城市道路交通系统的规划只要同时满足以下六个条件，就一定是满足可持续发展的要求，这六个条件构成城市道路交通系统可持续发展的充分条件。这 6 个条件是：

①～③，与上述(1)中的必要条件①～③相同。

④ 每辆汽车的道路平均投资只相当于目前的 1/4 左右。

⑤ 每辆汽车的平均能耗只相当于目前的 1/4 左右，并且有利于电动汽车等绿色交通工具逐步取代燃油汽车。

⑥ 符合城市环保要求。

(3) 汽车密度决定论

定义：这里的汽车密度是特指汽车密度极限，是城市在不发生交通拥堵的前提下，每平方公里汽车容量的最大值(辆/平方公里)。

汽车密度对城市的效率、资源消耗、城市的集约化程度起决定性作用，也是决定城市本性特征值的基本指标。汽车密度对以下各项要素起决定性作用：

■ 城市人口密度(人/平方公里)＝汽车密度÷汽车拥有率

■ 城市占有土地面积＝城市人口÷(汽车密度÷汽车拥有率)

■ 汽车日平均出行距离与汽车密度的平方根成反比。

■ 乘车日平均出行时间与汽车密度的平方根成反比。

■ 汽车能源消耗与汽车密度的平方根成反比。

■ 汽车污染物排出量与汽车密度的平方根成反比。

■ 在城市人口规模不变的前提下，城市的汽车容量与汽车密度的平方根成正比。

■ 在道路面积率不变的前提下，每辆汽车的城市道路投资与汽车密度成反比。

■ 汽车密度对全国汽车的饱和容量起决定性作用，并间接地决定汽车工业发展的市场容量，间接影响城市内是否限制小汽车购买和限制小汽车出行等社会公平性问题。此外，还会影响到城市地铁的乘坐率，这涉及到是否兴建地铁等投资决策问题。

(4) 田园保护论

汽车城市人均占地应控制在67平方米/人以下，城市和郊区的边界清晰。汽车城市主义主张，应该坚持这个城市用地指标，以保住广大的田园和郊野，维持国家良好的生态环境。

目前，西方各大城市郊区化无序蔓延的结果，占用了大量的田园用地。有识之士已经指出这是一个必须加以解决的严重问题。诞生于美国的新城市主义的主张之一，就是建立紧凑型城市，只不过新城市主义者没有找到建立紧凑型城市的具体方法，他们提出的城市模式，城市人均占地仍高达280平方米/人以上。而我国人均耕地只有800多平方米，280平方米/人在我国是无法承受的。我国城市人口达10亿、城市汽车拥有率达6亿辆时，按照现行的城市交通模式，城市用地将占全国耕地面积1/4左右，而采用汽车城市主义所倡导的城市交通新方法，城市用地只占全国耕地面积的6%以下。

(5) 城际交通必然公交为主

在汽车拥有率达到饱和水平(600辆/千人)时，小汽车主要在城市内使用。

这是因为，在克服了城市郊区化无序蔓延的现象以后，为了保持城市以外田园和郊野的生态环境，不可能到处修路和停车位，将丧失小汽车在城市之外大量行驶和停车的条件，城际交通主要依靠公共交通。这样做的结果可以大幅度地降低小汽车的出行距离、能源消耗和环境污染。

(6) 出行方式互补论

在汽车城市中，采用混合功能的社区规划原则，使居民日常生活的出行基本控制在步行(和自行车)可达的范围内。这原本是新城市主义者所主张的规划目标，但却是一个新城市主义者无法全面实现的目标，因为实现这个规划目标，需要以下三个前提条件：第一，人口密度满足汽车城市的本性特征值，以使社区人口规模达到3万人左右的必要规模；第二，只有在本文所倡导的交通畅达的汽车城市中，物流配送才能做到快捷和准时，这是实现社区内商业配套齐全和品牌商店在社区内设立连锁店、以及实行网上购物的前提条件；第三，人车彻底分流，步行的道路要采取公园式的布局，有绿化、有休闲座椅，便于邻里沟通。

采用这种规划方式，步行系统与乘车出行可以实现互补，有助于减少驾车出行的比重，提高城市的汽车容量。

在汽车城市主义所倡导的汽车城市中，没有交通拥堵，可以真正实现快速公交，同时由于具备宜人的步行系统，人们比较乐意走路去乘坐公交。所以，公交系统可以和自驾车出行实现互补，同样有助于减少驾车出行的比重，提高城市的汽车容量。

在汽车城市中，必须如上述的，创造步行与乘车的互补，公交与自驾车的互补，城市才可以变成快乐的汽车城市。

(7) 行车、停车和步行系统同步建设论

在城市交通系统建设的每个阶段中，都必须保证行车、停车和步行系统同步建设。只有这样，城市交通才能随时保持良性局面，才不至于造成积重难返的后遗症。

同步建设的具体要求是，始终保持停车位的数量不小于汽车数量的110%；始终保持步行系统便捷、不中断、不绕行，并保持人车彻底分流。

(8) 绿色交通论

城市的交通系统，必须有助于环保型汽车的推广和使用。

① 应适当控制城市的人口规模；

② 最大限度地提高(允许的)汽车密度，从而达到最大限度地减少日平均行驶距离，降低环保型汽车推广使用的门槛。在没有交通拥堵，日行驶距离又较短的情况下，电动汽车等环保型汽车必将早日得到推广使用，形成城市的绿色交通。

(9) 系统刚性论

几十年的实践证明，城市道路交通系统一旦建成，就很难适应交通需求的发展变化，如需调整，往往需要“伤筋动骨”式的改造。简而言之，城市道路交通系统是一个不能进行弹性调节的刚性系统。

按照系统刚性论，城市道路交通系统的规划设计必须按照交通的最终需求，一步到位地全面完成。这种规划的方式犹如三峡工程一样，一旦开工建设，规划就不能再作调整。因此，必须科学地预测，在城市汽车保有量高速成长期结束以后，当汽车拥有率达600辆/千人时，城市交通需求结构的全部内涵；必须科学地论证，汽车时代城市交通的新规律；必须全面制定，适应成熟期汽车城市的道路交通系统的判别条件，并在此基础上，提出汽车城市交通的最终模式。

汽车城市最终的交通模式也不过是现行道路交通结构要素的重新整合，关键在于提出一套科学的整合理论和整合方法。与整合理论和整合方法相比，具体的道路交通方案只能是第二位的，对道路交通规划方案可行性论证理论和科学的判别条件才是最重要的。

6. 汽车城市主义的实践方法

(1) 推行节地城市发展模式(JD模式)

1933年《雅典宪章》所期盼的“实在需要一个新的街道系统”，至今并没有实现。1977年《马丘比丘宪章》所呼吁的“将来能够找到确有很大改进的解决城市土地有限的办法”，至今也没有得到解决。因此，必须在理论上搞清以下两个问题：一个是，上述两个宪章中所提出的问题是可解的还是不可解的？换句话说，这个解的存在性问题必须得到解决；其次，如果问题是可解的，它所依据的规律是什么？或者说现行的交通工程学理论存在着哪些重大缺陷，新的交通工程学理论如何创新？

汽车城市主义将对上述两个问题作出全面的回答。汽车城市主义所倡导的城市交通新理论和城市交通新方法，是汽车城市主义的技术基础，是汽车城市主义理论的一个组成部分。按照这个新理论和新方法，可以实现在城市人均占地67平方米、城市汽车拥有率高达600辆/千人的条件下，同时解决城市行车难、停车难和走路难的问题，可以顺利地建设成快乐的汽车城市。

① 解决现有城市堵车的治本方法——四倍汽车容量道路交通改造工程

所谓4倍汽车容量道路交通改造工程，是指现有城市按这个方法进行道路交通系统改造之后，全市不堵车的汽车保有量可以提高到四倍，例如，按北京市目前道路情况，不堵车的汽车保有量只有135万辆，如按这个方法对北京市道路交通系统进行改造后，不堵车的汽车保有量可提高到540万辆。

采用《汽车城市交通工程学探讨》中所提出的方法，逐步将市区道路的交叉路口全部改为十字形的简单立交，不需要设立专用的匝道，不需要多占用土地，用相邻的支路完成匝道的功能。这样可以取消交叉路口的红绿灯、取消人行横道，汽车无需停顿，实现连续行驶，使汽车平均行驶速度由15公里/小时提高到60～70公里/小时。并在进行上述改造的同时，从总体上改善路网结构，包括拓宽道路瓶颈、打通部分支路等。

上述的十字形简单立交桥与分离式立交桥结构相同。可以依据立交桥的不同宽度，按照标准化、系列化的结构进行设计和组织工厂化施工，以利于缩短工期和保证施工质量。如果按每个路口的改造时间为3个月来计算，整个城市分三期全面铺开施工，估计交叉口的全部改造工作大约需要2年左右的时间。

在完成机动车道的上述改造之后，城市的汽车容量将可以提高到四倍，包括微循环在内的交通拥堵可以基本消除。

在上述道路交通改造中，是通过提高汽车平均车速(4倍)来达到大幅度提高城市汽车容量的目的，这在本质上是充分挖掘现有道路的通行能力，所以改造工程既节约投资，又节约时间。此外，带有根本重要性的是，这种改造方法提高了城市中所有微循环道路的通行能力(4倍)，从而消除了产生堵车的根源。

在进行上述机动车道改造的同时，采用《汽车城市交通工程学探讨》中所提出的方法，对人行道和自行车道同步进行改造。在人行道的改造中可以暂时保留部分地面的人行道，以维持路边商店商业功能的正常发挥。由于彻底解决了堵车问题，并且取消了红绿灯，公交车速可提高1～2倍，实现了真正的快速公交，所以城市有条件暂时取消自行车交通，用节约下来的大量道路投资补贴公共交通，大幅度地降低公交车票价，使骑车人改乘公共交通(对于自行车道，也可以采取高架路的办法，架设若干条自行车专用道路，其建设费用远远低于机动车高架路，施工也比较简单、快捷)。

以上的改造方式有三个好处：

- 将地面道路全部供汽车行驶(不需要建设供汽车行驶的高架路)。这样既实现人车彻底分流，提高道路的安全性和可靠性，彻底解决堵车问题，又能够缩短道路交通改造的时间，并大量节约道路投资。
- 建设与机动车道完全分离的、独立的人行道和自行车道，有利于弱势群体的出行，有利于减少机动车道交通量。

■ 从长远效果来看，将使城市用地、车均道路投资、车均能源消耗等资源性指标节约75%左右，有利于城市的可持续性发展。

现有城市近期的道路交通系统改造可以按上述方法进行，长期的改造应随着城市建筑的更新改造，逐步将地面道路全部改建为机动车道，补充扩建停车系统，并设置独立的步行系统。

② 新城区可建成6倍汽车容量的道路交通系统

按下述方法规划建设新城区的道路系统，可以使新城区的汽车容量提高为现行交通模式的6倍，并且彻底解决包括微循环在内的交通拥堵，可以同时建成车位充足的停车系统和人车彻底分离的、宜人的步行系统。

新城区机动车道的路网结构应尽量选择方格式路网，干路间距 L 取700米左右，干路之间设一条支路，在道路面积率为22%时，干路取双向10车道，支路取双向6车道，干路的交叉口设分离式立交(隧道式或跨路桥式)，不设专用匝道，用支路完成匝道的功能。路网示意图如下：

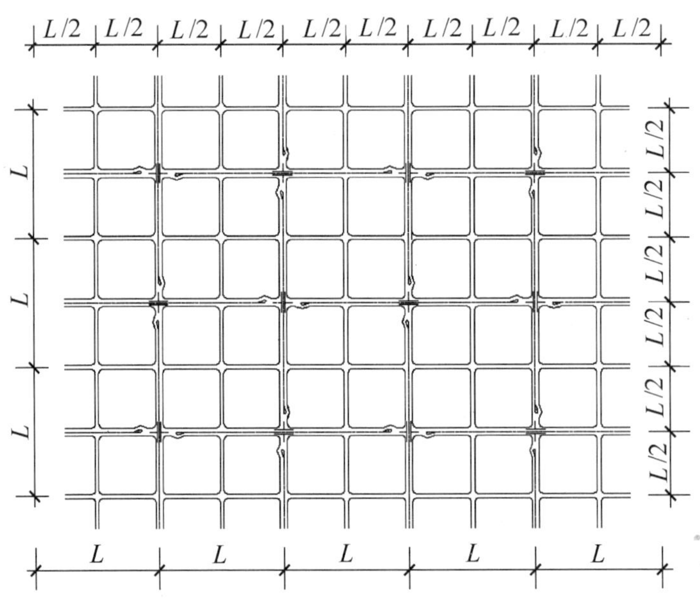

方格式城交通系统示意图

按照所述方案建设新城区的道路交通系统，可以实现每平方公里汽车容量为9000～10000辆，这相当于现行城市交通模式下汽车容量的6倍，同时可以实现每平方公里具备10000～11000个停车位。

(2) 确定规划的参数

2. 可能解决这些问题的途径

工业必须依其性能与需要分类，并应分布于全国各特殊地带里，这种特殊地带包含着受它影响的城市与区域。在确定工业地带时，须考虑到各种不同工业彼此间的关系，以及它们与其他功能不同的各地区的关系。

工作地点与居住地点之间的距离，应该在最少时间内可以到达。

工业区与居住区(同样和别的地区)应以绿色地带或缓冲地带来隔离。

与日常生活有密切关系而且不引起扰乱危险和不便的小型工业，应留在市区中为住宅区服务。

重要的工业地带应接近铁路线、港口、通航的河道和主要的运输线。

商业区应有便利的交通与住宅区及工业区联系。

五、游憩

1. 游憩问题概述

在今日城市中普遍地缺乏空地面积。

空地面积位置不适中，以致多数居民因距离远，难得利用。

因为大多数的空地都在偏僻的市外围或近郊地区，所以无益于住在不符合卫生的市中心区的居民。

通常那些少数的游戏场和运动场所占的地址，多是将来注定了要建造房屋的。这说明了这些公共空地时常变动的原因。随着地价的高涨，这些空地又因为建满了房屋而消失，游戏场等不得不重迁新址，每迁一次，距离市中心便更远了。

2. 改进的方法

新建住宅区，应该预先留出空地作为建筑公园运动场及儿童游戏场之用。

在人口稠密的地区，将败坏的建筑物加以清除，改进一般的环境卫生，并将这些清除后的地区改作游憩用地，广植树木花草。

在儿童公园或儿童游戏场附近的空地上设立托儿所、幼儿园或初级小学。公园适当的地点应留作公共设施之用，设立音乐台、小图书馆、小博物馆及公共会堂等，以提倡正当的集体文娱活动。

现代城市盲目混乱的发展，不顾一切地毁坏了市郊许多可用作周末的游憩地点。因此在城市附近的河流、海滩、森林、湖泊等自然风景优美之区，我们应尽量利用它们作为广大群众假日游憩之用。

六、交通

1. 关于交通与街道问题的概述

今日城市中和郊外的街道系统多为旧时代的遗产，都是为徒步与行驶马车而设计的；现在虽然不断的加以修改，但仍不能适合现代交通工具(如汽车、电车等)和交通量的需要。

城市中街道宽度不够，引起交通拥挤。

现在的街道之狭窄，交叉路口过多，使得今日新的交通工具(汽车电车等)不能发挥它们的效能。

交通拥挤为造成千万次车祸的主要原因，对于每个市民的危险性与日俱增。

今日的各条街道多未能按着不同的功能加以区分，故不能有效地解决现代的交通问题。这个问题不能就现有的街道加以修改(如加宽街道、限制交通或其他办法)来解决，惟有实施新的城市计划才能解决。

有一种学院派的城市计划由“姿态伟大”的概念出发，对于房屋、大道、广场的配置，主要的目的只在获得庞大纪念性排场的效果，时常使得交通情况更为复杂。

铁路线往往成为城市发展的阻碍，它们围绕某些地区，使得这些地区与城市别的部分隔开了，虽然它们之间本来是应该有便捷与直接的交通联系的。

2. 解决种种最重要的交通问题需要下面几个种改革

摩托化运输的普遍应用，产生了我们从未经验过的速度，它激动了整个城市的结构，并且大大地影响了在城市中的一切生活状态，因此我们实在需要一个新的街道系统，以应现代交通工具的需要。

同时，为准备这新的街道系统，需要一种正确的调查与统计资料，以定街道合理的宽度。

各种街道应根据不同的功能分成交通要道、住宅区街道、商业区街道、工业区街道等。

街道上的行车速率，须根据其街道的特殊功用，以及该街道上行驶车辆的种类而决定。所以这些行车速率亦为道路分类的因素，以决定为快行车辆行驶之用或为慢行车辆之用，同时并将这种交通大道与支路加以区别。

各种建筑物，尤其是住宅建筑应以绿色地带与行车干路隔离。

将这种种困难解决之后，新的街道网将产生别的简化作用。因为借有效的交通组织将城市中各种功能不同的地区作适当的配合以后，交通即可大大减少，并集中在几条主要的干路上。

七、有历史价值的建筑和地区

有历史价值的古建筑均应妥为保存，不可加以破坏。

1. 真能代表某一时期的建筑物，可引起普遍兴趣，可以教育人民。

2. 保留其不妨害居民健康者。

3. 在所有可能条件下，将所有干路避免穿行古建筑区，并使交通不增加拥挤，亦不使妨碍城市有机的新发展。

在古建筑附近的贫民窟，如作有计划的清除后，即可改善附近住宅区的生活环境，并保护该地区居民的健康。

八、总结

1. 以上各章的总结与说明

我们可以将前面各章关于城市四大活动之各种分析总结起来说：现在大多数城市中的生活情况，未能适合其中广大居民在生理上及心理上最基本的需要。

自机器时代开始以来，这种生活情况是各种私人利益不断滋长的一个表现。

城市的滋长扩大，是使用机器逐渐增多所促成——一个从工匠的手工业改成大规模的机器工业的变化。

虽然城市是经常地在变化，但我们可以说普遍的事实是：这些变化是没有事先加以预料的，因为缺乏管制和未能实用现代城市计划所认可的原则，所以城市的发展遭受到很大的损害。

一方面是必须担任的大规模重建城市的迫切工作，一方面却是市地的过度的分割。这两者代表了两种矛盾的事实。

2. 这个尖锐的矛盾，在我们这个时代造成了一个最为严重的问题

这个问题是使我们急切需要建立一个土地改革制度，它的基本目的不但要满足个人的需要，而且要满足广大人民的需要。

如两者有冲突的时候，广大人民的利益应先于私人的利益。

城市应该根据它所在区域的整个经济条件来研究，所以必须以一个经济单位的区域计划，来代替现在单独的孤立的城市计划。

作为研究这些区域计划的基础，我们必须依照由城市之经济势力范围所划成的区域范围来决定城市计划的范围。

3. 城市计划工作者的主要工作是

（1）将各种预计作为居住、工作、游憩的不同地区，在位置和面积方面，作一个平衡的布置，同时建立一个联系三者的交通网。

（2）订立各种计划，使各区依照它们的需要和有机律而发展。

（3）建立居住、工作和游憩各地区间的关系，务使在这些地区间的日常活动可以最经济的时间完成，这是地球绕其轴心运行的不变因素。

在建立城市中不同活动间的关系时，城市计划工作者切不可忘记居住是城市的一个为首的要素。

城市单位中所有的各部分都应该能够作有机性的发展。而且在发展的每一个阶段中，都应该保证各种活动间平衡的状态。

所以城市在精神和物质两方面都应该保证个人的自由和集体的利益。

对于从事于城市计划的工作者，人的需要和以人为出发点的价值衡量是一切建设工作成功的关键。

一切城市计划应该以一幢住宅所代表的细胞作出发点，将这些同类的细胞集合起来以形成一个大小适宜的邻里单位。以这个细胞作出发点，各种住宅、工作地点和游憩地方应该在一个最合适的关系下分布到整个的城市里。

要解决这个重大艰巨的问题，我们必须利用一切可以供我们使用的现代技术，并获得各类专家的合作。

一切城市计划所采取的方法与途径，基本上都必须要受那时代的政治社会和经济的影响，而不是受了那些最后所要采用的现代建筑原理的影响。

有机的城市之各构成部分的大小范围，应该依照人的尺度和需要来估量。

城市计划是一种基于长宽高三度空间而不是长宽两度的科学，必须承认了高的要素，我们方能作有效的及足量的设备，以应交通的需要和作为游憩及其他用途的空地的需要。

最急切的需要，是每个城市都应该有一个城市计划方案与区域计划、国家计划整个的配合起来，这种全国性、区域性和城市性的计划之实施，必须制定必要的法律以保证其实现。

每个城市计划，必须以专家所作的准确的研究为根据，它必须预见到城市发展在时间和空间上不同的阶段。在每一个城市计划中将各种情况下所存在的每种自然的、社会的、经济的和文化的因素配合起来。

附录 3　《马丘比丘宪章》

(1977 年)

1933 年现代建筑国际会议(简称 CIAM)通过了一个文件，即后来著名的《雅典宪章》。此后，这一文件多少年来一直是欧美高等建筑教育的指针。1977 年 12 月，一些城市规划设计师聚集于利马(Lima)，以《雅典宪章》为出发点进行了为时一周的讨论，四种语言并用，提出了包含有若干要求和宣言的《马丘比丘宪章》(CHARTER OF MACHUPICCHU)。

12 月 12 日与会人员在秘鲁大学建筑与规划系学生以及其他见证人陪同下来到了马丘比丘山的古文化遗址签署了新宪章，以表示他们对在专业培训及实践方面所提倡与探索的规划设计原理的坚定信念。

文件签署人明确表示《马丘比丘宪章》对于各设计专业，不应当是灵丹妙药，它不过是为了促使对专业的目标和职能进行多学科的综合评述。本宪章也旨在促进公开辩论，并过问各国政府所能够做到也应当采纳的有关改进世界上人类居住点的质量的政策与措施。

国际建协(IUA)将授予国立利马大学以众所渴慕的琼·楚米奖金，以表彰该大学召开国际著名设计人士座谈会起草本宪章的首创精神。此奖金将于 1978 年 10 月在墨西哥城召开的第十三届国际建协大会上正式颁发给宪章签署人代表团。

马丘比丘诗人，帕勃罗·聂鲁达(Pablo Neruda)曾以他的卓越的隐喻笔法把这座被人遗忘的城市描写成为“最高大的熔炉，它长期熔炼着我们的沉默”。我们这些聚集在一起的建筑师、教育家和规划师，承担了冲破当前的沉默这项严肃任务，本文件就是我们第一次集体努力的结果。

自从现代建筑国际会议（CIAM）发表了关于城市规划的理论与方法的文件以来，几乎已有45年，那文件就是《雅典宪章》。最近几十年来出现了许多新的情况要求对宪章进行一次修订。我们的成果应当成为国际性的各学科间的分析与辩论的课题，所有国家的知识界和专业人员、研究院和大学都应当参加。

过去曾有多次努力，想把《雅典宪章》更新一下。本文件只是作为我们所承担的工作的开始。1933年的“雅典宪章”仍然是本时代的一项基本文件；它可以提高、改进，但不是要放弃它。《雅典宪章》提出的许多原理到今天还是同当年一样地有效，它是建筑与规划的现代运动的生命力和连续性的证明。

1933年的雅典，1977年的马丘比丘，这两次会议的地点是具有重要意义的。雅典是西方文明的摇篮，马丘比丘是另一个世界的一个独立的文化体系的象征。雅典代表的是亚里士多德和柏拉图学说中的理性主义，而马丘比丘代表的却都是世界上启蒙主义思想所没有包括的，单凭逻辑所不能分类的一切。

《雅典宪章》所包含的各项概念，按照世界大多数国家的在城市化问题的讨论中所占的重要程度，依次提出如下。

一、城市与区域

《雅典宪章》承认城市及其周围区域之间存在着基本的统一性。由于社会认识不到城市增长和社会经济变所带来的后果，所以迫切需要毫不含糊地具体地对这项原则予以重新肯定。

今天由于城市化过程正在席卷世界各地，已经刻不容缓地要求我们更有效地使用现有人力和自然资源。城市规划既然为需求、问题和机会提供了重要的系统的分析方法，一切与人类居住点有关的政府部门的基本责任，就是要在现有资源限制之内对城市的增长与开发制定指导方针。

规划必须在不断发展的城市化过程中反映出城市与其周围区域之间的基本动态的统一性，并且要明确邻里与邻里之间、地区与地区之间以及其他城市结构单元之间的功能关系。

规划的专业训练和技术必须应用于各级人类居住点上——邻里、乡镇、城市、都市地区、区域、州和国家——以便指导建设的定点、进程和性质。

一般地讲，规划过程包括经济计划、城市规划、城市设计和建筑设计，它必须对人类的各种需求作出解释和反应。它应该按照可能的经济条件和文化上的重要性提供与人民要求相适应的城市服务设施和城市形态。为达到这些目的，城市规划建立在各专业设计人、城市居民以及公众和政治领导人之间的系统的不断的互相协作配合的基础上。

宏观经济计划与实际的城市发展的规划之间的普遍脱节，已经浪费掉为数不多的资源，并降低了两者效用。以笼统的、相对抽象的经济政策为基础而作出的各种决定，往往在城市用地范围上反映出它的副作用。国家和区域一级的经济决策很少直接考虑到城市建设的优先地位和城市问题的解决，以及一般经济政策和城市发展规划之间的功能联系。结果系统的规划与建筑设计的潜在效益往往不能有利于大多数人民。

二、城市增长

自从《雅典宪章》问世以来，世界人口已经翻了一番，正在三个重要方面造成严重的危机，即生态学、能源和食物供应。由于城市增长率大大超过了世界人口的自然增加，城市衰退已经变得特别严重，住房缺乏、公共服务设施和运输以及生活质量的普遍恶化已成了不可否认的后果。

《雅典宪章》对城市规划的探讨，并没有反映最近出现的农村人口大量外流而加速城市增长的现象。

可以看到城市的混乱发展有两种基本形式：

第一种是工业化社会的特色，就是私人汽车的增长，较为富裕的居民都向郊区迁移。而迁到市中心区的新来户以及留在那里的老户缺乏支持城市结构和公共服务设施的能力。

第二种形式是发中国家的特色，在那里大批农村住户的向城市迁移，大家都挤在城市边缘，既无公共服务设施又无市政工程设施。要处理这种情况远远超出了现行城市规划程序所可能做到的范畴。目前所做的不过是对这些自发的居住点凑合着提供一些最起码的公共服务。为提供小小的公共服务、卫生设施和住房所做的努力往往是自相矛盾的反而加剧了问题的严重性，更加鼓励了向城市迁移的势头。

因此，不论是哪一种形式，不可避免的结论是：人口增加，生活质量就下降。

三、分区概念

《雅典宪章》设想，城市规划的目的是综合四项基本社会功能——居住、工作、游憩和交通，而规划就是为了解决它们之间的相互关系和发展。这就引出了把城市划分为各种分区或几个组成部分的做法，于是为了追求分区清楚却牺牲了城市的有机构成。这一错误的后果在许多新城市中都可看到，这些新城市没有考虑到城市居民人与人之间的关系，结果是城市生活患了贫血症，在那些城市里建筑物成了孤立单元，否认了人类的活动要求流动的、连续的空间这一事实。

规划、建筑和设计，在今天不应当把城市当作一系列的组成部分拼在一起来考虑，而必须努力去创造一个综合的、多功能的环境。

四、住房问题

与《雅典宪章》相反，我们深信人的相互作用与交往是城市存在的基本根据。城市规划与住房设计必须反映这一现实。同样重要的目标，是要争取获得生活的基本质量以及自然环境的协调。

住房不能再当作一种实用商品来看待了，必须要把它看成为促进社会发展的种强有力的工具。住房设计必须具有灵活性，以便易于适应社会要求的变化，并鼓励建筑使用者创造性地参与设计和施工。还需要研制低廉的建筑构件，以供需要建房的人们使用。

在人的交往中，宽容和谅解的精神是城市生活的首要因素，这一点应作为不同社会阶层选择居住区位置和设计的指针，而不要强行区分，这是同人类尊严不相容的。

五、城市运输

公共交通是城市发展规划和城市增长的基本要素。城市必须规划并维护好公共运输系统，以同城市化的要求与能源的衰竭相平衡。交通运输系统的更换必须估算它的社会费用。并在城市的未来发展规划中适当地予以考虑。

《雅典宪章》很显然把交通看成为城市的基本功能之一，而且含蓄地认为交通首先决定于作为个人运输工具的汽车。44年来的经验证明，道路分类、增加车行道和设计各种交叉口方案等方面，根本不存在最理想的解决方法。所以将来城区交通的政策，显然应当是使私人汽车从属于公共运输系统的发展。

城市规划师与政策制定人，必须把城市看作为在连续发展与变化的过程中和下结构体系，它的最后形式是很难事先看到或确定下来的。运输系统是联系市内外空间的一系统的相互连接的网络。其设计应当允许随着城市的增长、变化及形式作经常的试验。

六、城市土地使用

《雅典宪章》坚持建立一个立法纲领，以便在满足社会用地要求时，可以有秩序地并有效地使用城市土地，并设想私人利益应当服从公共利益。

自从1933年以来，尽管多方面的努力，城市土地有限仍然是实现规划好的城市建设的根本阻碍。所以，对这一问题今天仍迫切要求拟订有效的公平的立法，以便在不久的将来能够找到确有很大改进的解决城市土地的办法。

七、自然资源与环境污染

当前最严重的问题之一是我们的环境污染迅速加剧，现在已经到了空前的具有潜在的灾难性的程度。这是无计划的爆炸性的城市化和地球自然资源滥加开发的直接后果。

世界上城市化地区内的居民被迫生活在日趋恶化的环境条件下，与人类卫生和福利的传统概念和标准远远不相适应，这些不可容忍的条件，包括在城市居民所用的空气、水和食品中有大量的有毒物质以及有损身心健康的噪声。

控制城市发展的当局必须采取紧急措施，防止环境继续恶化，并按照公认的公共卫生与福利标准恢复环境的固有的完整性。

在经济城市规划方面，在建筑设计、工程标准和规范以及在规划与开发政策方面，也必须采取类似的措施。

八、文物和历史遗产的保存和保护

城市的个性和特性取决于城市的体型结构和社会特征。因此不仅要保存和维护好城市的历史遗址和古迹，而且还要继承一般的文化传统。一切有价值的说明社会和民族特性的文物必须保护起来。

保护、恢复和重新使用现有历史遗址和古建筑必须同城市建设过程结合起来，以保证这些文物具有经济意义，并继续具有生命力。

在考虑再生和更新历史地区的过程中，应把设计质量优秀的当代建筑物包括在内。

九、工业技术

《雅典宪章》在讨论工业活动对城市所产生的影响时，略微提到了工业技术的作用。

在过去 44 年内，世界经历了空前的工业技术发展，技术惊人地影响着我们的城市以及城市规划和建筑的实践。

在世界的某些地区，工业技术的发展是爆炸性的，技术的扩散与有效应用是我们时代的重大问题之一。

今天科学与技术的进步，以及各国人民之间交往的改进，应当可以使人类社会克服地区的局限性和提供充分的资源去解决建筑和规划问题。然而对这些资源不加批判地使用，往往为了追求新颖或者由于文化依靠性的恶果，而造成材料、技术和形式的应用不当。

由此，由于技术发展的冲击，结果是出现了依赖人工气候与人工照明的建筑环境。这样做法对于某些特殊问题是可以的，但建筑设计应当是创造在自然条件下能适合功能要求的空间与环境的过程。

应当清楚地了解，技术是手段并不是目的。技术的应用应当是在政府适当支持下进行认真的研究和试验的实事求是的结果。

在有些地区，需要高度工业化的生产过程或施工设备是难以获得和推广的。这不应当因此而在技术上要求不严或者在解决当前的问题上就可以不讲究建筑设计，要在可能的范围内找出解决问题的方案，这对建筑与规划来说仍然是何种挑战。

施工技术应当努力采用经济合理的方法，做到设备能重复使用，利用资源丰富的材料生产结构构件。

十、设计与实施

建筑师、规划师与有关当局要努力宣传使群众与政府都了解，区域与城市规划是个动态过程，不仅要包括规划的制定，而且也要包括规划的实施。这一过程应当能适应城市这个有机体的物质和文化地不断变化。

此外，为了要与自然环境、现有经济条件和形式特征相适应，每一特定城市与区域应当制定合适的标准和开发方针。这样做可以防止照搬照抄来自不同条件和不同文化的解决方案。

十一、城市与建筑设计

《雅典宪章》本身没有涉及建筑设计。宪章制定人并不认为有此必要，因为他们认为“建筑是在光照下的体量的巧妙组合和壮丽表演”。

勒·柯布西耶的“太阳城”就是由这样的“体量”组成的。他的建筑语言是与立体派艺术相联系的，也是与把城市按功能分隔成不同的元素那种思想完全一致的。

在我们的时代，现代建筑的主要问题已不再是纯体积的视觉表演，而是创造人们能在其中生活的空间。要强调的已不再是外壳而是内容，不再是孤立的建筑(不管它有多美、多讲究)，而是城市组织结构的连续性。

在1933年，主导思想是把城市和城市的建筑分成若干组成部分。在1977年，目标应当是把那些失掉了它们的相互依赖性和相互联系性，并已经失去其活力和涵义的组成部分重统一起来。

建筑与规划的这个再统一不应当理解为古典主义的“先验地统一”(注：或者简单地说复古)，应当明确指出，最近有人想恢复巴黎美术学院传统，这是荒唐地违反历史潮流，是不值得一谈的。因为用建筑语言来说，这种倾向是衰亡的症状，我们必须警惕倒退到19世纪玩世不恭的折衷主义道路上去，相反我们要走向现代运动新的成熟时期。

20世纪30年代，在制定《雅典宪章》时，有一些发现和成就今天仍然有效，那就是：

a. 建筑内容与功能的分析。

b. 不协调的原则。

c. 反透视的时空观。

d. 传统盒子式建筑的解体。

e. 结构工程与建筑的再统一。

建筑语言中的这些常数或“不变数”还需加上：

f. 空间的连续性。

g. 建筑、城市与园林绿化的再统一。

空间连续性是弗兰克·劳埃德·赖特的重大贡献，相当于动态立体派的时空概念，尽管他把它应用于社会准则如同应用于空间方面一样。

建筑—城市—园林绿化的再统一是城乡统一的结果。现在是坚持建筑师要认识现代运动历史的时候了，要停止搞那些由纪念碑式盒子组成的过了时的城市建筑设计，不管是垂直的、水平的、不透明的、透明的或反光的建筑。

新的城市化概念追求的是建成环境的连续性，意思是说每一座建筑物不再是孤立的，而是一个连续统一体中的一个单元，它需要同其他单元进行对话，从而使其自身的形象完整。

这种形象待续的原则(就是说，本身形式的完整性有待与其他建筑联系起来相辅而完成)并不是新的。意大利文艺复兴派大师发现了这一原则，由米开朗基罗发扬光大。不过在我们时代，这不仅仅是一条视觉原则，而且更根本的是一条社会原则。近几十年来，音乐和造型艺术领域内的经验证明，艺术家现在不再创造一个完整的作品。他们在创作过程中往往只进行到创作的 3/4 的地方就中止了，这样使观众不再是艺术品的消极的旁观者，而是多价信息(Polyvalent message)中的积极参与者。

在建筑领域中，用户的参与更为重要，更为具体。人们必须参与设计的全过程，要使用户成为建筑师工作整体中的一个部分。

强调“不完整”或“待续”并不降低建筑师或规划师的威信。相对论和测不准论并未削弱科学家的威信。相反恰好提高了威信，因为一位不信奉教条的科学家比那些过时的“万能之神”更受人尊敬。如果群众能被组织到设计过程中来，建筑师的联系面会增加，建筑上的创造发明才能也将会丰富和加强。一旦建筑师从学院戒律和绝对概念中解放出来，他们的想像力会受到人民建筑的巨大遗产的影响而激发出来——所谓人民建筑是没有建筑师的建筑，近几十年来人们曾对此作了大量研究。

可是，我们必须谨慎从事。应当认识到虽然地方色彩的建筑物对建筑设计想像是有很大贡献的，但不应当模仿。模仿在今天虽然很时髦，却像复制帕提农神庙一样的无聊。问题是同模仿截然不同的。很清楚，只有当一个建筑设计能与人民的习惯、风格自然地融合在一起的时候，这个建筑设计才能对文化产生最大的影响。要做到这样的融合必须摆脱一切老框框，诸如维特鲁威柱式或巴黎美术学院传统以及勒·柯布西耶的 5 条设计原则。

十二、结束语

古代秘鲁的农业梯田受到全世界的赞赏，是由于它的尺度和宏伟，也由于它明显地表现出对自然环境的尊重。它那外表的和精神的表现形式是一座对生活的不可磨灭的纪念碑。本宪章就是在这种相同的思想鼓舞下谨慎地提出的。

附录 4　《柏林宣言》

——关于城市未来的国际会议(2000 年 7 月 6 日)

2000 年 7 月 4 日至 6 日，我们来自全球 1000 个城市的市民和代表、100 多个国家的政府官员和社会团体相聚在柏林，参加“城市未来(21 世纪城市)国际会议”。会议期间，我们向公众发布这一宣言，并将此宣言提交联合国大会特别会议(第五次伊斯坦布尔会议)。

我们考虑到如下现实：

1. 全世界 60 亿人口中的大部分将居住在城市，这在人类有史以来是第一次；

2. 全求正面临着城市人口的爆炸性增长，其中，最主要集中在发展中国家；

3. 全球 1/4 的城市人口生活在贫困线以下，城市贫困现象正在加剧，它尤其威胁到妇女和儿童；

4. 许多国家的社会环境继续恶化，居民的健康幸福受到艾滋病和许多重新出现的传染病的威胁；

5. 我们生活的世界在一个多样化的社会，就城市所面临的问题和挑战而言，不存简单的答案和单一的解决办法；

6. 面对过度增长的现状，许多城市在提供足够的就业机会、保障适宜的住房以及满足居民基本生活需求等方面显得束手无策；

7. 不少城市充满生机，它们在发展中实现了公平，贫困持续减少，文盲得以消除，妇女受到教育，并获得应有的机会，出生率逐渐下降；

8. 而另一些城市则面临着人口老龄化、城市衰败、资源非持续利用等问题，亟待调整与改变；

9. 全球每个角落的所有城市都被各种各样的问题所困扰，尤其严重的是，没有一个城市真正做到了可持续发展。

我们同时也注意到如下发展趋势，并充分意识到其正反两方面的作用：

1. 全球化和信息技术革命将加速打破现有的行政边界，赋予城市新的使命；

2. 经济和社会正变得越来越依赖于知识；

3. 世界不再仅仅是国家的组合，更是城市相互联系构成的体系(galaxy)；

4. 国家、区域和城市政府越来越平等地协同行使各种权力；

5. 城市的管治(governance)越来越民主；

6. 妇女的权益、人权的完整性、参与的需求以及环境管理(stewardship)等问题正日益得到各界的认可和重视；

7. 公私双方以及社会大众(civilsociety)之间新的合作关系正逐步形成。

我们确信以下原则：

1. 可持续发展的原则；

2. 反对歧视、性别平等的原则；

3. 对于文化和宗教信仰宽容的原则；

4. 良好管治的原则；

5. 附属学说(subsidiarity)的原则；

6. 独立的原则；

7. 人类团结的原则。

同时，我们还相信，尽管人类在种族、宗教信仰以及性别上存在差别，但是，大家在不同程度和不同侧重上，都共同期望城市能够实现以下目标：

1. 消灭贫困；

2. 提供令人满意的、有足够收入的工作；

3. 在生态方面与大自然和谐共处；

4. 有清洁的空气、安全的水源和适当的卫生设施；

5. 提供适宜的住房，并保障其使用权；

6. 可以方便地往来于住处和工作单位、商店、学校以及其他目的地之间；

7. 拥有牢固、平等的友谊和邻里关系；

8. 能够享受居民的政治权利，包括参与决策、获取信息和实现公正的权利；

9. 人身和财产的安全感。

因此，我们认为亟需采取如下措施：

1. 在承认城市和区域、城市和乡村以及自然保护区之间相互依存的前提下，城市和其他各级政府应采取有效的城市政策和规划程序，以实现社会、经济、环境和空间发展的有机结合；

2. 城市政府应该通过促进经济发展、推动社区行动等手段，努力减少贫困，满足居民的基本生活需求；

3. 城市政府应采取必要的社会政策和措施，减少暴力和犯罪行为；

4. 城市政府采取用信息和通信技术，鼓励居民终身接受教育，建设知识城市，提高国际竞争力；

5. 城市政府应提倡使用那些不破坏环境的技术和材料，包括使用再生能源，提高自然资源的利用效率；

6. 城市政府应积极推动地方经济发展，应该承认非正规经济的作用，并且实现其与正规经济地有机结合；

7. 城市政府应与其他各级政府合作，制定鼓励措施、法律法规和标准准则，鼓励私有经济部门立足本地、放眼全球，并以平等的方式向穷人提供各种机会；

8. 对于那些非正规住区，城市政府如果认为它们是适宜的，就应该将其纳入现有的城市结构和社会生活中去；

9. 城市政府应保护历史遗产，使其成为集艺术、文化、建筑和景观于一体的优美场所，给居民带来欢乐和鼓舞；

10. 城市政府应编制合理的土地利用规划，采取积极的实施措施，推动经济蓬勃发展、调节土地市场、提供经济适用住宅以及必要的基础设施；

11. 综合公共交通系统具有快速、安全、便捷和经济等优势，城市政府应该促进其发展，要对私人轿车的使用进行更好的管理，要鼓励采用不破坏环境的交通方式；

12. 城市政府应努力实现自然环境与人工环境的平衡，采取必要的措施，降低空气、水、土壤和噪声污染，提高居民生活质量；

13. 按照民主和良好管治的原则，城市政府应该管理好城市，规范它们与所有居民之间的关系，给予妇女、未成年人和少数民族特别关注，消灭各种类型的歧视；

14. 城市政府应该设立各种形式的论坛，建立双边和多边合作关系，加速网络化(networking)进程，提倡相互帮助，加快推广先进经验；

15. 应该赋予非政府组织和社区组织必要的权力，使得他们能够完全投身于平等和可持续的发展；

16. 国际性、全国性和地方性的私营机构，都应该竭尽全力，采用各种财政手段，踊跃投资，推动城市可持续发展；

17. 国家政府在拟订国家和地区政策框架时，应该优先考虑城市发展政策；

18. 国家和区域政府应确保城市拥有足够的权力和资源，以履行其职能，承担其责任；

19. 世界银行、联合国开发计划署、联合国人居中心，以及其他国际组织和捐赠机构，应该在住宅、城市发展和减少贫困等领域，加强与城市、非政府组织和社区组织的合作。

我们有信心得出如下结论：

我们正跨入城市千年(urban millennium)。始终是经济发展原动力(engine)和文明摇篮的城市，目前正被巨大的挑战所困扰。成千上万的男人、女人和孩子们为了生存而奋斗。我们能扭转这一局面吗？我们能给人类带来更加灿烂的未来吗？

我们相信，如果我们积极地倡导教育和可持续发展，推进全球化和信息技术，实行民主和良好管治，保证妇女和社会大众的地位，我们就一定能够真正建设起美好的城市、生态城市、经济城市和社会公平城市(cities of beauty’ ecology’ economy and social justice)。

附录5　两个重要的会议纪要

2004年9月份，国务院发展研究中心和建设部政策研究中心，在深圳召开了JD模式专题研讨会，有20余位城市交通等专业的专家参加。会议纪要中的“城市交通新模式”即JD模式。

2005年2月份，国务院发展研究中心在北京召开了JD模式高层研讨会，参加会议的有两位正部级干部、三位副部级干部、两位院士，及国土资源部、交通部、汽车工业联合会等部门有关领导和专家。会议纪要中的“畅通城市新模式”即JD模式。

两次会议的纪要如下：

可持续发展城市交通新模式研讨会
会　议　纪　要

2004年9月11～12日，国务院发展研究中心产业经济研究部和建设部政策研究中心联合主办了“可持续发展城市交通新模式研讨会”。与会的10多位专家围绕深圳市维时科技实业发展有限公司董事长董国良先生提出的城市道路交通新模式及其指导原则、思路、理论方法和有关技术问题等进行了深入探讨和交流沟通，并达成以下共识：

随着城市汽车化的进程，城市交通矛盾日益突出。该模式在分析交通流特性变化趋势、现行道路分级和分阶段规划存在的问题的基础上，着眼于资源的有效利用，从改变城市开发模式的角度，提出的道路交通系统的概念设计思想体现了创新的思维和可持续发展的要求。

利用架空平台组织人流、把地面层用于汽车交通和停车的人车分流的设计思想，符合建立人性化城市交通空间的发展趋势，有利于从根本上缓解由于人车混杂而造成的交通拥堵和交通混乱局面，有利于减少交通事故。从理论计算上可以提高道路通行能力数倍，并能够满足停车需求，是提高道路设施使用效率的行之有效的方法。

新交通模式与城市土地利用开发模式紧密相联，因此在城市改、扩建和新区建设中，改变传统的思维方式，增强交通意识，通过对地上空间的合理组织，把建筑与交通系统有效地结合起来，是实现新交通模式的根本保障。推广土地利用紧凑、交通系统分流、交通组织有序的城市建设新模式，符合我国的国情，可以减少对土地的占用，对城市可持续发展具有重要的意义。

建议在概念设计的基础上，通过相应的交通模拟分析和完善、细化交通工程设计，形成具有指导作用的实施方案，选取一定范围的街区进行建设，取得经验，逐步推广。

与会专家代表签字：

主办单位代表签字：

支持单位代表签字：

主办单位盖章：

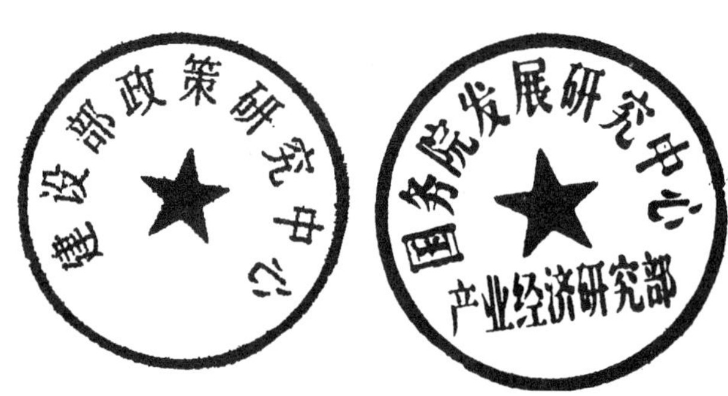

支持单位盖章：

2004 年 9 月 12 日

城市交通可持续发展高层研讨会
会　议　纪　要

2005 年 2 月 20 日，国务院发展研究中心产业经济研究部召开了“城市交通可持续发展高层研讨会”。有关政府部门的领导同志、著名专家和汽车业界人士，就汽车快速增长和城市化进程明显加快背景下的城市交通可持续发展问题，进行了深入研讨。

近年来我国城市化进程明显加快，汽车快速增长，在促进经济发展和社会进步的同时，也带来了城市交通拥堵严重、城市运行效率降低、挤占大量耕地、制约汽车产业发展等一系列问题，城市人居质量问题日益突出，对经济社会的可持续发展构成严峻挑战。

会议认为，城市模式是影响城市交通可持续发展的“牛鼻子”。从全球范围看，传统的城市模式正面临着重大变革，发展中国家不应重蹈发达国家城市模式的覆辙。解决我国城市交通可持续发展问题，应发挥我国城市化的后发优势，跳出就交通论交通的思路，摆脱国外城市模式的局限性，通过创造性地探索，寻找一条与中国国情相适应的新型城市化道路。

深圳维时科技有限公司建筑与城市研究中心主任董国良先生提出的“畅通城市新模式”，具有我国自主知识产权，是促进城市可持续发展的具有开创性的新思路、新模式。会议初步分析后认为，该模式具有保征畅通、安全、增效、环保和成倍地节地、节能、节约交通投资等一系列重要特点，符合城市可持发展的基本要求。该模式使用地面道路、地面停车库、和停车库屋顶所形成的架空平台等成熟可靠的结构元素，以新思路加以科学地整合后，能够一举三得——同时解决行车难、停车难、步行难三大难题，能够充分发挥汽车运输的快速优势，节约大量耕地，实现城市的“人车全面分离”，形成人性化的生活空间，有利于建设紧凑型城市，形成可持续发展的城市形态。实施畅通城市新模式，还有望从根本上解决城市交通的拥堵、能源消耗和环境污染等制约汽车产业发展的问题。

与会领导同志和专家指出，城市交通是我们当前应当解决的重大问题。畅通城市模式的思路很有创造性。如果在操作层面上能够完善，就意味着重大突破，将有助于走出一条新型城市化道路。

与会代表建议，在现有“畅通城市新模式”的基础上，继续开展一些深入而规范的社会经济技术和工程设计研究，形成多个具有操作性的实施方案，争取在新建城区或改造老城区方面进行试点，在取得经验后逐步推广。

附：与会专家名单(略)

主办单位盖章：

2005年2月20日

参 考 文 献

1 吴良镛. 人居环境科学导论. 北京：中国建筑工业出版社，2003

2 全永燊. 路在何方. 北京：中国城市出版社，2002

3 余志生. 汽车理论. 北京：机械工业出版社，2004

4 冯健. 转型期中国城市内部空间重构. 北京：科学出版社，2004

5 程道平. 现代城市规划. 北京：科学出版社，2004

6 许洪国，高延龄. 汽车运用工程基础. 北京：清华大学出版社，2004

7 宋培杭. 城市规划与城市设计. 北京：中国建材工业出版社，2004

8 潘海啸. 城市交通空间创新设计. 北京：中国建筑工业出版社，2004

9 (英)迈克·詹克斯等著. 紧缩城市. 北京：中国建筑工业出版社，2004

10 任福田，刘小明，荣建等. 交通工程学. 北京：人民交通出版社，2003

11 陆化普等. 城市交通管理评价体系. 北京：人民交通出版社，2003

12 杨佩昆，吴兵. 交通管理与控制. 北京：人民交通出版社，2003

13 陆锡明. 大都市一体化交通. 上海：上海科学技术出版社，2003

14 陆锡明. 综合交通规划. 上海：同济大学出版社，2003

15 潘海啸，杜雷. 城市交通方式和多模式间的转换. 上海：同济大学出版社，2003

16 陈小鸣. 明天建什么样的房子. 武汉：武汉理工大学出版社，2003

17 综合开发研究院(中国·深圳)大连万达集团. 新城市主义的中国之路. 北京：中国建筑工业出版社，2003

18 建设部城乡规划司. 城市规划决策概论. 北京：中国建筑工业出版社，2003

19 (美)约翰·M·利维. 现代城市规划. 北京：中国人民大学出版社，2003

20 王连威. 城市道路设计. 北京：人民交通出版社，2002

21 王殿海. 交通流理论. 北京：人民交通出版社，2002

22 马荣国，杨立波. 交通工程设计理论与方法. 北京：人民交通出版社，2002

23 张部生. 交通工程学基础. 北京：人民交通出版社，2002

24 徐吉谦. 交通工程总论. 北京：人民交通出版社，2002

25 中国城市规划学会，全国市长培训中心. 城市规划读本. 北京：中国建筑工业出版社，2002

26 朱喜钢．城市空间集中与分散论．北京：中国建筑工业出版社，2002
27 (美)凯文·林奇．城市形态．华厦出版社，2003
28 刘惟信．汽车设计．北京：清华大学出版社，2001
29 丁健．现代城市经济．上海：同济大学出版社，2001
30 陆化普．解析城市交通．北京：中国水利水电出版社，2001
31 李作敏．交通工程学．北京：人民交通出版社，2000
32 陈胜营，汪亚干，张剑飞．公路设计指南．北京：人民交通出版社，2000
33 孙施文．城市规划法规读本．上海：同济大学出版，1999
34 周荣沾．城市道路设计．北京：人民交通出版社，1998
35 中国公路学会《交通工程手册》编委会．交通工程手册．北京：人民交通出版社，1997
36 联合国人居署．全球化世界中的城市．北京：中国建筑工业出版社，2004
37 刘玉梅．汽车节能技术与原理．北京：机械工业出版社，2003
38 卡斯滕·哈里斯．建筑的伦理功能．华夏出版社，2002
39 郑毅．城市规划设计手册．北京：中国建筑工业出版社，2004
40 张远航，邵敏，俞开衡．机动车排放、环境影响及控制．北京：化学工业出版社，2004
41 关宏志，刘小明．停车场规划设计与管理．北京：人民交通出版社，2003
42 杨士弘．城市生态环境学．北京：科学出版社，2005
43 何振德，金磊．城市灾害概论．天津：天津大学出版社，2005
44 丁成日，宋彦，Gerrit Knaap，黄艳．北京：中国建筑工业出版社，2005
45 洪亮平．城市设计历程．北京：中国建筑工业出版社，2002
46 刘易斯．芒福德(美)．城市发展史．北京：中国建筑工业出版社，2005
47 阿瑟·奥沙利文(Arthur O' Sullivan)(美)．城市经济学．中信出版社，2004
48 谭纵波．城市规划．北京：清华大学出版社，2005
49 邹军，王学锋．都市圈规划．北京：中国建筑工业出版社，2005
50 汪德华．中国城市规划史纲．南京：东南大学出版社，2005
51 第二届“中国北京奥运交通论坛”论文集，2004
52 高毅存．城市规划与城市化．北京：机械工业出版社，2004

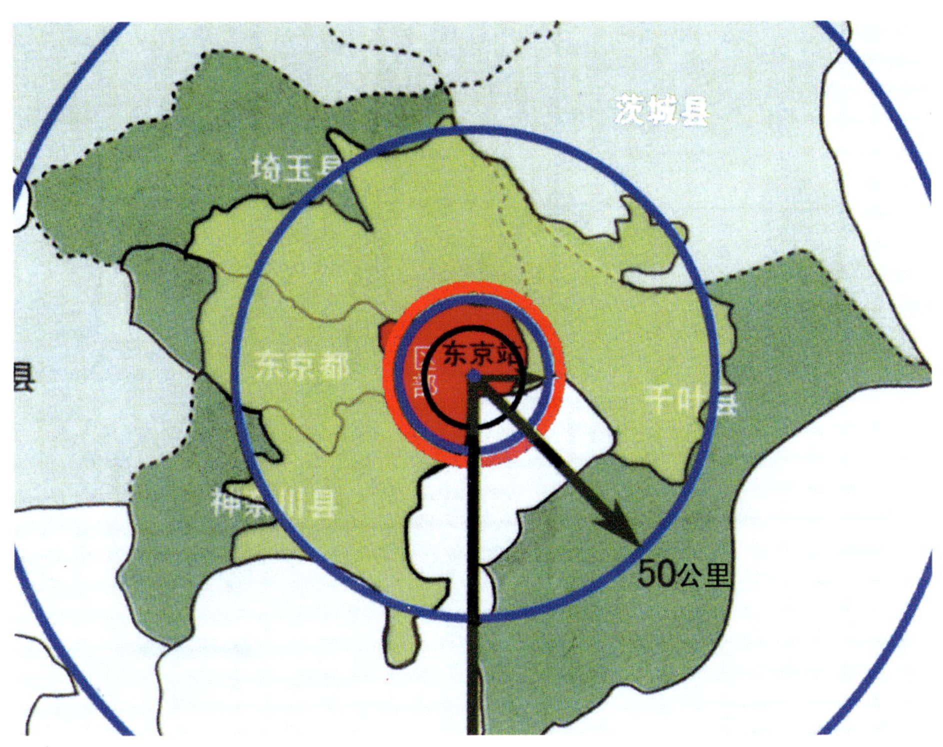

黑圈为车速 16 公里/小时时半小时经济圈，红圈为 1 小时经济圈

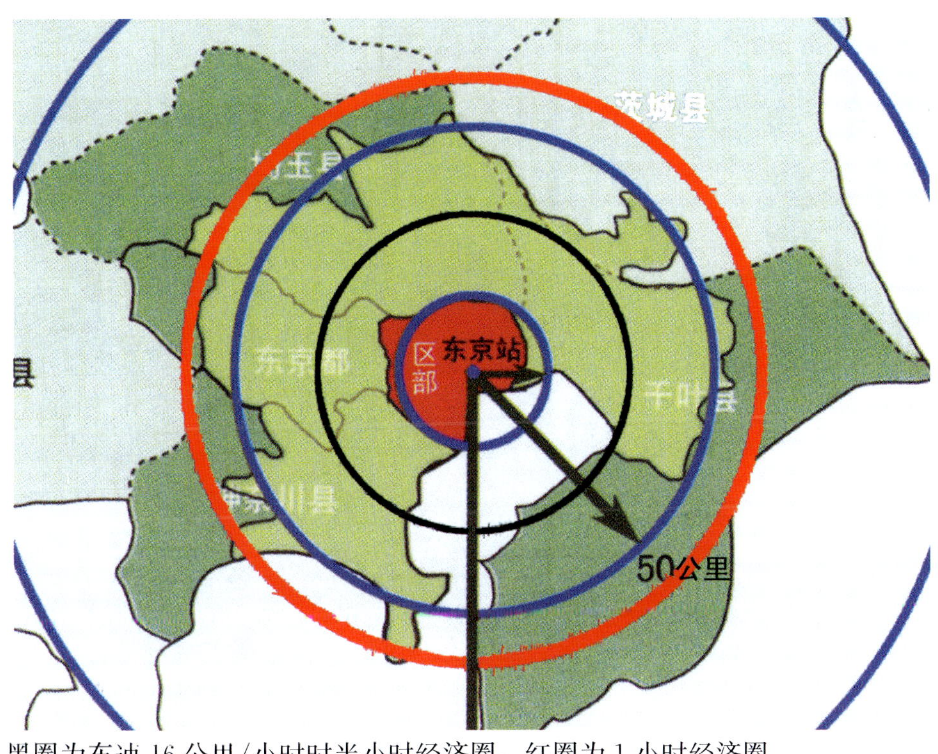

黑圈为车速 16 公里/小时时半小时经济圈，红圈为 1 小时经济圈

彩图 1　东京经济圈

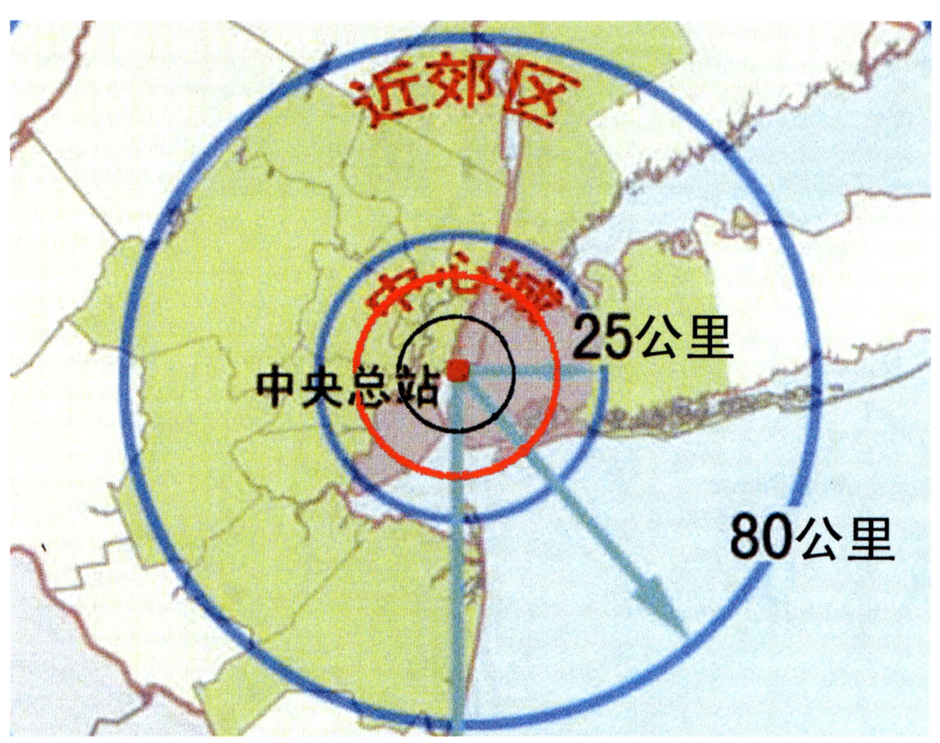

黑圈为车速 16 公里/小时时半小时经济圈，红圈为 1 小时经济圈

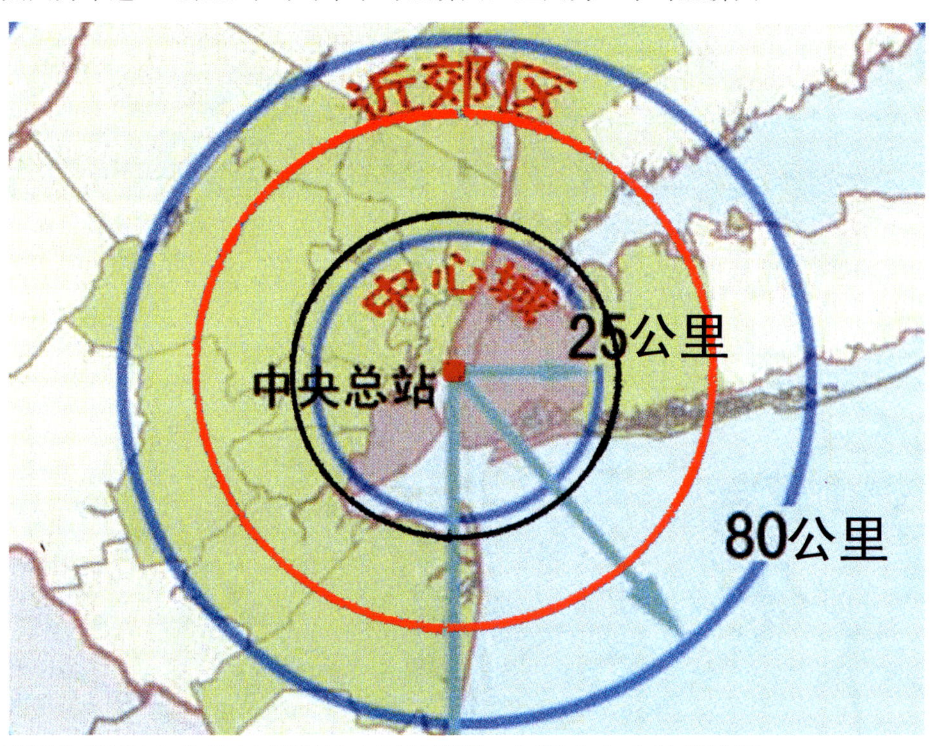

黑圈为车速 16 公里/小时时半小时经济圈，红圈为 1 小时经济圈

彩图 2　纽约经济圈

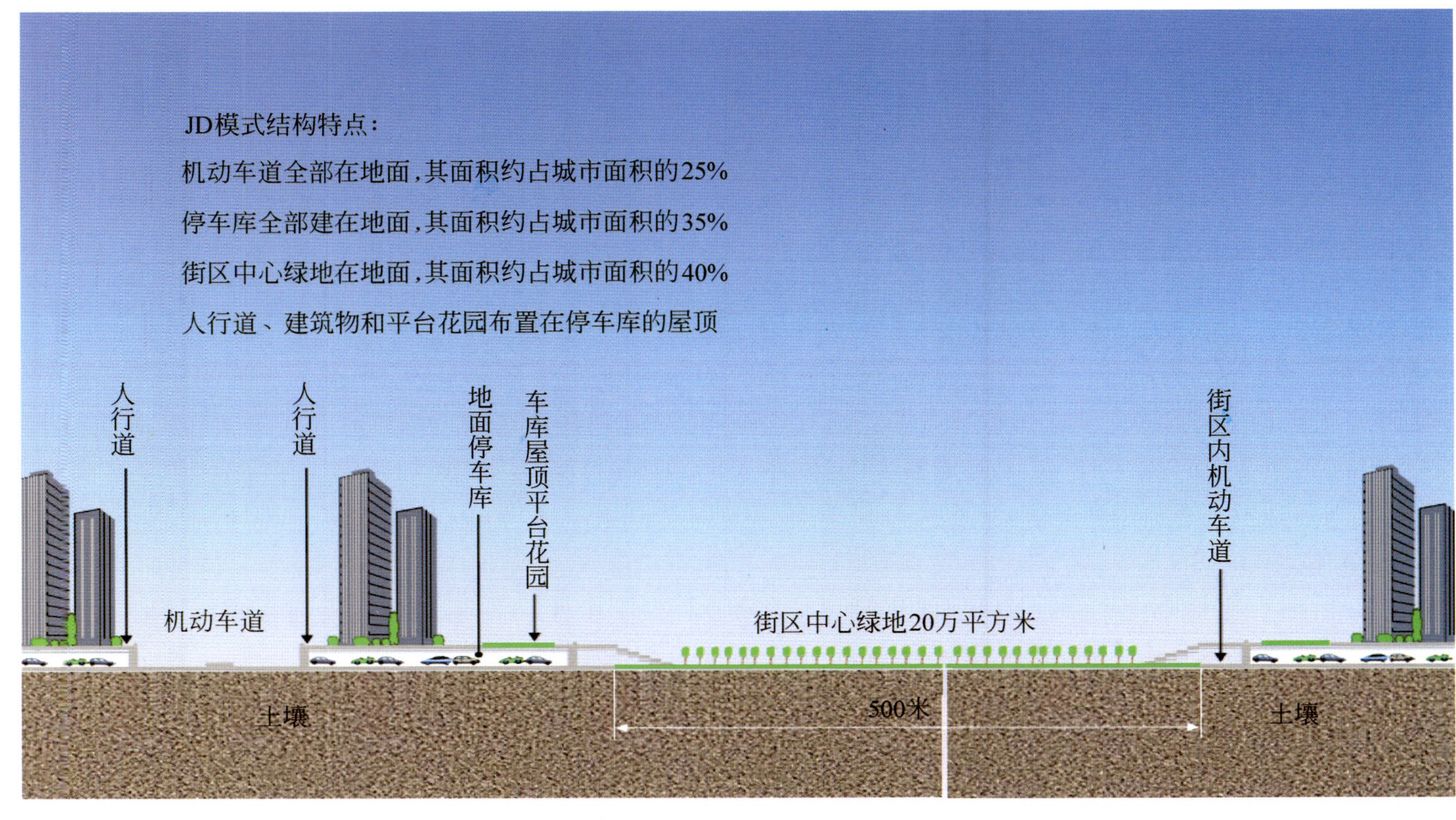

彩图 3　JD 模式街区断面

彩图 4　JD 模式路网模型

彩图 5　JD 模式路网模型

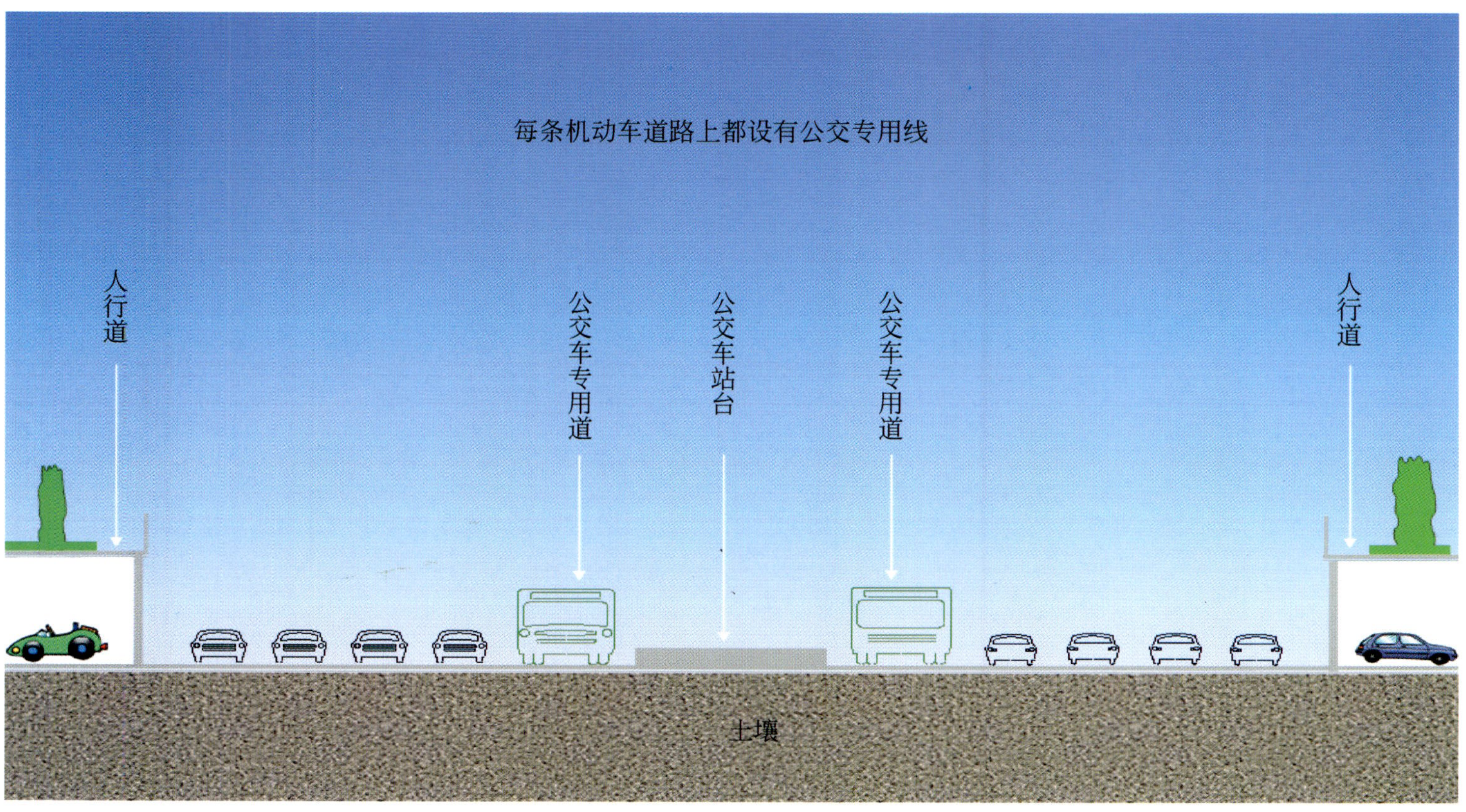

彩图 6　JD 模式机动车道路及公交车站台位置

彩图 7　JD 模式地面停车库

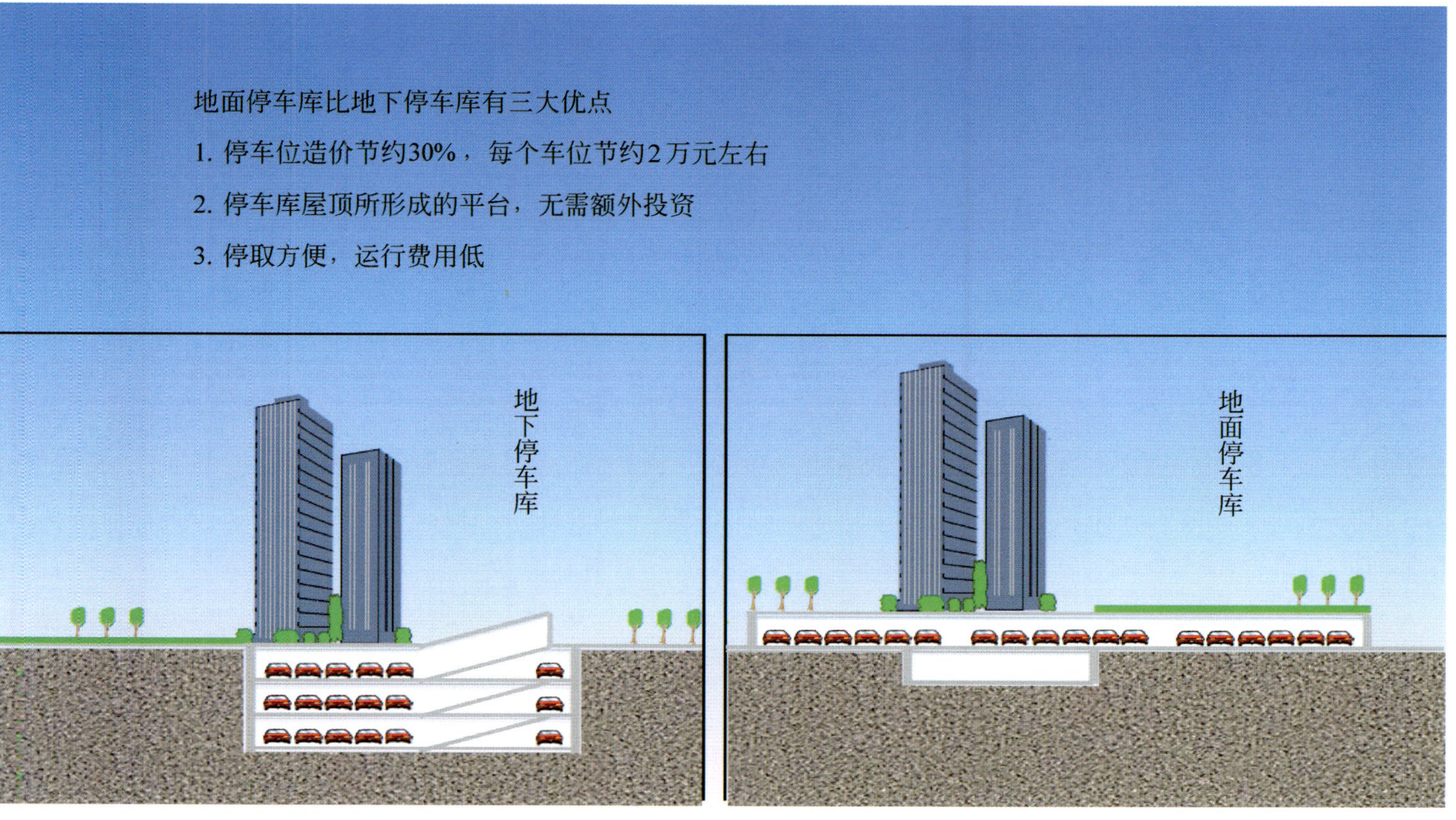

彩图 8　地下停车库与地面停车库的比较

彩图 9　地面停车库屋顶的商业街

彩图 10　中心绿地和平台花园